高等院校**电子商务类**
“十三五”新形态规划教材

商务数据分析与应用系列

Excel
商务数据处理与分析

刘亚男 谢文芳 李志宏 / 主编
朱莹 傅晓曦 倪伟 陈帅嘉 / 副主编

人民邮电出版社
北京

图书在版编目（CIP）数据

Excel商务数据处理与分析 ：微课版 / 刘亚男，谢文芳，李志宏主编. -- 北京 ：人民邮电出版社，2019.5(2021.8重印)
高等院校电子商务类“十三五”新形态规划教材. 商务数据分析与应用系列
ISBN 978-7-115-50949-9

Ⅰ. ①E… Ⅱ. ①刘… ②谢… ③李… Ⅲ. ①表处理软件－应用－商业统计－统计数据－数据处理－高等学校－教材 Ⅳ. ①TP391.13②F712.3-39

中国版本图书馆CIP数据核字(2019)第043591号

内 容 提 要

本书主要内容为商务数据的管理与分析，书中深入浅出地介绍了利用 Excel 软件对商务数据进行编辑、分析和管理的方法，以帮助用户快速、高效地完成数据的处理与分析工作。全书共 11 章，第 1 章主要介绍商务数据分析的基础知识；第 2～5 章主要介绍数据编辑与处理的方法，如数据的可视化、数据的排序、数据的筛选、数据的分类汇总和数据透视图表的应用等；第 6～11 章主要介绍实际工作中不同类型数据的分析方法，并对 Excel 的实用函数、公式和数据分析工具等知识进行详细解析。

本书内容翔实、结构清晰、图文并茂，每章先通过实际工作中的案例来串联讲解知识点，然后通过“提高与技巧”版块补充相关拓展知识。

本书适合 Excel 的初级、中级用户阅读，可作为各类院校相关专业学生学习数据分析的教材或辅导用书，同时对在商务数据分析方面有一定实践经验的用户也有较高的参考价值。

◆ 主　　编　刘亚男　谢文芳　李志宏
副 主 编　朱　莹　傅晓曦　倪　伟　陈帅嘉
责任编辑　古显义
责任印制　彭志环

◆ 人民邮电出版社出版发行　　北京市丰台区成寿寺路 11 号
邮编　100164　　电子邮件　315@ptpress.com.cn
网址　http://www.ptpress.com.cn
三河市君旺印务有限公司印刷

◆ 开本：787×1092　1/16
印张：15　　　　2019 年 5 月第 1 版
字数：334 千字　　　　2021 年 8 月河北第 6 次印刷

定价：48.00 元

读者服务热线：(010)81055256　印装质量热线：(010)81055316
反盗版热线：(010)81055315
广告经营许可证：京东市监广登字 20170147 号

前言 FOREWORD

随着互联网的发展，我们每天都要面对大量的信息。面对这些不计其数且具有无限潜在价值的数据，我们需要一款数据分析工具来帮助我们进行数据的清洗与分析。目前，适用于各个行业的数据分析工具有很多，其中最常用且最简单的便是Excel。

本书主要以商务数据分析的理论知识为基础，结合Excel统计、分析和管理数据的强大功能，对零售企业中常见的产品营销、销售费用、营销决策、竞争对手、订单与库存及财务等数据进行精准的分析，让管理者或决策者可以从数据中发现问题，从而使企业健康、持续地发展。

本书内容

本书共11章，可分为以下3个部分。

- 第1章：主要讲解商务数据分析的基础知识，包括商务数据的定义、商务数据的采集、商务数据的清洗，以及商务数据分析的基本步骤等。
- 第2～5章：主要讲解利用Excel软件进行数据分析的基础知识，包括数据的编辑、数据的可视化、数据的排序、数据的筛选、数据的分类汇总和数据透视图表的应用等。
- 第6～11章：主要讲解Excel工具在产品营销数据分析、销售费用核算、营销决策分析、竞争对手分析、订单与库存分析及财务数据分析等方面的应用，涉及的知识包括公式与函数的使用、条件格式的应用、图表的应用、数据透视表的应用、数据分析工具的使用及控件的应用等。

本书特色

本书具有以下特色。

（1）讲解深入浅出，实用性强

本书在注重系统性和科学性的基础上，突出了实用性及可操作性，对重点概念和操作技能进行了详细讲解，具有语言流畅、内容丰富、深入浅出的特点，而且每个实例都有详细的步骤解析，确保零基础的读者学习无障碍，有一定经验的读者提高更快。

在讲解过程中，本书还通过各种“提示”为读者提供了实用性极强的工作技巧和更多解决问题的方法，帮助其掌握更为全面的知识，并引导读者更好、更快地完成数据分析工作。

（2）配有微课视频，供读者随时随地学习

本书所有操作讲解内容均已录制成视频，读者只需扫描书中提供的各个二维码，便可以随扫随看，轻松掌握相关知识。

本书提供微课、实例素材和效果文件，读者可通过扫描书中的二维码随时观看微课视频并获取练习答案。此外，为了方便教学，读者可以扫描右侧的二维码或通过www.ryjiaoyu.com网站下载本书的素材文件和效果文件等相关教学资源。

微课：书中素材与效果文件下载

本书的编者

本书由刘亚男、谢文芳、李志宏任主编，朱莹、傅晓曦、倪伟、陈帅嘉任副主编。由于编者水平有限，书中疏漏和不足之处在所难免，恳请广大读者及专家不吝赐教。

编者

2018年11月

目录 CONTENTS

Information

第1章 商务数据分析基础

随着计算机技术的不断发展和普及，各行各业都开始采用计算机及相应的信息技术进行商务数据的收集、存储、分析和管理等工作。那么，究竟什么是商务数据？商务数据分析又包含哪些内容呢？本章主要介绍商务数据分析的基础知识，如商务数据的采集、商务数据的导入、商务数据的清洗和商务数据的分析等。

本章要点

- 商务数据概述
- 商务数据的清洗
- 商务数据的分析

1.1 商务数据概述

在大数据时代，数据已经渗透到各个行业的业务职能领域，成为人们生活和工作中不可缺少的重要组成部分。

1.1.1 商务数据的定义

电子商务的发展日新月异，极大地改变了人们的生活。电商运营的过程中会积累大量的数据，对这些数据进行采集、存储和分析是电商经营和发展的首要问题。“大数据”概念的提出，使数据处理的理论和方法都得到了较大的提高。既然说到数据，那我们首先就要弄清楚数据、信息和大数据的含义。

- **数据**：数据是指对客观事件进行记录并可以鉴别的符号，是构成信息或知识的原始材料。数据并不是单纯的各种Excel表格或数据库，图书、图片及视频等都属于数据的范畴。由此可见，数据不仅指狭义上的数字，还可以是具有一定意义的文字、字母和数字符号的组合。当然，不同行业、不同企业在数据的获取途径、分析目的和分析方法上都有所不同。其中，商务数据主要是指记载商业、经济等活动领域的数据符号。
- **信息**：信息与数据既有区别，又有联系。数据本身并没有什么价值，有价值的是我们从数据中提取出来的信息。数据是信息的表达和载体，而信息则是数据的内涵，数据与信息是不可分离的，它们之间的关系如图1-1所示。

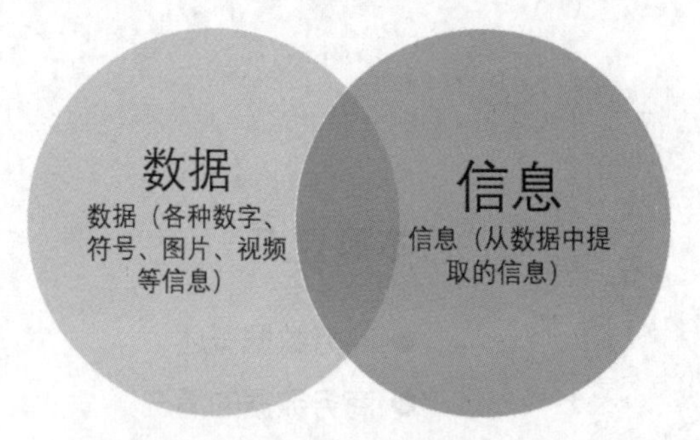

图 1-1　数据与信息的关系

- **大数据**：近年来，大数据在互联网和信息行业的发展引起了广泛关注。相对于数据而言，大数据究竟大在哪里？首先，大数据的“大”主要体现在数据量；其次，体现在数据的范围大，大数据不仅包括机构内部的数据，还包括机构外部的数据；最后，大数据不仅涉及结构化的数据，还涉及非结构化的数据。通过大数据的分析，提取的信息内容会更加精准。

1.1.2 商务数据的作用

无论是传统企业还是新型的互联网企业，在其发展的不同阶段，数据都起着重要作用。尤其是在电商行业中，数据的井喷式增长从未停歇，这些庞大的数据意味着我们已经进入了大数据的时代。大数据在电子商务应用中的作用主要体现在以下5个方面，如图1-2所示。

图 1-2　商务数据的作用

下面分别对这5个方面进行介绍。

- **关联营销**：通过大数据挖掘技术，保证数据之间得到有效的关联性，更好地激发用户的潜在需求。例如，在产品详情页加上一些其他主打产品的图片或链接，通过关联营销不仅可以展现更多的产品给消费者，提高产品的曝光率，还可以达到推广店铺的效果，从而提高产品和店铺的访问量，促进销售额的增加。
- **地理营销**：利用大数据的技术优势，可充分对交易数据进行有效的分析。例如，根据某一特定区域人们的不同喜好，可以有针对性地开展不同类型的营销策略活动。
- **推荐营销**：在市场实际的分析过程中，满足消费者的个性化需求显得越来越重要。根据大数据环境的发展特点，电商企业应该根据消费者的个性化需求来进行产品的推荐活动及产品分类等。同时，还可以采用赠送购物券等方式邀请用户关注感兴趣的产品，后续还可以进行个性化信息的添加和推荐。
- **分析营销**：分析营销主要是分析消费者的历史记录和购买行为，这样就能有效获得消费者的消费习惯。例如，消费者的心理、行为轨迹可以通过浏览网页时停留在具体页面上的时间进行判断，有利于发现潜在的客户，从而进行具有针对性的产品广告投放，增加广告转化率。
- **网络营销**：当前，社会网络营销的传播速度正在飞速发展，电商企业，应该充分利用好大数据分析的优势，把握好社会化网络传播媒介对于消费者偏好的分析，并在相关的社交媒介上积极开展分享活动，扩大传播范围，有效提高营销效率。

1.1.3　商务数据的采集

大数据迅速发展，目前已经渗透到电商、金融、交通旅游和零售业等多个领域。但是，大数据在哪里获取？又该如何进行数据采集呢？下面以商务数据为例，介绍商务数据的具体采集流程和方法。

1. 商务数据的采集流程

在进行数据采集之前，首先应该弄清楚自己需要采集什么样的数据和采集数据的目的是什么，保证数据采集和分析工作更具针对性。下面具体讲解数据采集的流程，包括明确采集要求、明确分析对象和按需求采集数据3个步骤。

（1）明确采集要求

明确采集要求是确保数据分析过程有效性的首要条件。它可以让数据的采集更有针对性和目的性，使执行效率更高。对于电商企业而言，网店的主要业务是销售商品，通过数据分析来提升销售额是首要目标。因此，采集数据的要求十分明确，即采集与销售额相关的数据，如访问量、导购率、转化率和客单价等。

（2）明确分析对象

商家在采集数据前需要明确其目标用户有哪些，目标用户的特征是什么，目标用户的关注点和痛点是什么。通过明确目标用户，从而确定分析对象。分析对象可从以下几点进行。

- **人口属性**：可以从性别、年龄、职业、爱好、地区以国家等方面的具体指标进行衡量。
- **设备属性**：可以从平台类型、浏览器类型、设备品牌、设备型号及屏幕方向等属性进行衡量。
- **流量属性**：可以从访客来源、广告来源、搜索词及页面来源等方面进行衡量。
- **行为属性**：用户活跃度可以从用户是否注册、用户是否下单及用户是否支付等行为进行衡量。

（3）按需求采集数据

明确分析对象后，接下来就开始进行数据的采集工作。首先由数据专员整理出需求指标和分析维度，然后由技术人员根据明确的需求和分析目标去采集数据，这样既避免了数据冗余带来的采集困难，也避免了不知道如何分析数据的尴尬。

2. 商务数据的采集方法

随着信息化时代的来临，大数据越来越被重视，数据采集的挑战变得尤为突出。一般企业采集数据的主要途径是采用网络爬虫技术或人工解决。数据主要包括定性数据和定量数据。其中，定性数据主要采用问卷调查和用户访谈的方式获取，而定量数据则是确定的数据内容，它分为内部数据和外部数据两部分，各种数据采集方法如图1-3所示。

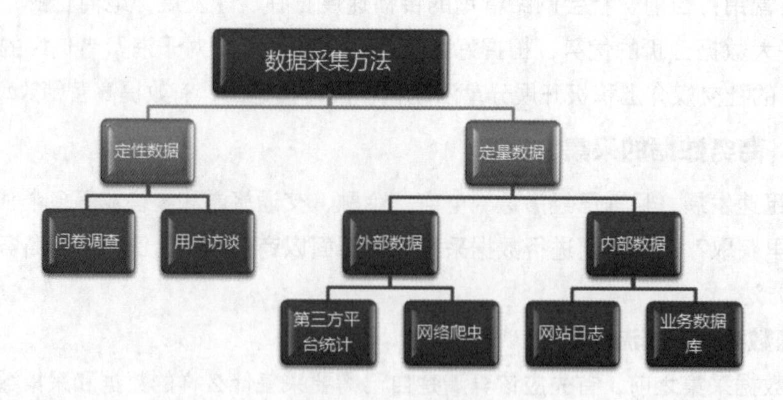

图1-3　数据采集方法

下面对常见的6种数据采集方法进行介绍。

- **问卷调查**：问卷调查是一项有目的的研究实践活动，其调研的信息一般是不确定性的用户信息或无法通过后台数据获取的信息。此外，问卷调查需要用有限的问题来获取有价值的信息，因此，在进行问卷调查时首先应考虑样本的容量，然后再设计内容，最后按照确定目标进行问卷投放、收集汇总和结果分析等工作。
- **用户访谈**：在访谈之前，运营人员首先要确定访谈目标；其次设计访谈提纲，并选择访谈对象；最后对访谈结果进行记录和分析。在分析访谈结果时，一般采取关键词提炼法，即对每位用户、每个问题的反馈进行关键词提炼，然后对所有访谈对象反馈的共性关键词进行汇总分析。
- **第三方平台统计**：第三方数据统计分析平台有很多，如CNZZ（友盟）、百度统计和神策数据等。前两个平台是免费的，主要采集前端数据，其优点是操作简单，缺点是采集的数据比较粗糙；最后一个平台是收费的，可采集前后端数据，其优点是采集的数据更精准，缺点是操作比较复杂。
- **网络爬虫**：网络爬虫（Web crawler）是一种按照一定的规则自动抓取互联网信息的程序或脚本。它们可以自动采集所有能够访问到的页面内容，以获取或更新这些网站的内容和检索方式。
- **网站日志**：网站日志是网站的用户点击信息和其他访问信息的汇总。通过网站日志可以清楚得知用户在何时、用何种操作系统和浏览器访问网站的哪一个页面。其优点是保证用户的使用行为可以被查询，同时针对用户的一些误操作还可以通过日志文件进行恢复。
- **业务数据库**：一般的互联网平台后端都有业务数据库，里面存储了订单详情、用户注册信息等数据。通过此种方式获得的数据都是实时、准确的，可以直接用于衡量网站的绩效和目标。但由于数据表单数量过多，增加了分析难度，会导致数据的使用价值变低。

1.1.4 将商务数据导入Excel

通过不同的方法成功采集数据后，接下来就需要利用相应的数据分析工具，如常见的Excel软件，对采集的数据信息进行分析和总结，以便为企业的战略、投资和营销等决策提供支持。

Excel不仅可以存储和处理本机的数据，还可以导入外部数据信息。Excel可以导入的数据类型很多，如Access数据、网站数据和文本内容等。下面将介绍利用Excel导入来自网站数据的方法，其具体操作如下。

（1）启动Excel 2010后，在新建的空白工作簿中单击“数据”选项卡，然后在“获取外部数据”组中单击“自网站”按钮，如图1-4所示。

（2）打开“新建 Web 查询”页面，在“地址”栏中输入需要导入数据的网站地址，然后单击“转到”按钮，如图1-5所示。

微课：将商务数据导入Excel

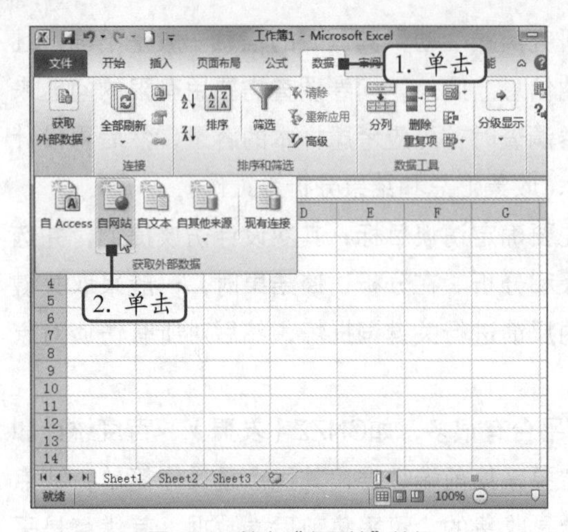

图 1-4 单击“自网站”按钮

图 1-5 输入需要导入数据的网址

（3）稍后将进入需要导入数据的页面，此时，便可以在整个页面中选择要导入的数据。这里单击要导入的表格左上角的右箭头按钮，当其变为绿色后，单击“导入”按钮，如图1-6所示。

（4）打开“导入数据”对话框，在“Sheet1”工作表中选择A1单元格，然后单击“确定”按钮，如图1-7所示，设置导入数据的放置位置为A1单元格。

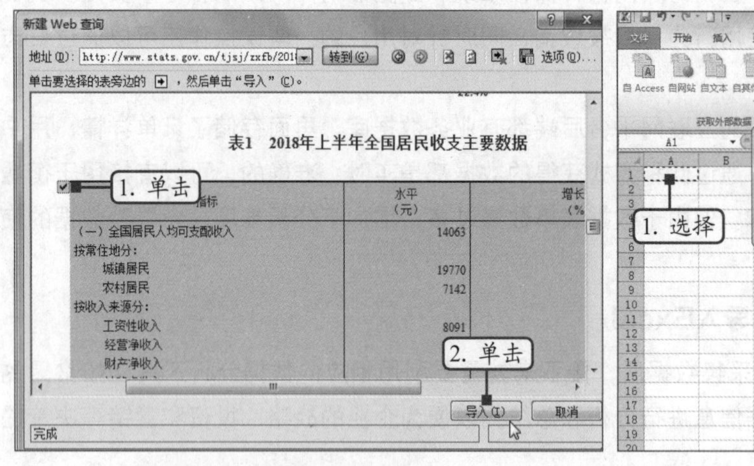

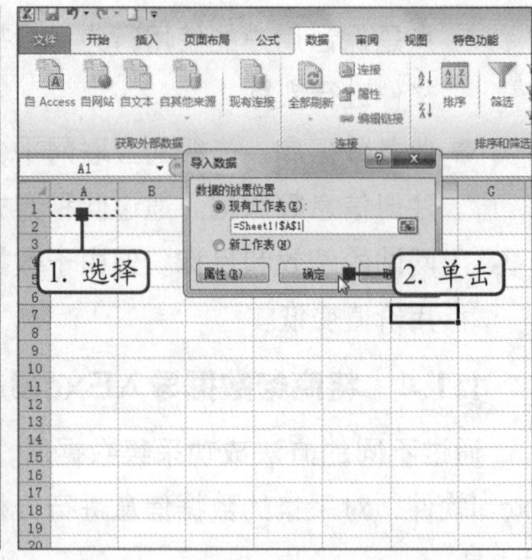

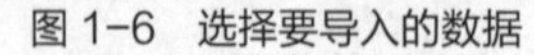

图 1-6 选择要导入的数据

图 1-7 设置导入数据的放置位置

提示

在“新建 Web 查询”页面中，如果不单击网页中的右箭头按钮，而是直接单击“导入”按钮，则表示导入网页中的全部内容。在实际操作中，一般都是导入网页中的表格内容，这样才能方便在Excel中进行进一步的编辑和处理。

（5）稍后，网站中的数据被导入“Sheet1”工作表中，效果如图1-8所示。

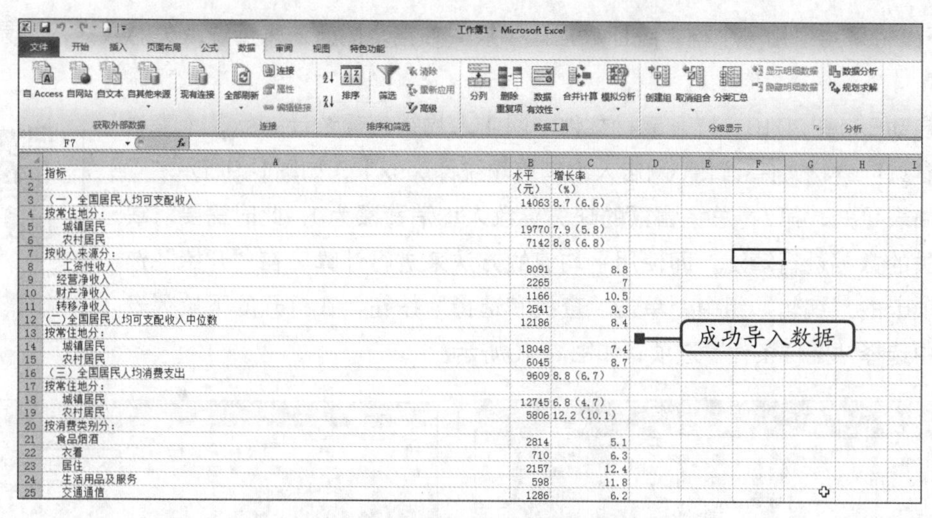

图 1-8　将网页数据成功导入到工作表中

提示　在Excel中导入各种外部数据的方法十分相似，都是通过“数据”选项卡中的“获取外部数据”组来完成的，只是单击的按钮有所不同。例如，导入Access数据时，应单击“获取外部数据”组的“自Access”按钮来完成。以此类推，单击“自文本”按钮，则可以导入文本内容。

1.2　商务数据的清洗

在数据挖掘的过程中，海量的原始数据可能会存在不完整、不一致或有异常等缺陷，严重时甚至会影响数据分析的最终结果。所以，在数据分析前对采集到的数据进行数据清洗就显得尤为重要。

数据清洗是指发现并纠正数据文件中可识别错误的最后一道程序，是对数据的完整性、一致性和准确性进行重新审查和校验的过程。数据清洗主要是对多余或重复的数据进行筛选清除，将缺失的数据补充完整，将错误的数据进行纠正或删除。下面将利用Excel工具对缺失数据、重复数据和错误数据进行清洗和处理。

1.2.1　清洗缺失的数据

在数据采集过程中，缺失数据常常表示为空值或错误标识符（#DIV/0！），此时可以利用Excel的定位功能查找到数据表中的空值和错误标识符。

对缺失数据的处理一般有以下4种方法。

（1）用一个样本统计数据代替缺失数据。

（2）用一个统计模型计算出来的数据代替缺失数据。

（3）直接将有缺失数据的记录删除。

（4）将有缺失数据的记录保留。

下面将采用“用一个样本统计数据代替缺失数据”的方法来清洗缺失的数据，其具体操作如下。

（1）启动Excel 2010，打开素材文件“网店人均销售额统计.xlsx”（素材参见：素材文件\第1章\网店人均销售额统计.xlsx），如图1-9所示。

微课：清洗缺失的数据

（2）由表可知，第7行总销售额的缺失导致人均消费额为0，此时需要对缺失的数据进行清洗，即使用平均值的方法来进行计算。在“开始”选项卡的“编辑”组中，单击“查找和选择”按钮，在打开的下拉列表中选择“定位条件”选项，如图1-10所示。

	B	C	D	E
1	所售商品名称	购买用户数量（人）	总销售额（元）	人均消费额（元）
2	连衣裙、衬衫、牛仔裤	625	138560.36	221.696576
3	连衣裙、T恤、半身裙	563	145000.3	257.5493783
4	背心吊带、雷丝衫、牛仔裤	598	136589	228.409699
5	连衣裙、衬衫、牛仔裤	603	146872	243.5688226
6	连衣裙、阔腿裤	556	136546.8	245.5877698
7	时尚套装、牛仔裤	587		0
8	棉麻连衣裙、旗袍	663	189632.36	286.0216591
9	短裤、半身裙	610	185263	303.7098361
10	真丝连衣裙、大码女装	605	168752.3	278.9294215
11	连衣裙、衬衫、牛仔裤	512	155683.5	304.0693359
12	短裤、衬衫、牛仔裤	556	168523	303.0989209
13	雪纺连衣裙、防晒衫	603	189655	314.5190713
14	连衣裙、衬衫、牛仔裤	559	165835.6	296.6647585

图1-9　打开工作簿

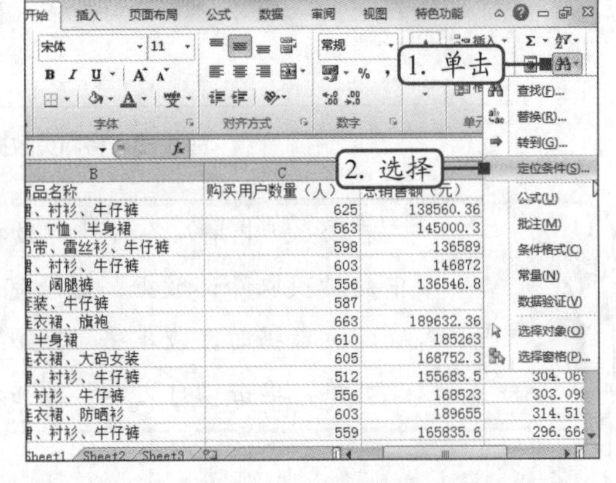

图1-10　定位条件

（3）打开“定位条件”对话框，单击选中“空值”单选项，然后单击“确定”按钮，如图1-11所示。

（4）此时，将自动定位至D7单元格，在其编辑栏中输入公式“=(D6+D8)/2”，如图1-12所示，表示计算3月6日前后两天总销售额的平均值，然后按“Enter”键得出计算结果。

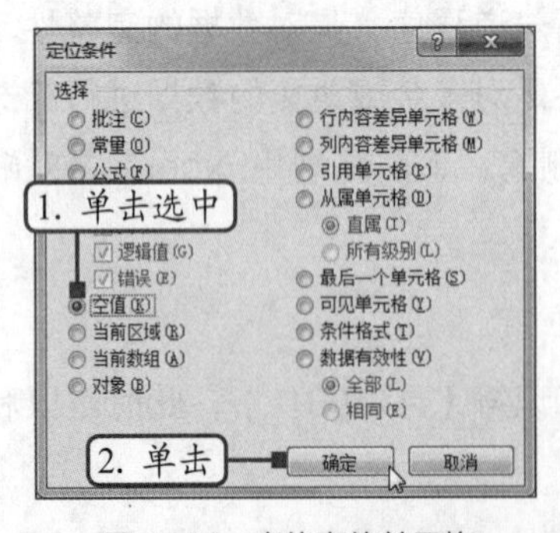

图1-11　定位空值单元格

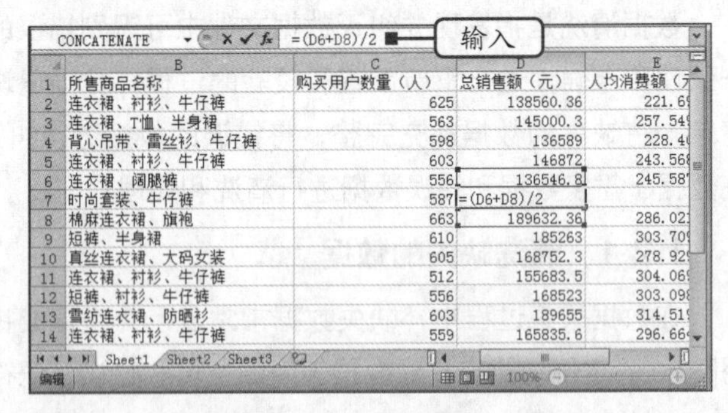

图1-12　计算平均值

（5）此时，E7单元格中的数据不再为0，而是“277.8357411”。选择E2:E14单元格区域，在“开始”选项卡的“数字”组中，单击“数字格式”下拉按钮，在打开的下拉列表中选择“货币”选项，如图1-13所示。

（6）稍后，工作表中人均消费额中的数据将以货币形式显示，并且自动保留小数点后两位，最终效果如图1-14所示（效果参见：效果文件\第1章\网店人均销售额统计.xlsx）。

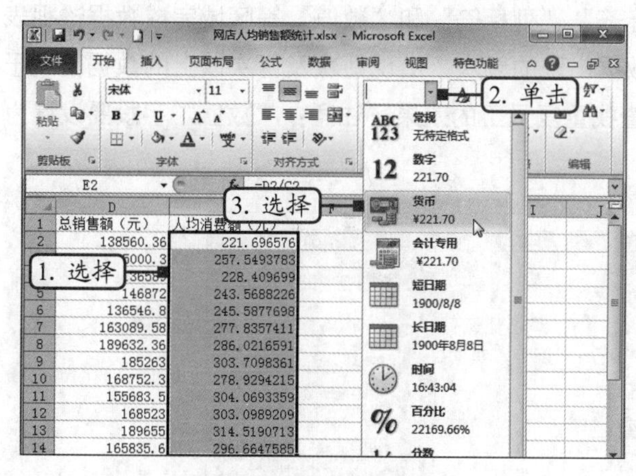

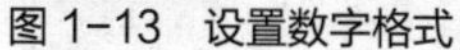
图 1-13　设置数字格式

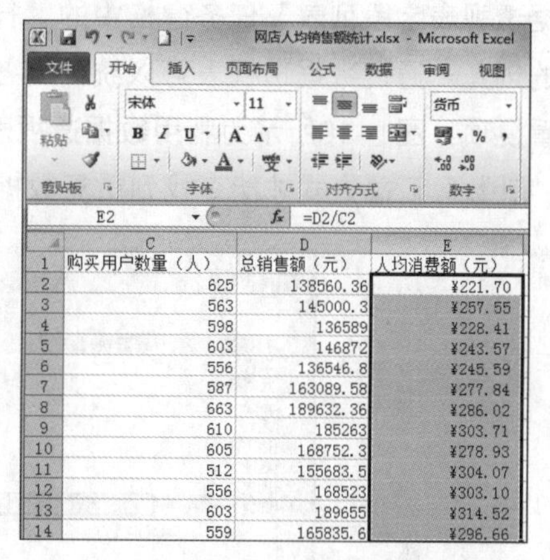

	C	D	E
1	购买用户数量（人）	总销售额（元）	人均消费额（元）
2	625	138560.36	¥221.70
3	563	145000.3	¥257.55
4	598	136589	¥228.41
5	603	146872	¥243.57
6	556	136546.8	¥245.59
7	587	163089.58	¥277.84
8	663	189632.36	¥286.02
9	610	185263	¥303.71
10	605	168752.3	¥278.93
11	512	155683.5	¥304.07
12	556	168523	¥303.10
13	603	189655	¥314.52
14	559	165835.6	¥296.66

图 1-14　设置数字格式后的效果

提示

在清洗数据的过程中，如果数据量较大，且缺失值较多，可以打开“定位条件”对话框，定位出数据中的所有空值，然后在活动单元格内输入平均值，最后利用“Ctrl+Enter”组合键一次性在选中的空值单元格中输入样本平均值；当缺失数据较少时，也可以通过选取数据前后若干天的数据取平均值作为缺失数据进行填充。

1.2.2　清洗重复的数据

重复数据一般分为实体重复和字段重复两种。其中，实体重复是指所有字段完全重复；字段重复则表示某一个或多个不该重复的字段重复。为了保证数据的一致性，需要对重复数据进行处理。

1. 查找重复数据

在对重复数据进行清洗前，首先应该查找重复数据，一般采用图1-15所示的4种方法进行重复数据的查找。

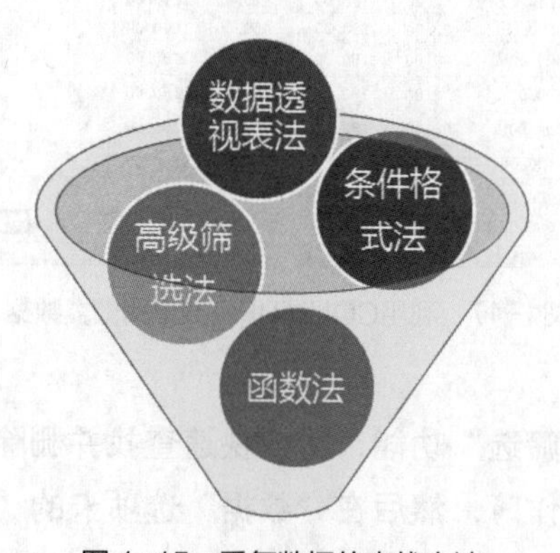

图 1-15　重复数据的查找方法

（1）数据透视表法

首先使用Excel 2010打开要清洗的数据，然后插入数据透视表，拖动相应的字段到“数据透视表字段列表”任务窗格中的“行标签”“列标签”和“数值”等区域完成数据透视表的创建。通过数据透视表可以统计出各数据出现的频次，出现两次及两次以上的数据就属于重复项，图1-16所示为利用数据透视表查找重复员工的效果。注意：“数值”字段要设置为“计数”汇总方式才能查找到重复数据。

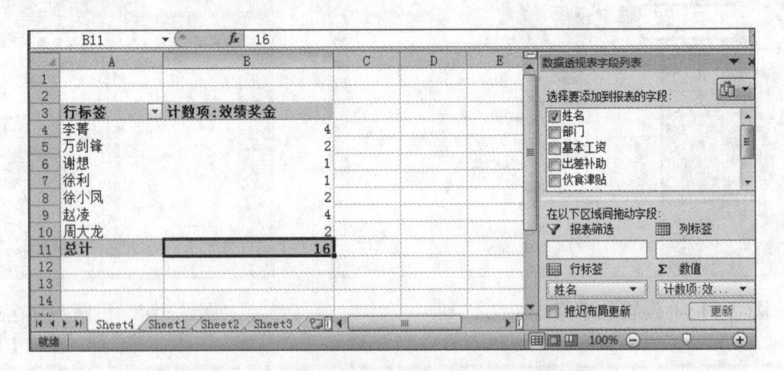

图1-16 利用数据透视表法查找重复数据

（2）函数法

利用Excel 2010提供的统计函数COUNTIF，可以对指定区域中符合指定条件的单元格进行计数，并以此对重复数据进行识别。

COUNTIF函数的语法结构为：COUNTIF(range,criteria)。其中，range表示计算其中非空单元格数目的区域；criteria表示以数字、表达式或文本形式定义的查找内容。图1-17所示为利用COUNTIF函数统计“Sheet1”工作表中重复值的效果，“辅助列”中大于“1”的数字就表示为重复值。

I15 =COUNTIF($A$3:A15,A15)

员工工资表

姓名	部门	基本工资	出差补助	伙食津贴	效绩奖金	总金额		辅助列
周大龙	销售部	1500.00	200.00	180.00	300.00	2180.00		1
徐小凤	销售部	1500.00	0.00	180.00	300.00	1980.00		1
赵凌	销售部	1500.00	200.00	180.00	300.00	2180.00		1
万剑锋	策划部	1130.00	470.00	180.00	450.00	2230.00		1
李菁	设计部	1130.00	80.00	180.00	450.00	1840.00		1
李菁	设计部	1130.00	80.00	180.00	450.00	1840.00		2
李菁	设计部	1130.00	80.00	180.00	450.00	1840.00		3
李玉君	销售部	1500.00	200.00	180.00	300.00	2180.00		1
赵丽华	策划部	1500.00	200.00	180.00	300.00	2180.00		1
赵丽华	策划部	1500.00	200.00	180.00	300.00	2180.00		2
王静	策划部	1130.00	80.00	180.00	450.00	1840.00		1
谢想	设计部	1000.00	120.00	180.00	600.00	1900.00		1
谢想	设计部	1000.00	120.00	180.00	600.00	1900.00		2

图1-17 利用COUNTIF函数查找重复数据

（3）高级筛选法

利用Excel提供的“高级筛选”功能，可以快速查找并删除大量的重复数据。首先利用Excel打开带有重复记录的工作簿，然后在“数据”选项卡的“排序和筛选”组中单击“高级筛选”按钮。打开“高级筛选”对话框，在其中设置筛选结果的存放位置、参与筛选的数据区域和筛选条件等参数，如图1-18所示，然后单击选中“选择不重复的记录”复选框，最后单击“确定”按钮，即可在查找重复数据的同时自动删除重复数据。

图1-18　利用高级筛选功能查找并删除重复数据

（4）条件格式法

利用Excel处理数据时，如果要突出选中区域中的重复值，可使用条件格式中的“突出显示单元格规则”来实现。首先在工作表中选择要突出重复值的区域，然后在“开始”选项卡的“样式”组中单击“条件格式”按钮，在打开的下拉列表中选择“突出显示单元格规则”选项，再在打开的子列表中选择“重复值”选项，如图1-19所示。

打开“重复值”对话框，保持默认设置并单击“确定”按钮，即可将所选区域中的重复数据以“浅红填充色深红色文本”方式进行显示，最终效果如图1-20所示。

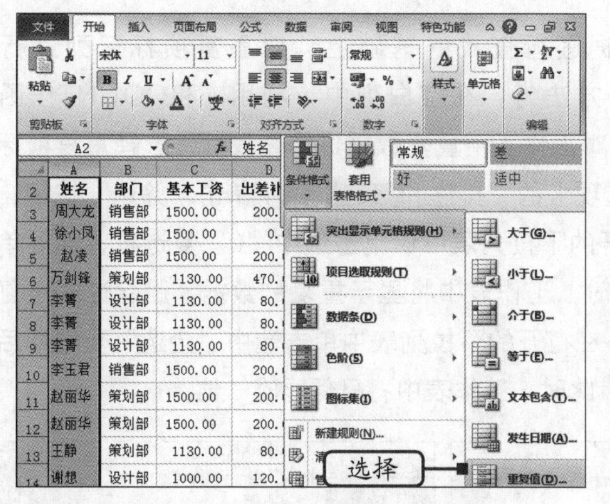

图1-19　突出显示单元格中的重复值

	A	B	C	D	E	F
5	赵凌	销售部	1500.00	200.00	180.00	300.00
6	万剑锋	策划部	1130.00	470.00	180.00	450.00
7	李菁	设计部	1130.00	80.00	180.00	450.00
8	李菁	设计部	1130.00	80.00	180.00	450.00
9	李菁	设计部	1130.00	80.00	180.00	450.00
10	李玉君	销售部	1500.00	200.00	180.00	300.00
11	赵丽华	策划部	1500.00	200.00	180.00	300.00
12	赵丽华	策划部	1500.00	200.00	180.00	300.00
13	王静	策划部	1130.00	80.00	180.00	450.00
14	谢想	设计部	1000.00	120.00	180.00	600.00
15	谢想	设计部	1000.00	120.00	180.00	600.00

图1-20　突出显示重复数据的效果

2. 删除重复数据

通过上述4种方式查找出重复数据后，只有高级筛选功能可以删除重复数据，其他3种方式都只是查找出重复数据，不能同时实现删除操作。下面将介绍删除重复数据的3种方法。

（1）通过菜单删除重复项

在Excel中打开包含重复值的工作簿后，单击“数据”选项卡，在“数据工具”组中单击“删除重复项”按钮，在打开的提示对话框中，将显示发现的重复值数量，删除的重复值数量，以及保留的唯一值数量等。

（2）通过排序删除重复项

在利用COUNTIF函数对重复数据进行查找的基础上，对重复项标记列进行“降序”排列，删除数值大于1的项，即可删除重复值。其方法为：利用COUNTIF函数对工作表中的重复数据进行查找后，选择“辅助列”中的任意一个单元格，然后在“数据”选项卡的“排序和筛选”组中单击“降序”按钮，将自动以降序排列工作表中的数据，选择“辅助列”中数值大于1的所有单元格区域，最后单击“开始”选项卡，在“单元格”组中单击“删除”按钮，如图1-21所示，即可删除查找出的重复值。

单击

员工工资表

姓名	部门	基本工资	出差补助	伙食津贴	绩效奖金	扣除费用	实发工资
李玉君	销售部	1500.00	300.00	180.00	800.00	100.00	2680.
周大龙	销售部	1500.00	200.00	180.00	500.00	100.00	2280.
徐小凤	销售部	1500.00	0.00	180.00	500.00	0.00	2180.
谢想	设计部	1000.00	120.00	180.00	500.00	50.00	1750.
谢想	设计部	1000.00	120.00	180.00	500.00	50.00	1750.
赵凌	销售部	1500.00	200.00	180.00	300.00	200.00	1980.
王静	策划部	1130.00	80.00	180.00	300.00	0.00	1690.
万剑锋	策划部	1130.00	470.00	180.00	300.00	200.00	1880.

图 1-21　通过排序删除重复值

（3）通过筛选删除重复项

在利用COUNTIF函数对重复数据进行查找的基础上，对重复项标记列进行筛选，筛选出数值等于0的项来删除。其方法为：在空白列中，利用IF和COUNTIF函数“=IF(COUNTIF($A$3:A4,A4)>1,0,1)”对工作表中重复数据进行查找后，选择重复项标记列中任意一个单元格，然后在“数据”选项卡的“排序和筛选”组中单击“筛选”按钮，再单击标记列右侧的“筛选”按钮，在打开的下拉列表中仅单击选中“0”复选框，然后单击“确定”按钮，如图1-22左图所示，此时，工作表中将显示重复的数据，删除这些重复值后，再次单击辅助列中的“筛选”按钮，在打开的下拉列表单击选中“全选”复选框后，单击“确定”按钮，如图1-22右图所示，此时，工作表中将只保留唯一值。

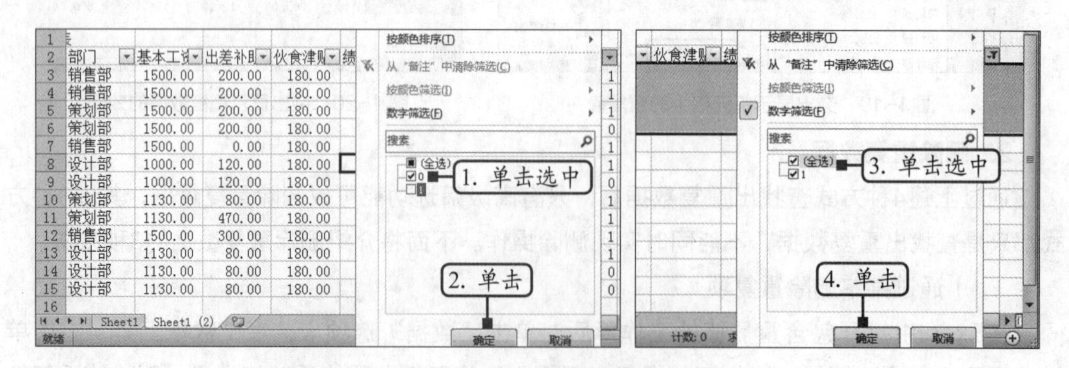

图 1-22　通过筛选删除重复值

1.2.3　清洗错误的数据

除了缺失和重复数据外，其他可能出现数据不规范的现象还有很多，如错误数据。错误数据的产生可能是手工录入错误导致的，也可能是被调查者输入的信息不符合要求。因此，为了尽可能地保证数据的准确性，就需要对错误数据进行处理。

1. 清洗手工录入的错误数据

利用Excel提供的“条件格式”功能，可以快速查找出手工录入的错误数据。假设某一表格中只能输入数字“0”和“1”，除此之外的数字被视为错误数据。下面将对工作表中除“0”和“1”外的错误数据进行清洗，其具体操作如下。

（1）打开包含错误数据的工作簿“手工录入的数据.xlsx”（素材参见：素材文件\第1章\手工录入的数据.xlsx），在“Sheet1”工作表中选择需要进行检查的单元格区域，这里选择B3:H6单元格区域，如图1-23所示。

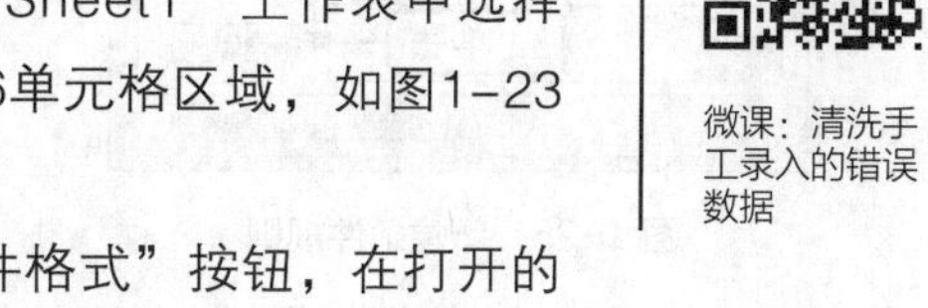

微课：清洗手工录入的错误数据

（2）在“开始”选项卡的“样式”组中单击“条件格式”按钮，在打开的下拉列表中选择“新建规则”选项，如图1-24所示。

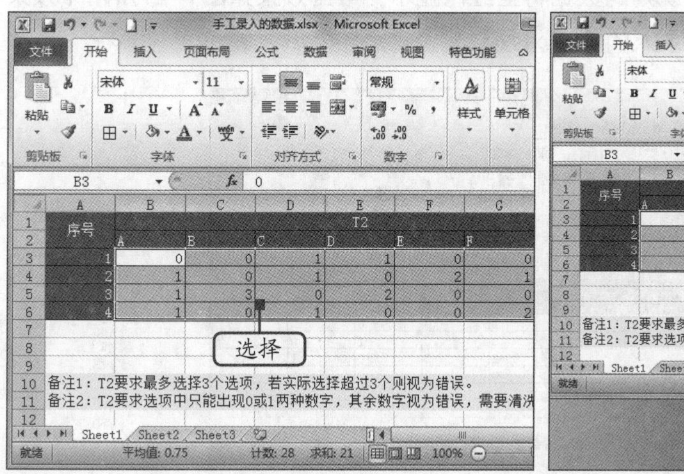

图1-23 选择单元格区域

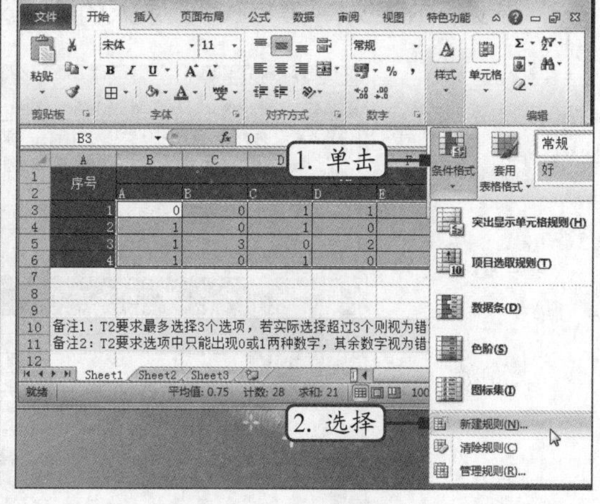

图1-24 新建规则

提示

Excel提供的“条件格式”功能对于数据的清洗和分析非常实用。运用“条件格式”功能可以基于指定条件来更改单元格区域的外观，直观地显示数据以供分析和演示。所以，通过“条件格式”可以达到突出显示所关注的单元格或单元格区域、强调异常值、直观显示数据等目的。

（3）打开“新建格式规则”对话框，在“选择规则类型”列表框中选择“使用公式确定要设置格式的单元格”选项；在“编辑规则说明”栏中的“为符合此公式的值设置格式”文本框中输入“=OR(B3=1,B3=0)=FALSE”（表示同时不等于0和1两个数字），然后单击“格式”按钮，如图1-25所示。

（4）打开“设置单元格格式”对话框，单击“字体”选项卡，在“颜色”下拉列表中选择“标准色”栏中的“红色”选项，然后单击“确定”按钮，如图1-26所示。

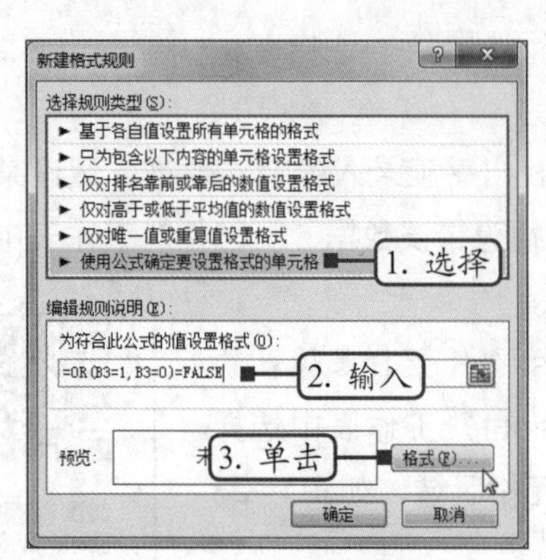

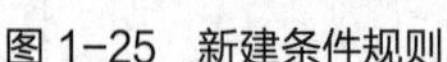
图 1-25　新建条件规则

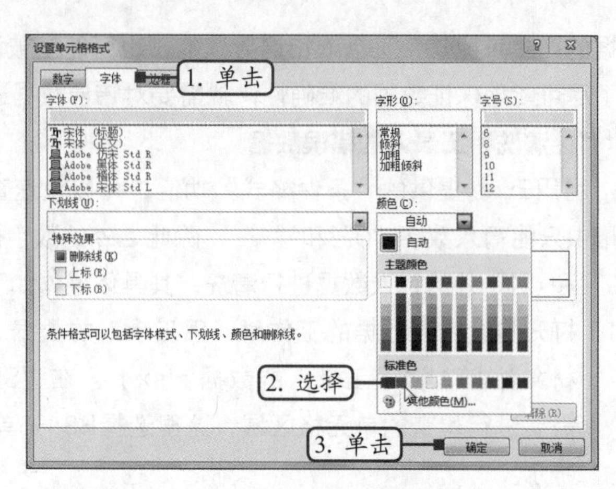

图 1-26　设置字体颜色

（5）返回“新建格式规划”对话框，单击“确定”按钮，即可返回“Sheet1”工作表，在所选单元格区域中，不符合规则的数据将呈红色显示，最终效果如图1-27所示（效果参见：效果文件\第1章\手工录入的数据.xlsx）。

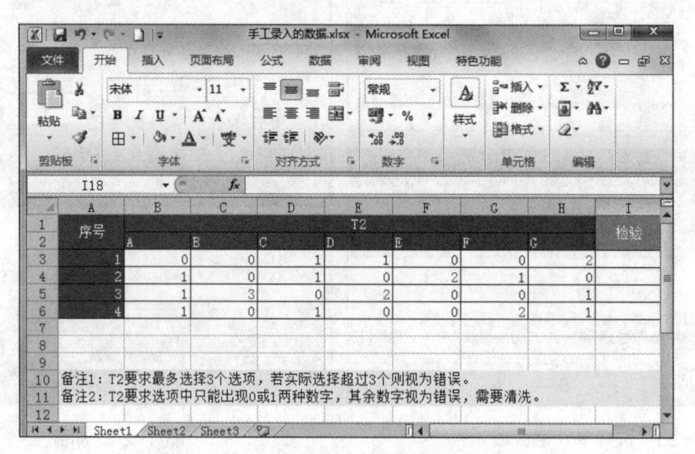

图 1-27　利用条件格式清洗错误数据的效果

2. 清洗被调查者输入的错误数据

在进行问卷调查时，涉及多项选择题时如果最多可选三项，而被调查者却选择了四项及以上，可以综合利用Excel提供的COUNTIF函数和IF函数来判断数据的正确性。下面将以客户满意度调查中的多项选择题为例来介绍错误信息的清洗方法，其具体操作如下。

（1）打开包含错误数据的工作簿“被调查者输入的数据.xlsx”（素材参见：素材文件\第1章\被调查者输入的数据.xlsx），在“Sheet1”工作表中选择I3单元格，在编辑栏中输入公式“=IF(COUNTIF(B3:H3,"<>0")>3,"错误","正确")”，如图1-28所示。

微课：清洗被调查者输入的错误数据

（2）按“Enter”键得出计算结果，重新选择I3单元格，将鼠标指针定位至该单元格右下角的填充柄上，向下拖动鼠标，如图1-29所示，直至I21单元格后再释放鼠标。

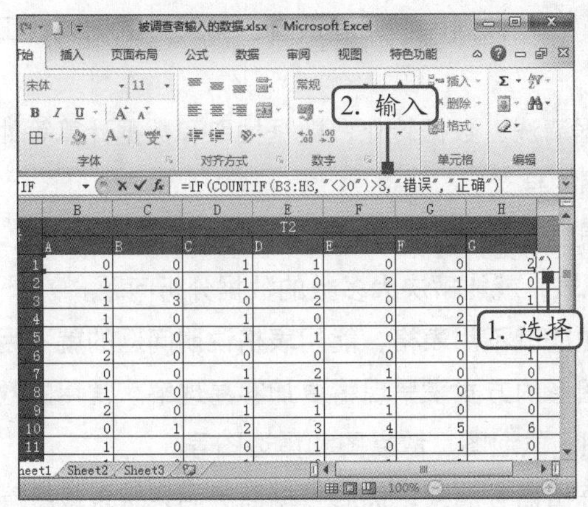

图 1-28 输入公式

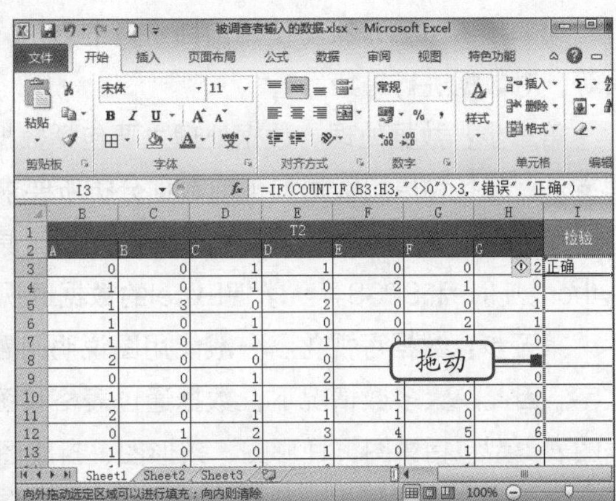

图 1-29 拖动填充柄

（3）此时，I3单元格中的公式即可快速复制到I4:I21单元格区域，并显示图1-30所示的计算结果（效果参见：效果文件\第1章\被调查者输入的数据.xlsx）。由计算结果可知，显示为“错误”的单元格就是被调查者输入的错误数据。

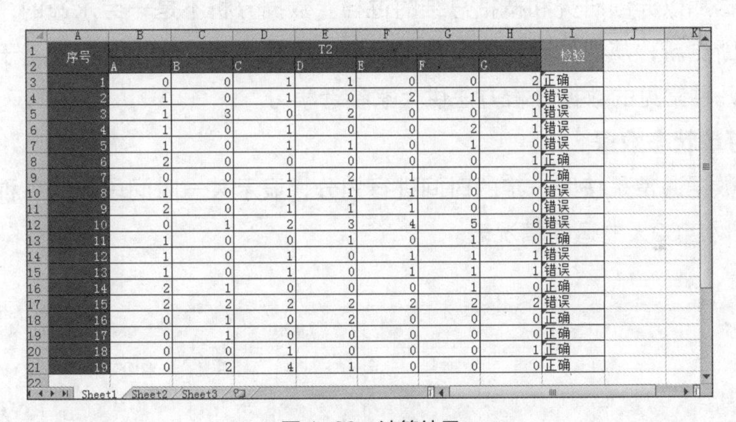

序号	T2							检验
	A	B	C	D	E	F	G	
1	0	0	1	1	0	0	2	正确
2	1	0	1	0	2	1	0	错误
3	1	3	0	2	0	0	1	错误
4	1	0	1	0	0	2	1	错误
5	1	0	1	1	0	1	0	错误
6	2	0	0	0	0	0	1	正确
7	0	0	1	2	1	0	0	正确
8	1	0	1	1	1	0	0	错误
9	2	0	1	1	1	0	0	错误
10	0	1	2	3	4	5	6	错误
11	1	0	0	1	0	1	0	正确
12	1	0	1	0	1	1	1	错误
13	1	0	1	0	1	1	1	错误
14	2	1	0	0	0	1	0	正确
15	2	2	2	2	2	2	2	错误
16	0	1	0	2	0	0	0	正确
17	0	1	0	0	0	0	0	正确
18	0	0	1	0	0	0	1	正确
19	0	2	4	1	0	0	0	正确

图 1-30 计算结果

1.3 商务数据的分析

通过前面的学习，读者已经认识到了什么是数据，以及数据的采集和清洗方法，下面我们将学习用数据说话，即通过对商务数据的分析来发现问题和解决问题，并不断优化、提升用户体验，为商家创造更多的价值。

1.3.1 数据分析的基本步骤

商业数据分析的目标是利用大数据为所有职场人员做出高质量、高效率的决策，提供可规模化的解决方案。那么，在面对海量的数据信息时，该从何入手呢？怎么判断先做什么、后做什么呢？下面总结了商务数据分析的6个基本步骤供大家参考。

第一步：明确分析目的。首先要明确分析目的，并把分析目的分解成若干个不同的分析要点，然后梳理分析思路，最后搭建分析框架。

第二步：数据采集。使用前面讲解的方法，包括数据库、问卷调查、第三方数据统计工具等，对数据进行采集。

第三步：数据处理。数据处理主要包括数据清洗、数据转化、数据抽取和数据计算等处理方法，将各种原始数据加工成数据分析所要求的样式。

第四步：数据分析。常用的数据分析工具包括Excel、SQL、Tblleau、PowerBI、Python、Hive和SPSS等。掌握Excel的数据透视表，就能解决大多数的数据分析问题。

第五步：数据可视化。一般能用图说明问题的就不用表格，能用表格说明问题的就不用文字。因此，大多数情况下，数据通过表格和图形的方式来呈现将更加容易理解。常用的数据图表类型包括饼图、柱形图、条形图、折线图、气泡图、散点图和雷达图等。

第六步：撰写报告。从数据结果中判断提炼出商务洞察，然后根据商务洞察结果最终确定商业决策，其表现形式就是商业报告。

1.3.2 数据分析方法

数据分析是指选择合适的统计分析方法和思路，从大量的原始数据中抽取出有价值的信息，并对数据加以详细研究和概括总结的过程。数据分析不是一劳永逸的，产品在不断迭代，业务在不断更新，从认知到决策，数据更多的是起着辅助作用。下面基于对互联网产品的运营，介绍几种常见的数据分析方法供大家参考学习。

1. 分析订单状态数据

订单状态数据通常是按照一定的时间进行划分，显示某一时间段内的各种订单情况，图1-31所示为某网店60天的运营情况表。

订单统计分析

时间周期	新客户	老客户	未付款客户	付款客单价	全部订单金额
1~30天	3921	280	1135	¥210.55	¥1,295,345.00
31~60天	3069	222	855	¥194.55	¥917,149.00

图1-31 网店运营情况表

由图1-31所示的内容可以发现，订单状态数据主要包括新客户、老客户、未付款客户、付款客单价和全部订单金额。各项数据的分析情况如下。

（1）新老客户

新老客户保持增长状态，说明该网店不断有新客户购买商品，并且多次购买的老客户数量也在上升。由此可见，该网店在吸引客流、提高客户忠诚度及发展新客户方面取得了不错的效果。

（2）未付款客户

未付款客户数量增加，说明更多的客户在下单后没有付款。由此可以推测，这些下单客户当时的购买意愿不强，或是他们在最后付款时对比了其他网店后改变了购买决定。这个数据的上升，意味着该网店应该在客户下单后积极与其沟通，介绍一些限时优惠活动，以此增加其购买意愿。

（3）付款客单价

付款客单价的提升说明单个客户所消费的金额有所上升。这可能是由于客户购买产品的数量在上升，也可能是购买了单价更高的产品。这两种情况都能反映出客户对该网店的产品有了一定的认同，产生更多的消费。此时，网店可以考虑趁热打铁，推出各种新品，并开展各类优惠活动，逐步提升客户的忠诚度，不断提高店铺成交额。

（4）全部订单金额

全部订单金额上升，说明网店整体运营情况良好，消费者稳定，产品占有一定的市场。

2. 分析订单时间数据

订单时间数据主要针对一周或某一天的订单数据进行分析。下面将通过一天的订单时间数据推测一天的销售时机分布。图1-32所示为通过客户关系管理系统分析某网店一天中各个时间段的店铺运营数据。

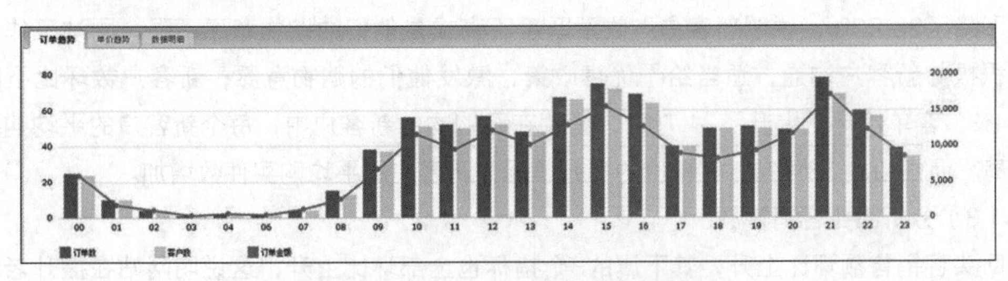

图 1-32　某网店一天内各个时间段的数据

通过对店铺运营数据进行观察发现：该网店在凌晨时销售情况最差，晚上9—10点销售情况最佳。因此，网店可以选择在晚上9—10点这个时间段推出更多优惠活动，从而吸引更多消费者的注意。

3. 分析销售额数据

销售额数据主要包括总销售额、新客户销售额和回头客销售额3种，下面将通过图1-33所示的某化妆品网站的销售额数据，来分析电子商务网站的总销售额、新客户销售额和回头客销售额数据。

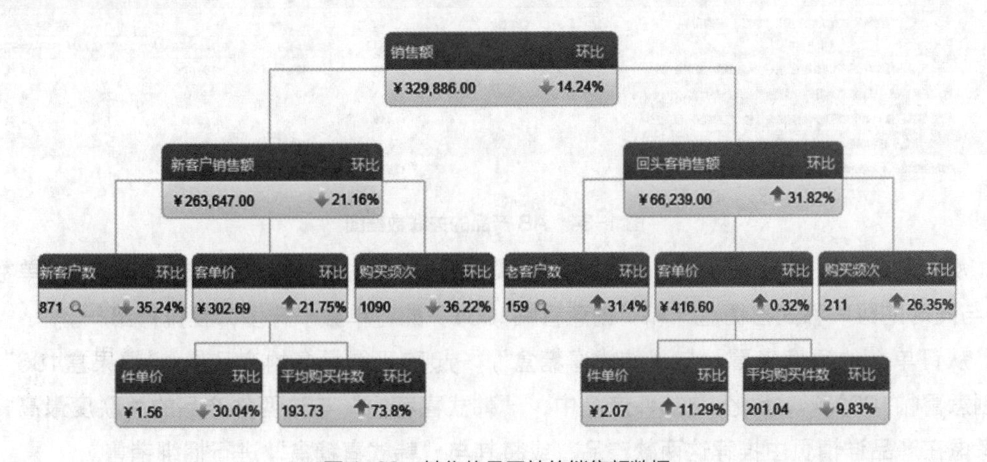

图 1-33　某化妆品网站的销售额数据

环比和同比都是统计术语，本期统计数据与上期比较，如2019年3月与2019年2月比较，称为环比；本期统计数据与历史同时期比较，如2019年8月与2018年8月比较，则称为同比。

（1）分析总销售额

由图1–33可知，总销售额由新客户销售额和回头客销售额组成，整个网站的销售额环比下降了14.24%。销售额环比下降，说明这一周与上一周相比，销售额减少。此时，网站的工作人员就需要寻找导致销售额下降的原因，并及时解决。

（2）分析新客户销售额

新客户销售额下划分了3个指标，分别为新客户数、客单价和购买频次。新客户销售额环比下降了21.16%，客户数减少，说明网站在吸引客流方面的策略可能需要调整；购买频次下降了36.22%，说明新客户购物活跃度不高或是他们的购物意愿不强，网站工作人员应该积极与新客户沟通，适当给予优惠政策，激发他们的购物意愿；新客户数环比下降了35.24%，客单价环比上升了21.75%，说明在已购物的新客户中，每个新客户的平均购买金额提高。而由图1–33可知，客单价的提升是因为新客户的平均购买件数增加。

（3）分析回头客销售额

回头客销售额环比上升，其下属的3个指标也全部环比上升，这说明网站在提升老客户的忠诚度和购买意愿上的运营相对成功。可以推测出，网站与老客户积极沟通后，了解其需求，并适当给予了优惠。

4. 分析关联订单数

关联订单就是购买某一关联产品所产生的订单。做好网站的关联销售，不仅能降低网站的跳出率，还能有效提升客户转化率，以达到网站利益最大化的目的。假设以“韩式喜糖盒”为产品A，其关联产品为B，抽取出一张AB产品的关联数据图，如图1–34所示。

热销产品关联　昨日　最近7天　本月　本周　2018-04-09 至 2018-04-15 店铺：旗舰店:视觉设计　销量排名Top20商品：原创新品 韩式喜糖盒 婚礼　查询

数据明细

文弘 原创新品 韩式喜糖盒 婚礼喜糖纸盒 婚庆用品	订单数			比例			客户数	
关联产品B	购买AB	购买A	购买B	购买AB	A订单中买B	B订单中买A	购买AB	买A未买B
见证永恒喜糖盒子创意喜糖盒婚庆用品高档婚礼糖果盒185	2	5	3	33.33%	40%	66.67%	1	4
新品喜帖请帖结婚请柬婚庆用品婚礼结婚用品创意喜帖1001	2	5	22	8%	40%	9.09%	2	3
韩式红包 结婚创意红包利是封婚庆红包大红包袋 千元红包	1	5	5	11.11%	20%	20%	1	4
喜糖盒子 创意喜糖盒 铁盒 结婚用品糖盒婚庆用品糖果盒181	1	5	11	6.67%	20%	9.09%	1	4
结婚创意20 结婚礼庆用品 结婚请柬信封 韩式请帖信封X01	1	5	2	16.67%	20%	50%	1	4

图1–34 AB产品的关联数据图

从产品的关联数据图可以看出，同时购买“韩式喜糖盒”和“糖果盒185”的订单数为2，与同时购买“韩式喜糖盒”和“创意喜帖1001”的订单数一样多，且排行第一。

从订单数的角度来看，与“韩式喜糖盒”一起购买得最多的产品是 “糖果盒185”和“创意喜帖1001” 。因此，在5件产品中，“韩式喜糖盒”与这两件产品的关联度最高，可以考虑在产品详情页中推荐这两款产品，或将其与“韩式喜糖盒”进行捆绑销售。

1.3.3 常用数据分析工具

数据分析最关键的就是工具，再好的数据分析方法也需要分析工具来支撑。选择什么分析工具跟工作岗位、分析场景息息相关，每种场景都有若干种工具可以选择。图1-35汇总了一些常用的数据分析工具，供大家参考使用。

应用领域	适用工具
数据采集	Python、Google Analytics、数极客等
数据清洗	Excel、SQL、Hives、Hadoop等
数据可视化	Excel、Echart、PowerBI、Tableau等
统计分析	Excel、Python、SAS、Stata、Eviews等

图1-35 数据分析工具汇总

上述数据分析工具中，Excel是最基本、最常见的数据分析工具，其功能非常强大，无论是数据处理、数据可视化还是统计分析，都能够支持。通过Excel进行的数据处理包括数据排序、筛选、分类汇总、去除重复项、分列、异常值处理及数据透视表等。

数据可视化是指利用Excel提供的图表将数据进行可视化展示，如柱状图、条形图、扇形图、折线图、散点图、气泡图、面积图、曲面图和雷达图等。

统计分析需要Excel加载“分析工具库”，加载后便可以提供丰富的统计分析功能，如描述统计、假设检验、方差分析和回归分析等。

提示

Python是一种广泛应用的高级编程语言，功能非常强大，被广泛应用于编写爬虫程序，按照一定规则自动抓取网络上的信息，如房产网上的价格等。Python提倡简单明了的编程理论，便于初学者入门，同时它还有非常强大的第三方库可以调用。

1.3.4 数据分析报告

数据分析处理项目完成后，一般要撰写工作总结和数据分析报告。数据分析报告是项目可行性判断的重要依据，是数据分析过程和思路的最后呈现。一份数据分析报告应具备以下3个要素。

- **总体分析：**从项目的实际需求出发，对该项目的财务、业务数据进行总量分析，把握全局。
- **确定重点，合理配置资源：**在对项目全局掌握的基础上，根据被分析项目的特点，通过具体的趋势分析、对比分析等手段，合理确定分析重点，协助分析人员做出正确的项目分析决策，调整人力、物力等资源，以达到最佳状态。
- **建立模型：**针对不同的分析事项建立具体的分析模型，将主观的经验固化为客观的分析模型，从而指导以后项目实践中的数据分析。

1.4 提高与技巧

在大数据时代下，数据挖掘也是一项关键性的工作。下面将对数据挖掘方法和数据分析工具做进一步的介绍。

1.4.1 数据挖掘

数据挖掘一般是指通过算法从大量的数据中搜索出隐含的、先前未知的，并有潜在价值的信息的过程。数据挖掘通常与计算机科学有关，该流程主要包括图1-36所示的6个步骤，下面分别进行介绍。

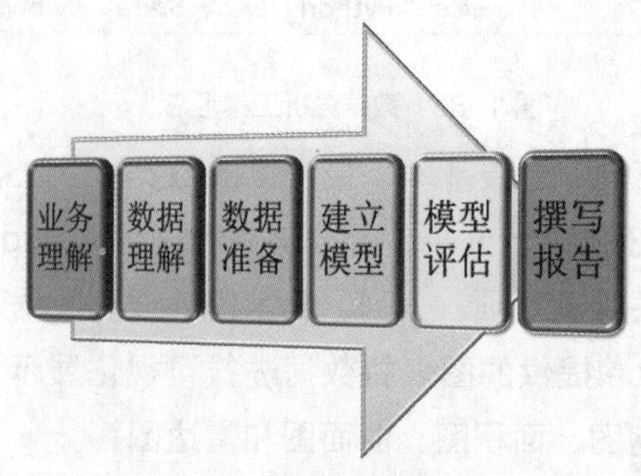

图1-36 数据挖掘流程

- **业务理解**：通过反复沟通，准确理解业务问题，将其转换成数据挖掘问题，并拟定初步构想。
- **数据理解**：收集、理解和过滤所需的数据并进行数据质量评估。
- **数据准备**：对数据进行清洗、抽取、转换、组合、存储和处理等，便于数据挖掘的使用。
- **建立模型**：采用各种方法建立分析模型，解决提出的业务问题。
- **模型评估**：对建立的模型进行评估。
- **撰写报告**：最终生成报告。

1.4.2 自助式商业智能工具

为了应对企业业务人员对大数据分析的需求，近几年，市面上涌现了一批自助式商业智能（Business Intelligence，BI）工具，如Tableau、PowerBI、Spotfire、神策分析和魔镜等。

自助式BI工具实质上就是大数据前端分析工具。目前的自助式BI工具已经将维度的选择集成到控件组件的拖选操作中，自动建模技术代替了手动建模，使数据分析工作更加便捷。通过自助式BI工具，一方面可以帮助业务分析员更快速地响应业务需求，另一方面业务和数据的快速结合能够提高决策的效率。

当然，每一个数据分析工具都有其各自的优缺点，对于工具的选用应视情况、视侧重点不同来进行选择。只有适合自己的分析工具，才能够大大简化数据分析的繁杂工作，提高分析的效率与质量。

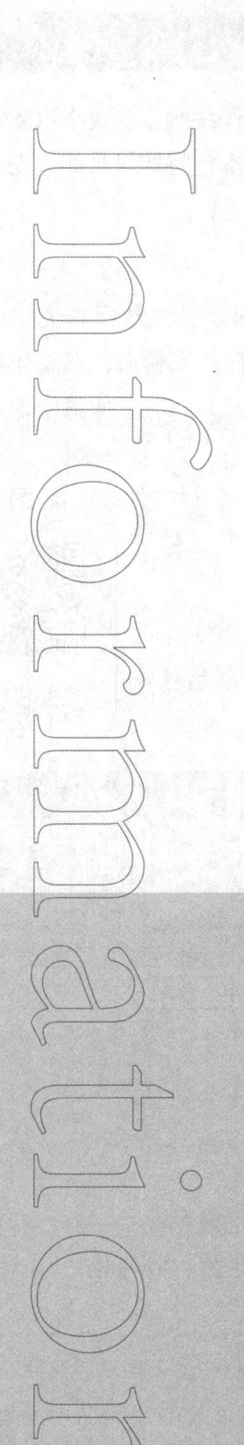

Information

第2章 数据的输入与编辑

第1章介绍了商务数据分析的基础知识，本章将开始讲解利用Excel软件对采集的数据进行编辑和处理。在使用Excel处理数据之前，需要在Excel中输入数据，然后才能根据需要对这些数据内容进行编辑。本章将介绍输入数据、计算表格中的数据及美化工作表的相关操作，以帮助用户提高表格的编辑效率。

本章要点

- 输入数据
- 计算表格中的数据
- 美化工作表

2.1 输入数据

数据是Excel的灵魂，是其他操作的前提和基础。若表格中没有数据，该表格也就没有意义。表格中的数据并不只是数字，还包括其他类型的数据，如文本、特殊符号和日期等。下面将对输入数据的方法进行介绍。

2.1.1 输入数据的一般方法

在Excel中输入数字、负数、分数、中文文本和小数型数据时。首先选择单元格或双击单元格，然后直接输入数据，按“Enter”键确认输入；也可选择单元格后，在编辑栏中输入数据，再按“Enter”键确认输入。下面将在“图书销量统计表.xlsx”工作簿中输入文本、小数、一般数字和日期等普通数据，其具体操作如下。

（1）打开素材文件“图书销量统计表.xlsx”工作簿（素材参见：素材文件\第2章\图书销量统计表.xlsx），选择A2单元格，直接输入一般数字“1”，按“Enter”键查看输入结果，如图2-1所示。

微课：输入数据的一般方法

（2）选择B9单元格，将鼠标指针定位至编辑栏中，输入日期“2018-3-20”，其中的连接符直接按小键盘中的“-”键输入，然后按“Enter”键查看输入结果，如图2-2所示。

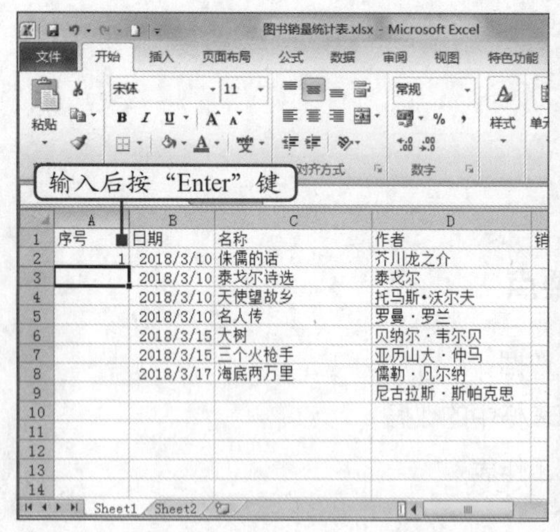

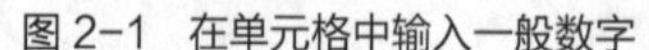

图 2-1 在单元格中输入一般数字

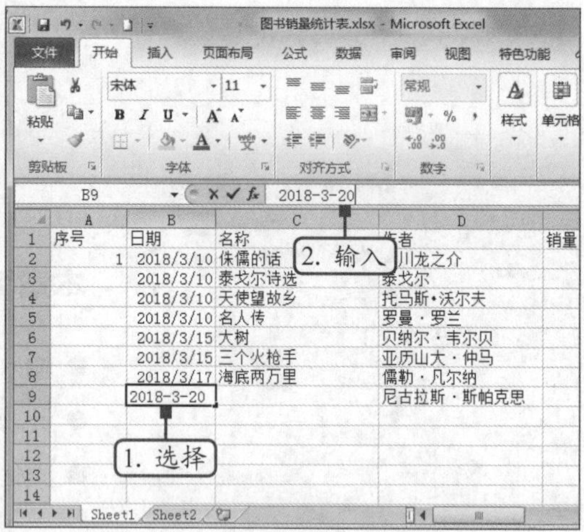

图 2-2 在单元格中输入日期

提示

默认状态下，Excel中输入的一般数字都呈右对齐方式显示在单元格中。Excel单元格中可显示的最大数字为99 999 999 999，当超过该值时，Excel会自动以科学记数方式显示。

（3）选择C9单元格，将鼠标指针定位至编辑栏中，并切换至中文输入法后输入文本“分手信”，如图2-3所示，然后按“Enter”键确认输入。

（4）选择F9单元格，输入小数“23.8”，如图2-4所示。小数点的输入方法为直接按小键盘中的“Del”键。若输入的小数位数过长，单元格中可能显示不完全，此时可在编辑栏中进行查看。

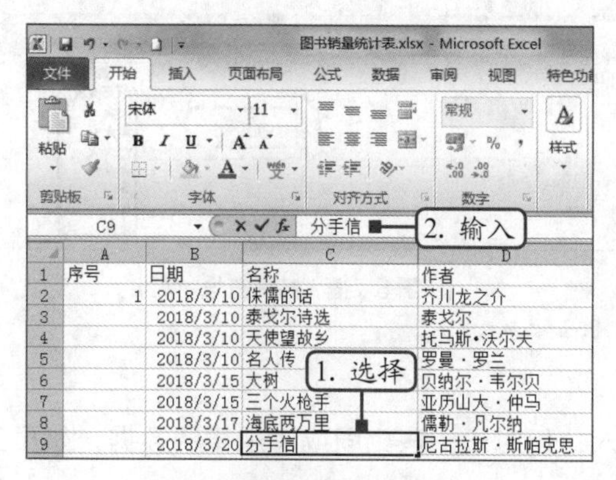

图 2-3　在编辑栏中输入文本

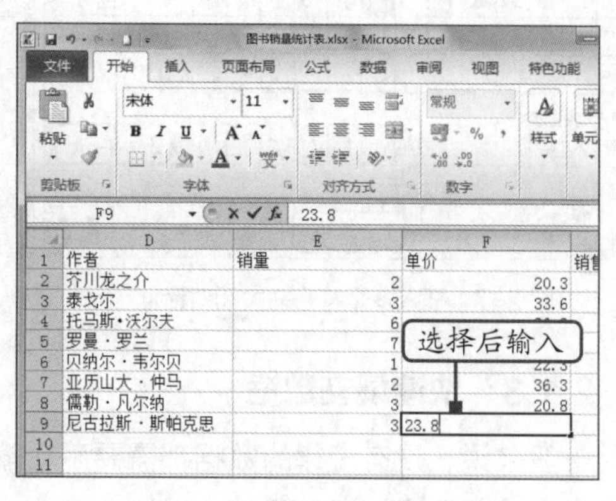

图 2-4　在单元格中输入小数

2.1.2　输入特殊字符

在单元格中除了可以输入普通数据外，还可以利用插入符号功能输入特殊字符。下面将在“图书销量统计表.xlsx”工作簿中为图书添加推荐符号，其具体操作如下。

（1）保持“图书销量统计表.xlsx”工作簿的打开状态，在“Sheet1”工作表中选择H2单元格，在“插入”选项卡的“符号”组中单击“符号”按钮，如图2-5所示。

微课：输入特殊字符

（2）打开“符号”对话框，单击“符号”选项卡，在“子集”下拉列表中选择“其他符号”选项，在其下的列表框中选择实心五角星符号，然后单击“插入”按钮，如图2-6所示。

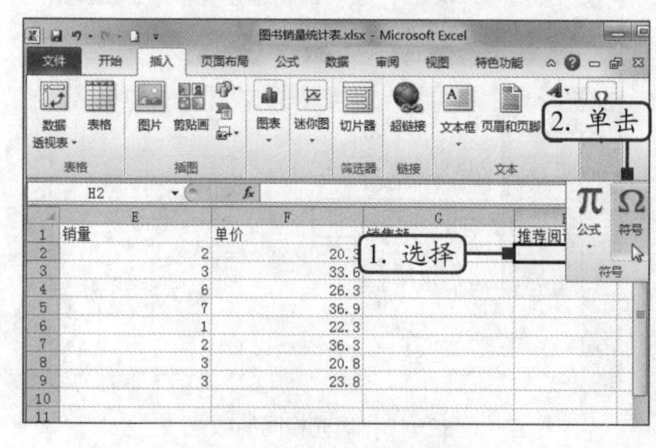

图 2-5　单击“符号”按钮

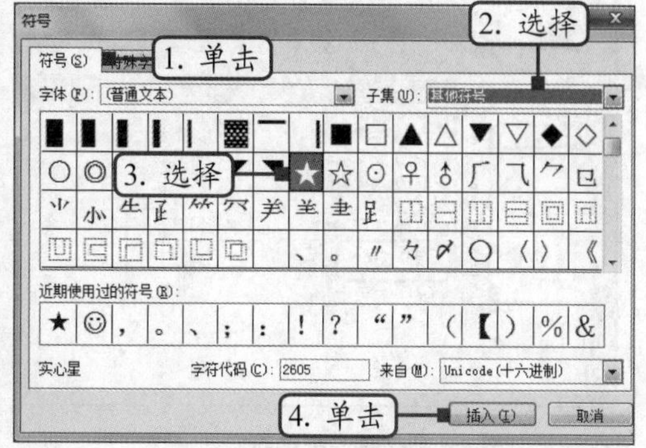

图 2-6　选择特殊符号

（3）连续单击“插入”按钮，插入多个相同符号，然后单击“关闭”按钮，关闭“符号”对话框，如图2-7所示，返回Excel工作界面浏览添加的符号。

（4）按照相同的操作方法，在H3:H9单元格区域中插入相同的特殊符号，最终效果如图2-8所示。

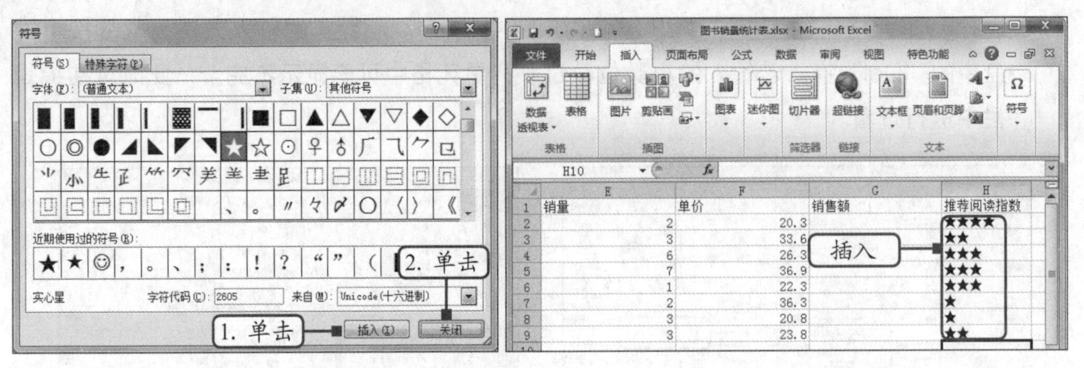

图 2-7　插入多个符号并关闭对话框　　　　图 2-8　插入特殊符号

2.1.3　快速填充数据

一般来说，没有规律的数据都需要手动输入，但对于一些相同或有规律的数据，如员工编号、部门名称等，则可通过填充的方式快速输入。下面将在“图书销量统计表.xlsx”工作簿中快速填充“序号”列数据，其具体操作如下。

微课：快速填充数据

（1）保持“图书销量统计表.xlsx”工作簿的打开状态，在“Sheet1”工作表中选择A2单元格，将鼠标指针移到A2单元格右下角的填充柄上，当鼠标指针变为+形状时，按住鼠标左键不放并拖动至A9单元格，如图2-9所示。

（2）释放鼠标，可以看到选择的单元格区域中已填充相同的数字“1”，效果如图2-10所示。

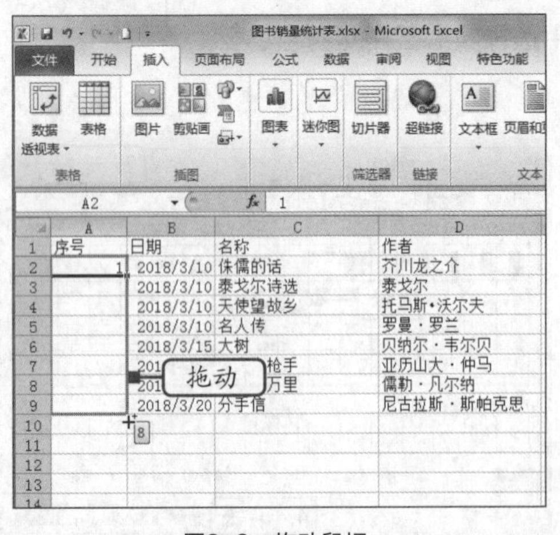

图2-9　拖动鼠标

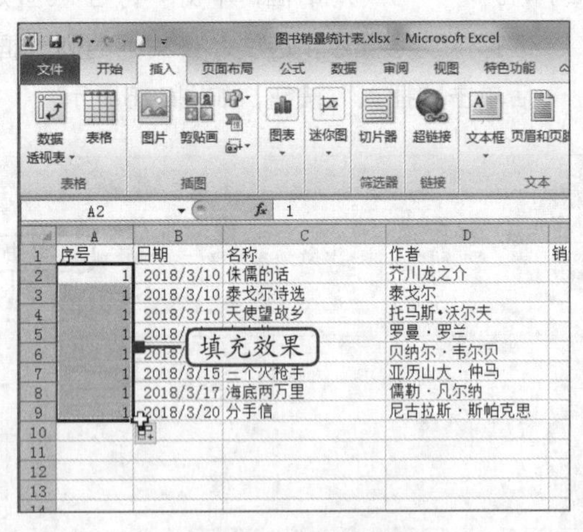

图2-10　填充相同的数据

（3）单击A9单元格右下角的“填充选项”按钮，在打开的下拉列表中单击选中“填充序列”单选项，如图2-11所示。

（4）此时，在拖动的单元格区域中将以“1”为单位进行递增填充，最终效果如图2-12所示。

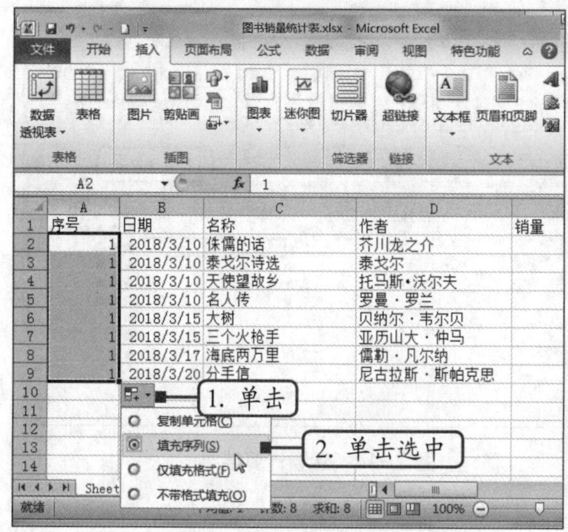

图 2-11　按填充序列的方式填充数据

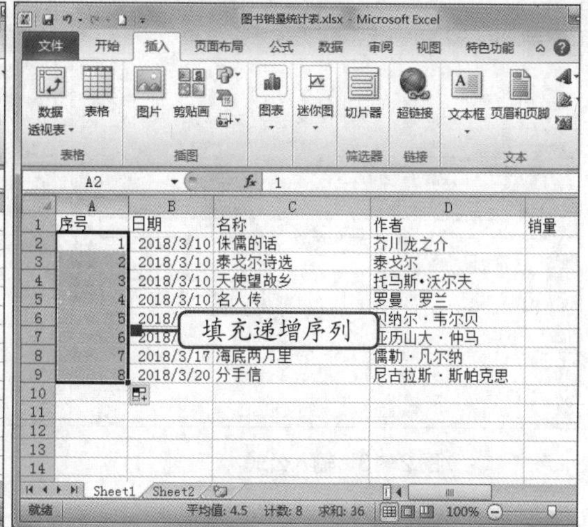

图 2-12　填充效果

提示

在单元格中填充编号数值时，可按住“Ctrl”键的同时拖动鼠标，将直接以“1”为单位进行递增填充；或在相邻的两个单元格中分别输入步长值和终止值，针对本例而言，可以在A2和A3单元格中分别输入“1”和“2”，然后选择A2:A3单元格区域，并拖动A3单元格右下角的填充柄，便可以“1”为单位进行递增填充。

2.2　计算表格中的数据

使用Excel的数据计算功能可使复杂的数据计算变得简单。在Excel中计算数据，公式起到了至关重要的作用，可以说没有公式就无法完成任何计算。下面将通过公式和函数（函数实质上就是一些预定义的公式，即“特殊公式”）两种方式对表格中的数据进行计算。

2.2.1　输入公式

要使用公式，必须首先掌握公式的输入方法。在Excel中输入公式时，可以在编辑栏或单元格中输入公式，还可以结合键盘和鼠标来输入公式。下面将在“图书销量统计表.xlsx”工作簿的“Sheet1”工作表中输入公式，其具体操作如下。

（1）保持“图书销量统计表.xlsx”工作簿的打开状态，在“Sheet1”工作表中选择G2单元格，并输入公式“=E2*F2”，如图2-13所示。

（2）此时，“Sheet1”工作表中被引用的两个单元格“E2”和“F2”将自动标记为不同的颜色，按“Enter”键得到计算结果，如图2-14所示。

微课：输入公式

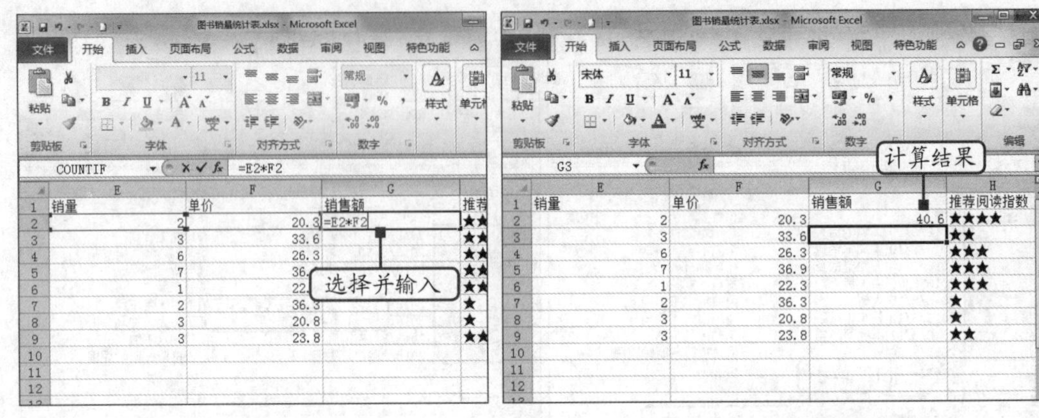

图2-13　输入公式　　　图2-14　查看计算结果

提示　在单元格或编辑栏中输入公式后，如果发现输入错误，就需要修改公式。修改公式的方法很简单，只需拖动鼠标选择要修改的部分数据，重新输入正确的数据后按“Enter”键确认即可。

2.2.2　复制公式

利用Excel编辑数据时，若需要在不同的单元格中输入多个结构相同的公式，可对公式进行复制或填充，这是计算同类数据的最快方法。下面将在“图书销量统计表.xlsx”工作簿的“Sheet1”工作表中复制公式，其具体操作如下。

（1）保持“图书销量统计表.xlsx”工作簿的打开状态，在“Sheet1”工作表中选择G2单元格，然后按“Ctrl+C”组合键复制公式，如图2-15所示。

微课：复制公式

（2）选择要粘贴公式的G3单元格，然后按“Ctrl+V”组合键粘贴公式，如图2-16所示。

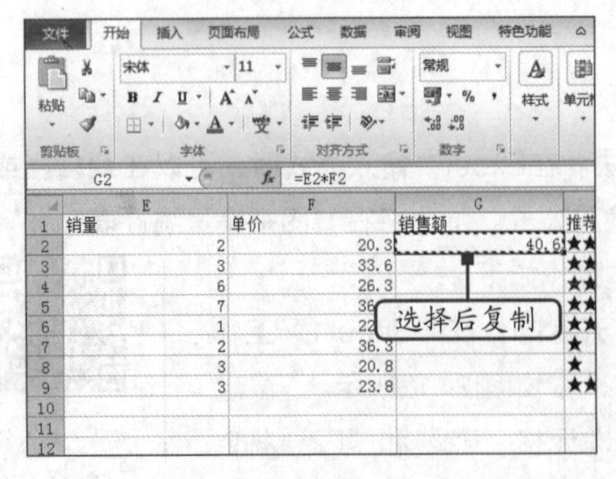

图2-15　复制公式

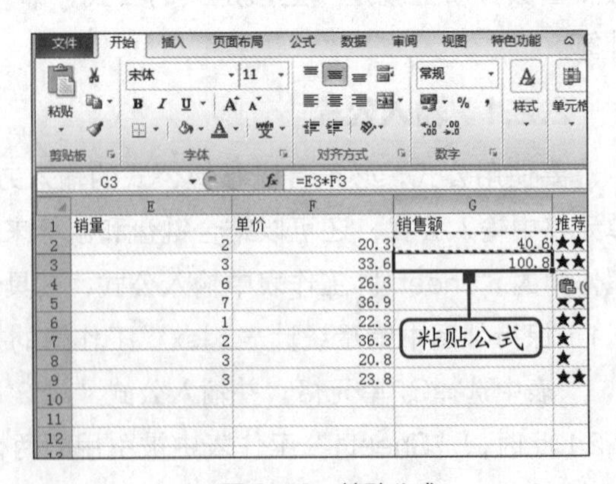

图2-16　粘贴公式

（3）将鼠标指针移至G3单元格右下角的填充柄上，按住鼠标左键不放向下拖动至G9单元格，如图2-17所示。

（4）释放鼠标后，G4:G9单元格区域将自动显示计算结果，如图2-18所示。

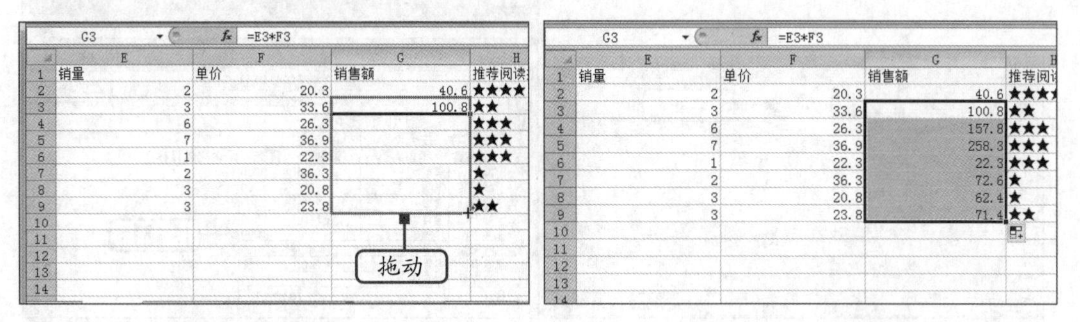

图 2-17　填充公式　　　　图 2-18　显示计算结果

2.2.3　插入函数

在Excel中插入函数的方法主要有两种：一种是通过“插入函数”对话框插入函数，另一种是通过功能面板插入函数。下面将在“图书销量统计表.xlsx”工作簿的“Sheet2”工作表中，利用“插入函数”对话框插入SUM函数，其具体操作如下。

（1）保持“图书销量统计表.xlsx”工作簿的打开状态，单击“Sheet2”工作表标签，切换到“Sheet2”工作表。选择D12单元格，然后在“公式”选项卡的“函数库”组中单击“插入函数”按钮，如图2-19所示。

微课：插入函数

（2）打开“插入函数”对话框，在“或选择类别”下拉列表中选择“常用函数”选项，在“选择函数”列表框中选择“SUM”选项，单击“确定”按钮，如图2-20所示。

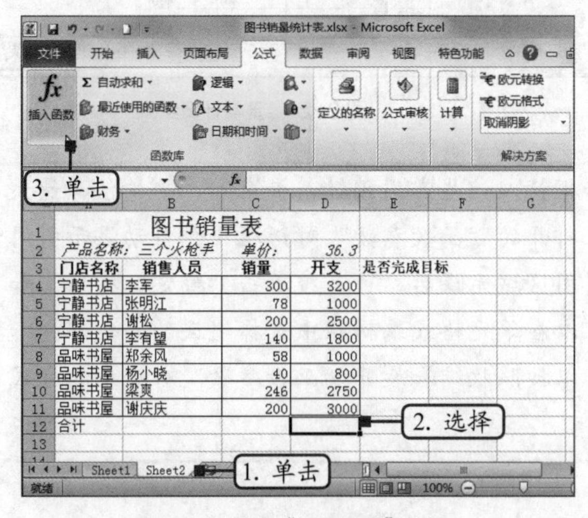

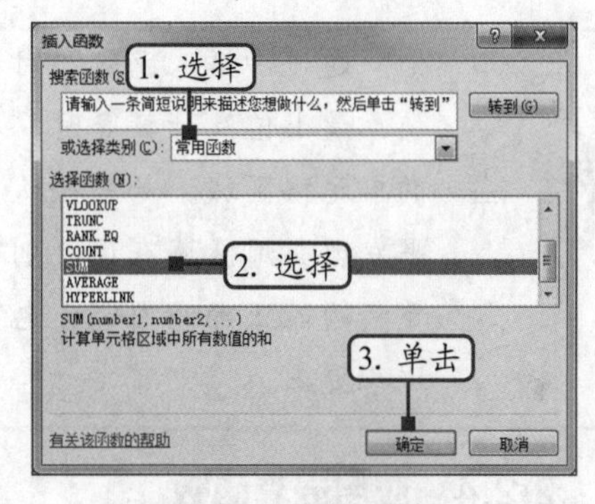

图 2-19　单击“插入函数”按钮　　　　图 2-20　选择函数

（3）打开“函数参数”对话框，单击“SUM”栏中“Number1”文本框右侧的“收缩”按钮，如图2-21所示。

（4）此时，“函数参数”对话框变为缩略状态，在“Sheet2”工作表中拖动鼠标选择D4:D11单元格区域，然后单击“函数参数”对话框中的“展开”按钮，如图2-22所示。

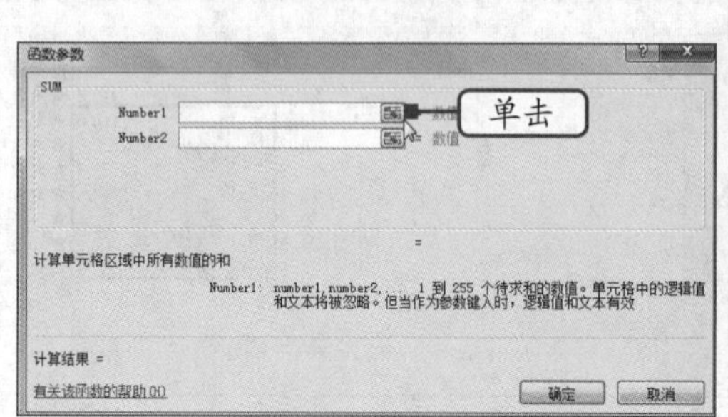

图 2-21 “函数参数”对话框

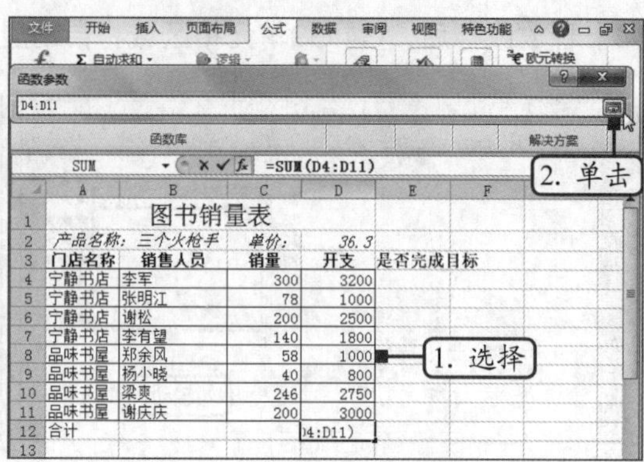

图 2-22 选择引用区域

（5）返回“函数参数”对话框，确认“Number 1”文本框中引用的单元格区域无误后，单击“确定”按钮，如图2-23所示。

（6）返回工作界面，便可在D12单元格中看到使用“SUM”求和函数计算出的“开支”合计数，如图2-24所示。最后按“Ctrl+S”组合键保存工作簿，并单击“关闭”按钮关闭工作簿。

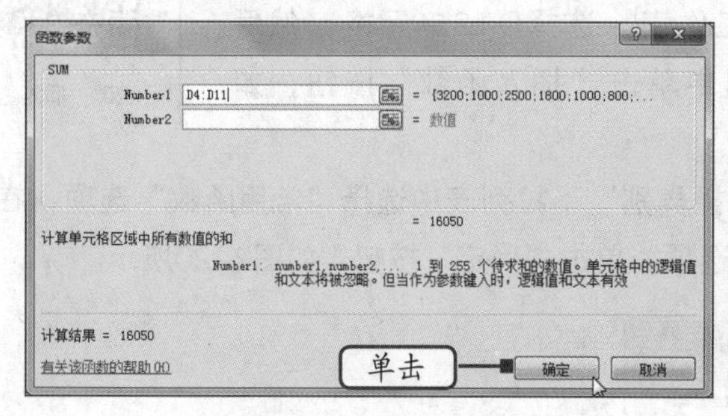

图 2-23 确定引用区域

图 2-24 查看计算结果

提示

通过“插入函数”对话框插入一些常用函数，如求和、平均值、最大值、最小值及计数等时，在打开的“函数参数”对话框中会自动显示引用的单元格区域。如果确认引用区域无误后，可直接单击“确定”按钮；如果发现引用区域有误，则可以在单元格或编辑栏中选择错误的函数部分，重新输入正确的内容，也可以按照收缩和展开“函数参数”对话框的方式进行更正。

2.2.4 应用嵌套函数

嵌套函数是指某个函数或公式以函数参数的形式参与计算。下面将在“图书销量统计表.xlsx”工作簿的“Sheet2”工作表中，利用嵌套函数来判断销售人员的目标达成情况，若盈利值大于等于6000，达标；盈利值小于等于3000，未达标；盈利值介于3000与6000之间，基本达标，其具体操作如下。

微课：应用嵌套函数

（1）保持“图书销量统计表.xlsx”工作簿的打开状态，在“Sheet2”工作表中选择E4单元格，然后将鼠标指针定位至编辑栏中，并输入嵌套函数“=IF($D$2*C4-D4>=6000,"完成",IF($D$2*C4-D4<=3000,"未完成","基本完成"))”，如图2-25所示。

（2）按“Enter”键显示计算结果，重新选择E4单元格，然后将鼠标指针移至E4单元格右下角的填充柄上，按住鼠标左键不放向下拖动到E11单元格后释放鼠标，将在拖动鼠标的单元格区域填充函数并计算数据结果，如图2-26所示。

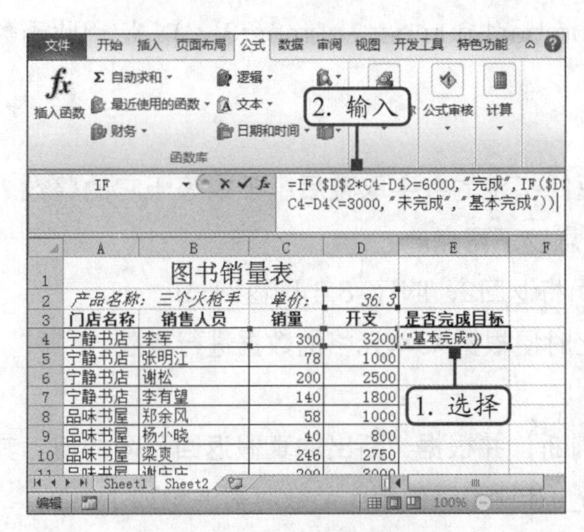

图2-25　输入嵌套函数

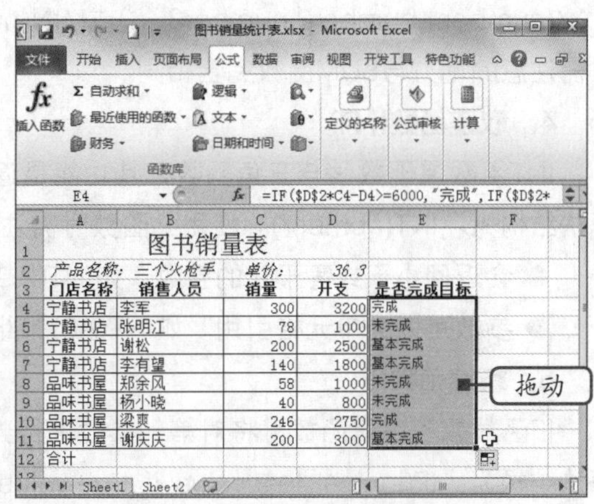

图2-26　复制函数

提示

无论是在公式还是函数的计算中，都经常需要引用单元格或单元格区域中的数据，而单元格或单元格区域的引用又分为相对引用、绝对引用和混合引用3种类型。图2-25中嵌套函数所引用的参数“$D$2*C4-D4”，其中，“C4”和“D4”就属于单元格的相对引用；“$D$2”则属于单元格的绝对引用；整个嵌套函数既有相对引用又有绝对引用，属于单元格的混合引用。

2.2.5 常用函数介绍

Excel中函数的使用方法与前面讲解的应用方法相似。下面主要介绍一些常用函数的参数信息和注意事项。

1. 求和函数SUM

SUM函数属于数学与三角函数，其功能是返回所有参数之和。语法结构为：SUM(number1,number2,number3,...)。使用此函数时需注意以下几点。

- 参数的数量范围为1～30个。
- 若参数均为数值，则直接返回计算结果，如SUM(10,20)，将返回“30”；若参数中包含文本数字和逻辑值，则会将文本数字判断为对应的数值，将逻辑值TRUE判断为“1”，如SUM(10,20,TRUE)将返回“31”。
- 若参数为引用的单元格或单元格区域的地址，则只计算单元格或单元格区域中为数字的参数，其他如空白单元格、文本、逻辑值或错误值都将被忽略。

2. 求平均值函数AVERAGE

AVERAGE函数属于统计函数，其功能是返回所有参数的算术平均值。语法结构为：AVERAGE(number1,number2,number3,...)。使用此函数时需注意的地方与SUM函数完全相同。

3. 求最大/最小值函数MAX/MIN

MAX/MIN函数属于统计函数，其功能是返回所有参数的最大值或最小值。语法结构为：MAX(number1,number2,number3,...)或MIN(number1,number2,number3,...)。使用此函数时需注意的地方与SUM函数完全相同。

4. 取整函数INT

INT函数属于数学与三角函数，其功能是返回指定的数字取整后小于或等于它的整数。语法结构为：INT(number)。使用此函数时需注意以下两点。

- 会返回小于或等于它的整数。如INT(2.9)将返回2；INT(-8.6)则返回-9。
- 参数可以为单元格引用。如INT(A3)，此时便根据A3单元格的数据进行取整。

5. 条件函数IF

IF函数属于逻辑函数，将对第一参数进行判断，并根据判断出的真假返回不同的值。其语法结构为：IF(logical_test,value_if_true,value_if_false)。使用此函数时需注意如下5点。

- logical_test为第一参数，作用是IF函数判断的参照条件。
- value_if_true为第二参数，表示当IF函数判断logical_test成立时将返回的值。
- value_if_false为第三参数，表示当IF函数判断logical_test不成立时将返回的值。
- 第二参数可以省略，此时若应该返回第二参数的值，则返回“0”。
- 第三参数可以省略，此时若应该返回第三参数的值，则有两种情况：一是若第三参数前面的“,”省略，则将返回TRUE；二是若“,”未省略，则将返回“0”。

6. 排位函数RANK.EQ函数

RANK.EQ属于统计函数，它可返回一个数字在对应数字列表中的排名。如果多个数字排名相同，则返回其最佳排名。其语法结构为：RANK.EQ(number,ref,order)。使用函数时需注意以下3点。

- number作为第一参数，表示要查找排名的数字。
- ref作为第二参数，表示需要查找的数字列表。
- order作为第三参数，表示指定排名方式的数字，省略或为0时表示降序，非0表示升序。

2.3 美化工作表

默认制作完成的Excel表格样式很单一，可能无法满足实际需求。下面将通过套用表格样式和应用单元格样式等方法对表格进行快速美化，使编辑后的表格更加漂亮和专业。

2.3.1 套用预设样式

如果想快速创建出漂亮、专业的工作表，又不想一步一步地进行手动设置，可使用

Excel的套用表格样式功能自动套用表格样式，提高工作效率。下面将对“图书销量统计表.xlsx”工作簿中的“Sheet1”工作表套用表格格式，其具体操作如下。

微课：套用预设样式

（1）保持“图书销量统计表.xlsx”工作簿的打开状态，在“Sheet1”工作表中选择包含数据的任意一个单元格，这里选择A4单元格，然后单击“开始”选项卡，在“样式”组中单击“套用表格格式”按钮，在打开的下拉列表中选择“中等深浅”栏中的“表样式中等深浅3”选项，如图2-27所示。

（2）打开“套用表格式”对话框，在“表数据的来源”文本框中显示要应用样式的单元格区域，即整个表格数据区域，保持默认设置不变，然后单击“确定”按钮，如图2-28所示。

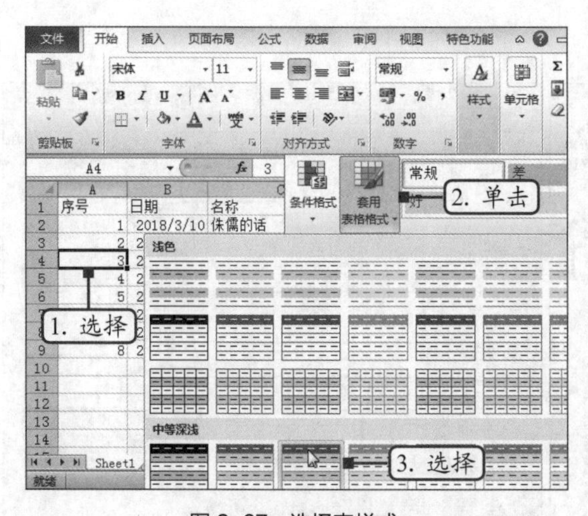

图2-27 选择表样式

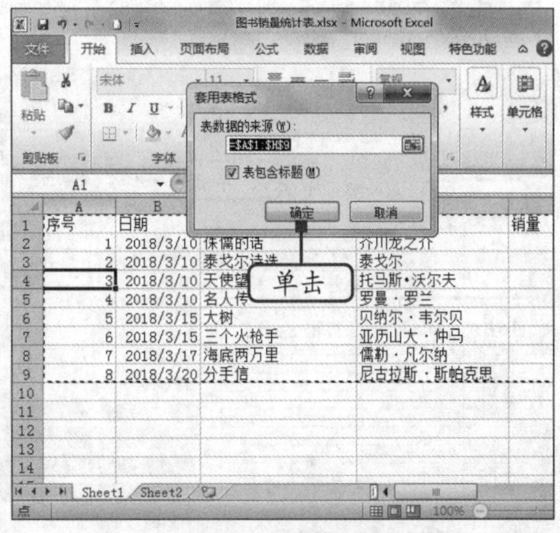

图2-28 确认套用表样式的区域

（3）返回工作界面，表格将自动套用所选择的表格样式，效果如图2-29所示。同时，在功能区中将自动显示“表格工具 设计”选项卡，在其中可以对表格样式、表格样式选项和表格大小等参数进行设置。

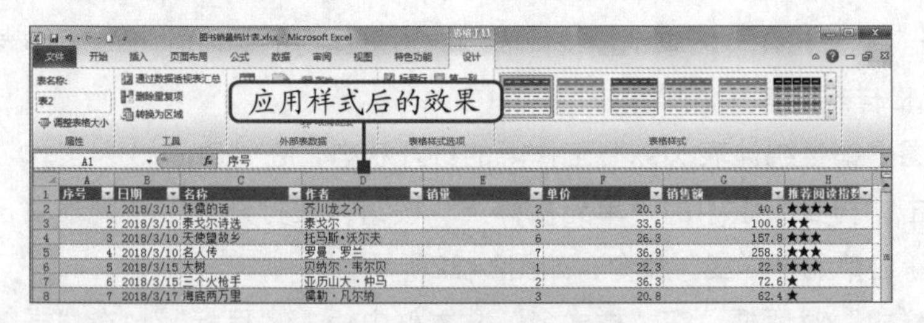

图2-29 套用表格样式后的效果

提示

套用表格样式后，工作表标题行每一个单元格的右侧都会显示一个下拉按钮，单击该按钮，可以对表格中的数据进行筛选；也可以单击“数据”选项卡的“排序和筛选”组中的“筛选”按钮，取消工作表的筛选状态。注意，如果在“套用表格式”对话框中未单击选中“表包含标题”复选框，那么在套用表样式后将不会在单元格右侧出现下拉按钮。

2.3.2 应用单元格内置样式

单元格样式是指一组特定的单元格样式组合。Excel 2010中内置了多种类型的单元格样式，通过使用这些内置的单元格样式，可以快速美化单元格，提高工作效率。下面将对“图书销量统计表.xlsx”工作簿中的“Sheet2”工作表应用内置的单元格样式，其具体操作如下。

（1）切换到“Sheet2”工作表，选择合并后的A1单元格，在“开始”选项卡的“样式”组中单击“单元格样式”按钮，在打开的下拉列表中选择“标题”栏中的“标题1”选项，如图2-30所示。

微课：应用单元格内置样式

（2）选择A12:D12单元格区域，在“开始”选项卡的“样式”组中单击“单元格样式”按钮，在打开的下拉列表中选择“主题单元格样式”栏中的“强调文字颜色2”选项，如图2-31所示。

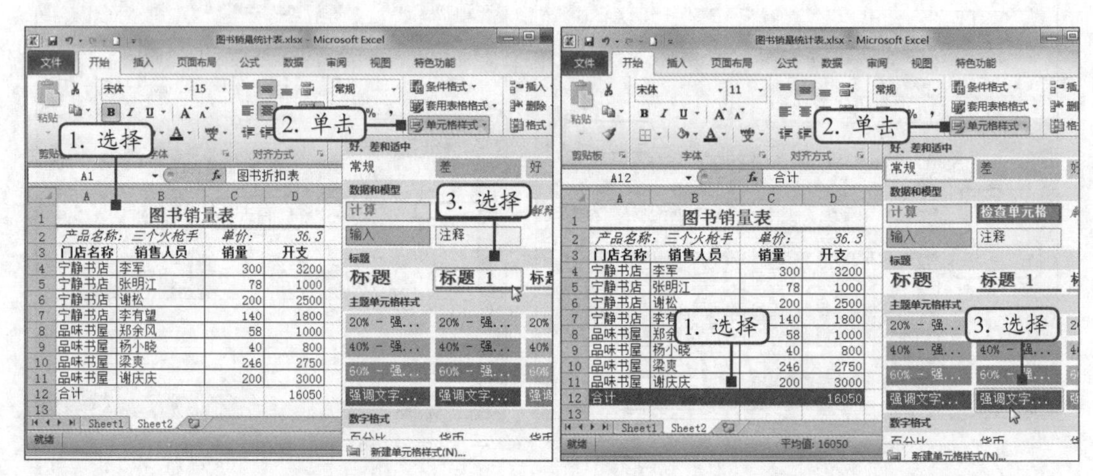

图 2-30 应用内置的标题样式　　图 2-31 应用内置的主题单元格样式

2.3.3 创建自定义样式

如果内置的单元格样式不能满足实际需求，用户可以自定义样式，设置字体格式、对齐方式和边框等。下面将在“图书销量统计表.xlsx”工作簿的“Sheet2”工作表中设置并应用自定义的单元格样式，其具体操作如下。

（1）保持“图书销量统计表.xlsx”工作簿的打开状态，在“Sheet2”工作表中单击“样式”组中的“单元格样式”按钮，在打开的下拉列表中选择“新建单元格样式”命令，如图2-32所示。

微课：创建自定义样式

（2）打开“样式”对话框，在“样式名”文本框中输入“目标”，在“样式包括”栏中取消选中“数字”和“保护”复选框，然后单击“格式”按钮，如图2-33所示。

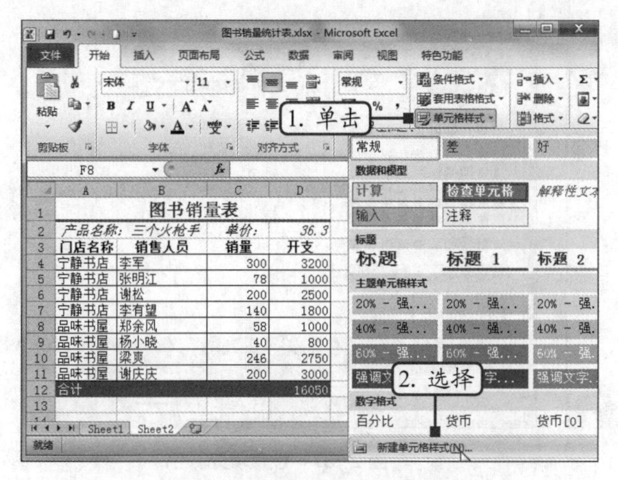

图 2-32 选择“新建单元格样式”命令

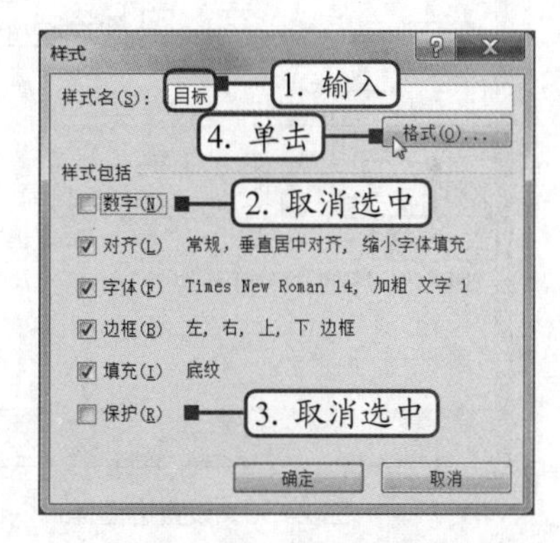

图 2-33 选择样式类型

（3）打开“设置单元格格式”对话框，单击“对齐”选项卡，在“文本控制”栏中单击选中“缩小字体填充”复选框，如图2-34所示。

（4）单击“字体”选项卡，在“字体”下拉列表中选择“黑体”选项，在“字形”列表框中选择“加粗”选项，在“字号”列表框中选择“11”选项，如图2-35所示。

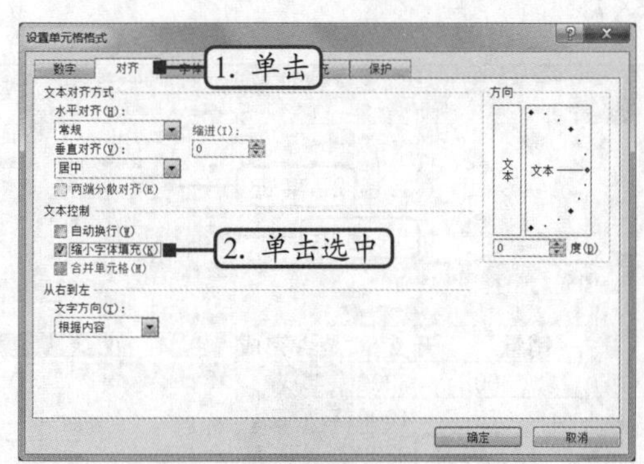

图2-34 设置对齐样式

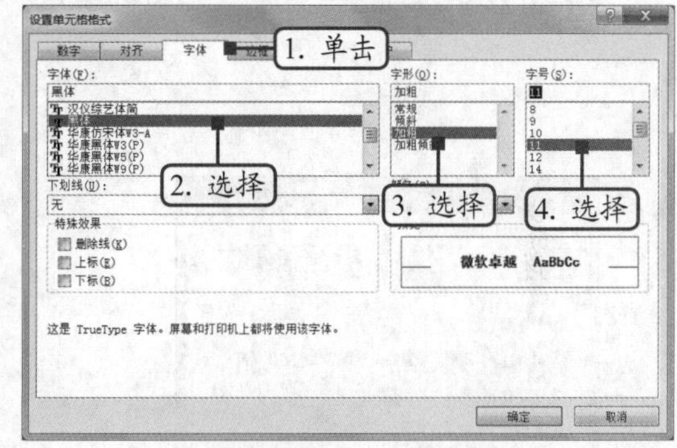

图2-35 设置字体样式

（5）单击“边框”选项卡，在“样式”列表框中选择第一列最后一个单实线，在“预置”栏中单击“外边框”按钮，如图2-36所示。

（6）单击“填充”选项卡，在“背景色”栏中选择“橙色”选项，然后单击“确定”按钮，如图2-37所示。

提示

在“填充”选项卡中单击“填充效果”按钮，打开“填充效果”对话框中的“渐变”选项卡，单击选中“颜色”栏中的“双色”单选项后，可以将单元格的填充颜色设置为渐变填充效果。

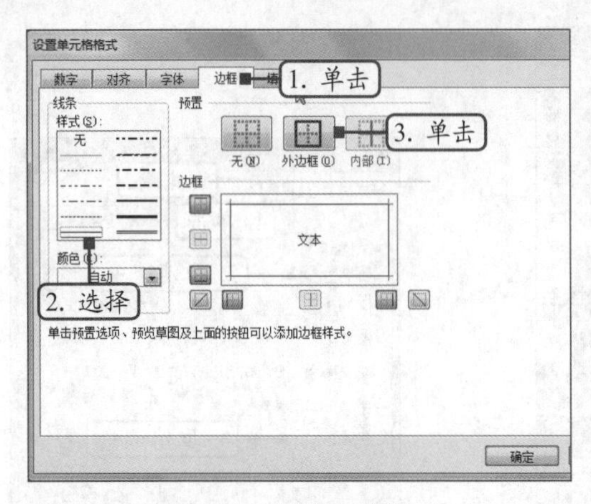

图 2-36 设置边框样式

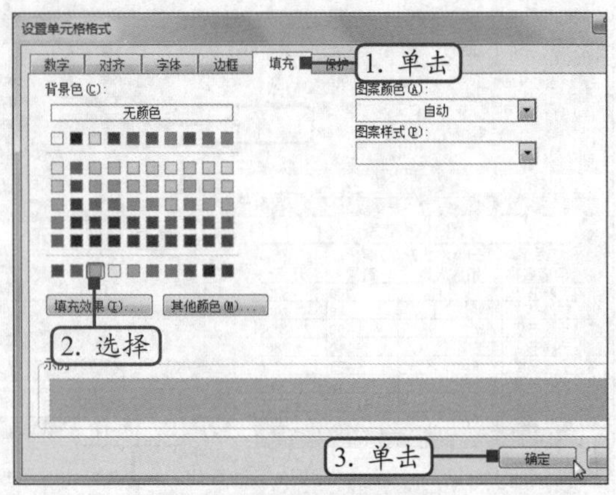

图 2-37 设置填充颜色

（7）返回"样式"对话框，确认新设置的单元格样式无误后，单击"确定"按钮，如图2-38所示。

（8）在"Sheet2"工作表中选择需要应用自定义样式的区域，这里选择E4:E11单元格区域，然后单击"样式"组中的"单元格样式"按钮，在打开的下拉列表中选择"自定义"栏中的"目标"选项，即可快速应用自定义样式，最终效果如图2-39所示（效果参见：效果文件\第2章\图书销量统计表.xlsx）。

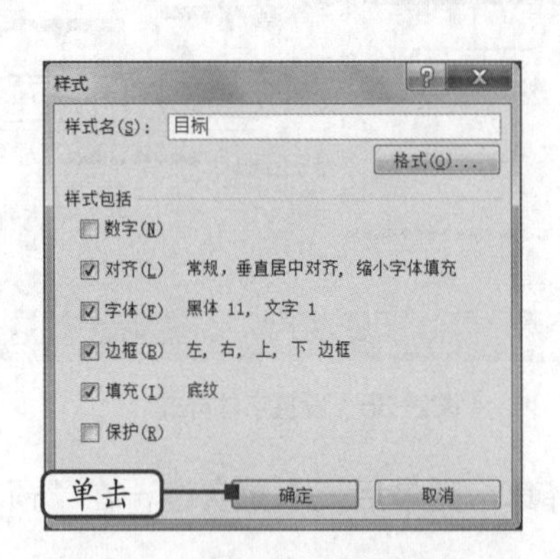

图 2-38 确认设置

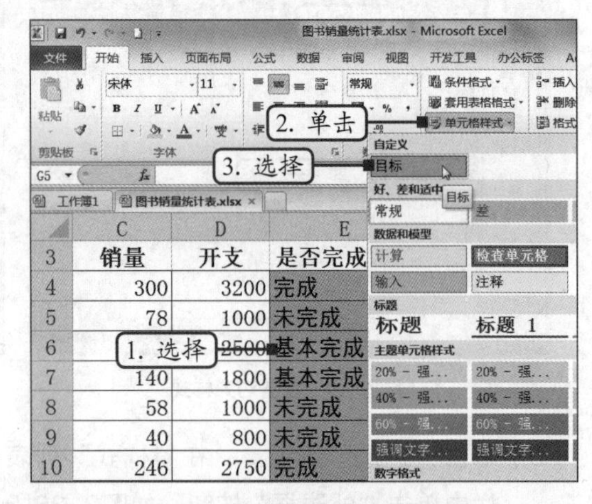

图 2-39 应用自定义的单元格样式

2.4 提高与技巧

在工作表中进行数据的输入与编辑操作时难免会遇到一些问题，比如：如何解决单元格中的数据显示不全，如何清除单元格格式而保留内容，如何快速删除文本中的空格，如何正确输入身份证号码？下面将介绍编辑表格数据过程中常见的问题及解答。

2.4.1 表格内容全部显示

在使用Excel的过程中，当在单元格中输入较长的数据后，该单元格中的部分内容默认将被隐藏起来，只有通过编辑栏才能查看全部内容。为了方便阅读，可以将单元格中的内容全部显示出来，其方法为：在工作表中选择包含长数据的单元格或单元格区域，在“开始”选项卡的“单元格”组中单击“格式”按钮，在打开的下拉列表中选择“单元格大小”栏中的“自动调整列宽”选项，如图2-40所示。

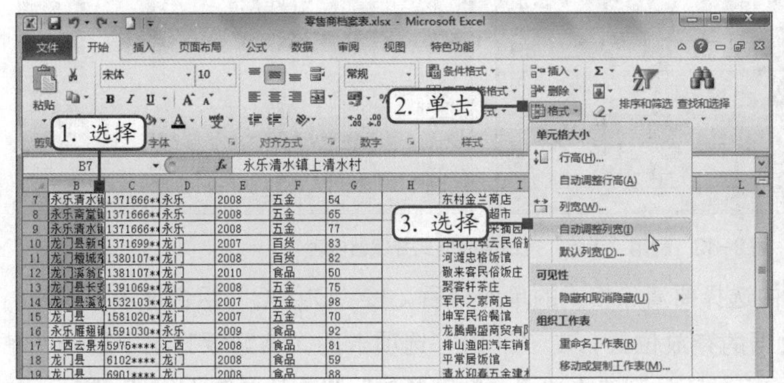

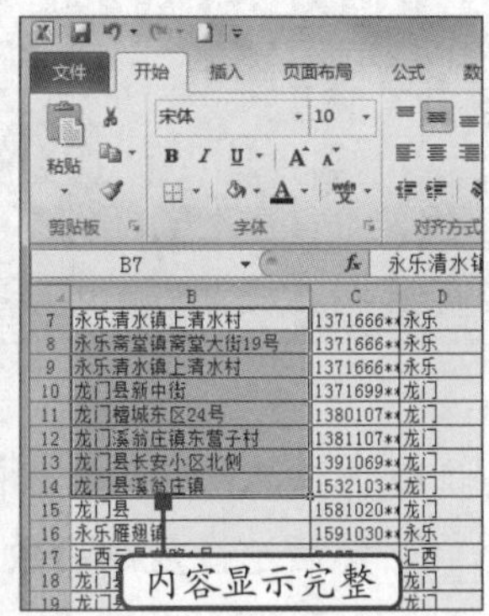

图 2-40　通过自动调整列宽来显示文本内容

如果想在不改变单元格列宽的前提下显示单元格的全部内容，则可以在所选单元格或单元格区域上单击鼠标右键，在弹出的快捷菜单中选择“设置单元格格式”命令，打开“设置单元格格式”对话框，单击“对齐”选项卡，然后在“文本控制”栏中单击选中“自动换行”复选框，最后单击“确定”按钮，如图2-41所示。

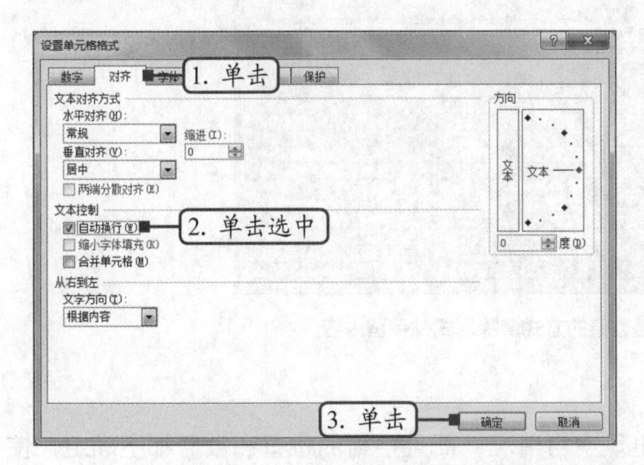

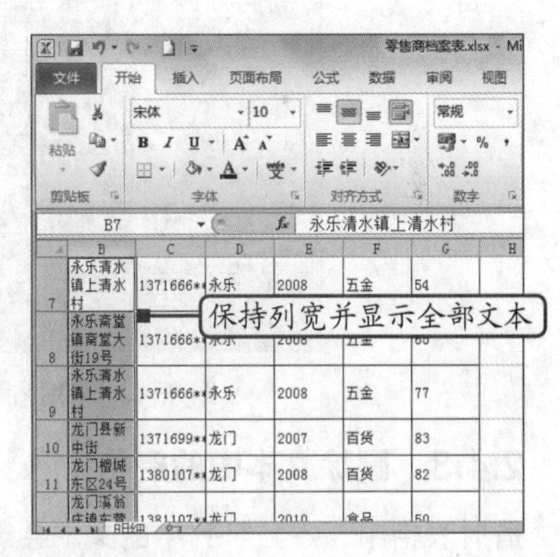

图 2-41　在保持列宽不变的前提下显示单元格全部内容

2.4.2　清除格式保留数据

如果Excel单元格中的格式设置较多，如表格中有背景色、文字颜色、文字加粗和边框等格式，想要改变格式而进行一项项的重新设置会非常烦琐。此时，可先清除单元格的格式设置，重新进行操作。下面介绍两种一次性清除单元格格式但保留其数据的方法。

- **方法一**：在工作表中选择要清除格式的单元格，然后在“开始”选项卡的“编辑”组中单击“清除”按钮，在打开的下拉列表中选择“清除格式”选项，如图2-42所示，即可将所选单元格中的格式清除，且保持内容不变。

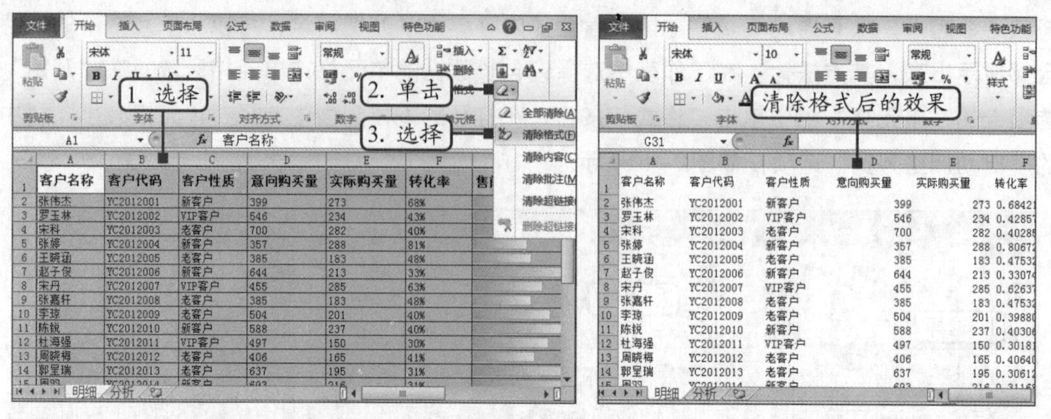

图2-42　利用“清除”按钮清除格式并保留内容

- 方法二：在工作表中选择要清除格式的单元格后，按“Ctrl+C”组合键进行复制。然后选择复制后数据的存放位置，在“开始”选项卡的“剪贴板”组中单击“粘贴”下拉按钮，在打开的下拉列表中选择“粘贴数值”栏中的“值（V）”选项，如图2-43所示，即可将所选单元格中的格式全部清除，且内容保持不变。

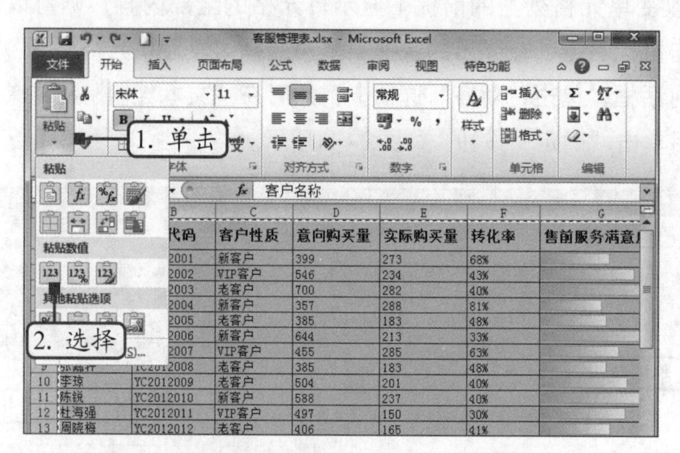

图2-43　利用粘贴数值的方式清除格式并保留内容

2.4.3　删除文本中的空格

有时表格中“姓名”列中的文本会出现空格情况，而且空格的位置和数量都不确定，使“姓名”列数据不整齐、不协调。若要一个一个地进行调整费时费力，此时，可通过查找和替换快速删除空格，提高工作效率。

其方法为：首先在工作表中选择“姓名”所在的单元格列，然后在“开始”选项卡的“编辑”组中单击“查找和选择”按钮，在打开的下拉列表中选择“替换”选项，打开“查找和替换”对话框。单击“替换”选项卡，在“查找内容”文本框中输入一个空格，在“替换为”文本框中不输入任何内容，单击“全部替换”按钮，如图2-44所示。此时，单元格中所有空格均被删除，然后在自动打开的提示对话框中单击“确定”按钮，如图2-45所示，完成操作。

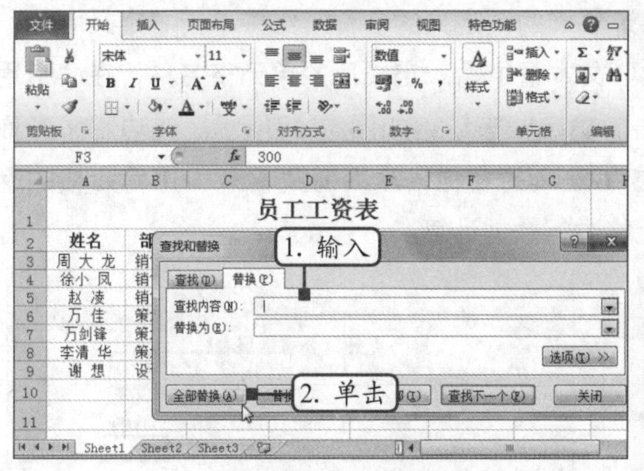

图 2-44 删除空格

图 2-45 确认替换操作

2.4.4 输入身份证号码

现在需要输入身份证号码的场合越来越多，如在登记重要客户资料时，就可能需要输入身份证号码，采用输入一般数据的方法输入身份证号码会显示为科学记数，那么该如何有效地解决这种问题呢？其方法为：选择要输入身份证号码的单元格，在输入身份证号码的数字前先输入一个英文状态下的单引号“'”，然后再输入身份证号码，如图2-46所示，即可在单元格中正确输入身份证号码。

除此之外，还可以先选择要输入身份证号码所在的列，然后在“开始”选项卡“数字”组中的“数字格式”下拉列表中选择“文本”选项，如图2-47所示，最后在身份证号码所在列的单元格中输入身份证号码即可。

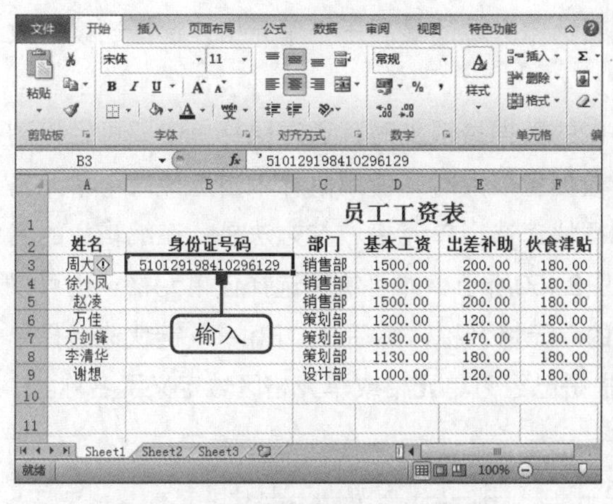

图 2-46 利用单引号输入身份证号码

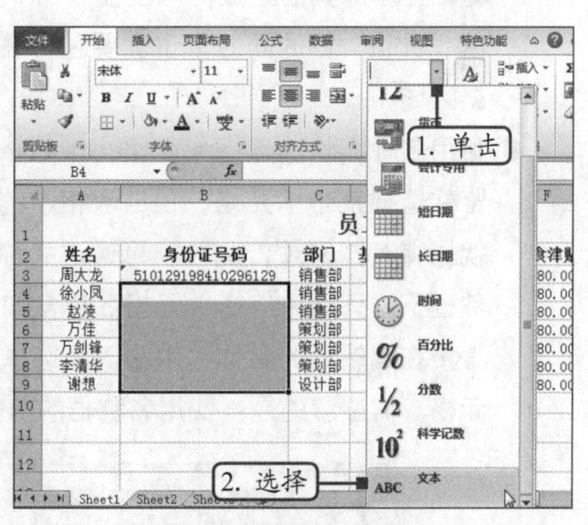

图 2-47 设置单元格数字格式

2.4.5 定义单元格名称

定义单元格名称是指为单元格或单元格区域重新定义一个新名称，这样在定位或引用单元格及单元格区域时就可通过定义的名称来操作相应的单元格。默认情况下，单元格是以行号和列标定义单元格名称的，用户可以根据实际使用情况，对单元格名称进行重新定义，然后在公式或函数中进行使用，简化输入过程。

定义单元格名称的方法为：在“公式”选项卡的“定义的名称”组中单击“定义名称”按钮，打开“新建名称”对话框，在“名称”文本框中输入定义后的单元格名称，在“引用位置”文本框中输入定义的区域，然后单击“确定”按钮，如图2-48所示。成功定义名称后，在利用函数计算数据时，就可以直接应用定义的名称，从而避免输入引用单元格的麻烦，图2-49所示为应用定义的“地区”单元格进行数据计算。

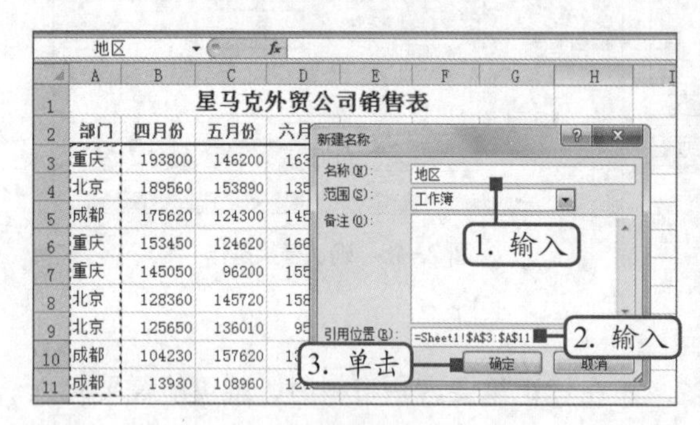

图2-48　自定义名称

图2-49　应用定义的名称

2.4.6　单元格选择技巧

在对表格进行格式设置等操作时首先需要选择单元格，快速选择单元格可以有效地提高编辑表格的效率，简化操作过程。下面介绍在不取消原有选择区域的条件下，增加或减少选择的单元格，以及通过名称快速选择单元格的方法。

- **继续选择单元格**：在Excel中选择了某部分数据区域后，如果要在这部分数据区域的基础上添加其他区域，可按住“Ctrl”键单击单元格，选择不连续的数据区域；或按住“Shift”键的同时单击需要包含在新选定区域的最后一个单元格，选择连续的数据区域。
- **利用名称框快速选择单元格**：当表格中的数据量很少时，通过鼠标单击即可轻松浏览并选择某个单元格，但当表格中的数据量很大时，使用鼠标单击选择某个单元格就显得有些麻烦，此时，可通过名称框快速选择单元格。其方法是：在编辑栏的名称框下拉列表中选择单元格名称，如图2-50所示，即可快速选择该单元格。也可以直接在编辑栏的名称框中输入要选择的单元格名称，然后按“Enter”键快速选择单元格。需注意的是：使用名称框的前提是已经为单元格或单元格区域定义了名称。

家具折旧明细　fx 家具

	家具折旧明细		C	D	E	F	G	H	I
5	空调	40	台	2017/10/12	¥189,651.1	¥9,482.6	12	¥15,014.0	¥1,251.2
6	点钞机	1	台	2018/11/12	¥1,900.0	¥95.0	12	¥150.4	¥12.5
7	[illegible]	[illegible]	[illegible]	[illegible]5/10/12	¥10,700.0	¥0.0	12	¥891.7	¥74.3
8	[illegible]	[illegible]	[illegible]	[illegible]3/3/12	¥1,830.0	¥0.0	12	¥152.5	¥12.7
9	[illegible]	[illegible]	[illegible]	[illegible]6/3/12	¥20,300.0	¥0.0	12	¥1,691.7	¥141.0
10	电话交换机	1	台	2017/10/12	¥51,978.0	¥0.0	12	¥4,331.5	¥361.0
11	刻字机	1	台	2015/7/12	¥3,400.0	¥0.0	12	¥283.3	¥23.6
12	网络交换机	1	台	2016/11/12	¥20,000.0	¥0.0	12	¥1,666.7	¥138.9
13	实习交换机	1	台	2018/5/12	¥2,000.0	¥100.0	12	¥158.3	¥13.2
14	投影仪	1	个	2018/1/12	¥28,800.0	¥1,000.0	12	¥2,316.7	¥193.1
15	电视机	5	台	2016/9/12	¥30,150.0	¥0.0	12	¥2,512.5	¥209.4
16	热水器	2	个	2015/12/12	¥1,900.0	¥95.0	12	¥150.4	¥12.5
17	书柜椅子	1	把	2017/9/12	¥16,000.0	¥0.0	12	¥1,333.3	¥111.1
18	会议桌	1	张	2018/9/12	¥4,000.0	¥0.0	12	¥333.3	¥27.8
19	沙发	2	套	2016/10/12	¥9,500.0	¥300.0	12	¥766.7	¥63.9
20	防盗门	1	个	2015/6/12	¥24,449.5	¥1,222.5	12	¥1,935.6	¥161.3
21	家具	1	套	2016/12/12	¥18,800.0	¥200.0	12	¥1,550.0	¥129.2
22	办公家具	1	套	2016/12/12	¥3,600.0	¥180.0	12	¥285.0	¥23.8

折旧明细　透视表

选择单元格名称

图2-50　利用名称框快速选择单元格

Information

第3章 数据的突出显示与可视化

使用Excel编辑表格时，除了要对数据进行美化和设置外，有时还需要对表格中的数据进行突出显示或将数据以图表的形式展示出来，方便查阅。本章将讲解利用Excel的条件格式功能对数据进行格式标识，同时对数据进行可视化操作，即利用图表功能将数据进行直观显示。

本章要点

- 添加条件格式
- 商务数据可视化
- 分析图表数据

Information

3.1 添加条件格式

利用Excel提供的条件格式功能，可以为工作表中某些符合条件的单元格应用特殊格式，如单元格底纹或字体颜色等。添加条件格式的操作包括：通过色阶、图标集和数据条等显示数据，按规定来显示数据，修改条件格式等，下面将详细进行介绍。

3.1.1 突出显示数据条

突出显示数据条是指利用Excel的条件格式功能，将工作表指定区域中数值的大小情况，通过色阶、图标集和数据条等方式直观地显示出来。下面将在“销售统计表.xlsx”工作簿中应用数据条、色阶和图标集3种样式，其具体操作如下。

微课：突出显示数据条

（1）打开素材文件“销售统计表.xlsx”工作簿（素材参见：素材文件\第3章\销售统计表.xlsx），在“Sheet1”工作表中选择F3:F23单元格区域，单击“开始”选项卡“样式”组中的“条件格式”按钮，在打开的下拉列表中选择“数据条”选项，然后在打开的子列表中选择“渐变填充”栏中的“红色数据条”选项，如图3-1所示。

（2）返回Excel工作界面，即可看到添加数据条后的单元格效果，如图3-2所示。

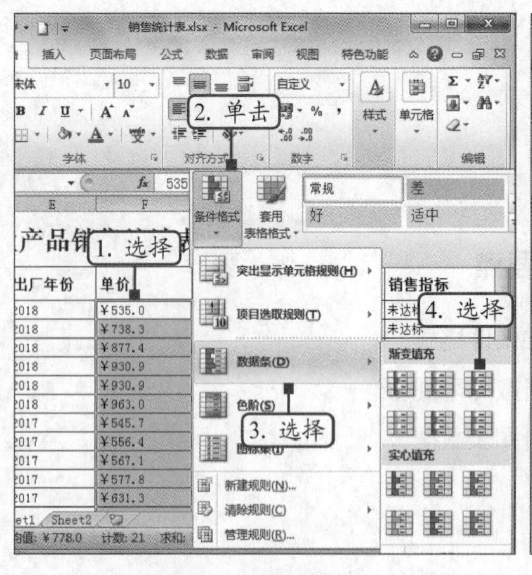

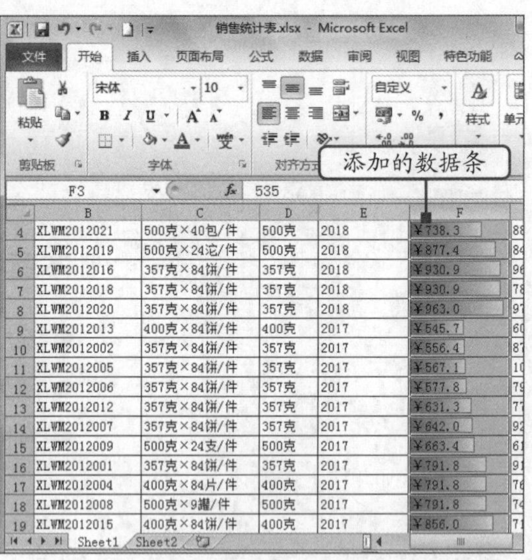

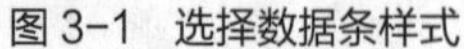

图3-1 选择数据条样式

图3-2 添加数据条后的效果

（3）选择G3:G23单元格区域，单击“开始”选项卡“样式”组中的“条件格式”按钮，在打开的下拉列表中选择“色阶”选项，然后在打开的子列表中选择“白-红色阶”选项，如图3-3所示。

（4）返回Excel工作界面，即可看到添加色阶后的单元格效果，如图3-4所示。

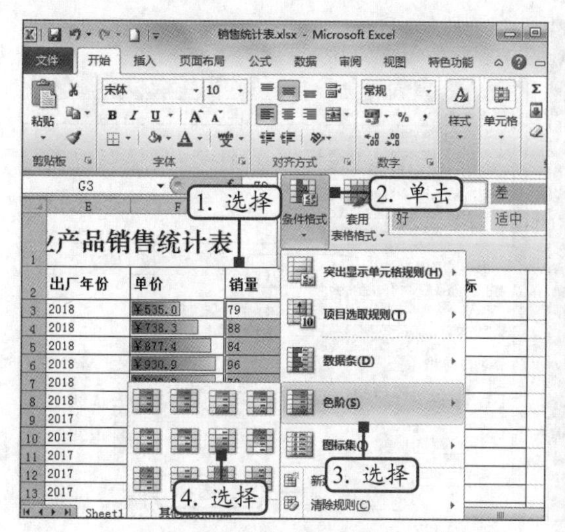

图 3-3　选择色阶样式

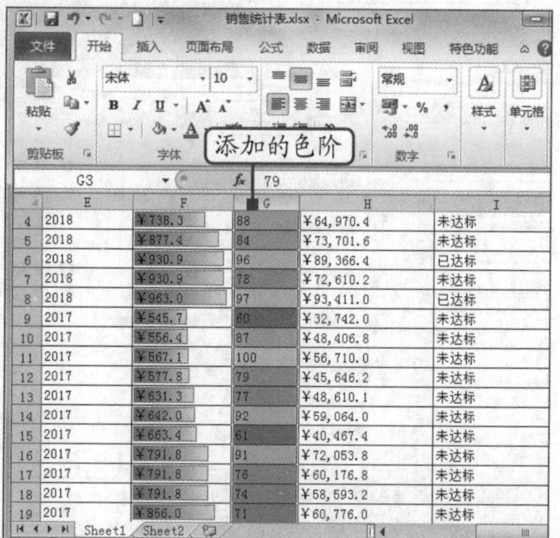

图 3-4　添加色阶后的效果

（5）选择I3:I23单元格区域，单击“开始”选项卡“数字”组中的“展开”按钮，如图3-5所示。

（6）打开“设置单元格格式”对话框，在“数字”选项卡的“分类”列表框中选择“自定义”选项，在右侧的“类型”文本框中输入“已达标;;未达标”，然后单击“确定”按钮，如图3-6所示。

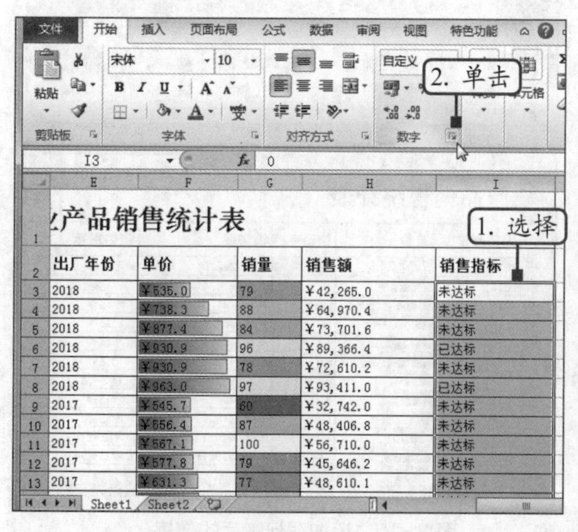

图 3-5　单击“展开”按钮

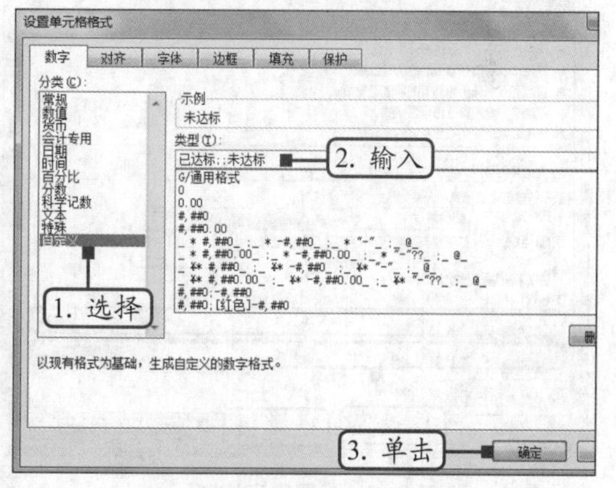

图 3-6　自定义文本类型

（7）返回Excel工作界面，选择I3:I23单元格区域，单击“开始”选项卡“样式”组中的“条件格式”按钮，在打开的下拉列表中选择“图标集”选项，然后在打开的子列表中选择“其他规则”选项，如图3-7所示。

（8）打开“新建格式规则”对话框，单击“编辑规则说明”栏中“图标样式”按钮右侧的下拉按钮，在打开的下拉列表中选择“3个星形”选项，如图3-8所示。

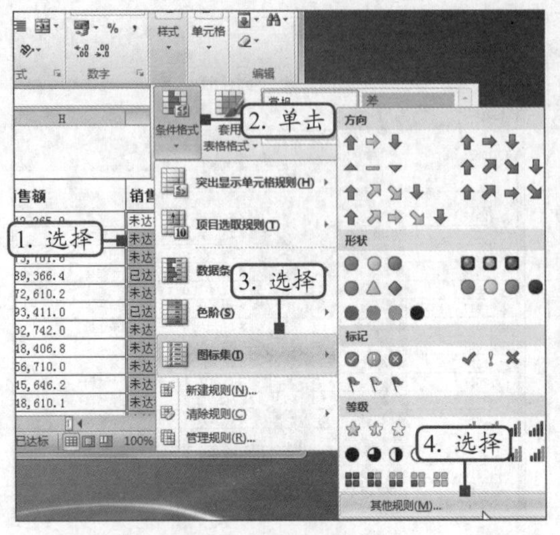

图 3-7　自定义规则

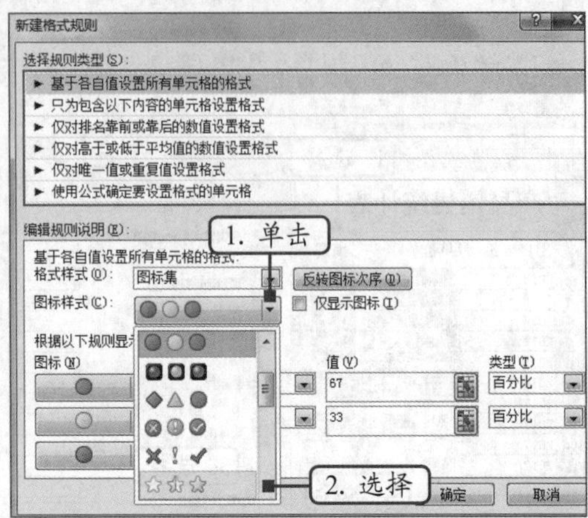

图 3-8　选择图标集样式

（9）设置“根据以下规则显示各个图标”栏，若当前值“>=1”，类型为“数字”的单元格设置为全黄的五角星显示，若当前值为0～1，类型为“数字”的单元格设置为半黄的五角星显示，小于0则设置为全灰的五角星显示，然后单击“确定”按钮，如图3-9所示。

（10）返回Excel工作界面，即可看到添加图标集后的单元格效果，如图3-10所示。

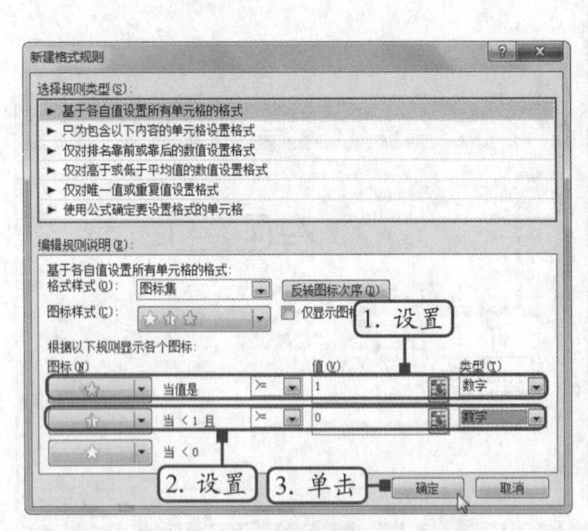

图 3-9　设置显示规则

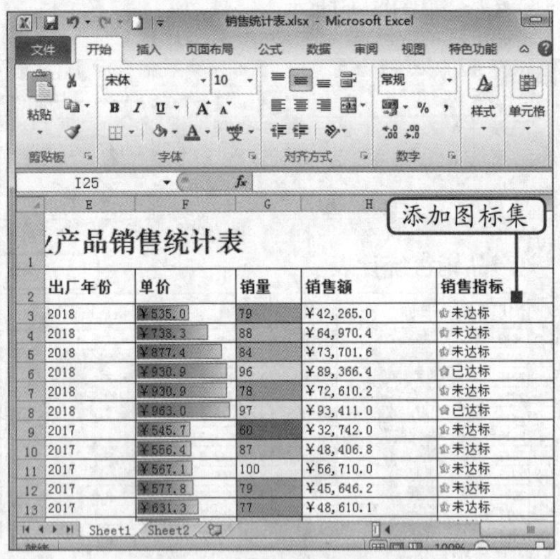

图 3-10　添加图标集后的效果

提示　应用图标集样式时，如果只想在单元格中显示相应的图标，则可以在“新建格式规则”对话框中单击选中“编辑规则说明”栏中的“仅显示图标”复选框，单元格将应用图标而不显示数值。

3.1.2　按规定显示数据

Excel不仅可以对单元格中的数值进行突出显示，还可以对文本通过相应的规则来进行突出显示，如通过改变颜色、字形和特殊效果等方法突出显示某一类具有共性的单元格。下面将在“销售统计表.xlsx”工作簿中按规定要求显示数据，其具体操作如下。

（1）保持“销售统计表.xlsx”工作簿的打开状态，在“Sheet1”工作表中选择H3:H23单元格区域，在“开始”选项卡的“样式”组中单击“条件格式”按钮，在打开的下拉列表中选择“项目选取规则”选项，在打开的子列表中选择“高于平均值”选项，如图3-11所示。

微课：按规定显示数据

（2）打开“高于平均值”对话框，在“针对选定区域，设置为”下拉列表中选择“黄填充色深黄色文本”选项，然后单击“确定”按钮，如图3-12所示。

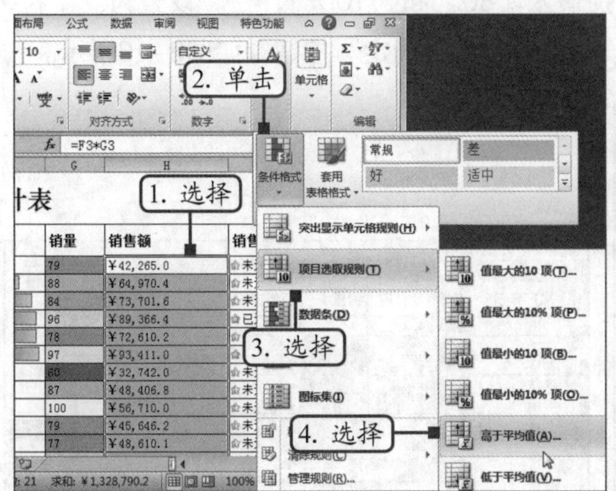

图3-11 选择“高于平均值”选项

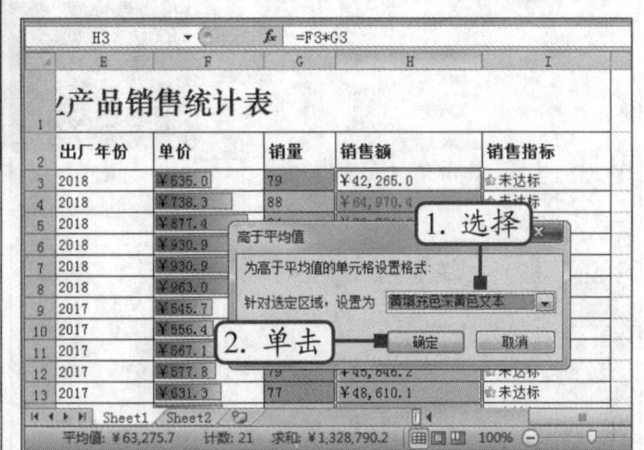

图3-12 设置应用样式区域的格式

（3）返回Excel工作界面，即可看到针对选定区域应用项目选取规则后的单元格效果，如图3-13所示。

（4）选择G3:G23单元格区域，单击“样式”组中的“条件格式”按钮，在打开的下拉列表中选择“清除规则”选项，再在打开的子列表中选择“清除所选单元格的规则”选项，如图3-14所示。

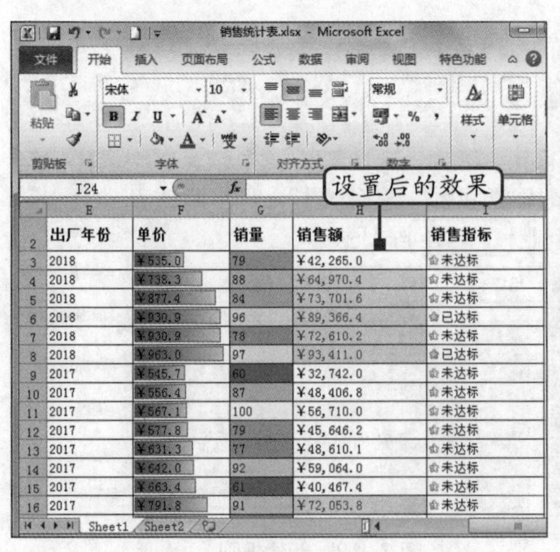

图3-13 按项目选取规则设置单元格的效果

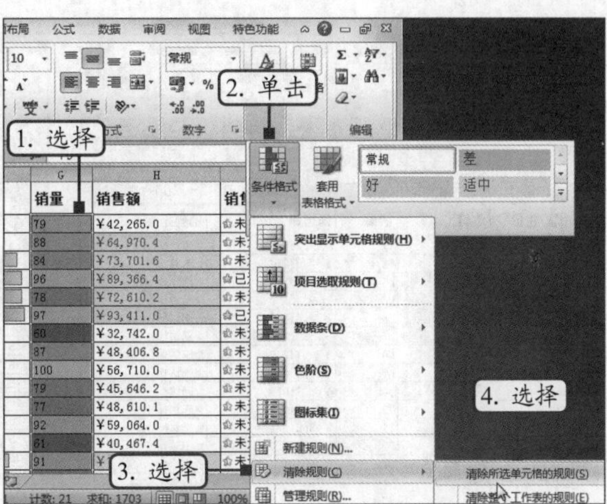

图3-14 清除所选单元格的规则

提示　单击“条件格式”按钮，在打开的下拉列表中选择“清除规则”选项后，再在打开的子列表中选择“清除整个工作表的规则”选项，可清除当前工作表中应用的所有条件格式。

（5）保持G3:G23单元格区域的选择状态，在“样式”组中单击“条件格式”按钮，在打开的下拉列表中选择“突出显示单元格规则”选项，再在打开的子列表中选择“介于”选项，如图3-15所示。

（6）打开“介于”对话框，在数值框中分别输入“80”和“100”，在“设置为”下拉列表中选择“绿填充色深绿色文本”选项，然后单击“确定”按钮，如图3-16所示。

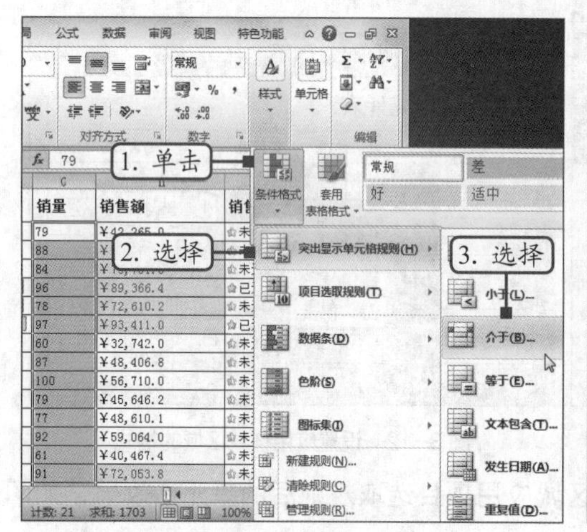

图 3-15　选择突出显示规则

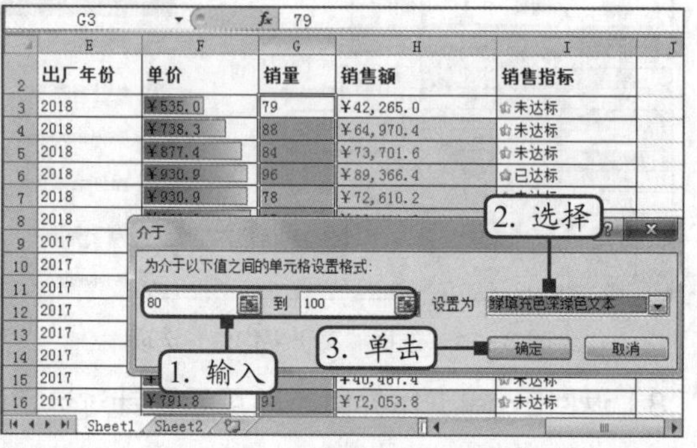

图 3-16　设置突出显示条件

（7）返回Excel工作界面，即可看到设置的突出显示的单元格效果，如图3-17所示。

（8）选择E3:E23单元格区域，单击“样式”组中的“条件格式”按钮，在打开的下拉列表中选择“新建规则”选项，如图3-18所示。

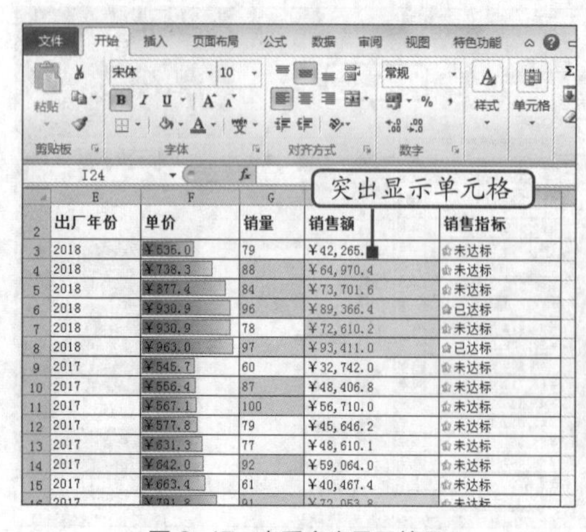

图 3-17　查看突出显示效果

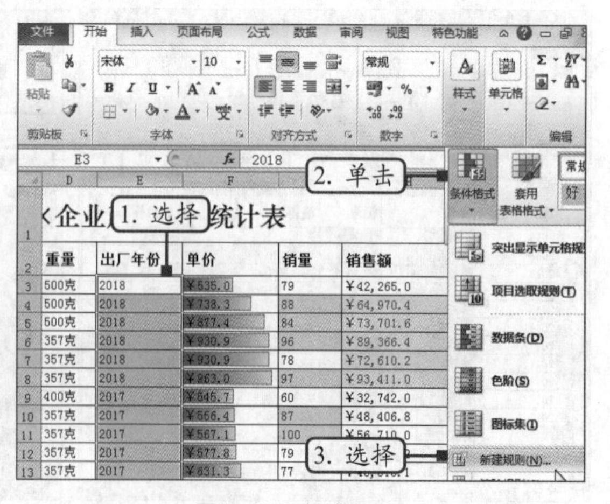

图 3-18　新建规则

（9）打开“新建格式规则”对话框，在“选择规则类型”栏中选择“只为包含以下内容的单元格设置格式”选项，在“编辑规则说明”栏中将“单元格值”设置为“等于，2018”，然后单击“格式”按钮，如图3-19所示。

（10）打开“设置单元格格式”对话框，单击“填充”选项卡，然后单击“填充效果”按钮，如图3-20所示。

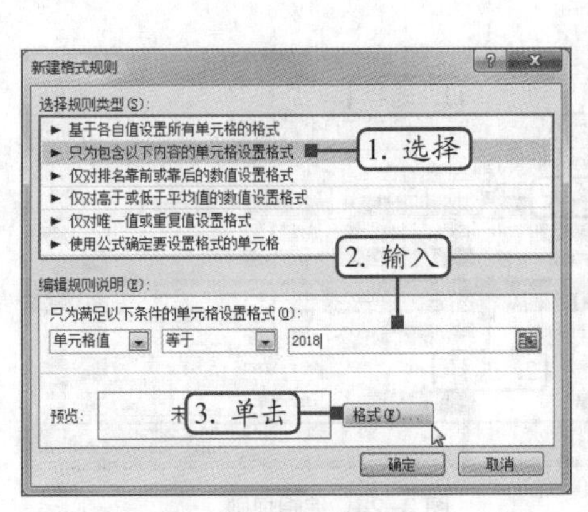

图3-19　设置格式规则

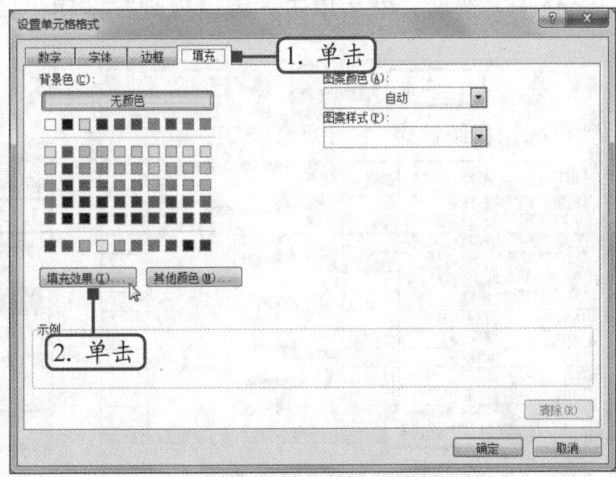

图3-20　设置填充效果

（11）打开“填充效果”对话框，在“颜色”栏中单击选中“双色”单选项，在“颜色2”下拉列表中选择“水绿色，强调文字颜色5”选项；在“变形”栏中选择第1排的第2种样式；然后单击“确定”按钮，如图3-21所示，完成单元格颜色的设置。

（12）返回Excel工作界面，即可看到应用新建规则的单元格效果，如图3-22所示。

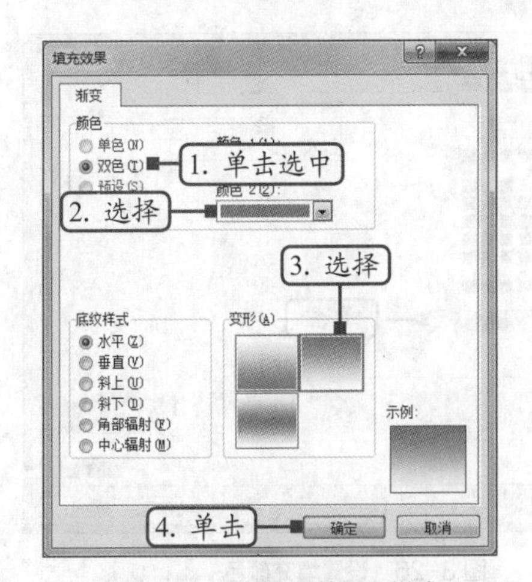

图3-21　选择填充效果和样式

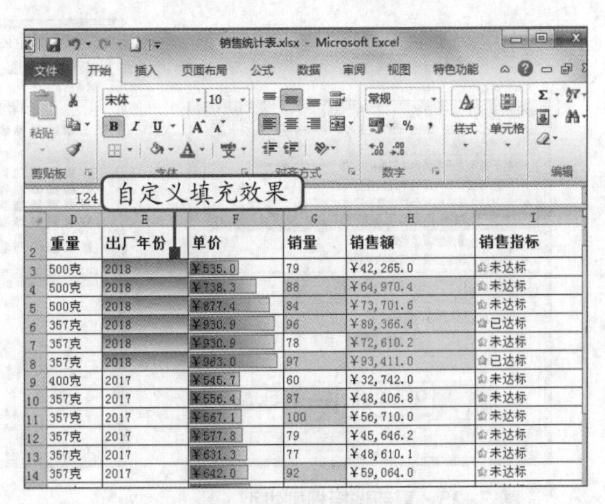

图3-22　应用新建规则的单元格效果

3.1.3　修改条件格式

对于工作表中已经应用条件格式的单元格，还可以根据需要对设置的条件规则和显示格式等内容进行修改。下面将在“销售统计表.xlsx”工作簿中修改“销量”列所应用的条件格式，其具体操作如下。

（1）保持“销售统计表.xlsx”工作簿的打开状态，在“Sheet1”工作表中单击“样式”

组中的“条件格式”按钮，在打开的下拉列表中选择“管理规则”选项，如图3-23所示。

微课：修改条件格式

（2）打开“条件格式规则管理器”对话框，在“显示其格式规则”下拉列表中选择“当前工作表”选项，在下方的规则列表中选择“单元格值介于”选项，然后单击“编辑规则”按钮，如图3-24所示。

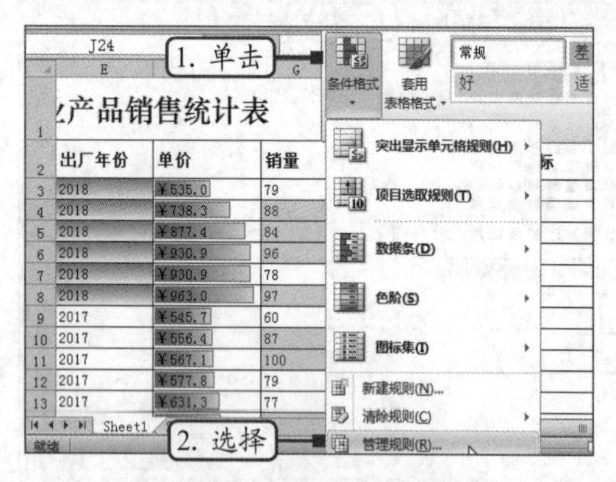

图3-23　管理条件格式

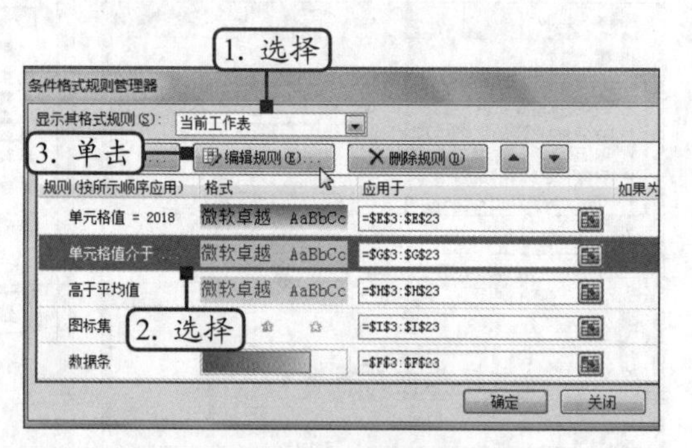

图3-24　编辑规则

（3）打开“编辑格式规则”对话框，在“选择规则类型”栏中选择“仅对高于或低于平均值的数值设置格式”选项，然后单击“格式”按钮，如图3-25所示。

（4）打开“设置单元格格式”对话框，在“填充”选项卡中单击“其他颜色”按钮，如图3-26所示。

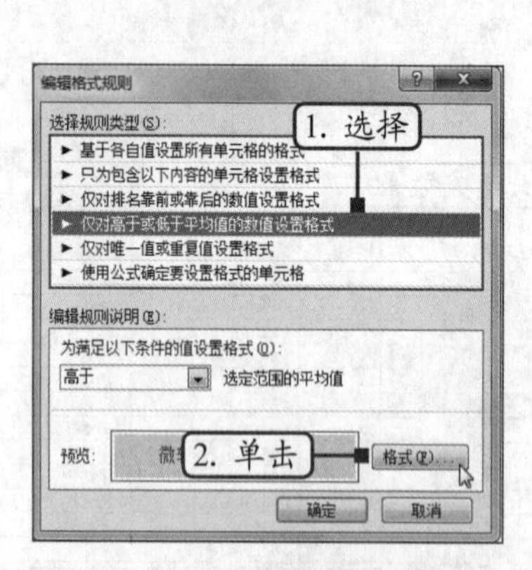

图3-25　重新选择规则类型

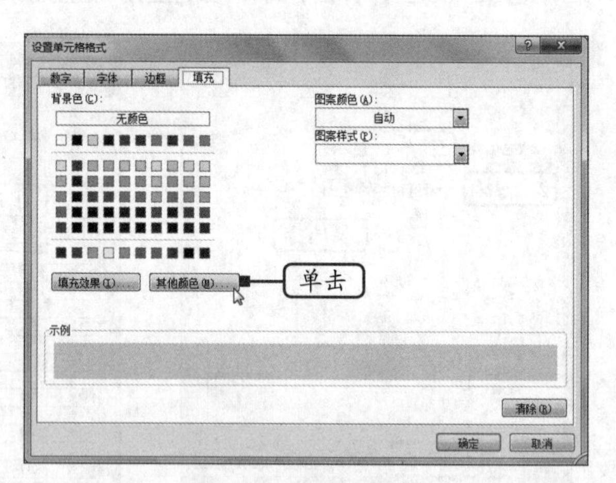

图3-26　设置填充颜色

（5）打开“颜色”对话框，单击“自定义”选项卡，依次在“红色”“绿色”“蓝色”数值框中输入“249”“161”“249”，然后依次单击“确定”按钮，如图3-27所示，完成单元格填充颜色的修改。

（6）返回Excel工作界面，即可看到修改条件格式后的效果，如图3-28所示。

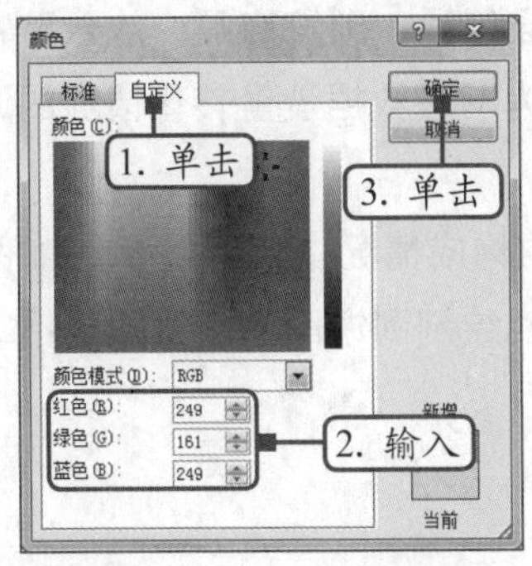

图 3-27　自定义填充颜色

L18

	D	E	F	G	H	I
2	重量	出厂年份	单价	销量	销售额	销售指标
3	500克	2018	¥535.0	79	¥42,265.0	未达标
4	500克	2018	¥738.3	88	¥64,970.4	
5	500克	2018	¥877.4	84	¥73,701.6	
6	357克	2018	¥930.9	96	¥89,366.4	已达标
7	357克	2018	¥930.9	78	¥72,610.2	未达标
8	357克	2018	¥963.0	97	¥93,411.0	已达标
9	400克	2017	¥545.7	60	¥32,742.0	未达标
10	357克	2017	¥556.4	87	¥48,406.8	未达标
11	357克	2017	¥567.1	100	¥56,710.0	未达标
12	357克	2017	¥577.8	79	¥45,646.2	未达标
13	357克	2017	¥631.3	77	¥48,610.1	未达标
14	357克	2017	¥642.0	92	¥59,064.0	未达标
15	500克	2017	¥663.4	61	¥40,467.4	未达标
16	357克	2017	¥791.8	91	¥72,053.8	未达标

Sheet1　Sheet2

修改条件格式后的效果

图 3-28　修改条件格式后的效果

提示　如果在编辑工作表时，发现某些单元格的格式无法手动修改，这说明该单元格应用了相应的条件格式，此时，若要修改单元格格式，就需要修改条件格式，或删除条件格式后，再重新进行单元格格式设置。

3.2　商务数据可视化

商务数据可视化是指将庞大的数据信息通过可视的、交互的方式进行展示，从而形象、直观地表达数据蕴含的信息和规律。最常用的可视化展示方式便是图表。图表是Excel中重要的数据分析工具之一，它通过直观的图形数据来表现工作簿中抽象而枯燥的数据，让数据更容易理解。

3.2.1　商务数据可视化的种类

由于商务数据的可视化是通过图表展示的，因此商务数据的可视化种类也就是图表的种类。Excel中提供了多种类型的图表供用户选择，如柱形图、面积图和饼图等，下面将按不同类别来划分图表类型，如图3-29所示。

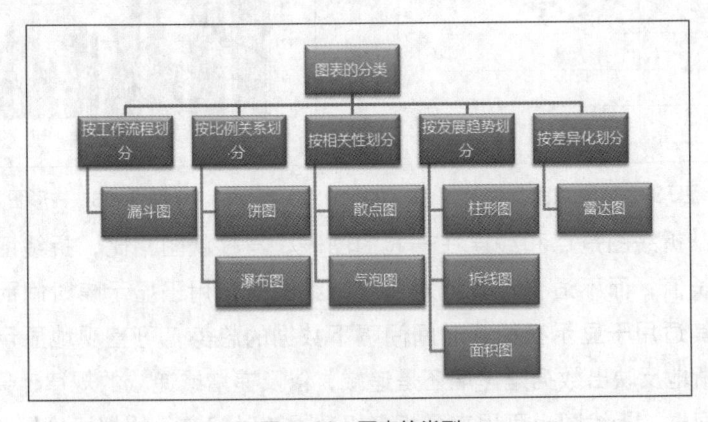

图 3-29　图表的类型

- 漏斗图：漏斗图主要用来反映关键流程中各环节的转化情况，以帮助分析人员了解整个流程的转化情况。例如，常见的电商购物转化流程包括：浏览商品→放入购物车→生成订单→支付订单→完成交易等。图3-30所示为网站数据流量转化情况的漏斗示意图。

- **饼图**：饼图是将一个圆饼分为若干份，用来反映事物的构成情况、大小/比例，如图3-31所示。仅排列在表格的某一行或某一列中的数据能绘制到饼图中。饼图包括二维饼图和三维饼图两种形式。

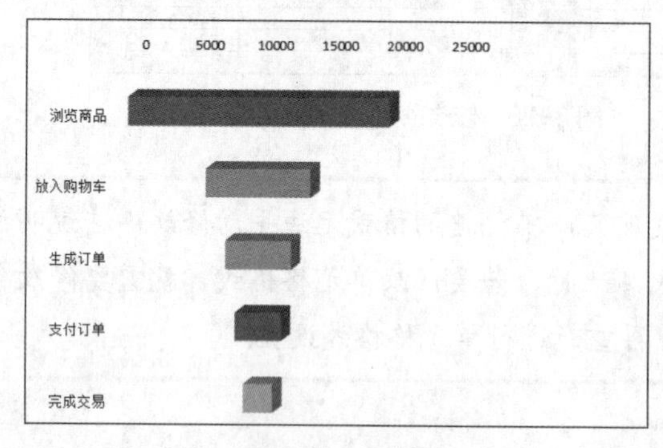

图3-30 漏斗图

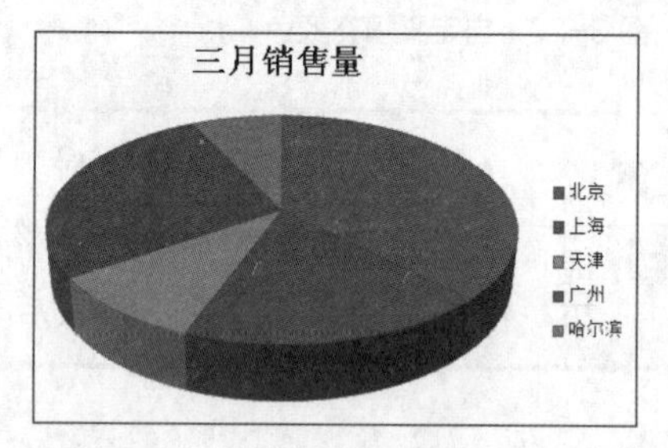

图3-31 饼图

- **散点图**：散点图主要显示若干数据系列中各数值之间的关系，类似*XY*轴，用于判断两变量之间是否存在某种关联。散点图既可以用一些列的点来描述数据，也可以用线段来描述数据，显示数据的变化趋势和数据之间的关系，如图3-32所示。
- **柱形图**：柱形图又称条形图和直方图，它是宽度相等的条型以高度或长度的差异来显示一段时间内数据的变化，如图3-33所示。它主要包括5种样式的子图表，分别是二维、三维、圆柱、圆锥和棱锥，而且每种样式都具备3种类型，分别是簇状、堆积和百分比。

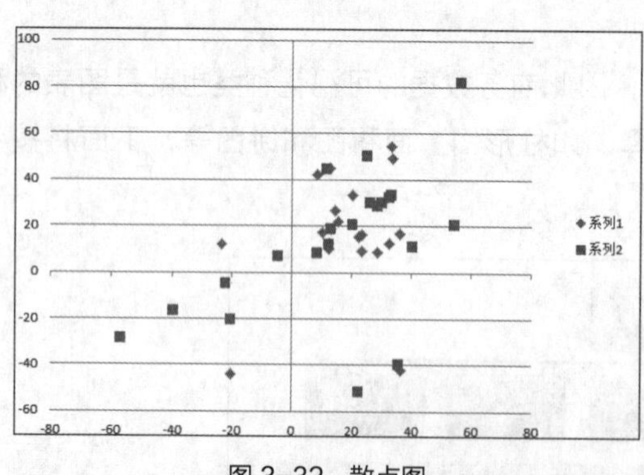

图3-32 散点图

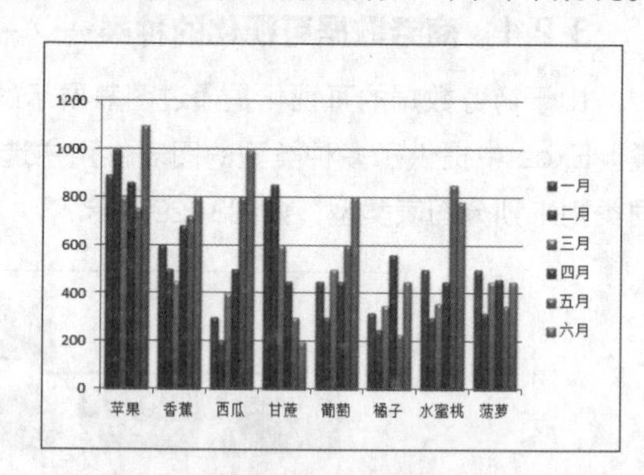

图3-33 柱形图

- **折线图**：折线图是点和线连在一起的图表。与柱状图相比，折线图更适合代表增幅、增长值，而不适合代表绝对值。折线图通常用于显示随时间而变化的连续数据，尤其适用于显示在相等时间间隔下数据的趋势，可直观地显示数据的走势情况，清晰地反映出数据是递增还是递减，以及递增或递减的规律、周期性和峰值等情况。同样，折线图也可用来分析多组数据随时间变化的相互作用和相互影响，如图3-34所示。

- 雷达图：雷达图主要用于显示数据系列对于中心点及彼此数据类别间的变化，如一个运动员各方面能力的得分，就可以通过雷达图清晰地表达出来，如图3-35所示。通过该图便可以看出这个运动员哪方面能力强、哪方面能力弱。雷达图的分类都有各自的数值坐标轴，这些坐标轴由中点向外辐射，并用折线将同一系列中的数据值连接起来。

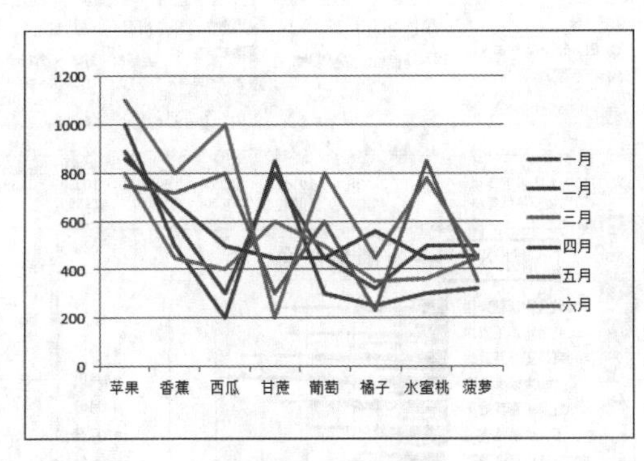

图3-34 折线图

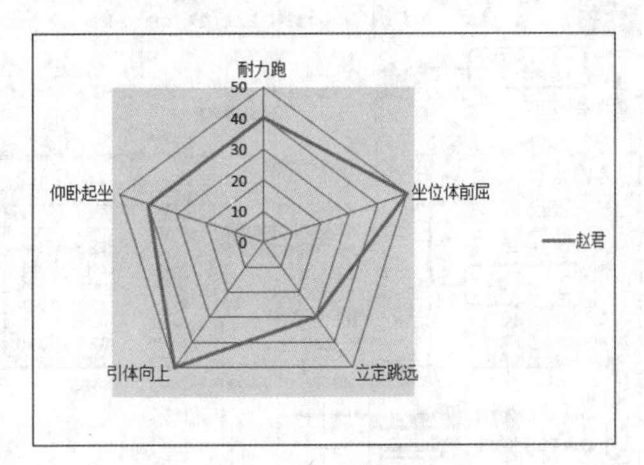

图3-35 雷达图

3.2.2 创建图表

对图表有了初步认识后，就可以在表格中使用图表，将抽象的数据“翻译”成直观的图形，达到分析数据的目的。在使用图表前必须先创建图表，下面将在“销售统计表.xlsx”工作簿的“Sheet2”工作表中创建图表，其具体操作如下。

微课：创建图表

（1）在“销售统计表.xlsx”工作簿中单击“Sheet2”工作表标签，然后选择A2:G11单元格区域，在“插入”选项卡的“图表”组中单击“条形图”按钮，在打开的下拉列表中选择“二维条形图”栏中的“簇状条形图”选项，如图3-36所示。

（2）此时，在工作表区域即可查看到创建的二维簇状条形图，将鼠标指针移到插入的图表上，当鼠标指针变为✥形状时，按住鼠标左键不放，将图表拖动到表格下方，使其左上角与A13单元格对齐，如图3-37所示，然后释放鼠标。

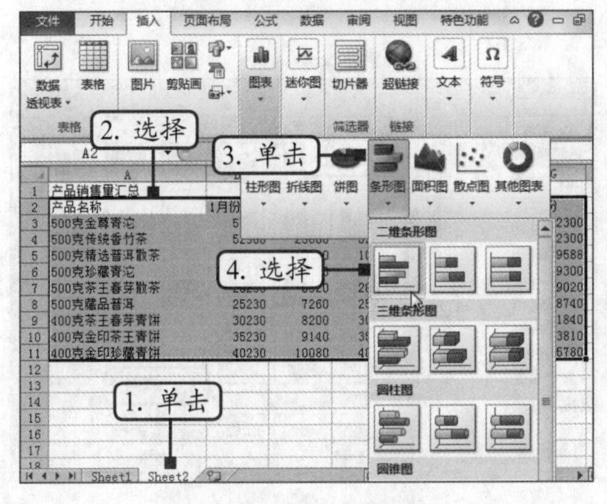

图3-36 插入条形图

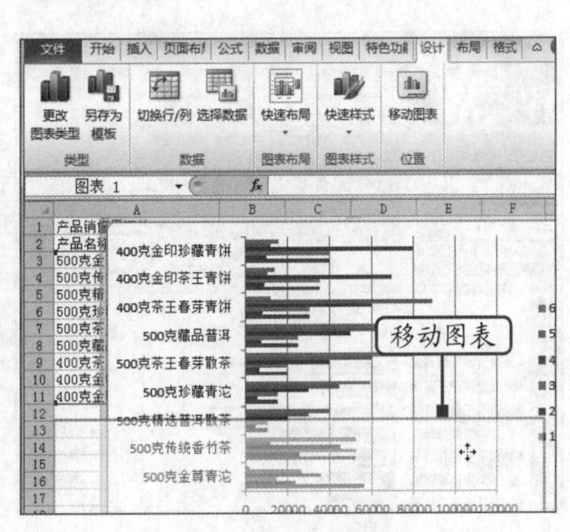

图3-37 移动图表

（3）在“图表工具 布局”选项卡的“标签”组中，单击“图表标题”按钮，在打开的下拉列表中选择“图表上方”选项，如图3-38所示。

（4）系统将自动在图表顶部插入文本框，删除文本框中原有的文本，输入图表标题“销量汇总”，如图3-39所示。

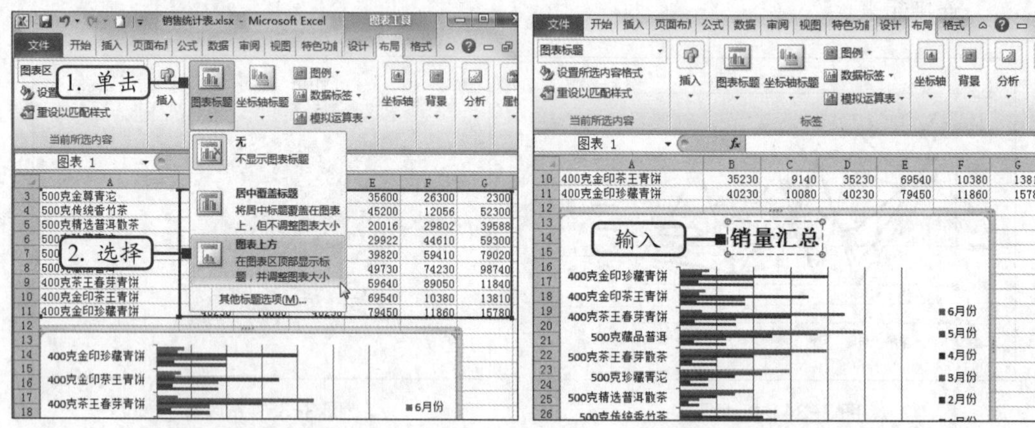

图 3-38 添加图表标题　　图 3-39 输入图表标题

3.2.3 编辑图表

通过Excel直接创建的图表，其样式并不一定合适，这时可进行相应的编辑，如更改图表布局、调整图表的大小、更改图表类型及更新图表中的数据等，同时还可以对图表中的数据格式进行修改，最终达到令人满意的效果。下面将在“销售统计表.xlsx”工作簿的“Sheet2”工作表中编辑插入的条形图，其具体操作如下。

微课：编辑图表

（1）在“Sheet2”工作表中选择插入的条形图，在“图表工具 设计”选项卡的“类型”组中单击“更改图表类型”按钮，如图3-40所示。

（2）打开“更改图表类型”对话框，在左侧列表中单击“柱形图”选项卡，然后在右侧的“柱形图”栏中选择“簇状圆柱图”选项，最后单击“确定”按钮，如图3-41所示。

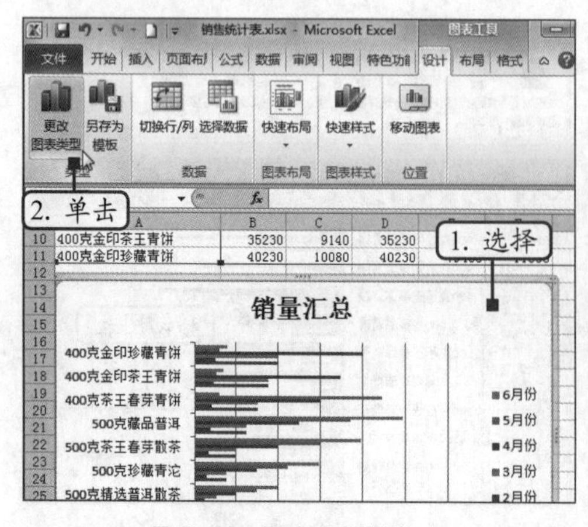

图 3-40 更改图表类型

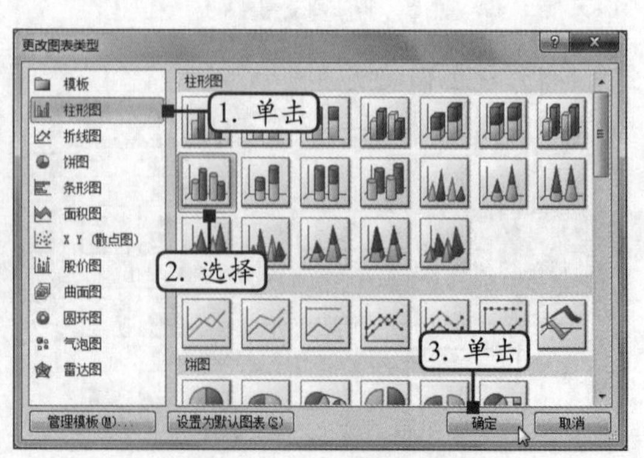

图 3-41 选择图表类型

（3）返回Excel工作界面，即可查看更改后的图表类型。在“图表工具 设计”选项卡的“数据”组中单击“选择数据”按钮，如图3-42所示。

（4）打开“选择数据源”对话框，在“图例项（系列）”列表框中选择“1月份”选项，然后单击“删除”按钮，如图3-43所示。

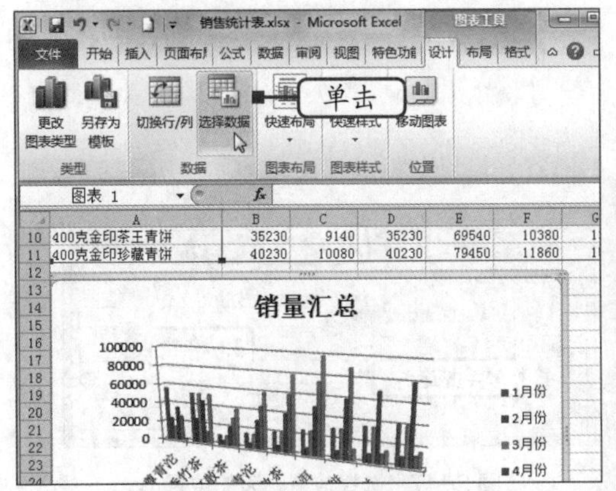

图3-42　单击“选择数据”按钮

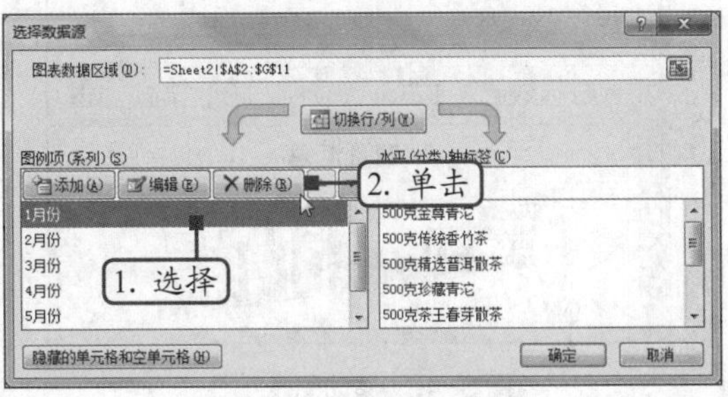

图3-43　删除数据源

（5）使用相同的方法删除“图例项（系列）”列表框中“2月份”和“3月份”的数据，完成后单击“确定”按钮，如图3-44所示。

（6）返回Excel工作界面，在“图表工具 设计”选项卡的“快速布局”组中选择“布局3”样式，如图3-45所示。

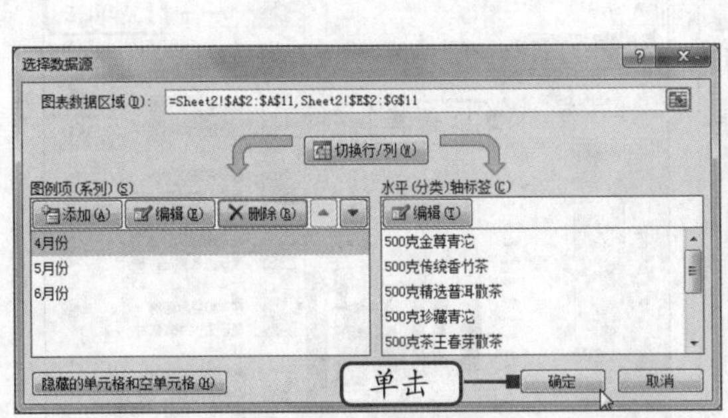

图3-44　删除数据源

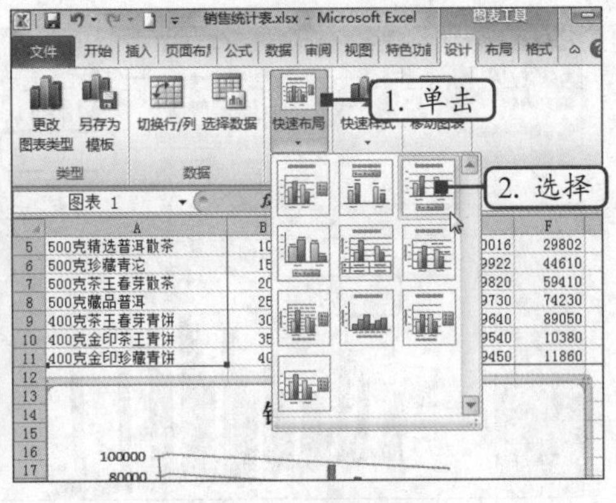

图3-45　选择图表布局

提示

除了可以应用预设的图表布局外，还可以手动对图表中的元素进行添加、删除或修改。其方法为：首先选择图表中要编辑的元素，如图表标题，此时图表标题四周将会出现控制点和边框线，然后在“图表工具 布局”选项卡的“标签”组中单击“图表标题”按钮，在打开的下拉列表中选择“无”选项，即可删除图表标题；若选择其他选项，则表示对图表标题进行对应的编辑操作。

（7）单击“图表工具 设计”选项卡“位置”组中的“移动图表”按钮，如图3-46所示。

（8）打开“移动图表”对话框，在“选择放置图表的位置”栏中单击选中“新工作表”单选项，并将新工作表的名称设置为“销量汇总表”，然后单击“确定”按钮，如图3-47所示。

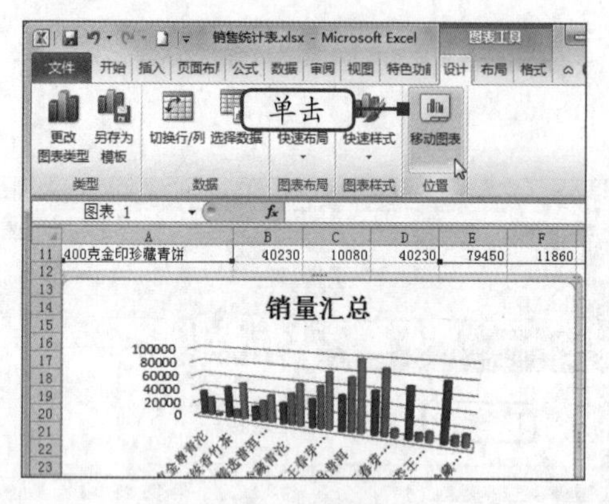

图3-46　移动图表

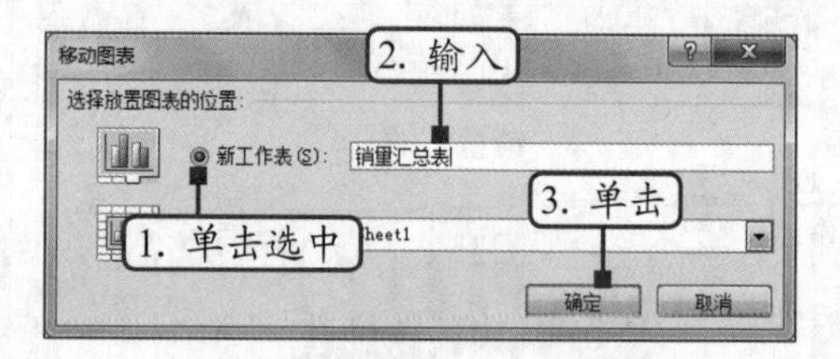

图3-47　选择放置图表的位置

（9）此时，系统会将图表放置到以“销量汇总表”为名的新工作表中，选择图表中的“6月份”数据系列，然后在“图表工具 布局”选项卡的“标签”组中单击“数据标签”按钮，在打开的下拉列表中选择“显示”选项，如图3-48所示。

（10）继续在“图表工具 布局”选项卡的“标签”组中单击“图例”按钮，在打开的下拉列表中选择“在右侧显示图例”选项，如图3-49所示。

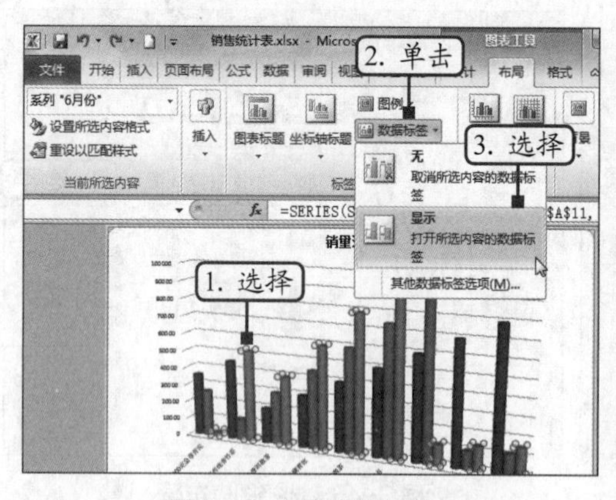

图3-48　添加数据标签

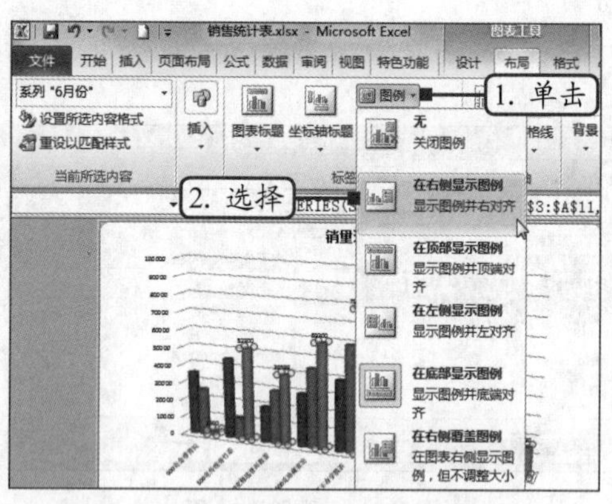

图3-49　选择“在右侧显示图例”选项

（11）继续保持图表元素“6月份”数据系列的选择状态，在“图表工具 格式”选项卡“形状样式”组中的“样式”列表框中选择“细微效果-橙色，强调颜色6”选项，如图3-50所示。

（12）返回工作界面，此时，“6月份”数据系列将显示应用样式后的效果。选择图表中的“6月份”数据标签，在“开始”选项卡的“字体”组中将数据格式设置为“黑体、12、加粗、倾斜”，如图3-51所示。最后按“Ctrl+S”组合键保存工作表。

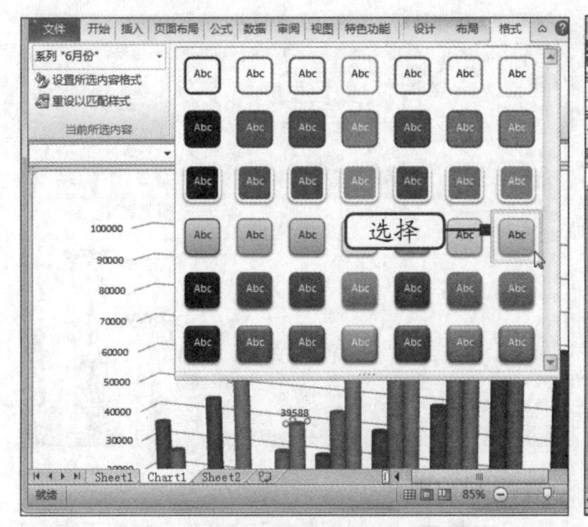

图 3-50　设置数据系列的格式

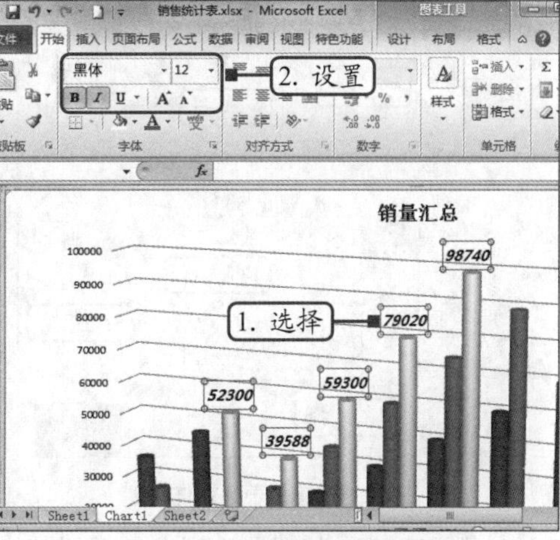

图 3-51　设置数据标签的格式

提示　组成图表的常见元素包括图表标题、图表区、图例、绘图区、水平轴、垂直轴和数据系列等。对于三维图表而言，图表元素还包括背景墙、背面墙、侧面墙和基底等。这么多的图表元素，手动选择难免会出错，此时，可以通过“图表工具 布局”选项卡“当前所选内容”组中的“图表元素”下拉列表来准确选择各个元素。

3.2.4 美化图表

通过设置单元格格式可以美化表格中的数据，同样，在表格中插入图表后，也可对其进行美化设置。美化图表主要包括图表元素格式设置和图表样式应用等方面。下面将在“销售统计表.xlsx”工作簿的“销量汇总表”工作表中对插入的柱形图进行美化，其具体操作如下。

微课：美化图表

(1) 在“销售统计表.xlsx”工作簿的“销量汇总表”工作表中选择图表标题，然后在“图表工具 格式”选项卡的“艺术字样式”组中单击“文字效果”按钮，在打开的下拉列表中选择“发光”选项，在打开的子列表中选择“发光变体”栏中的“红色，5pt发光，强调文字颜色2”选项，如图3-52所示。

(2) 在“图表工具 格式”选项卡的“当前所选内容”组中单击“图表元素”下拉按钮，在打开的下拉列表中选择“背面墙”选项，如图3-53所示。

提示　除了可为图表中的文本设置文本效果外，还可以在“图表工具 格式”选项卡的“艺术字样式”组中，对文本的填充颜色、文本轮廓进行自定义设置。

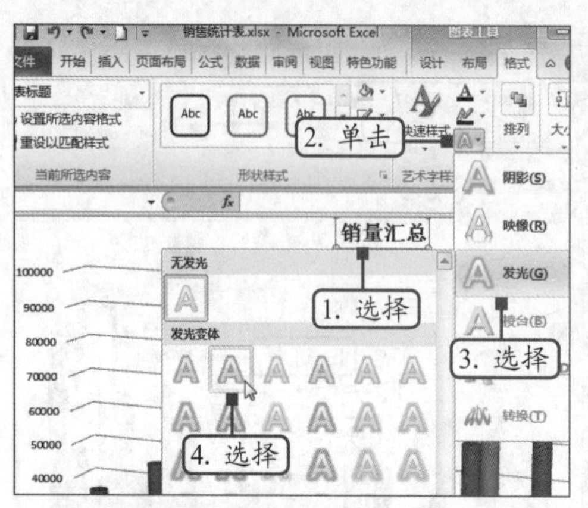

图 3-52　设置图表标题样式

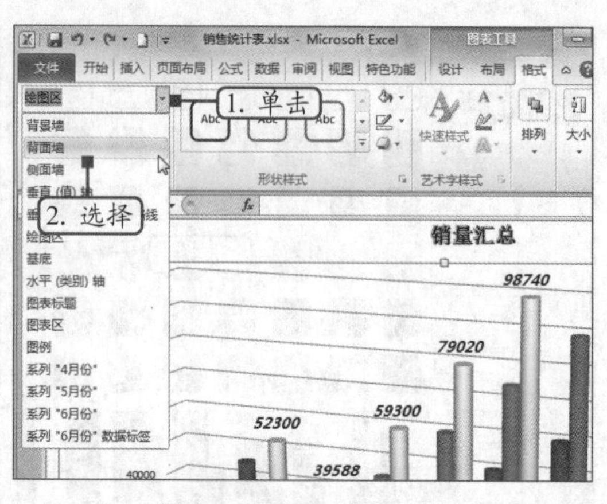

图 3-53　选择图表元素

（3）在“图表工具 格式”选项卡的“形状样式”组中单击“形状填充”按钮，在打开的下拉列表中选择“纹理”选项，再在打开的子列表中选择“新闻纸”选项，如图3-54所示。

（4）在“当前所选内容”组中的“图表元素”下拉列表中选择“侧面墙”选项，然后单击“形状样式”组中的“形状填充”按钮，在打开的下拉列表中选择“主题颜色”栏中的“白色，背景1”选项，如图3-55所示。

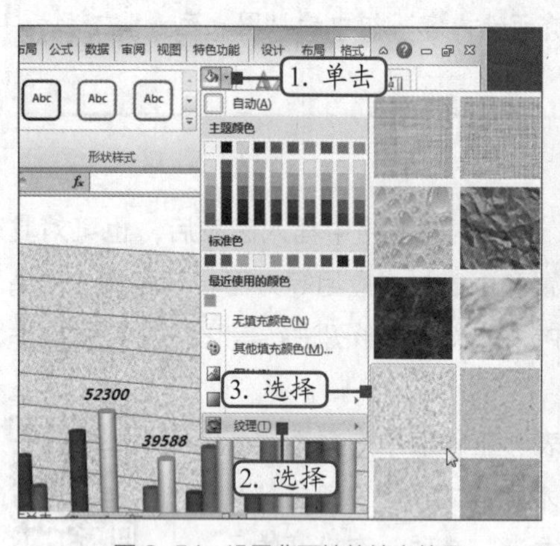

图 3-54　设置背面墙的填充效果

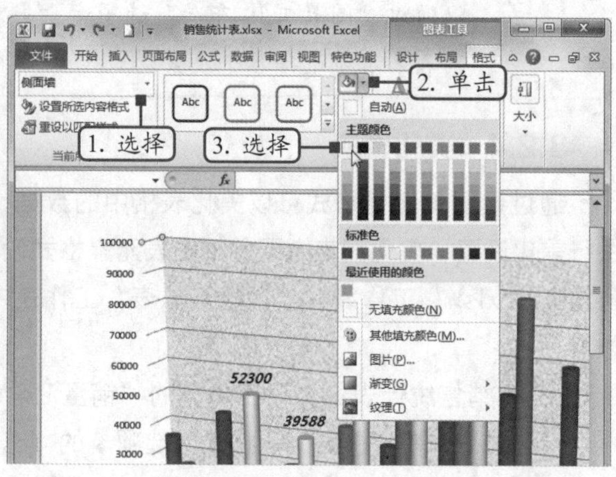

图 3-55　设置侧面墙的填充颜色

（5）在“当前所选内容”组中的“图表元素”下拉列表中选择“图例”选项，然后单击“形状样式”组中的“形状效果”按钮，在打开的下拉列表中选择“阴影”选项，再在打开的子列表中选择“外部”栏中的“向上偏移”选项，如图3-56所示。

（6）在“当前所选内容”组的“图表元素”下拉列表中选择“水平（类别）轴”选项，然后单击“设置所选内容格式”按钮，如图3-57所示。

提示

在所选图表元素（如水平轴）上单击鼠标右键，然后在弹出的快捷菜单中选择“设置坐标轴格式”命令，同样可以打开“设置坐标轴格式”对话框，在其中便可以对坐标轴选项、数字、填充颜色和线条颜色等进行设置。

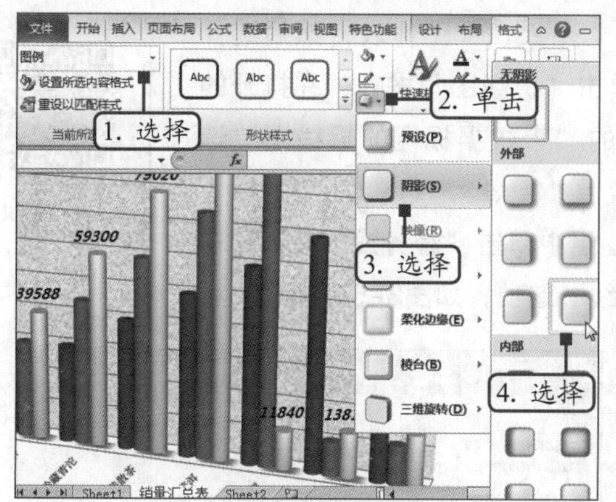

图 3-56　设置图例的阴影效果

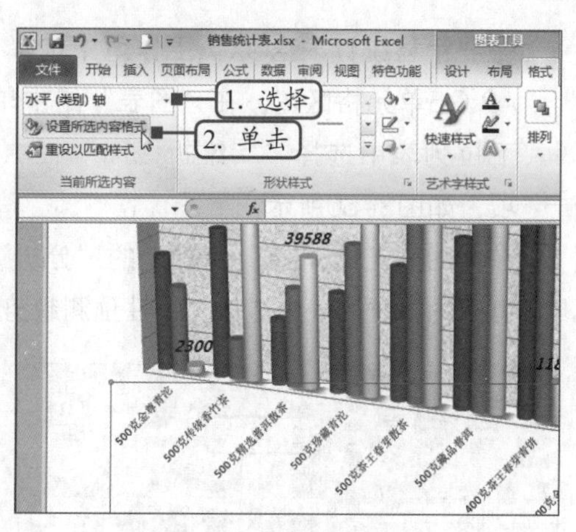

图 3-57　设置水平轴格式

（7）打开“设置坐标轴格式”对话框，单击“坐标轴选项”选项卡，在右侧的“纵坐标轴交叉”栏中单击选中“最大分类”单选项，然后单击“关闭”按钮，如图3-58所示。

（8）返回Excel工作界面，纵坐标轴将移至图表的最右侧，最终效果如图3-59所示。

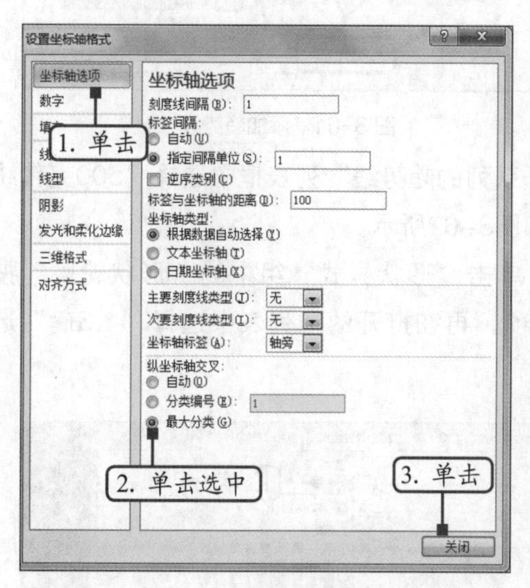

图 3-58　设置坐标轴选项

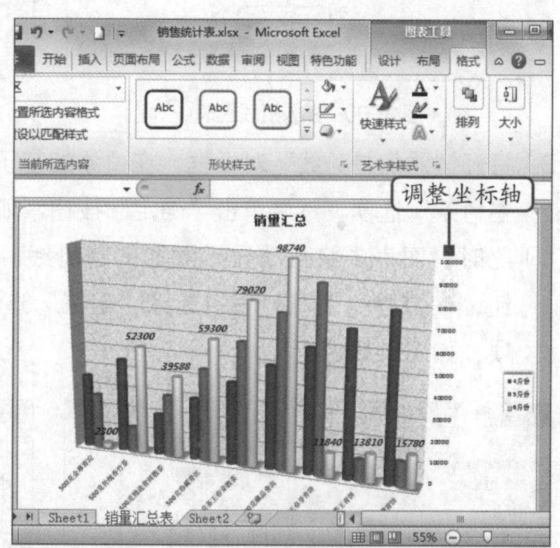

图 3-59　调整坐标轴后的效果

3.3　分析图表数据

通过观察图表可以较为直观地查看或比较表格中的数据内容。除此之外，用户还可以根据需要在图表中添加各类辅助线，如趋势线、误差线等，用于分析图表数据。

3.3.1　添加趋势线

趋势线是以图形的方式表示数据系列的变化趋势，并对以后的数据进行预测。下面在“销售统计表.xlsx”工作簿的“Sheet2”工作表中添加趋势线，其具体操作如下。

（1）在“销售统计表.xlsx”工作簿中选择“Sheet2”工作表，然后选择A2:G5单元格区域，在“图表”组中单击“折线图”按钮，在打开的下拉列表中选择“二维折线图”栏中的“带数据标记的折线图”选项，如图3-60所示。

微课：添加趋势线

（2）在“图表工具 布局”选项卡的“分析”组中单击“趋势线”按钮，在打开的下拉列表中选择“线性预测趋势线”选项，如图3-61所示。

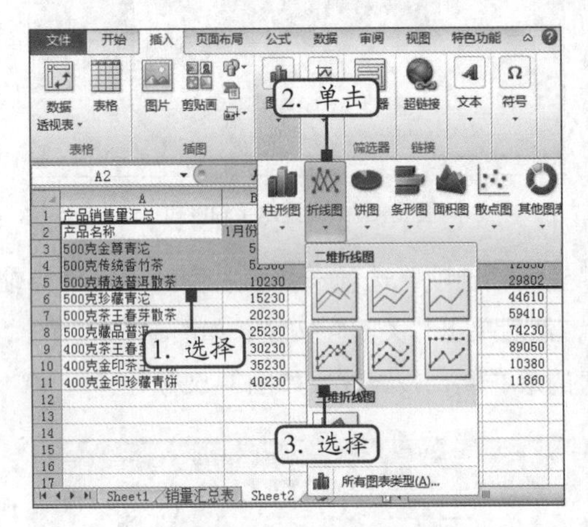

图3-60 插入折线图表

图3-61 添加趋势线

（3）打开“添加趋势线”对话框，在“添加基于系列的趋势线”列表框中选择“500克传统香竹茶”选项，然后单击“确定”按钮，如图3-62所示。

（4）此时，图表中将自动显示添加的趋势线。单击“形状样式”组中的“形状轮廓”按钮，在打开的下拉列表中选择“粗细”选项，再在打开的子列表中选择“1.5磅”选项，如图3-63所示。

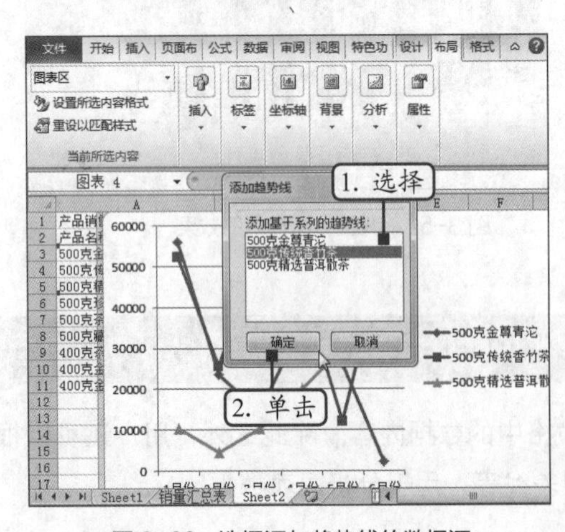

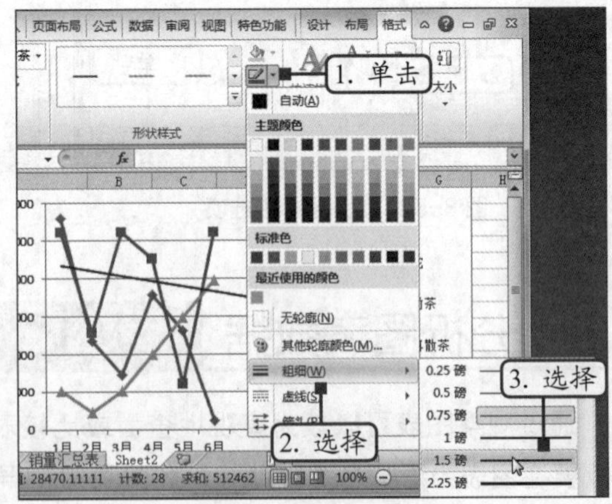

图3-62 选择添加趋势线的数据源

图3-63 设置趋势线的粗细

（5）再次单击“形状样式”组中的“形状轮廓”按钮，在打开的下拉列表中选择“箭头”选项，再在打开的子列表中选择第二种样式，如图3-64所示。

（6）返回Excel工作表，查看设置趋势线后的最终效果，如图3-65所示。

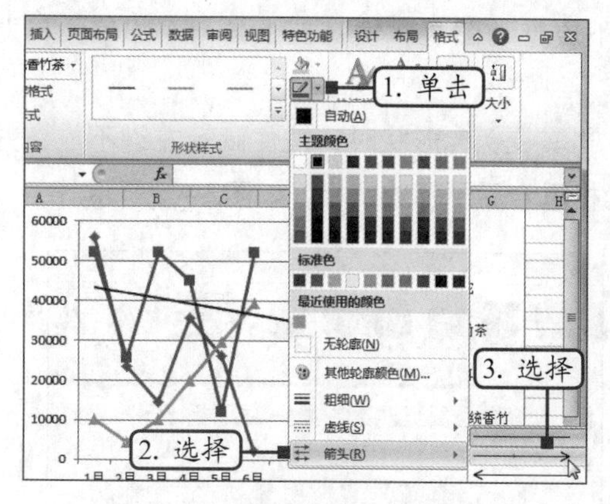

图 3-64 设置趋势线的箭头样式

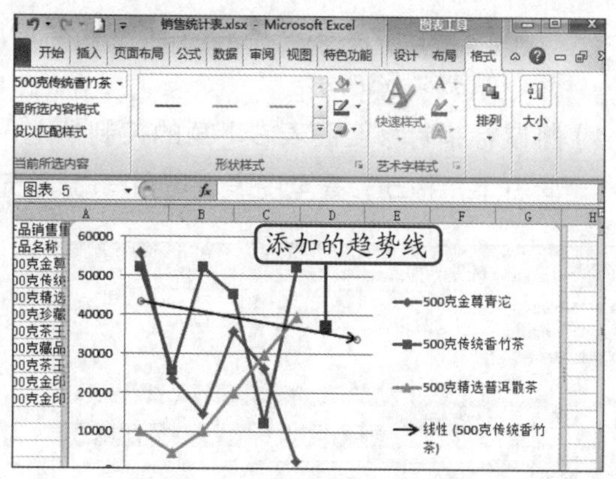

图 3-65 设置趋势线后的效果

提示

在图表中添加趋势线时，如果首先选择了相应的数据系列，然后再单击“分析”组中的“趋势线”按钮，在打开的下拉列表中选择需要添加的趋势线类型后，将不会打开“添加趋势线”对话框，而是直接添加默认的趋势线。

3.3.2 添加误差线

误差线通常是用于显示潜在的误差或相对于系列中每个数据标志的不确定程度。添加误差线的方法与添加趋势线的方法类似，并且添加后的误差线也可以进行格式设置。下面将在“销售统计表”工作簿的“Sheet2”工作表中添加误差线，其具体操作如下。

（1）在“Sheet2”工作表的折线图中选择“系列‘500克精选普洱散茶’”图表元素，单击“图表工具 布局”选项卡“分析”组中的“误差线”按钮，在打开的下拉列表中选择“标准误差误差线”选项，如图3-66所示。

微课：添加误差线

（2）此时，折线图中将显示添加的误差线。选择误差线，在“形状样式”组的“样式”列表框中选择“中等线-强调颜色6”选项，如图3-67所示。

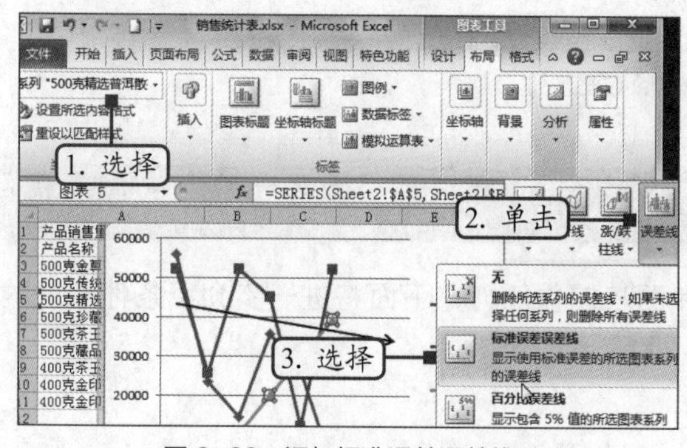

图 3-66 添加标准误差误差线

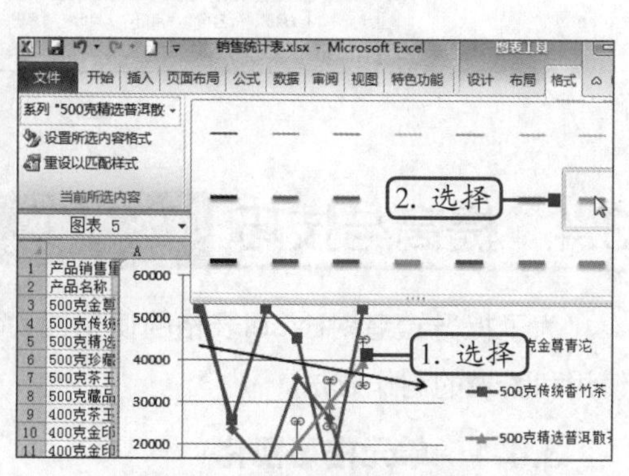

图 3-67 设置误差线形状样式

（3）将鼠标指针移至图表区，按住鼠标左键不放拖动图表，使其左上角与A13单元格对齐，如图3-68所示。

（4）将鼠标指针移至图表右下角的控制柄上，当其变为↘形状时，按住鼠标左键不放，并向右下角拖动，直至图表右下角与I34单元格重合后再释放鼠标，如图3-69所示。

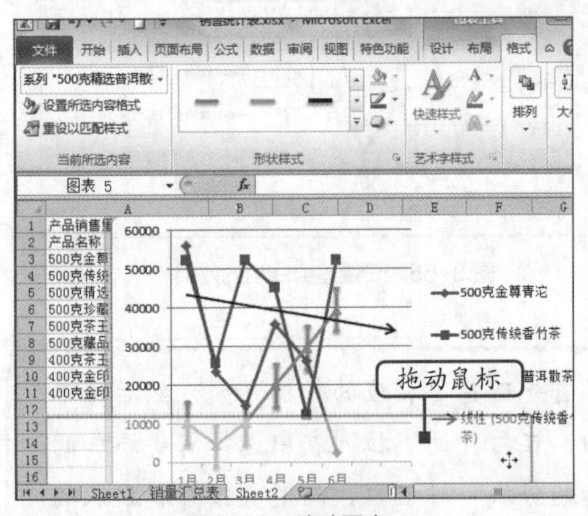

图3-68　移动图表

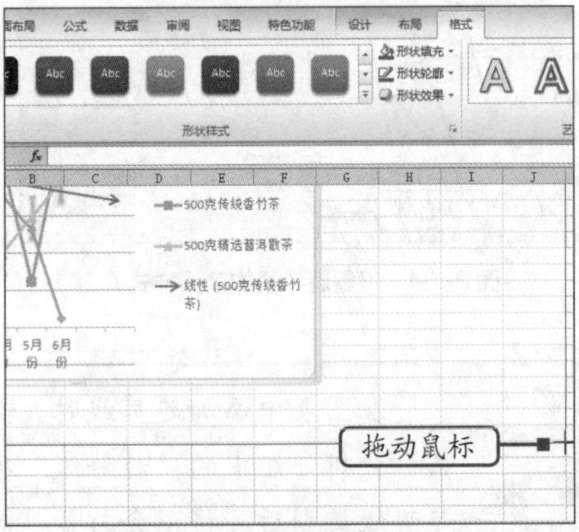

图3-69　调整图表大小

（5）选择“系列‘500克金尊青沱’”图表元素，然后按“Delete”键将其删除，删除数据后的效果如图3-70所示。最后，保存并关闭“销售统计表.xlsx”工作簿（效果参见：效果文件\第3章\销售统计表.xlsx）。

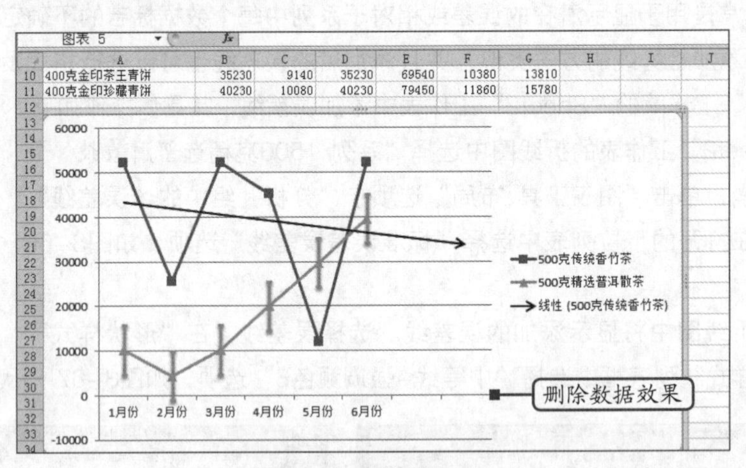

图3-70　删除数据系列

3.4　提高与技巧

为了提升读者对Excel表格的使用能力和图表制作能力，下面将进一步介绍条件格式的使用和图表的制作方法。

3.4.1　单元格可视化

单元格可视化是指将工作表中的数值进行图形化表示，不过这里所说的可视化指的是单元格的格式。通过格式的差异体现出数值的差异，从而将数值巧妙转化为图形表达。

其方法为：在工作表中选择需要应用条件格式的单元格区域后，单击“样式”组中的“条件格式”按钮，在打开的下拉列表中选择“新建规则”选项，打开“新建格式规则”对话框。在“选择规则类型”栏中选择“基于各自值设置所有单元格的格式”选项，在“编辑规则说明”栏中的“格式样式”下拉列表中选择“三色刻度”选项，然后单击“确定”按钮，如图3-71所示。此时，所选单元格区域将按由红到绿的颜色进行填充，红色图形表示最小值，绿色图形表示最大值。

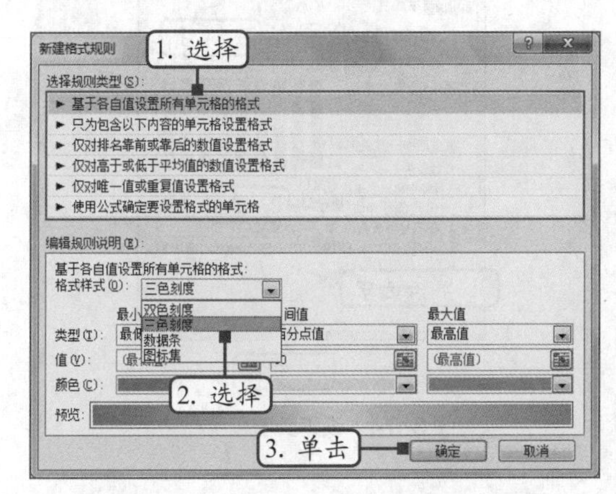

A	B	C	D	E	F	G	H
序号	产品名称	规格	月初库存量	入库数量	出库数量	月末库存数	月末盘点数
1	150mm冷水管	5L	476	1190	1190	476	476
2	151mm冷水管	5L	392	1136	1082	446	446
3	152mm[illegible]	[illegible]	[illegible]	[illegible]	[illegible]	347	347
4	153mm冷水管	5L	686	1168	1133	721	721
5	154mm冷水管	5L	630	1113	1177	566	566
6	155mm冷水管	18L	700	1169	1188	681	680
7	156mm冷水管	18KG	441	1124	1127	438	437
8	157mm冷水管	150KG	469	1119	1220	368	368
9	158mm冷水管	20KG	518	1100	1148	470	470
10	159mm冷水管	20KG	448	1150	1067	531	530
11	160mm冷水管	20KG	525	1208	1208	525	525
12	161mm冷水管	20KG	518	1206	1207	517	517
13	162mm冷水管	20KG	497	1201	1138	560	558

三色刻度填充单元格

Sheet1

图 3-71　单元格可视化

3.4.2　突出正负值

数据条的另一种使用场合是突出正负值，可非常清晰地表达数据的增长情况。例如，在产品销量数据表的“同比增长”列中设置数据条，那么增长为负值的数据条会显示为深红色，同时，正负值的数据条方向不同，如图3-72所示。

E21

	A	B	C
1	产品名称	累计销量	同比增长
2	150mm冷水管	1536	130
3	151mm冷水管	2856	100
4	152mm冷水管	1025	365
5	153mm冷水管	685	-156
6	154mm冷水管	1258	256
7	155mm冷水管	2365	125
8	156mm冷水管	3025	684
9	157mm冷水管	1002	-562
10	158mm冷水管	458	-256
11	159mm冷水管	1563	-142
12	160mm冷水管	2205	560
13	161mm冷水管	485	-45
14	162mm冷水管	845	-120

Sheet1　Sheet2

图 3-72　突出单元格中的正负值

其方法为：在工作表中选择要应用条件格式的单元格区域，打开“新建格式规则”对话框。在“选择规则类型”栏中选择“基于各自值设置所有单元格的格式”选项，在“编辑规则说明”栏中的“格式样式”下拉列表中选择“数据条”选项；在“颜色”下拉列表中选择“标准色”栏中的“绿色”选项，然后单击“负值和坐标轴”按钮，如图3-73所示。

打开“负值和坐标轴设置”对话框，单击“填充颜色”单选项右侧的“颜色”按钮，在打开的下拉列表中选择“标准色”栏中的“深红”选项，单击选中“单元格中点值”单选项，然后单击“确定”按钮，如图3-74所示。返回“新建格式规则”对话框，单击“确定”按钮，完成设置。

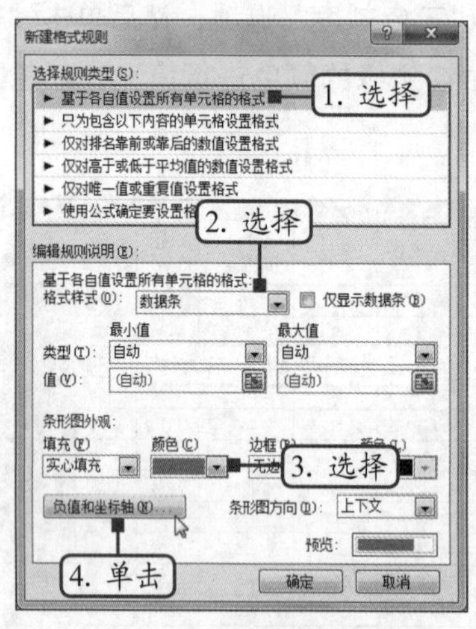

图 3-73 设置数据条外观颜色

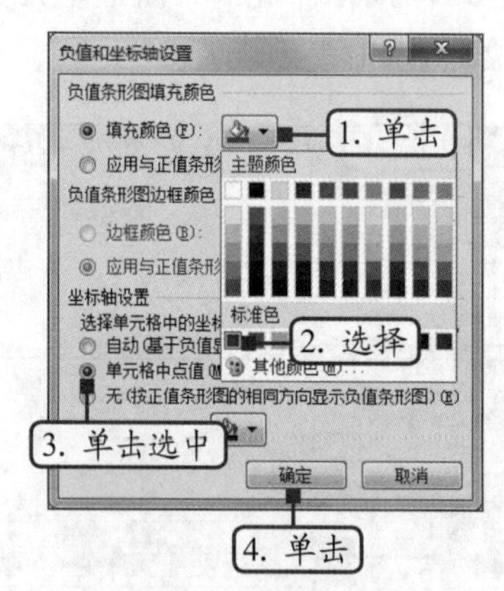

图 3-74 设置负值和坐标轴

3.4.3 创建复合饼图

饼图能够方便地显示各类数据占总体的份额，但当某些值较小时，在饼图中所占的面积值就很少，不便于对数据进行分析，此时，可以将这些较小的数据单独放在另一个饼图中进行显示，即制作复合饼图来表现数据关系。

其方法为：在工作表中选择数据源后，单击“图表”组中的“饼图”按钮，在打开的下拉列表中选择“二维饼图”栏中的“复合饼图”选项，在“图表工具 设计”选项卡的“图表布局”组中选择“布局1”选项，然后在饼图上单击鼠标右键，在弹出的快捷菜单中选择“设置数据系列格式”命令，如图3-75所示。打开“设置数据系列格式”对话框，在“第二绘图区包含最后一个”数值框中输入“3”，在“第二绘图区大小”数值框中输入“57%”，如图3-76所示，最后关闭对话框完成设置。

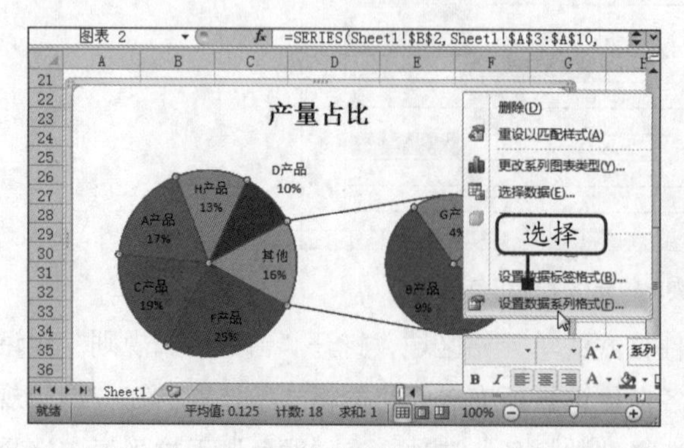

图 3-75 插入复合饼图

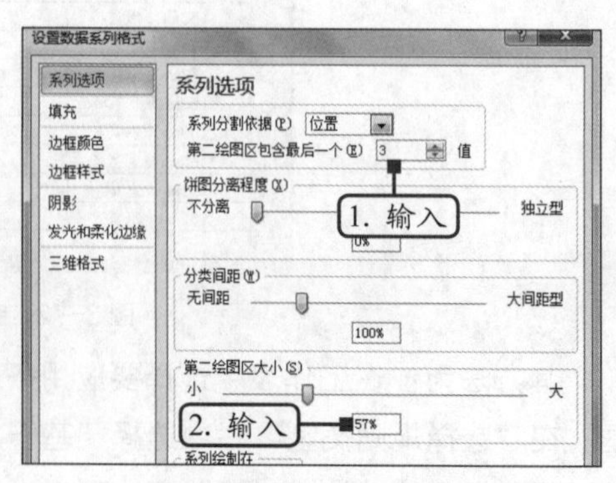

图 3-76 设置第二绘图区的值和大小

Information

第4章 数据的排序、筛选与分类汇总

在使用Excel编辑表格时，用户还可以根据需要对表格中的数据进行管理，即排序、筛选和分类汇总。本章将对数据的排序、筛选和分类汇总的相关知识和使用方法进行介绍。其中，自定义排序和自定义筛选是本章的重点和难点，读者应该着重掌握。掌握这些数据的管理方法后，读者即可轻松地制作出结构清晰的表格。

本章要点

- 数据的排序
- 数据的筛选
- 数据的分类汇总

4.1 数据的排序

数据排序是Excel数据管理的基本方法，利用它可以将表格中杂乱的数据按一定的条件进行排列，如在销售表中按销售额的高低进行排序等，以便更加直观地查看、理解和查找需要的数据内容。特别是在数据量较多的表格中，数据排序功能非常实用。下面将详细介绍简单排序、单一字段排序、多重字段排序和自定义排序的操作方法。

4.1.1 简单排序

简单排序可以快速对二维表格中的数据记录重新进行排列。下面将通过简单排序的方法来排列“网店客户资料管理.xlsx”工作簿中的数据，其具体操作如下。

（1）打开素材文件“网店客户资料管理.xlsx”工作簿（素材参见：素材文件\第4章\网店客户资料管理.xlsx），在“Sheet1”工作表中选择E2单元格，表示以客户类型为依据进行排序，然后单击“数据”选项卡“排序和筛选”组中的“升序”按钮，如图4-1所示。

微课：简单排序

（2）返回Excel工作界面，即可看到表格中的数据记录按客户类型进行升序排列，如图4-2所示。由于客户类型中的数据是文本型，将按首字的拼音进行升序排列，如果首字是英文，将以英文优先。

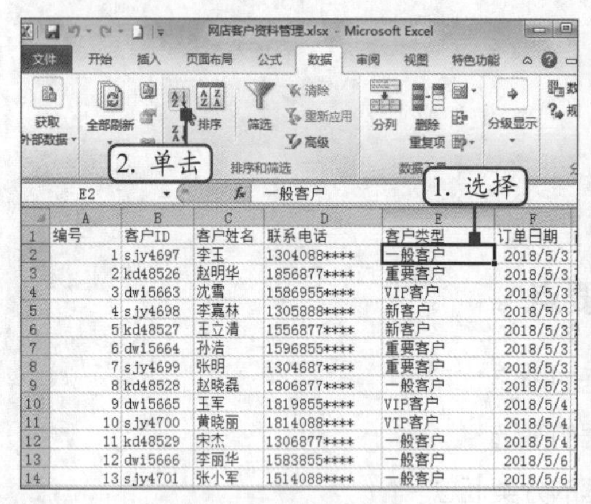

图 4-1　选择排序方式

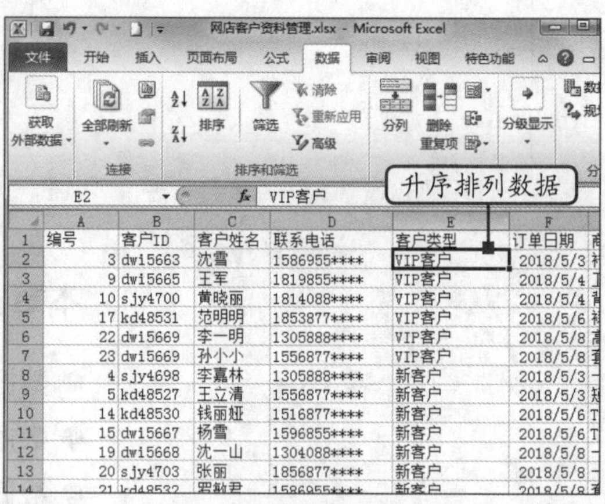

图 4-2　查看升序排列效果

提示

要想在Excel中成功对数据进行排序，首先要保证排列的区域是二维表格。也就是说，如果数据存放在不连续的单元格，或单元格区域的结构不是二维表格，均无法实现排序操作。同样，后面要介绍的筛选和分类汇总等操作也是如此。

（3）选择C2单元格，表示以客户姓名为依据进行排序，然后单击“数据”选项卡“排序和筛选”组中的“降序”按钮，如图4-3所示。

（4）返回Excel工作界面，即可看到表格中的数据记录又将按照客户姓名的首字拼音进行降序排列，如图4-4所示。

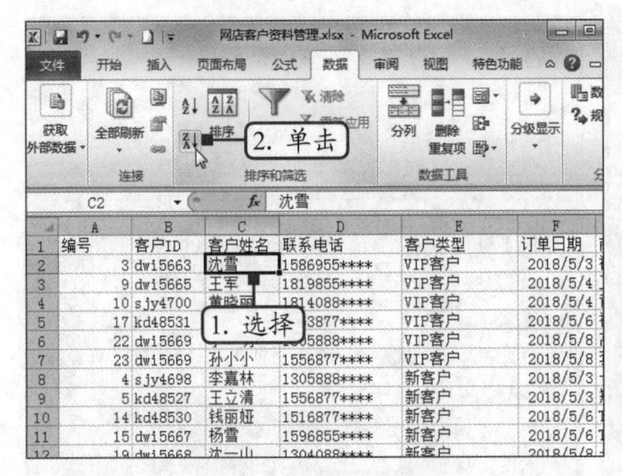

图 4-3　设置排序方式

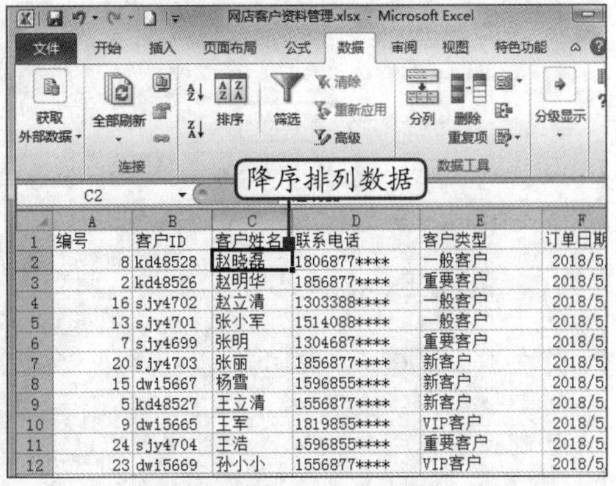

图 4-4　查看降序排列效果

4.1.2　单一字段排序

单一字段排序表面上与简单排序类似，但实际上这种排序方式可以人为设置排序依据，而不仅仅只以数值为依据进行排序。下面将在“网店客户资料管理.xlsx”工作簿中按单元格的颜色进行排序，其具体操作如下。

（1）保持“网店客户资料管理.xlsx”工作簿的打开状态，选择“Sheet1”工作表中包含数据的任意一个单元格，然后单击“开始”选项卡“样式”组中的“套用表格格式”按钮，在打开的下拉列表中选择“浅色”栏中的“表样式浅色17”选项，如图4-5所示。

微课：单一字段排序

（2）打开“套用表格式”对话框，保持默认设置，单击“确定”按钮，如图4-6所示。

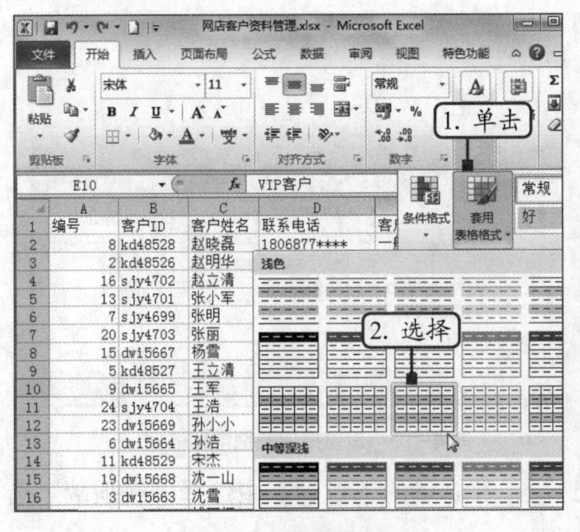

图 4-5　套用表格样式

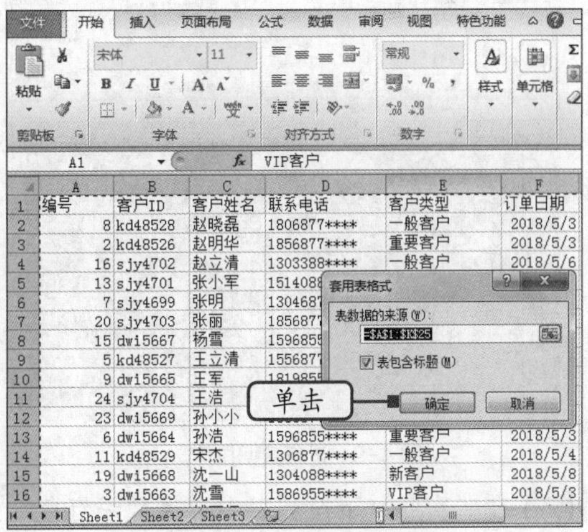

图 4-6　确定数据来源

（3）单击“表格工具 设计”选项卡“工具”组中的“转换为区域”按钮，如图4-7所示，将表格转换为普通的数字区域。

（4）打开提示对话框，单击“是”按钮，如图4-8所示，确定转换设置。

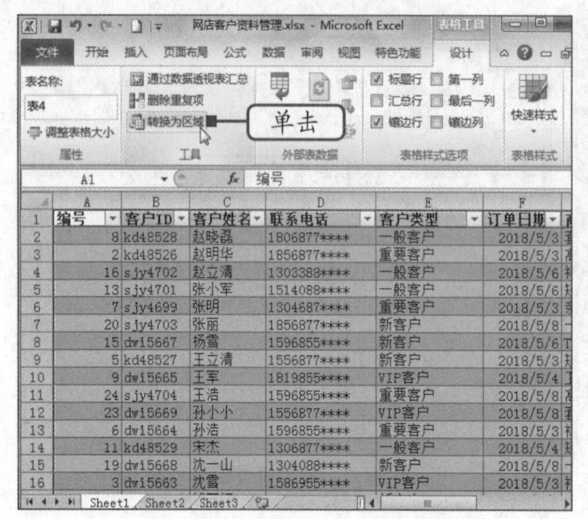

图 4-7　转换表格样式区域

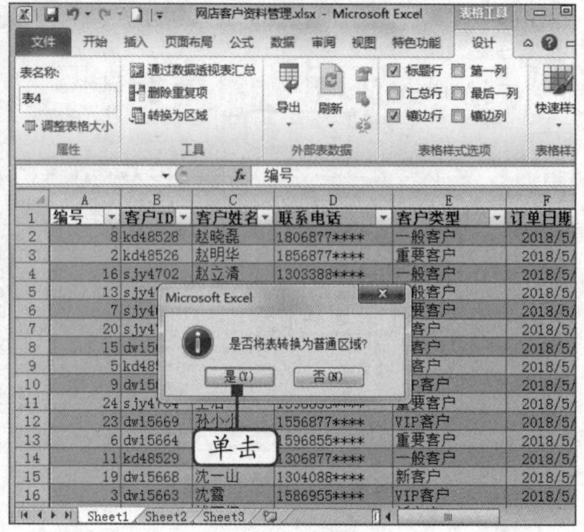

图 4-8　确定转换设置

提示　本例套用表格格式是为了快速为数据填充不同的单元格颜色，为后面单一字段排序创造“单元格颜色”这种排序依据，并不表示进行单一字段排序之前都必须套用表格格式。

（5）保持单元格区域的选择状态，单击“数据”选项卡“排序和筛选”组中的“排序”按钮，如图4-9所示。

（6）打开“排序”对话框，在“主要关键字”下拉列表中选择“客户ID”选项，在“排序依据”下拉列表中选择“单元格颜色”选项，如图4-10所示。

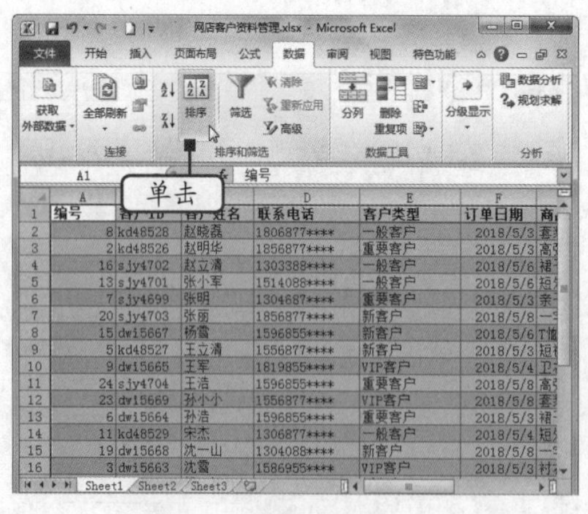

图 4-9　进行数据排序

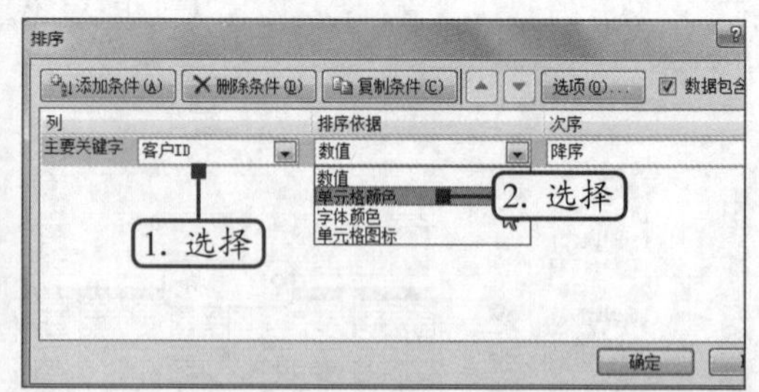

图 4-10　设置排序关键字和依据

（7）在“次序”下拉列表中选择“浅红色”选项，在右侧的下拉列表中选择“在顶端”选项，然后单击“确定”按钮，如图4-11所示。

（8）此时，二维表格中的数据记录将根据“客户ID”字段下的单元格填充颜色进行排列，效果如图4-12所示。

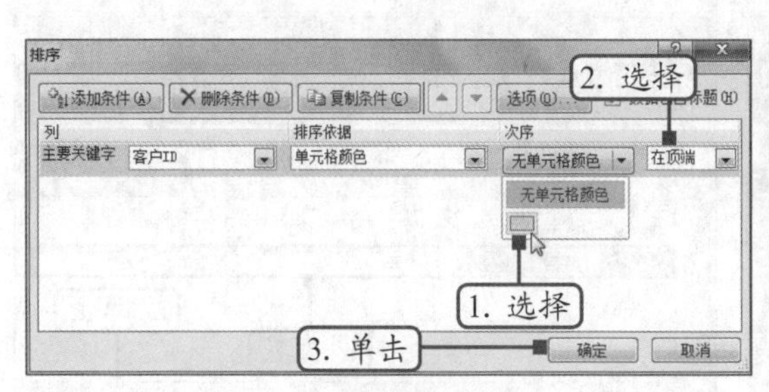

图 4-11　设置排列次序

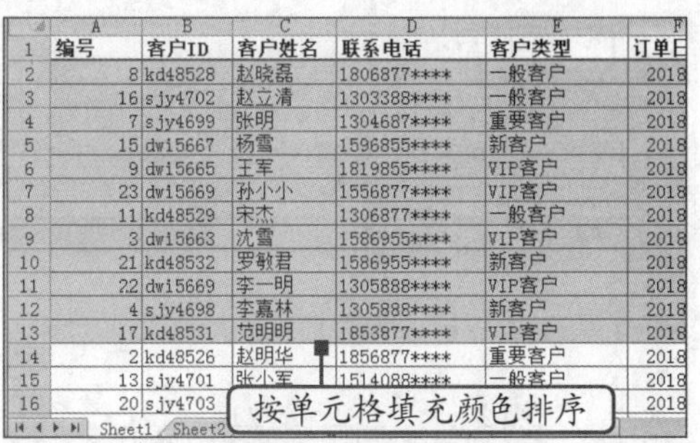

图 4-12　查看排序效果

4.1.3　多重字段排序

在一些数据字段较多的表格中，可以同时对多个字段进行排序，此时若第一个关键字的数据相同，则按第二个关键字的数据进行排序，从而更精确地控制数据记录的排列次序。下面将在“网店客户资料管理.xlsx”工作簿中对数据记录进行多重字段排序，其具体操作如下。

（1）在“Sheet1”工作表中选择A1:K25单元格区域，然后在“数据”选项卡的“排序和筛选”组中单击“排序”按钮，如图4-13所示。

（2）打开“排序”对话框，将“主要关键字”“排序依据”和“次序”分别设置为“订单日期”“数值”和“升序”，然后单击“添加条件”按钮，如图4-14所示。

微课：多重字段排序

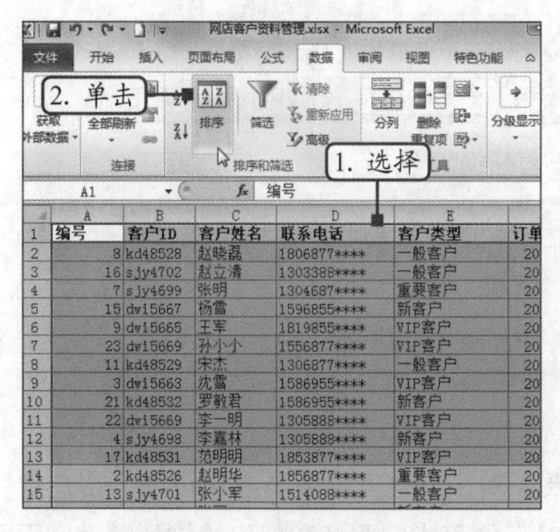

图 4-13　进行数据排序

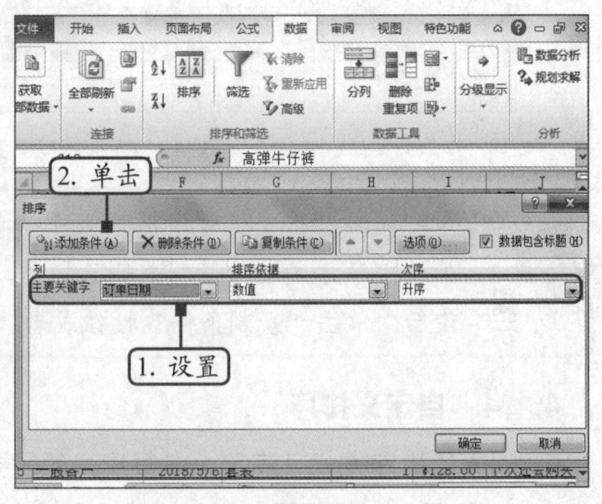

图 4-14　设置主要关键字

（3）此时，“排序”对话框中将增加一行次要关键字的设置参数，将“次要关键字”“排序依据”和“次序”分别设置为“成交额”“数值”和“降序”，然后单击“添加条件”按钮，如图4-15所示。

（4）继续添加排序依据，将“次要关键字”“排序依据”和“次序”分别设置为“购买数量”“数值”和“升序”，最后单击“确定”按钮，如图4-16所示。

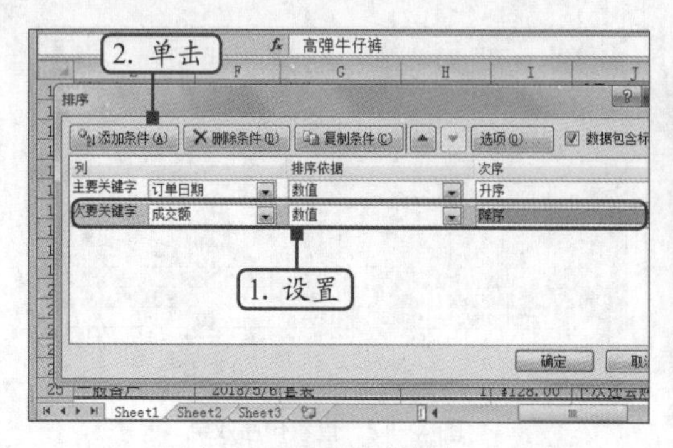

图 4-15 设置次要关键字

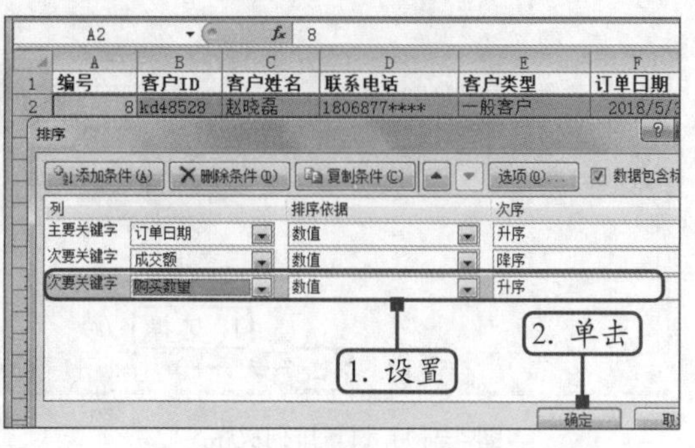

图 4-16 设置次要关键字

（5）此时，二维表格中的数据记录将首先按订单日期从小到大排列。如果订单日期相同，则按成交额从多到少排列。如果成交额仍然相同，则按购买数量从少到多排列，最终排序效果如图4-17所示。

	B	C	D	E	F	G	H	I	J	K
1	客户ID	客户姓名	联系电话	客户类型	订单日期	商品名称	购买数量	成交额	客户评价	跟进人员
2	kd48528	赵晓磊	1806877****	一般客户	2018/5/3	套装	1	¥228.00	质量有待改进	周雪梅
3	sjy4699	张明	1304687****	重要客户	2018/5/3	亲子装	1	¥208.00	质量有待改进	陈宏
4	dwi5663	沈雪	1586955****	VIP客户	2018/5/3	衬衣	1	¥188.00	尺码有点偏小	张伟
5	dwi5664	孙浩	1596855****	重要客户	2018/5/3	裙子	1	¥138.00	产品有瑕疵	张伟
6	kd48526	赵明华	1856877****	重要客户	2018/5/3	高弹牛仔裤	1	¥118.00	下次还会购买	张伟
7	sjy4698	李嘉林	1305888****	新客户	2018/5/3	一字凉鞋	2	¥108.00	还可以	周雪梅
8	kd48527	王立清	1556877****	新客户	2018/5/3	短裤	2	¥108.00	质量一般	陈宏
9	sjy4697	李玉	1304088****	一般客户	2018/5/3	T恤	1	¥98.00	质量有待改进	张伟
10	dwi5665	王军	1819855****	VIP客户	2018/5/4	卫衣	3	¥300.00	质量一般	周雪梅
11	kd48529	宋杰	1306877****	一般客户	2018/5/4	短外套	2	¥288.00	质量一般	周雪梅
12	sjy4700	黄晓丽	1814088****	VIP客户	2018/5/4	背心	3	¥58.00	下次还会购买	陈宏
13	sjy4701	张小军	1514088****	一般客户	2018/5/6	短外套	2	¥308.00	质量一般	周雪梅
14	dwi5666	李丽华	1583855****	一般客户	2018/5/6	风衣	1	¥168.00	很好	陈宏
15	kd48531	范明明	1853877****	VIP客户	2018/5/6	裙子	2	¥168.00	产品有瑕疵	周雪梅
16	dwi5667	杨雪	1596855****	新客户	2018/5/6	T恤	3	¥168.00	产品有瑕疵	陈宏
17	kd48530	钱丽娅	1516877****	新客户	2018/5/6	T恤	3	¥168.00	下次还会购买	陈宏
18	dwi5668	蔡佳明	1566955****	一般客户	2018/5/6	套装	1	¥128.00	下次还会购买	陈宏
19	sjy4702	赵立清	1303388****	一般客户	2018/5/6	裙子	2	¥128.00	尺码有点偏小	陈宏
20	dwi5669	孙小小	1556877****	VIP客户	2018/5/8	套装	2	¥299.00	尺码有点偏小	周雪梅
21	kd48532	罗敏君	1586955****	新客户	2018/5/8	套装	1	¥228.00	质量一般	周雪梅
22	sjy4703	张丽	1856877****	新客户	2018/5/8	一字凉鞋	[illegible]	[illegible]	质量一般	张伟
23	sjy4704	王浩	1596855****	重要客户	2018/5/8	高弹牛仔裤	[illegible]	[illegible]	质量有待改进	周雪梅

多重字段排序

图 4-17 应用多重字段排序的效果

提示　通过“排序”对话框不仅可以进行多个字段的排序方式，还可以对已添加的排序方式进行复制或删除操作，即在“排序”对话框中选择要设置的字段后，单击“复制条件”按钮或者“删除条件”按钮。

4.1.4 自定义排序

Excel中的排序方式可满足大多数用户的需要，对于一些有特殊要求的排序，用户也可进行自定义设置，如按照职务、部门等进行排序时，便可指定职务和部门的排列顺序。下面将在“网店客户资料管理.xlsx”工作簿中对客户评价进行自定义排序，其具体操作如下。

（1）在“Sheet1”工作表中选择A1:K25单元格区域，然后打开“排序”对话框，选择次要关键字“成交额”，单击“删除条件”按钮，如图4-18所示。

（2）按照相同的操作方法，删除另一个次要关键字“购买数量”。在“主要关键字”下拉列表中选择“客户评价”选项，在“次序”下拉列表中选择“自定义序列”选项，如图4-19所示。

微课：自定义排序

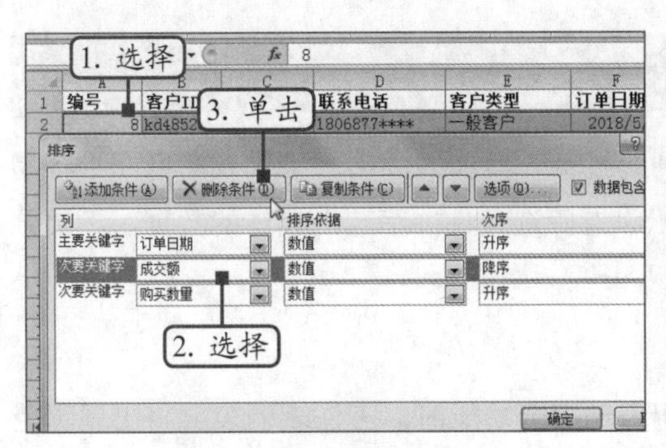

图 4-18　删除排序条件

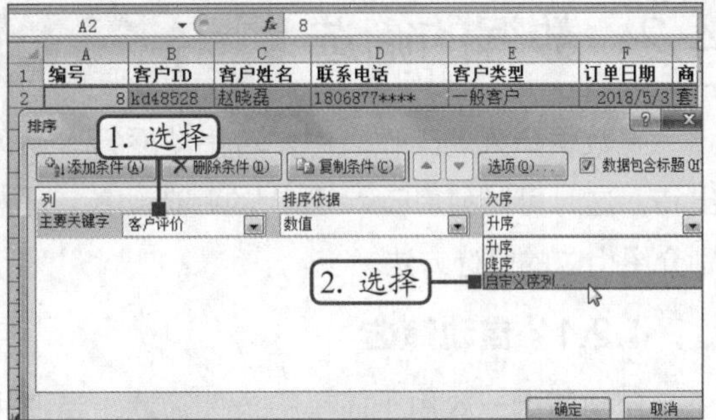

图 4-19　设置字段和次序

（3）打开“自定义序列”对话框，在“输入序列”栏中输入客户评价的排序方式，并按“Enter”键换行，然后依次单击“添加”按钮和“确定”按钮，如图4-20所示。

（4）返回“排序”对话框，确认排列次序无误后，单击“确定”按钮，如图4-21所示。

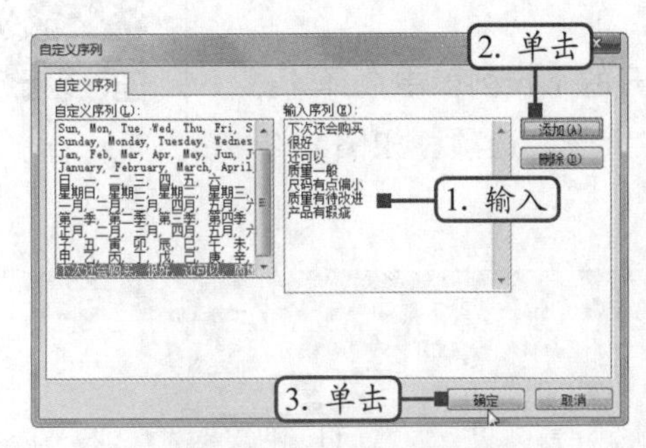

图 4-20　自定义排序方式

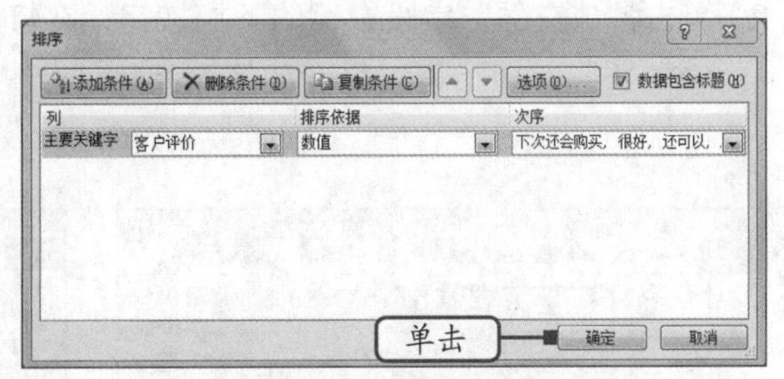

图 4-21　确认排序方式

（5）返回Excel工作界面，即可看到自定义排序的最终效果，如图4-22所示。

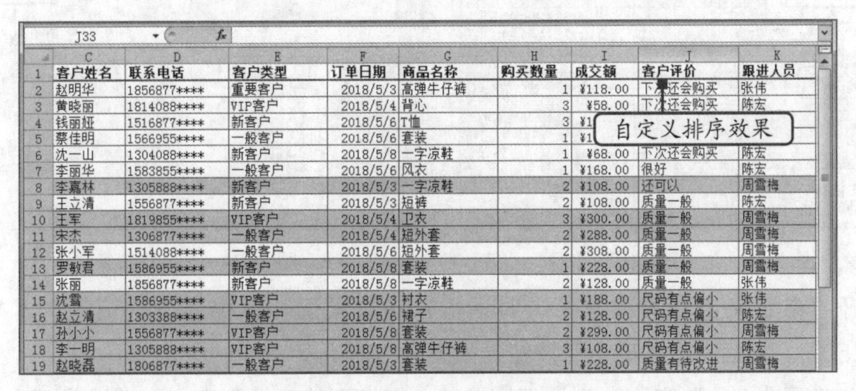

图 4-22　自定义排序效果

提示

如果表格中的数据经常需要使用同一种方式进行排序，那么可以将自定义的排序方式添加到“排序”对话框的“次序”下拉列表中，下次使用时直接调用即可。

4.2 数据的筛选

在数据庞大的工作表中，若手动逐行、逐列查找某一具体的数据，不仅效率低而且容易出错，这时可以利用Excel强大的筛选功能，轻松设置筛选条件并筛选出具体的数据。下面分别介绍相应的筛选方法。

4.2.1 自动筛选

自动筛选一般用于简单的条件筛选。当使用自动筛选功能时，工作表的表头将出现黑色三角形按钮，单击该三角形按钮，在打开的下拉列表中选择相应的选项即可。下面将在“网店客户资料管理.xlsx”工作簿中使用预设的筛选条件来筛选数据，其具体操作如下。

（1）在“Sheet1”工作表中选择包含数据的任意一个单元格，这里选择E4单元格，然后单击“数据”选项卡“排序和筛选”组中的“筛选”按钮，如图4-23所示。

微课：自动筛选

（2）单击“成交额”字段右侧的下拉按钮，在打开的下拉列表中选择“数字筛选”选项，再在打开的子列表中选择“大于”选项，如图4-24所示。

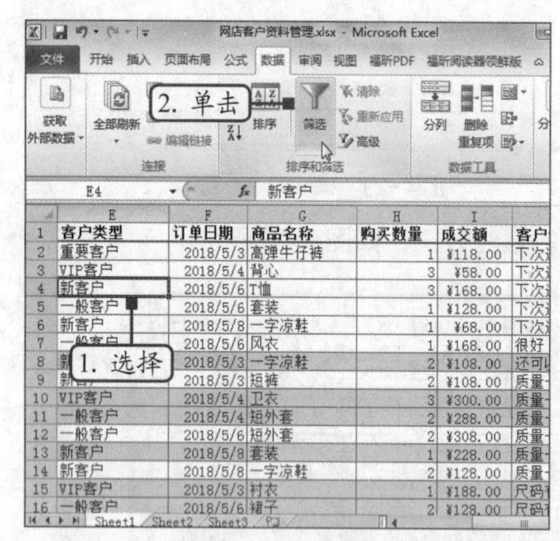

图 4-23 进入筛选状态

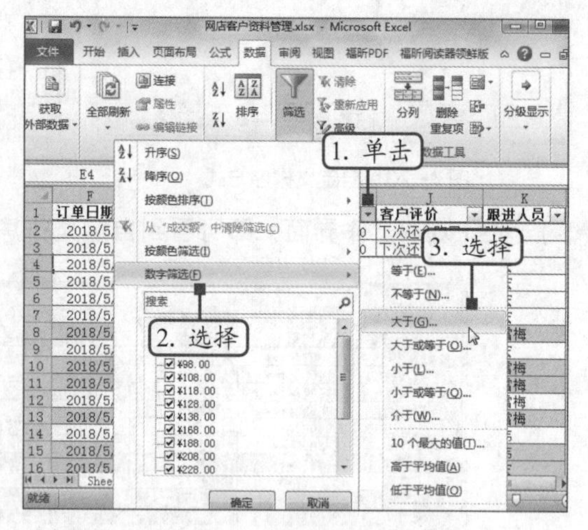

图 4-24 选择筛选条件

（3）打开“自定义自动筛选方式”对话框，在“大于”下拉列表右侧的文本框中输入“150”，然后单击“确定”按钮，如图4-25所示。

（4）单击“跟进人员”字段右侧的下拉按钮，在打开的下拉列表中取消选中“全选”复选框，重新单击选中“周雪梅”复选框，最后单击“确定”按钮，如图4-26所示。

提示

对工作表执行筛选操作后，相关字段右侧的下拉按钮▼将变为“筛选”按钮▼。单击该按钮可在打开的下拉列表中选择“从‘（字段名称）’中清除筛选”选项，即可清除当前字段的筛选状态。

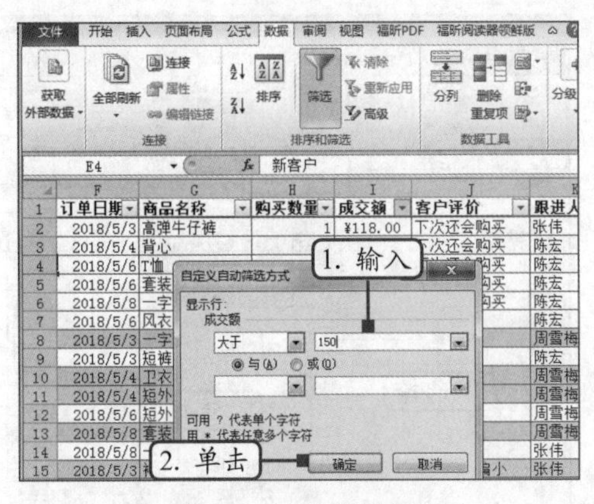

图 4-25　设置筛选条件

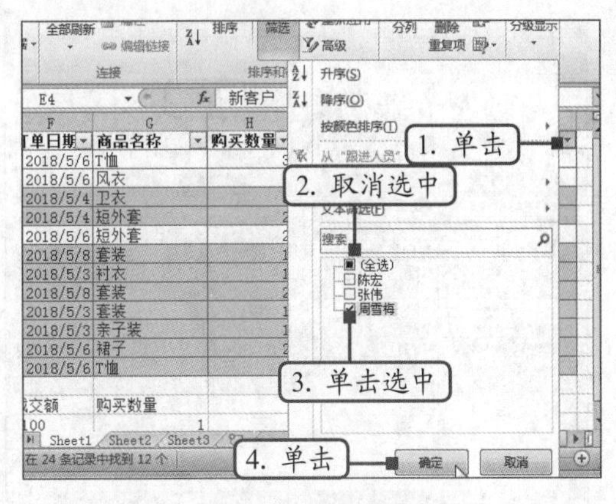

图 4-26　设置筛选条件

（5）返回Excel工作界面，在二维表格中将显示成交额大于“150”，且跟进人员为“周雪梅”的数据记录，最终效果如图4-27所示。

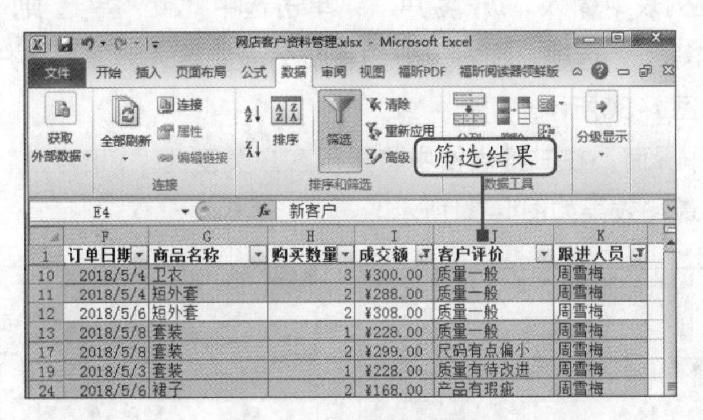

图 4-27　显示筛选结果

4.2.2　自定义筛选

如果Excel预设的条件不能满足筛选需要，则可以自定义筛选条件来筛选数据。下面将在“网店客户资料管理.xlsx”工作簿中通过自定义筛选条件来筛选需要的数据，其具体操作如下。

（1）单击“数据”选项卡“排序和筛选”组中的“清除”按钮，如图4-28所示，清除当前数据范围的排序和筛选状态。

（2）单击“客户类型”字段右侧的下拉按钮，在打开的下拉列表中选择“文本筛选”选项，再在打开的子列表中选择“自定义筛选”选项，如图4-29所示。

微课：自定义筛选

提示

如果知道并确定表格中存在要筛选的数据，可使用搜索框进行数据筛选。方法为：单击“排序和筛选”组中的“筛选”按钮，再单击单元格右侧的下拉按钮，在打开的下拉列表中将鼠标指针定位到搜索文本框中，输入需要查找的内容后，单击“确定”按钮，则会在表格中自动显示相关信息；若不存在，则会显示“没有与搜索相匹配的项目”。

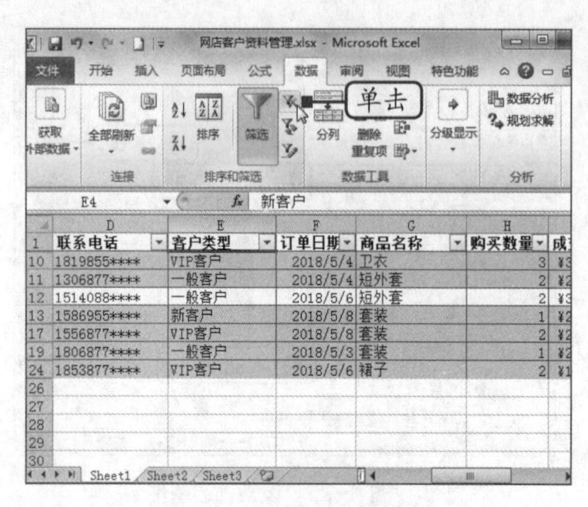

图 4-28　清除筛选状态

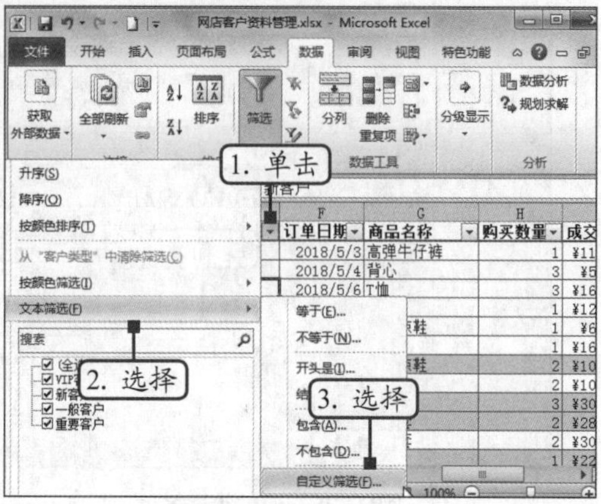

图 4-29　自定义筛选

（3）打开“自定义自动筛选方式”对话框，在左上方的下拉列表中选择“等于”选项，在右上方的下拉列表中输入“VIP客户”，单击选中“或”单选项，再在左下方的下拉列表中选择“等于”选项，在右下方的下拉列表中输入“重要客户”，然后单击“确定”按钮，如图4-30所示。

（4）返回Excel工作界面，在二维表格中将显示客户类型为“VIP客户”或者“重要客户”的数据信息，最终效果如图4-31所示。

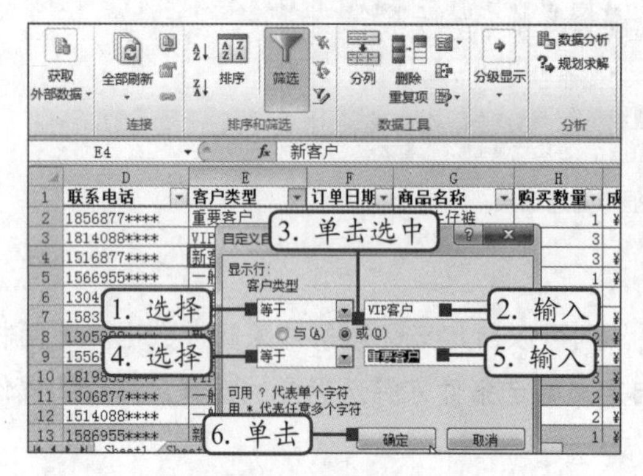

图 4-30　设置筛选条件

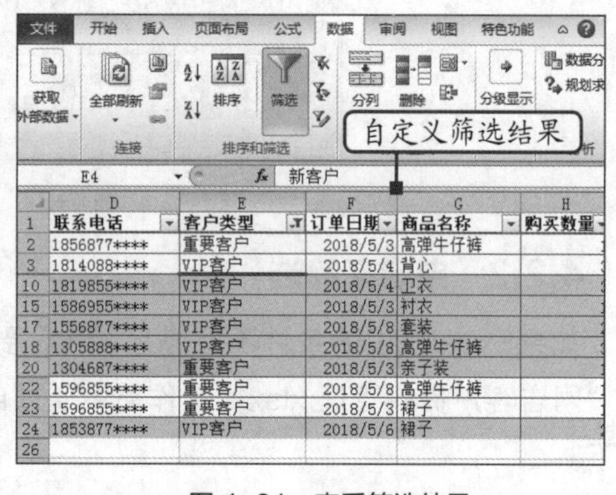

图 4-31　查看筛选结果

4.2.3　高级筛选

当自定义筛选仍然不能满足筛选数据的需要时，可以使用Excel提供的高级筛选功能筛选出任何所需要的数据结果。下面将在“网店客户资料管理.xlsx”工作簿中使用高级筛选功能来筛选数据，其具体操作如下。

（1）单击“客户类型”字段右侧的筛选按钮，在打开的下拉列表中选择“从‘客户类型’中清除筛选”选项，如图4-32所示。

（2）在E27:G28单元格区域中输入筛选条件，其中上方为与二维表格完全相同的字段名称，下方为具体的限制条件，如图4-33所示，然后单击“排序和筛选”组中的“高级”按钮。

微课：高级筛选

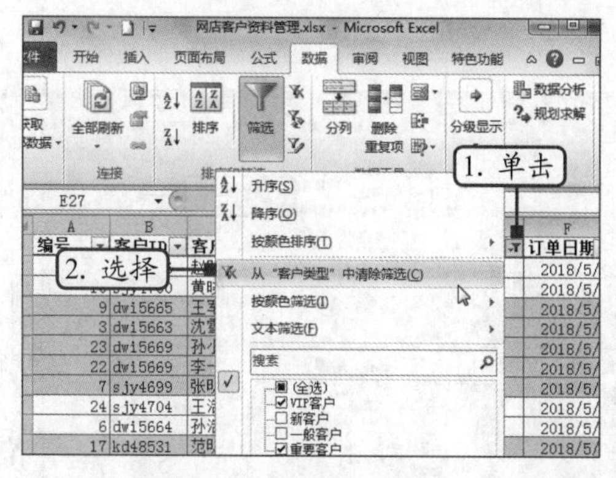

图 4-32　清除字段的筛选条件

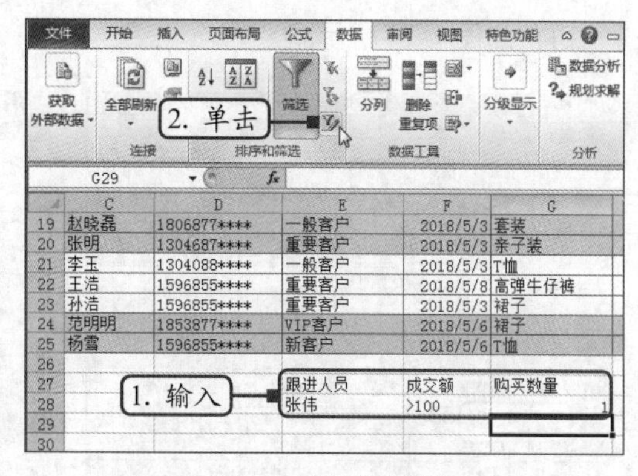

图 4-33　输入筛选条件

（3）打开“高级筛选”对话框，将列表区域指定为A1:K25单元格区域，将条件区域指定为E27:G28单元格区域，然后单击“确定”按钮，如图4-34所示。

（4）返回Excel工作界面，将根据设置的条件显示符合的数据记录，最终效果如图4-35所示（效果参见：效果文件\第4章\网店客户资料管理.xlsx）。

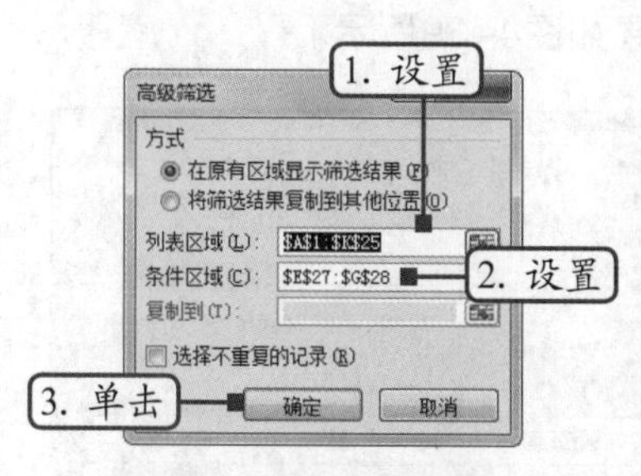

图 4-34　设置高级筛选条件

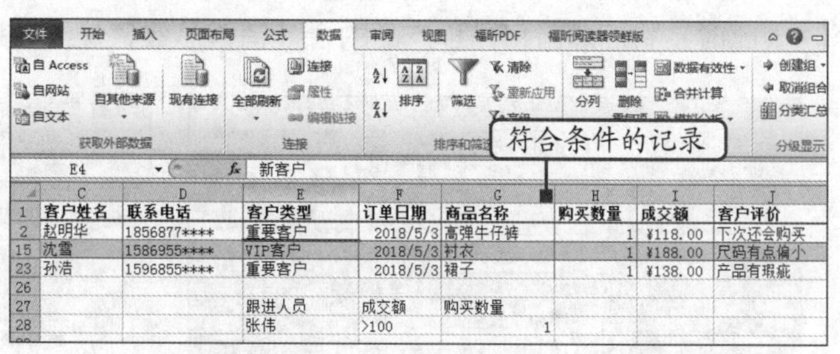

图 4-35　查看筛选结果

4.3　数据的分类汇总

数据的分类汇总是指将性质相同或相似的一类数据放到一起，使其成为“一类”，并进一步对这类数据进行各种统计计算，这样不仅能使表格的数据结构更加清晰，还能有针对性地对数据进行汇总。

4.3.1　创建分类汇总

要创建分类汇总，首先要对数据进行排序，然后以排序的字段为汇总依据，进行求和、求平均值或求最大值等各种操作。下面在“坚果销量表.xlsx”工作簿中对产品的销量总额进行汇总，其具体操作如下。

（1）打开素材文件“坚果销量表.xlsx”工作簿（素材参见：素材文件\第4章\坚果销量表.xlsx），在“1月份”工作表中选择C3单元格，然后单击“数据”选项卡“排序和筛选”组中的“降序”按钮，如图4-36所示。

微课：创建分类汇总

（2）保持单元格的选择状态，在“数据”选项卡的“分级显示”组中单击“分类汇总”按钮，如图4-37所示。

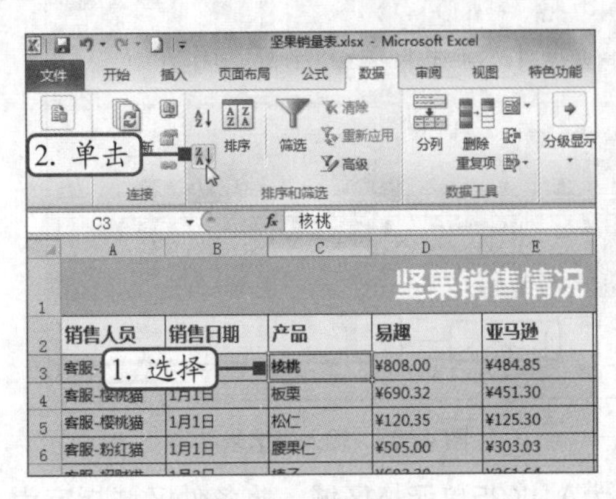

图4-36 数据排序

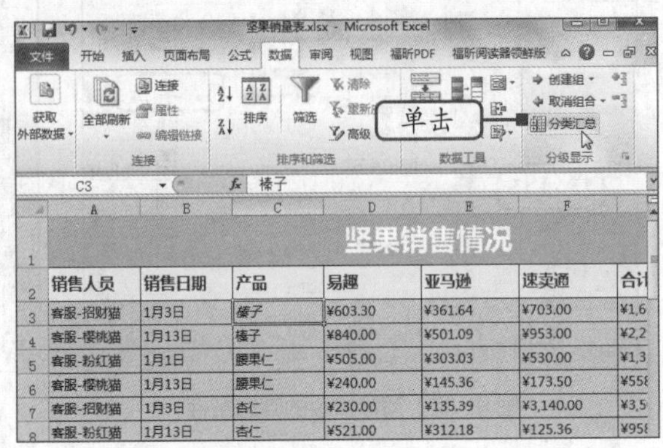

图4-37 分类汇总

（3）打开“分类汇总”对话框，在“分类字段”下拉列表中选择“产品”选项，在“汇总方式”下拉列表中选择“求和”选项，在“选定汇总项”列表框中单击选中“合计”复选框，最后单击“确定”按钮，如图4-38所示。

（4）此时，将汇总出每一种产品的合计销售总额，最终效果如图4-39所示。

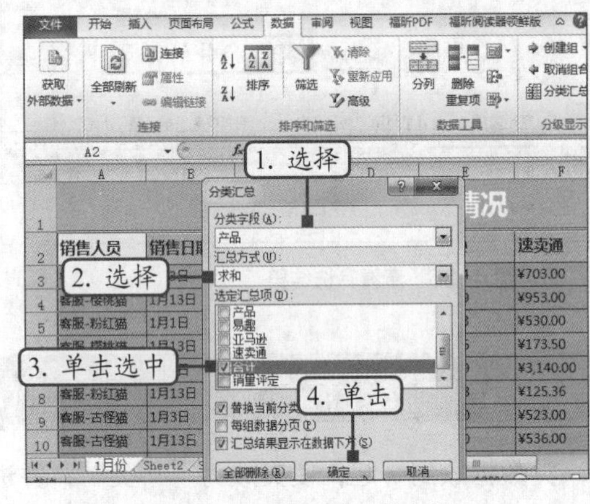

图4-38 设置分类汇总参数

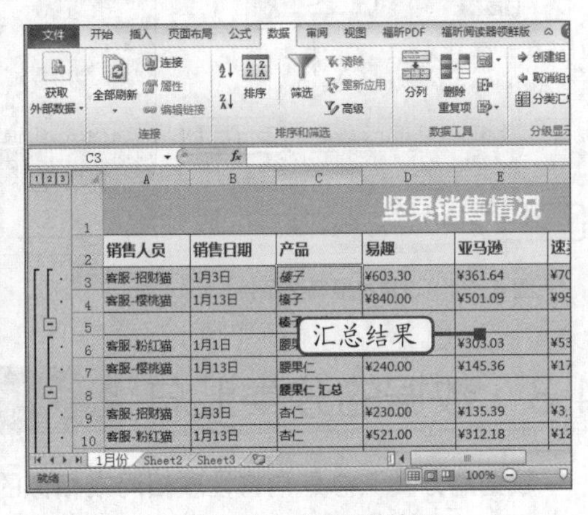

图4-39 查看汇总结果

4.3.2 创建嵌套分类汇总

默认创建分类汇总时，表格中将只能显示一种汇总方式，用户可根据需要嵌套多种汇总结果，以便查看。下面将在“坚果销量表.xlsx”工作簿的“1月份”工作表中创建嵌套分类汇总，其具体操作如下。

（1）对产品合计数进行分类汇总后，继续单击“数据”选项卡“分级显示”组中的“分类汇总”按钮，如图4-40所示。

（2）打开“分类汇总”对话框，在“选定汇总项”列表框中单击选中“亚马逊”复选框，并取消选中“替换当前分类汇总”复选框，最后单击“确定”按钮，如图4-41所示。

微课：创建嵌套分类汇总

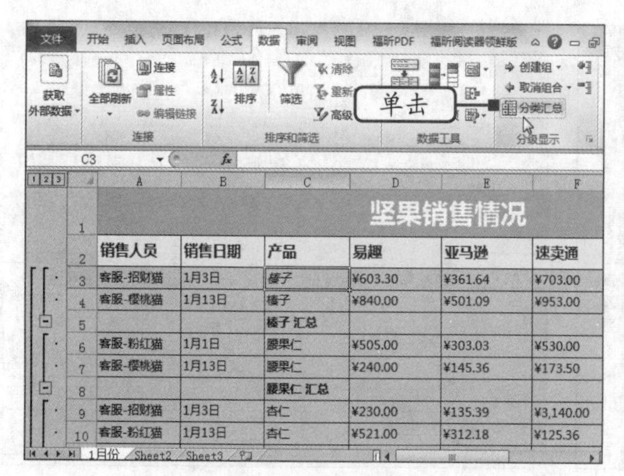

图 4-40　分类汇总

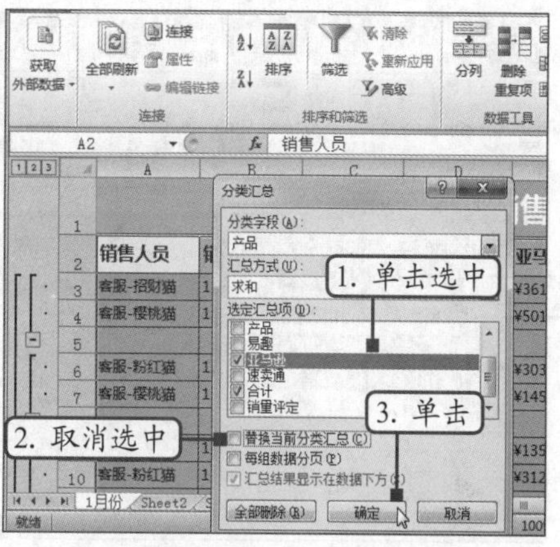

图 4-41　设置分类汇总参数

（3）返回Excel工作界面，此时表格中同时显示出产品在亚马逊平台的销量和合计销量结果，如图4-42所示。

图 4-42　嵌套分类汇总效果

如果表格中已创建分类汇总，并在“分类汇总”对话框中设置新的汇总方式后，单击选中“替换当前分类汇总”复选框，则可将当前分类汇总替换成新的分类汇总方式。

4.3.3　分级查看汇总数据

对数据进行分类汇总后，可通过显示和隐藏不同级别的明细数据来查看需要的汇总结果。下面将在“坚果销量表.xlsx”工作簿的“1月份”工作表中查看不同级别的分类汇总数据，其具体操作如下。

（1）对“1月份”工作表进行分类汇总后，单击表格左上角显示的1级标记，此时表格仅显示最终的汇总结果，如图4-43所示。

（2）单击2级标记，此时表格显示产品合计数和最终的汇总结果，如图4-44所示。

微课：分级查看汇总数据

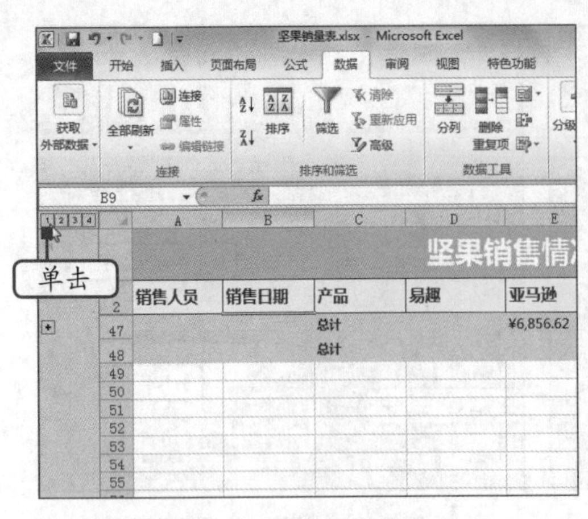

图 4-43　显示 1 级数据

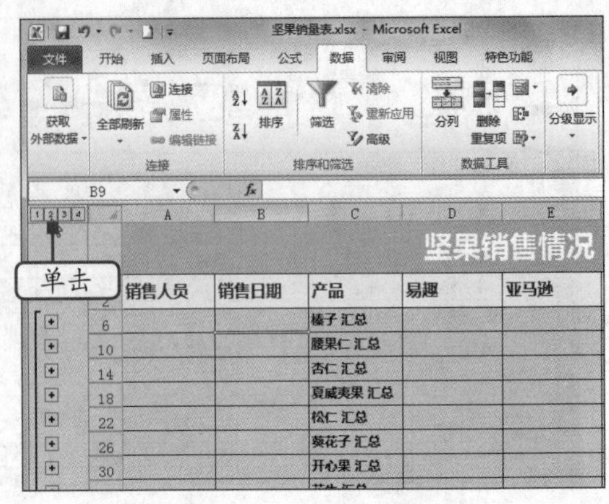

图 4-44　显示 2 级数据

（3）单击3级标记，此时表格将同时显示产品的亚马逊汇总数据、合计汇总及最终的汇总结果，如图4-45所示。

（4）单击4级标记，此时表格完整显示所有的数据内容，如图4-46所示。

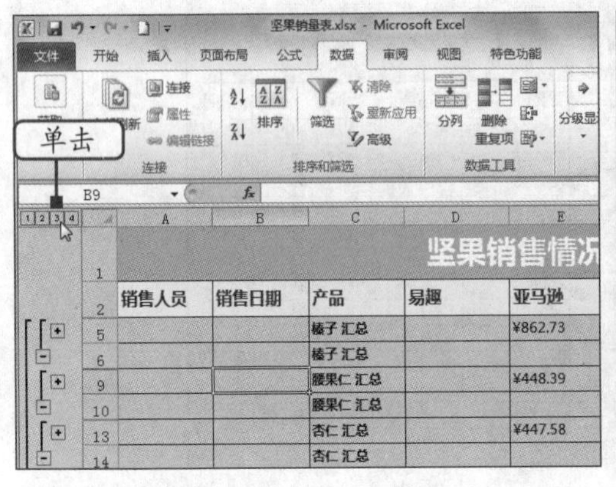

图 4-45　显示 3 级数据

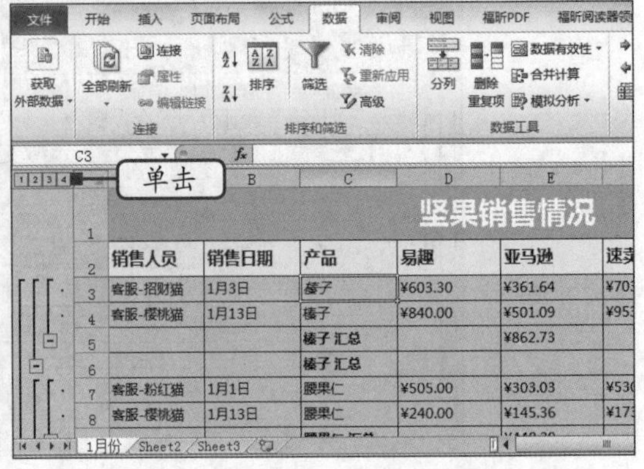

图 4-46　显示 4 级数据

（5）选择B7单元格，单击“分级显示”组中的“隐藏明细数据”按钮，如图4-47所示。

（6）此时，所选单元格所在的明细数据被隐藏，其他数据保持不变。继续在“数据”选项卡的“分级显示”组中单击“显示明细数据”按钮，如图4-48所示。

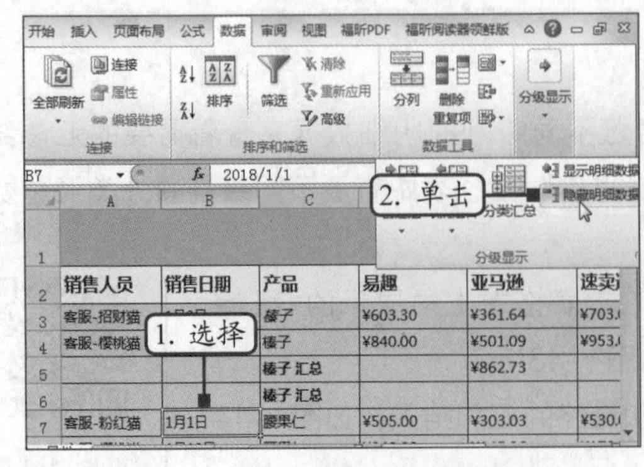

图 4-47　单击“隐藏明细数据”按钮

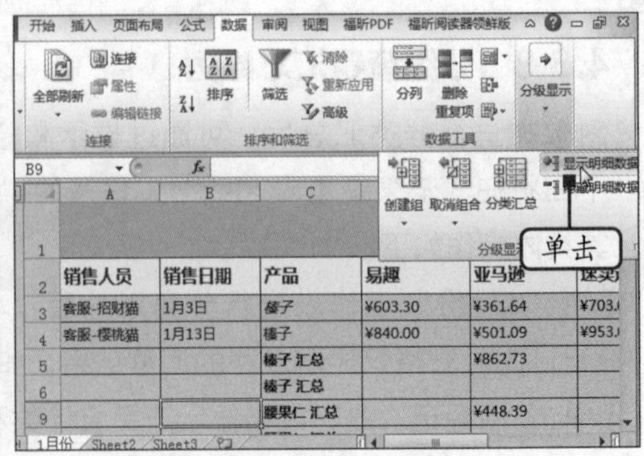

图 4-48　单击“显示明细数据”按钮

（7）此时，重新显示所选单元格所在区域的明细数据，如图4-49所示（效果参见：效果文件\第4章\坚果销量表.xlsx）。

坚果销售情况							
销售人员	销售日期	产品	易趣	亚马逊	速卖通	合计	销量评定
客服-招财猫	1月3日	榛子	¥603.30	¥361.64	¥703.00	¥1,667.94	良
客服-樱桃猫	1月13日	榛子	¥840.00	¥501.09	¥953.00	¥2,294.09	优
				¥862.73		¥3,962.03	
						¥3,962.03	
客服-粉红猫	1月1日	腰果仁	¥505.00	¥303.03	¥530.00	¥1,338.03	良
客服-樱桃猫	1月13日	腰果仁	¥240.00	¥145.36	¥173.50	¥558.86	差
		腰果仁 汇总		¥448.39		¥1,896.89	
		腰果仁 汇总				¥1,896.89	
客服-招财猫	1月3日	杏仁	¥230.00	¥135.39	¥3,140.00	¥3,505.39	优
客服-粉红猫	1月13日	杏仁	¥521.00	¥312.18	¥125.36	¥958.54	差

重新显示隐藏的数据

图4-49 重新显示隐藏的数据

提示

创建分类汇总后的工作表会显得很大，有时会造成数据显示不完整的情况，此时可以在不影响表格中数据记录的前提下，取消当前表格的分级显示。其方法为：在“数据”选项卡的“分级显示”组中单击“取消组合”下拉按钮，在打开的下拉列表中选择“清除分级显示”选项，即可取消当前表格中的分级显示。

4.4 提高与技巧

为了在庞大的数据信息中快速对数据进行管理，下面将介绍一些关于数据排序、筛选与分类汇总的技巧，方便用户快速按设置的字段查看、统计出相应的数据。

4.4.1 按笔画排序

在Excel中处理数据，有时需要将数据按某一变量的笔画进行排序，如按姓氏笔画排序，此时该如何操作呢?

其方法为：打开Excel工作簿后，选择工作表中包含数据的任意一个单元格，单击“排序和筛选”组中的“排序”按钮，打开“排序”对话框。在“主要关键字”下拉列表中选择“姓名”选项，单击“选项”按钮，打开“排序选项”对话框，单击选中“方法”栏中的“笔画排序”单选项，依次单击“确定”按钮，即可将表格中的“姓名”列按姓氏笔画由少到多自动排序，如图4-50所示。

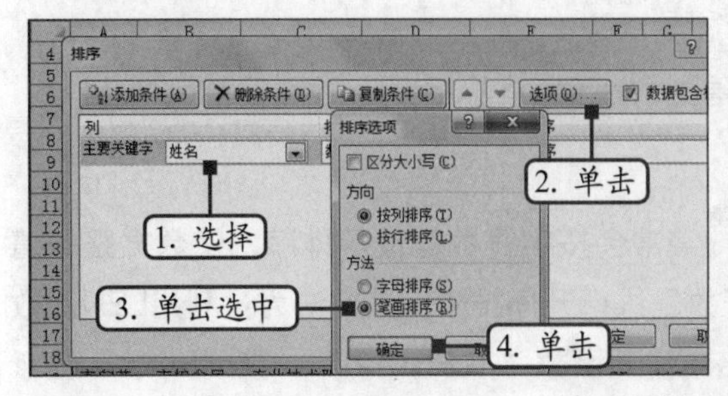

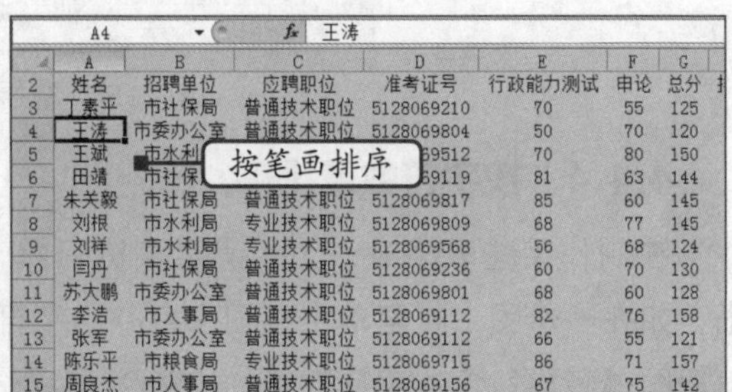

图4-50 按笔画排序

4.4.2 用函数进行排序

有时，在对工作表中的某些数值列（如工资）进行排序时，不希望打乱原有表格的顺序，而只需要得到一个排列名次，此时可以利用RANK.EQ函数来实现。

其方法为：在工作表中选择“实发工资”列右侧的空白单元格，用于保存排列名次，这里选择G3单元格，然后在编辑栏中输入公式“=RANK.EQ(F3,$F$3:$F$13)”，按“Enter”键即可得出排列名次。拖动G3单元格右下角的填充柄复制公式即可对所有员工的实发工资进行排序，如图4-51所示。

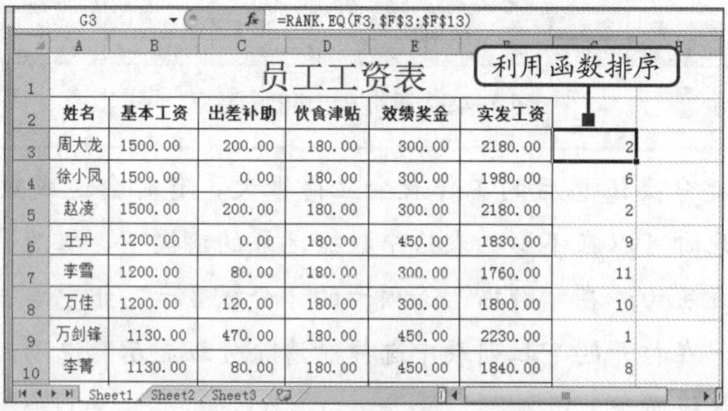
G3
=RANK.EQ(F3,$F$3:$F$13)
员工工资表
利用函数排序
姓名 基本工资 出差补助 伙食津贴 效绩奖金 实发工资
周大龙 1500.00 200.00 180.00 300.00 2180.00 2
徐小凤 1500.00 0.00 180.00 300.00 1980.00 6
赵凌 1500.00 200.00 180.00 300.00 2180.00 2
王丹 1200.00 0.00 180.00 450.00 1830.00 9
李雪 1200.00 80.00 180.00 300.00 1760.00 11
万佳 1200.00 120.00 180.00 300.00 1800.00 10
万剑锋 1130.00 470.00 180.00 450.00 2230.00 1
李菁 1130.00 80.00 180.00 450.00 1840.00 8
Sheet1 Sheet2 Sheet3

图 4-51 利用函数进行排序

4.4.3 让序号列不参与排序

在对表格中的数据进行排序时，一般情况下，位于第一列的序号会被打乱，此时，如果不想让“序号”列参与排序，可在“序号”列右侧插入一个空白列（如B列），将“序号”列与数据表隔开，再对右侧的数据区域，如对“单价（元）”列进行排序时，“序号”列将不再参与排序，如图4-52所示。

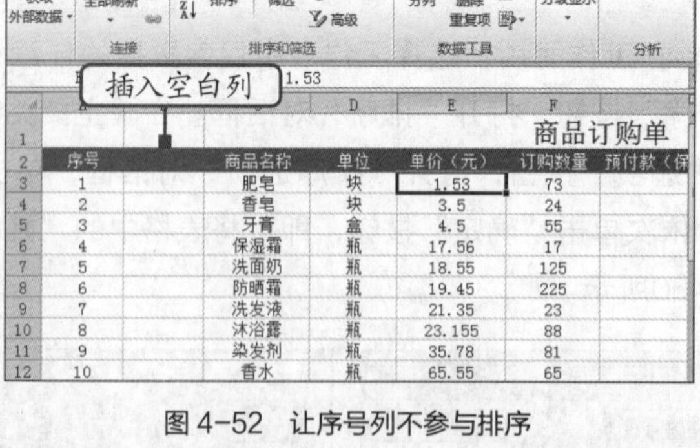
文件 开始 插入 页面布局 公式 数据 审阅 视图 特色功能
获取外部数据 全部刷新 排序 筛选 清除 重新应用 高级 分列 删除重复项 分级显示 数据分析 规划求解
连接 排序和筛选 数据工具 分析
插入空白列
商品订购单
序号 商品名称 单位 单价（元） 订购数量
1 肥皂 块 1.53 73
2 香皂 块 3.5 24
3 牙膏 盒 4.5 55
4 保湿霜 瓶 17.56 17
5 洗面奶 瓶 18.55 125
6 防晒霜 瓶 19.45 225
7 洗发液 瓶 21.35 23
8 沐浴露 瓶 23.155 88
9 染发剂 瓶 35.78 81
10 香水 瓶 65.55 65

图 4-52 让序号列不参与排序

4.4.4 按字符数量排序

在制作某些表格时，为了满足浏览习惯，常常会按字符数量进行排序，使数据整齐清晰，如在一份图书推荐单中按图书名称的字符数量进行升序排列。其方法为：利用LEN函数返回图书名称包含的字符数量，如在D2单元格中输入函数“=LEN(A2)”，按“Enter”键，然后拖动填充柄复制函数到D15单元格，此时利用“升序”按钮对返回字符数量的数据列进行升序排列，即可实现按书名的字符数量从短到长进行排列的要求，如图4-53所示。

按字符数量排序

D2 =LEN(A2)

	A	B	C	D
1	书名	作者	国籍	
2	飘	米切尔	美国	1
3	史记	司马迁	中国	2
4	红楼梦	曹学芹 高鹗	中国	3
5	名利场	萨克雷	英国	3
6	资治通鉴	司马光	中国	4
7	本草纲目	李时珍	中国	4
8	荷马史诗	荷马	古希腊	4
9	战争与回忆	赫尔曼·沃克	美国	5
10	俄狄浦斯王	索福克勒斯	古希腊	5
11	鲁滨孙漂流记	笛福	英国	6
12	莎士比亚全集	莎士比亚	英国	6
13	一位女士的画像	亨利·詹姆斯	美国	7
14	爱丽丝漫游仙境	查尔斯·勒特奇·道奇森	英国	7

图 4-53 按字符数量排序

4.4.5 控制单元格填充颜色的排列顺序

前面介绍过如果以单元格填充颜色为排序依据，则只能指定某一颜色位于顶端或底端，当出现多个颜色时，则无法控制单元格填充颜色的排列顺序。实际上，通过添加关键字的方法，无论有几种填充颜色，都可以严格按照数值的顺序排列。

其方法为：选择具有填充颜色的单元格，打开“排序”对话框，设置主要关键字、排序依据和次序，其中次序指排在第1位的颜色。然后单击“添加条件”按钮，继续设置相同的关键字和排序依据，即“单元格颜色”，然后在“次序”下拉列表中指定排在第2位的颜色。按相同的方法指定排在第3位的颜色，单击“确定”按钮，如图4-54所示。此时，工作表将以设定的单元格颜色为依据进行排序。

图 4-54 按单元格颜色排列数据

4.4.6 按字体颜色或单元格填充颜色筛选

如果在表格中设置了字体颜色或单元格填充颜色，则可以针对这些颜色进行筛选操作。其方法为：在“数据”选项卡的“排序和筛选”组中单击“筛选”按钮，然后单击字体颜色或填充颜色字段右侧的下拉按钮，在打开的下拉列表中选择“按颜色筛选”选项，在打开的子列表中便可显示指定的颜色并筛选出对应的数据，如图4-55所示。

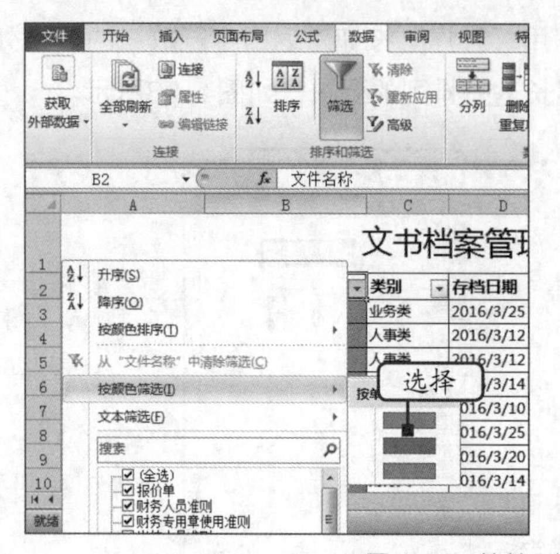

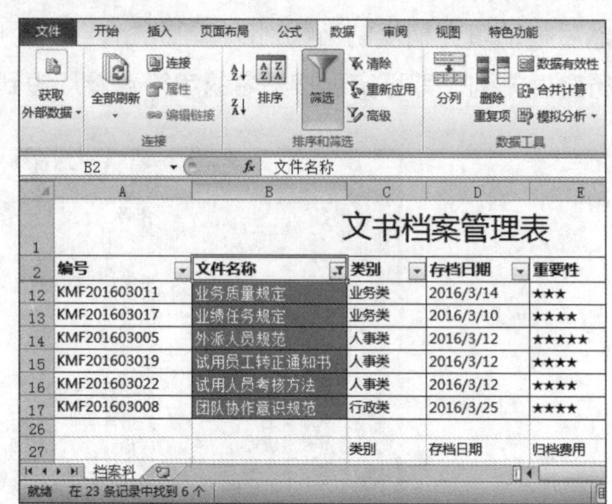

图 4-55　按单元格填充或字体颜色筛选数据

4.4.7　合并计算

在实际工作中，往往需要在月末对多项数据进行合并统计，而进行统计的表格其结构或内容基本上是相似的。此时，可使用Excel中的合并计算功能完成汇总或合并多个数据源区域的操作。

其方法为：打开要进行合并计算的工作簿，选择显示合并结果的单元格，如A1单元格，单击“数据”选项卡“数据工具”组中的“合并计算”按钮，打开“合并计算”对话框，在“函数”下拉列表中选择“求和”选项，在“引用位置”列表框中输入“上半年!$A$1:$E$12”，然后单击“添加”按钮。继续在“引用位置”列表框中输入“下半年!$A$1:$E$12”，单击选中“标签位置”栏中的“首行”和“最左列”复选框，单击“确定”按钮，如图4-56所示。

返回Excel工作界面，即可查看上半年与下半年合并计算的结果。

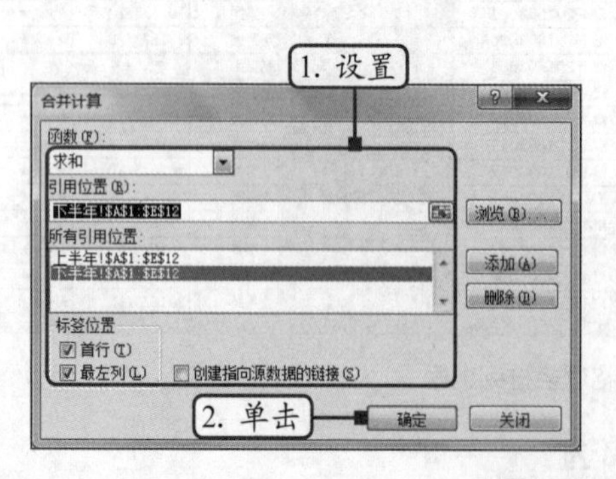

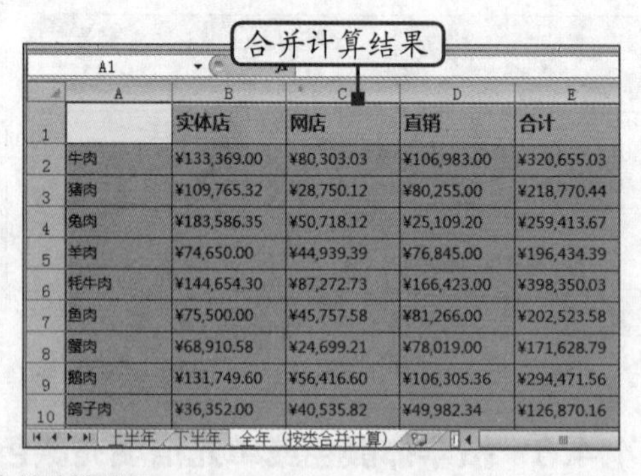

图 4-56　合并计算数据

Information

第5章 使用数据透视图表分析数据

Excel分析数据的主要工具是图表，图表并不是一个单一的元素，而是由图和表组成的。我们在第3章学习了使用各种图表来分析数据，本章将继续学习使用图和表分析数据，即使用数据透视图和数据透视表来分析表格中的数据。掌握数据透视表和数据透视图的使用方法后，就能更准确地从复杂、抽象的数据中得到更加准确、直观的答案。

本章要点

- 数据透视表的应用
- 切片器的应用
- 数据透视图的应用

Information

5.1 数据透视表的应用

数据透视表实质上就是一种数据交互式报表，它能快速对大量数据进行汇总，使用户能快速浏览、分析、合并及摘要数据，从透视表中发现和得到一些意想不到的信息。下面将详细介绍数据透视表的创建、设置、使用和美化等相关操作。

5.1.1 创建数据透视表

创建数据透视表与创建图表的方法类似，可以在表格中选择相应的数据区域，再通过插入数据透视表的按钮进行创建；也可以不选择数据区域，直接在插入数据透视表时指定数据源进行创建。下面在“网店业绩统计表.xlsx”工作簿中创建数据透视表，其具体操作如下。

微课：创建数据透视表

（1）打开素材文件“网店业绩统计表.xlsx”工作簿（素材参见：素材文件\第5章\网店业绩统计表.xlsx），在“Sheet1”工作表中选择A2:N16单元格区域，单击“插入”选项卡“表格”组中的“数据透视表”按钮，如图5-1所示。

（2）打开“创建数据透视表”对话框，在“选择放置数据透视表的位置”栏中单击选中“新工作表”单选项，然后单击“确定”按钮，如图5-2所示。

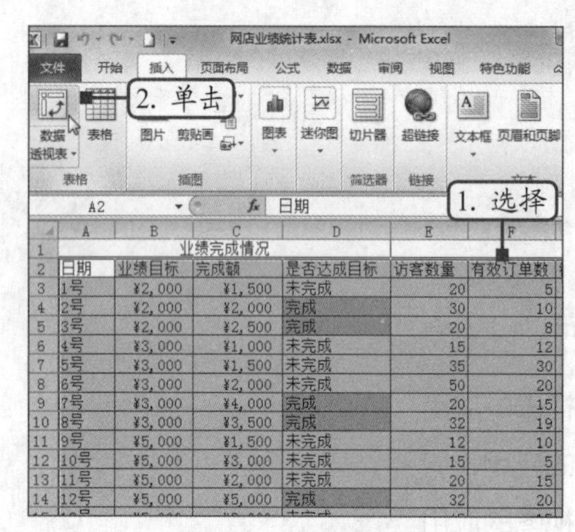

图 5-1　选择数据区域

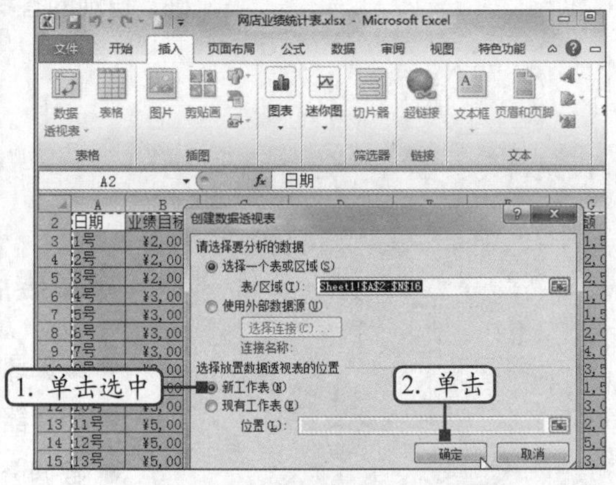

图 5-2　选择数据透视表的放置位置

提示

在“创建数据透视表”对话框中，若单击选中“现有工作表”单选项，则需要在“位置”文本框中输入放置数据透视表的起始位置。单击“确定”按钮后，系统将自动在现有工作表中根据指定位置创建一个空白的数据透视表。

（3）此时，系统将新建工作表并创建空白的数据透视表，双击新建的“Sheet4”工作表标签，将其重命名为“透视分析”，按“Enter”键，如图5-3所示。

（4）在“数据透视表字段列表”任务窗格的“选择要添加到报表的字段”列表中，单击选中“日期”复选框，如图5-4所示，将该字段添加到下方的“行标签”列表框中。

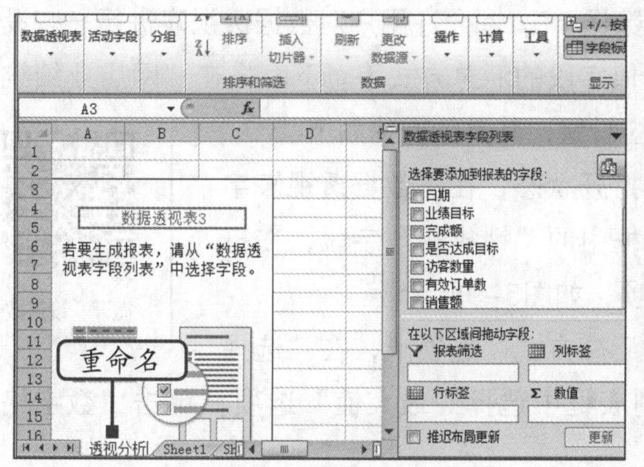

图 5-3　重命名工作表

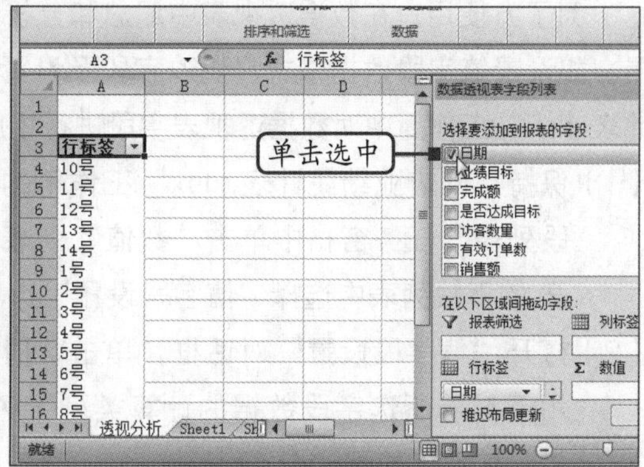

图 5-4　添加字段

（5）在“选择要添加到报表的字段”列表中，将鼠标指针定位至“业绩目标”字段上，并按住鼠标左键不放，将其拖动至“报表筛选”列表框，如图5-5所示，释放鼠标，对该字段的位置进行调整。

（6）按照相同的操作方法，将“访客数量”字段拖动至“数值”列表框，如图5-6所示。

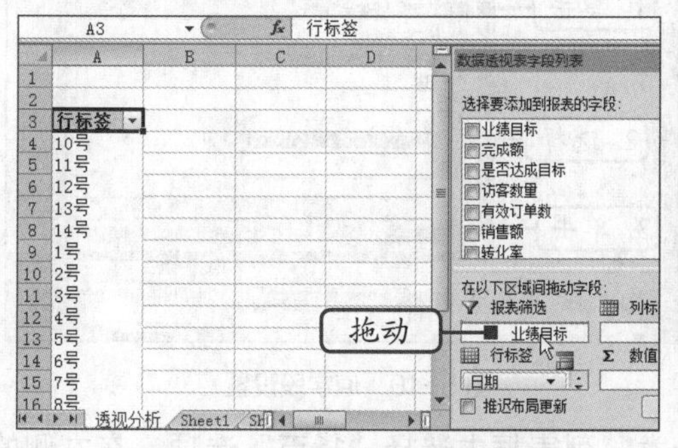

图 5-5　拖动“业绩目标”字段

图 5-6　拖动“访客数量”字段

（7）继续将“销售额”和“退款金额”字段拖动至“数值”列表框，如图5-7所示。

（8）此时，数据透视表的行标签对应“日期”字段的内容；报表筛选对应“业绩目标”字段的内容；具体的数值则对应“访客数量”“销售额”和“退款金额”字段的内容，如图5-8所示。

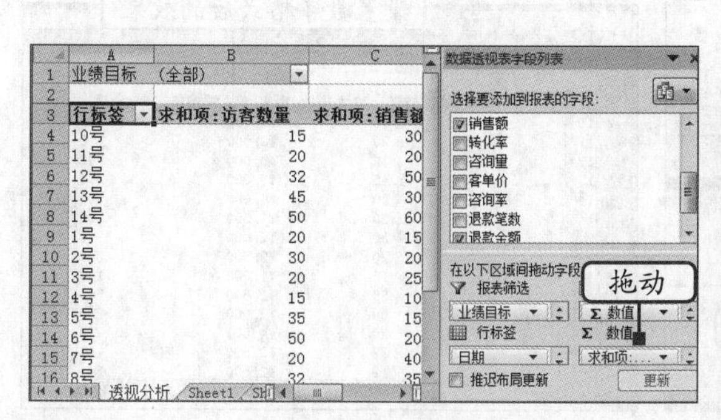

图 5-7　拖动字段

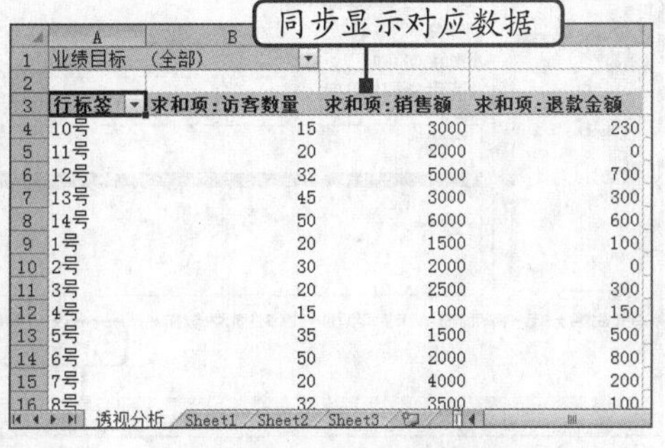

图 5-8　同步显示对应数据

5.1.2 设置数据透视表

为了方便用户在数据透视表中汇总和分析数据，Excel允许用户对数据透视表进行一些设置，如设置值字段数据格式、更改字段及设置值字段的汇总方式等。下面将在“网店业绩统计表.xlsx”工作簿中对数据透视表字段进行相应设置，其具体操作如下。

微课：设置数据透视表

（1）保持“网店业绩统计表.xlsx”工作簿的打开状态，在“数据透视表字段列表”任务窗格中单击“数值”列表框中的“销售额”字段，在打开 的下拉列表中选择“值字段设置”选项，如图5-9所示。

（2）打开“值字段设置”对话框，单击“值汇总方式”选项卡，在“选择用于汇总所选字段数据的计算类型”列表框中选择“最大值”选项，单击“数字格式”按钮，如图5-10所示。

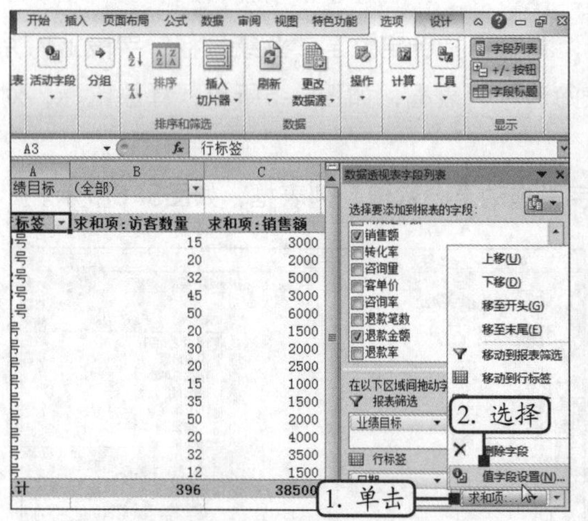

图 5-9 选择“值字段设置”选项

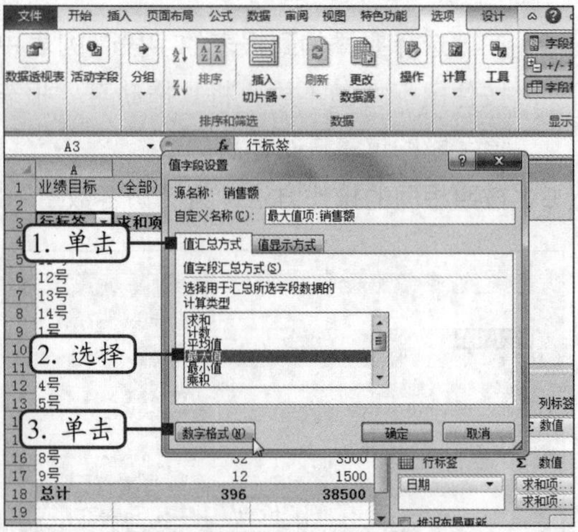

图 5-10 值字段设置

（3）打开“设置单元格格式”对话框，在“分类”列表框中选择“货币”选项，在右侧的“小数位数”数值框中输入“0”，单击“确定”按钮，如图5-11所示。

（4）返回“值字段设置”对话框，单击“确定”按钮，此时数据透视表中的“销售额”字段将显示为货币型数据格式，如图5-12所示。

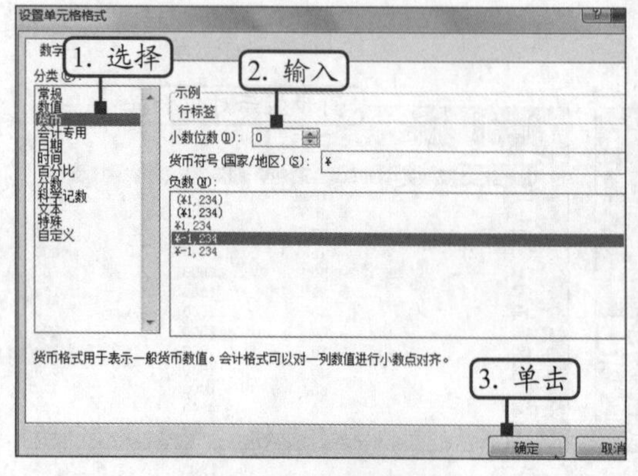

图 5-11 设置数据格式

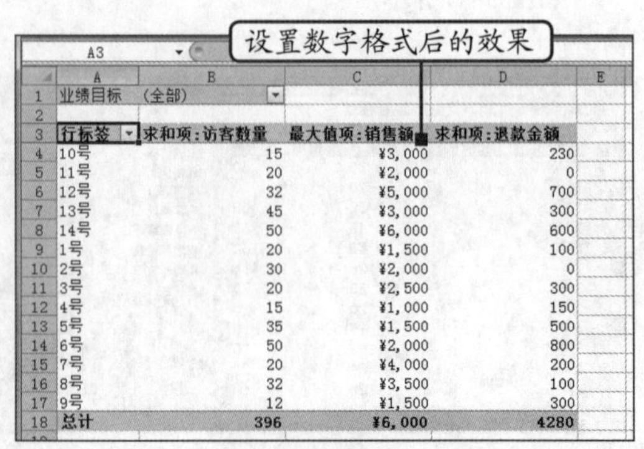

图 5-12 设置值字段格式后的效果

提示 在数据透视表中选择值字段对应的任意单元格，在“数据透视表工具 选项”选项卡的“活动字段”组中单击“字段设置”按钮，也可以打开“值字段设置”对话框。

(5) 在“数据透视表字段列表”任务窗格的“选择要添加到报表的字段”列表框中，取消选中“访客数量”复选框，如图5-13所示，从数据透视表中取消显示“访客数量”字段。

(6) 在“选择要添加到报表的字段”列表框中，单击选中“转化率”复选框，如图5-14所示，在数据透视表中添加“转化率”字段。

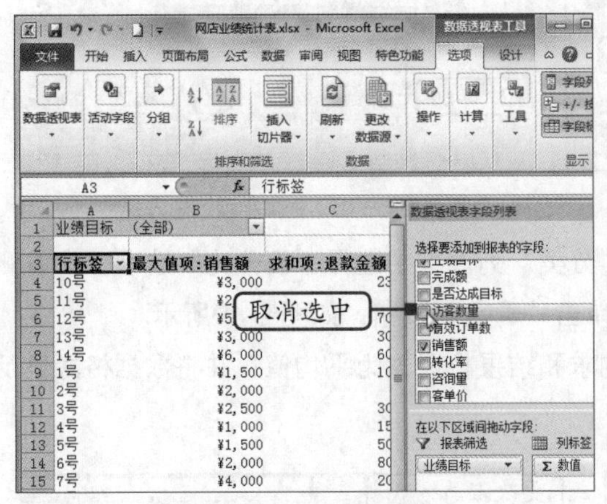

图 5-13 取消显示字段

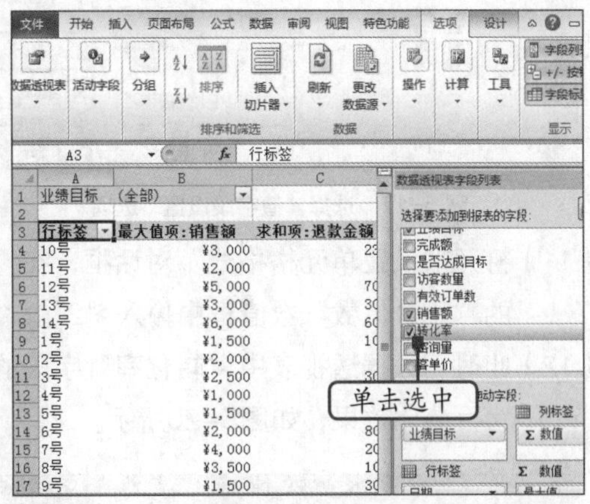

图 5-14 添加字段

(7) 继续在“选择要添加到报表的字段”列表框中单击选中“退款率”复选框，如图5-15所示。

(8) 此时，数据透视表中的字段更改为“销售额”“退款金额”“转化率”和“退款率”4种，同时在列方向上汇总了各字段的求和最大值情况，如图5-16所示。

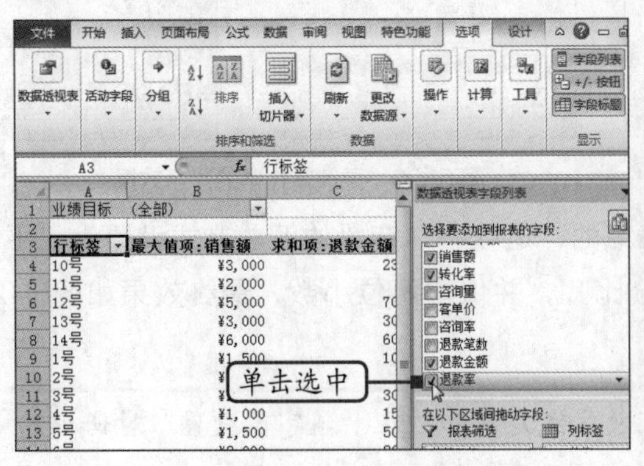

图 5-15 添加字段

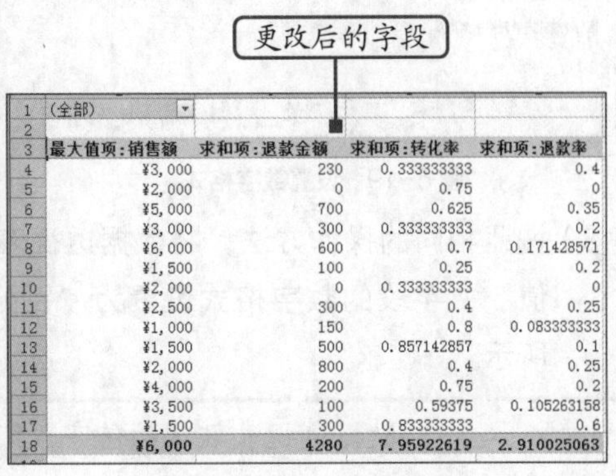

最大值项:销售额	求和项:退款金额	求和项:转化率	求和项:退款率
¥3,000	230	0.333333333	0.4
¥2,000	0	0.75	0
¥5,000	700	0.625	0.35
¥3,000	300	0.333333333	0.2
¥6,000	600	0.7	0.171428571
¥1,500	100	0.25	0.2
¥2,000	0	0.333333333	0
¥2,500	300	0.4	0.25
¥1,000	150	0.8	0.083333333
¥1,500	500	0.857142857	0.1
¥2,000	800	0.4	0.25
¥4,000	200	0.75	0.2
¥3,500	100	0.59375	0.105263158
¥1,500	300	0.833333333	0.6
¥6,000	4280	7.95922619	2.910025063

图 5-16 更改字段后的效果

(9) 在“数值”列表框中单击“转化率”字段，在打开的下拉列表中选择“值字段设置”选项，如图5-17所示。

(10) 打开“值字段设置”对话框，在“选择用于汇总所选字段数据的计算类型”列表框中选择“平均值”选项，单击“数字格式”按钮，如图5-18所示。

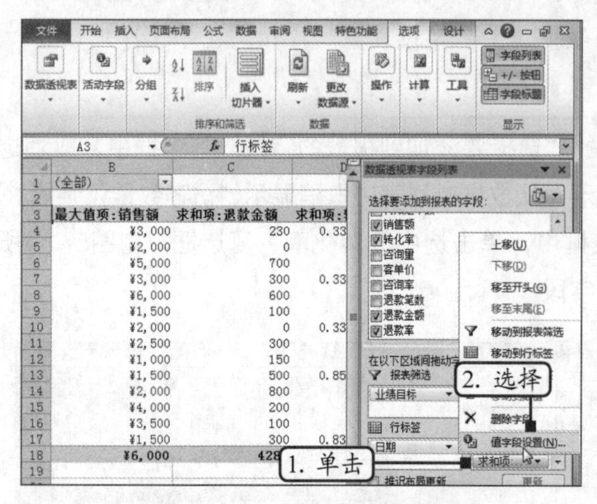

图 5-17　选择“值字段设置”选项

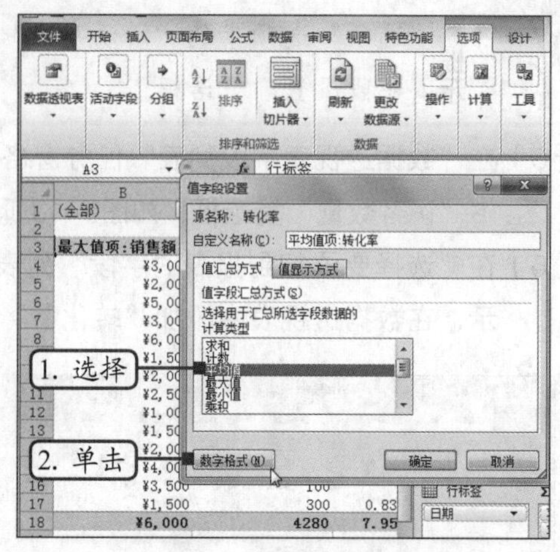

图 5-18　选择字段汇总方式

（11）打开“设置单元格格式”对话框，在“分类”列表框中选择“百分比”选项，在右侧的“小数位数”数值框中输入“2”，单击“确定”按钮，如图5-19所示。

（12）此时，数据透视表中“转化率”字段的求和结果将更改为平均值，并将数据格式显示为百分比效果，如图5-20所示。

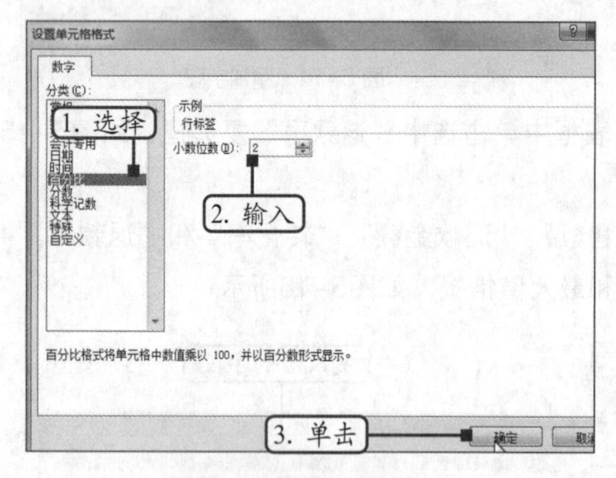

图5-19　设置数字格式

图 5-20　更改转化率的显示效果

（13）按照相同的操作方法，将数据透视表中的“退款率”字段的汇总方式设置为“平均值”，字段的数字格式设置为“百分比”，并保留两位小数，最终效果如图5-21所示。

提示

数据透视表默认的值字段汇总方式是求和，在“值字段设置”对话框的“值汇总方式”选项卡中，可以根据需要重新设置汇总方式。此外，在“值字段设置”对话框的“值显示方式”选项卡中，可设置值字段的显示方式，默认为“无计算”，根据需要可设置为百分比显示、差异显示和指数显示等方式。

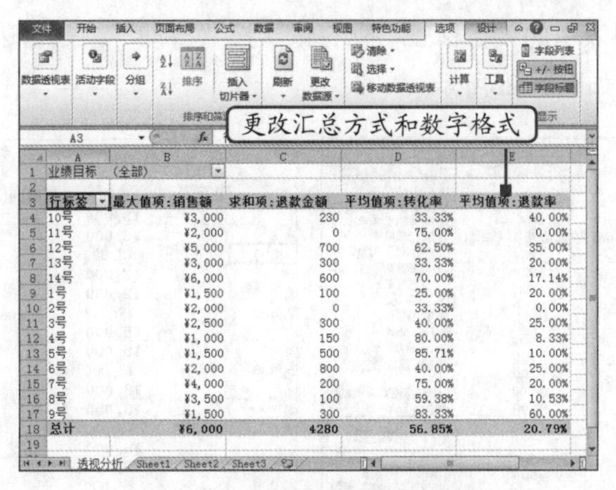

图 5-21　更改退款率的显示效果

5.1.3　使用数据透视表

添加并设置数据透视表后，便可使用它来进行数据分析，包括在数据透视表中显示与隐藏明细数据、排序、筛选、刷新数据，以及清除和删除数据等操作。下面将在“网店业绩统计表.xlsx”工作簿中对插入的数据透视表进行分析，其具体操作如下。

微课：使用数据透视表

（1）将“选择要添加到报表的字段”列表框中的“完成额”字段拖动到“行标签”列表框中，如图5-22所示。

（2）继续将“选择要添加到报表的字段”列表框中的“是否达成目标”字段拖动到“行标签”列表框中，如图5-23所示。

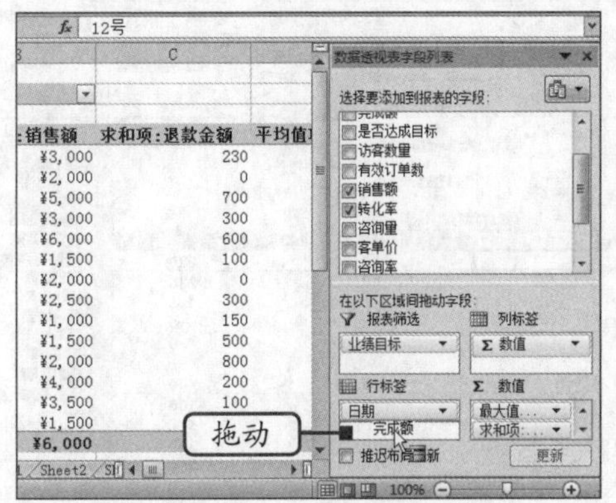

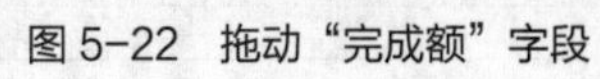

图 5-22　拖动“完成额”字段

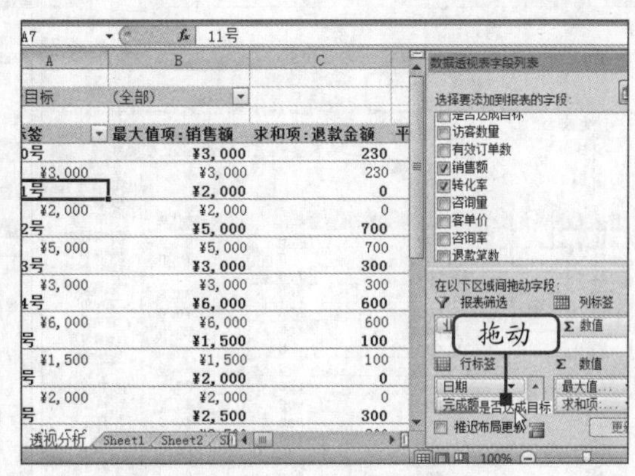

图 5-23　拖动“是否达成目标”字段

（3）在“行标签”列表框中拖动“是否达成目标”字段至“完成额”字段上方，调整两个字段的放置顺序，如图5-24所示。

提示

字段在某个区域的放置顺序不同，直接决定数据透视表显示的结果。如“完成额”字段在上，则“是否达成目标”字段的数据将作为“完成额”字段的明细数据。反之，“是否达成目标”字段在上，则“完成额”字段的数据将作为“是否达成目标”字段的明细数据。

（4）此时，数据透视表中的“行标签”列将依次按“日期”“是否达成目标”“完成额”的顺序来显示，如图5-25所示。

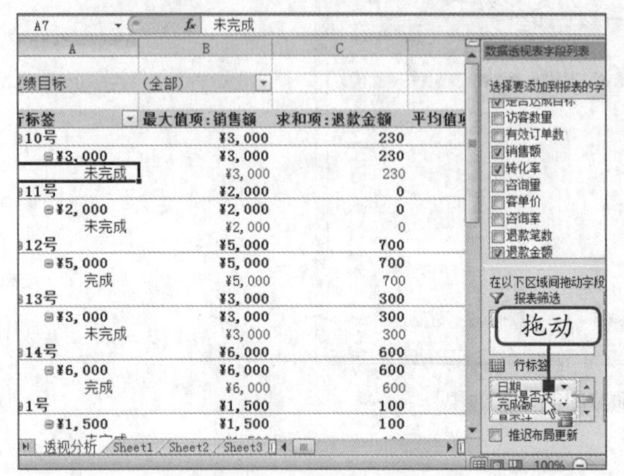

图 5-24　调整字段顺序

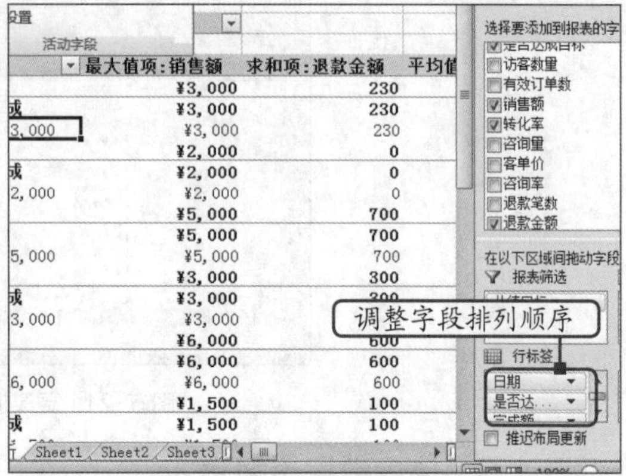

图 5-25　查看字段排列顺序

（5）选择数据透视表中的A5单元格，单击“数据透视表工具 选项”选项卡“活动字段”组中的“折叠整个字段”按钮，此时日期下的明细数据在数据透视表中被隐藏起来，如图5-26所示。

（6）继续在“活动字段”组中单击“展开整个字段”按钮，此时隐藏的明细数据又会显示出来，如图5-27所示。

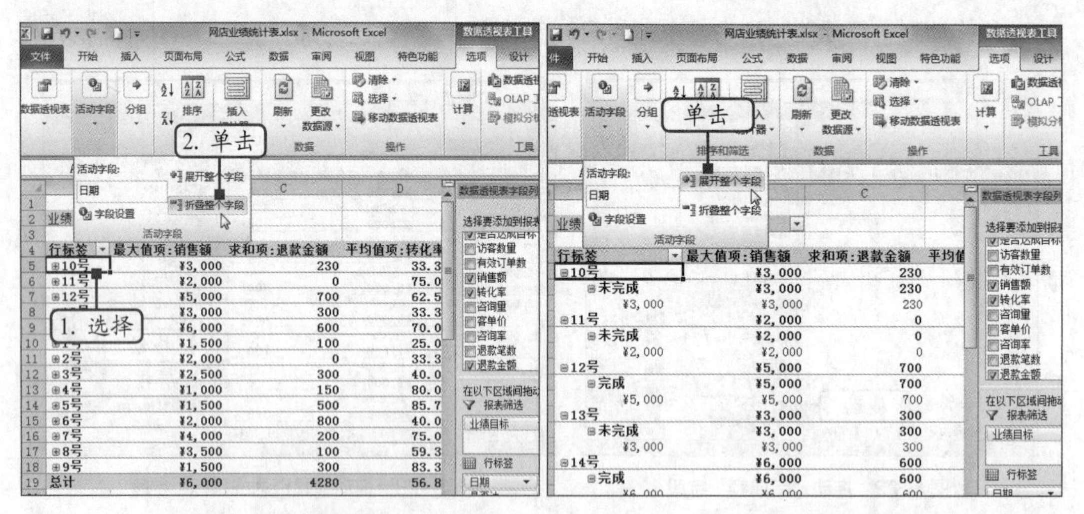

图 5-26　隐藏明细数据　　　　图 5-27　显示明细数据

（7）在“数据透视表字段”任务窗格中，将鼠标指针定位至“行标签”列表框中的“完成额”字段，然后拖动鼠标将其从“行标签”列表框中删除，如图5-28所示。

（8）在数据透视表中单击“行标签”单元格右侧的下拉按钮，在打开的下拉列表中选择“降序”选项，如图5-29所示。

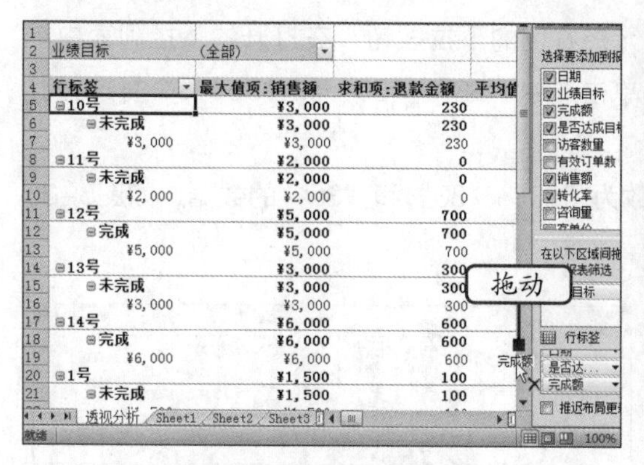

图 5-28　删除字段

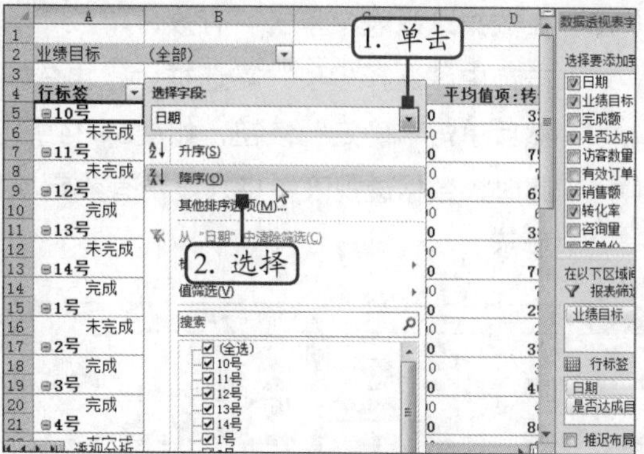

图 5-29　选择字段排序方式

（9）此时，数据透视表的数据记录将按照日期进行降序排序。再次单击“行标签”单元格右侧的下拉按钮，在打开的下拉列表中选择“其他排序选项”选项，如图5-30所示。

（10）打开“排序（日期）”对话框，在“排序选项”栏中单击选中“降序排序（Z到A）依据”单选项，并在其下的下拉列表中选择“最大值项：销售额”选项，然后单击“确定”按钮，如图5-31所示。

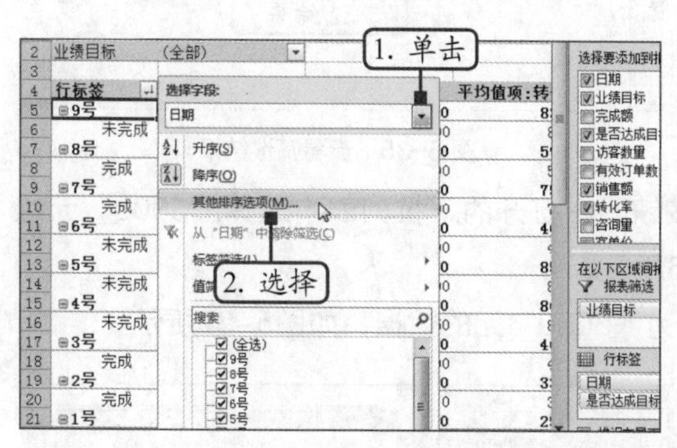

图 5-30　设置其他排序方式

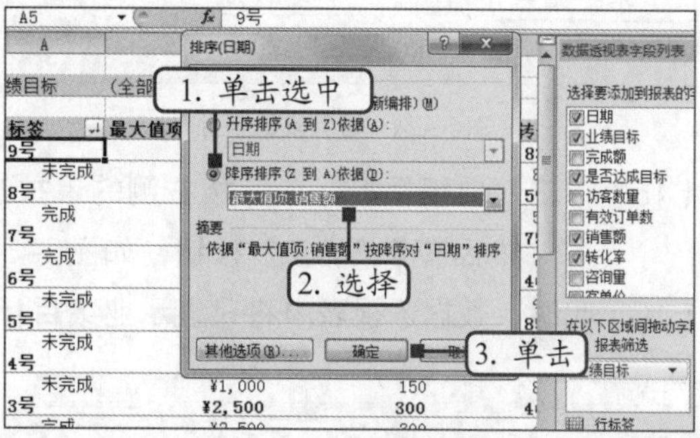

图 5-31　设置排序依据

（11）此时，数据透视表的数据记录将按照销售额数值的大小，由高到低进行排列，如图5-32所示。

（12）将“选择要添加到报表的字段”列表框中的“有效订单数”字段拖动到“报表筛选”列表框中，如图5-33所示。

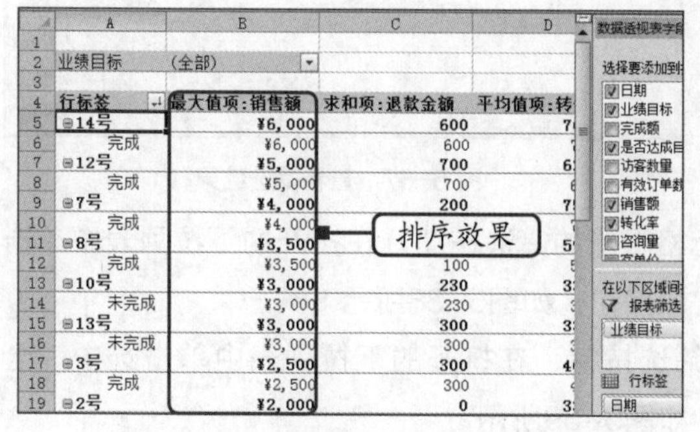

图 5-32　按销售额字段进行降序排列

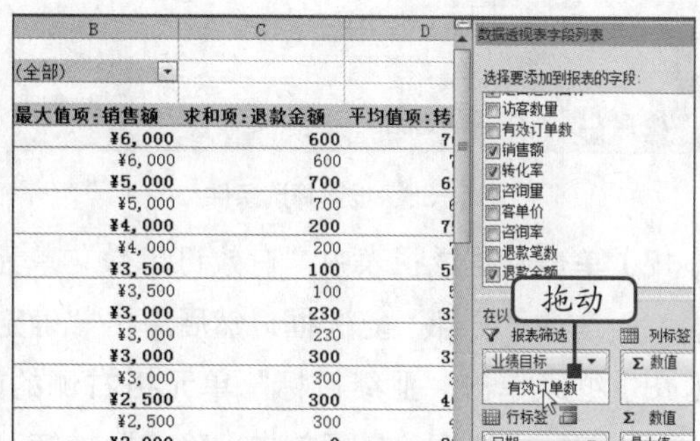

图 5-33　添加“有效订单数”字段

（13）在数据透视表中单击“有效订单数”单元格右侧的下拉按钮，在打开的下拉列表中单击选中“选择多项”复选框后，再依次单击选中“20”“30”和“35”3个复选框，然后单击“确定”按钮，如图5-34所示。

（14）此时，数据透视表中将只显示有效定单数为“20”“30”和“35”的数据，如图5-35所示。

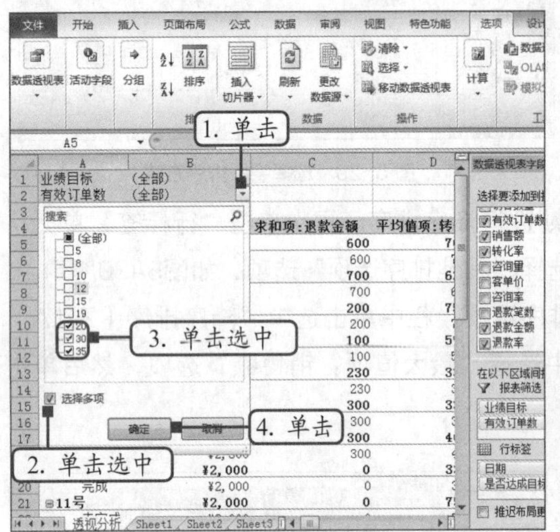

图5-34　设置筛选条件

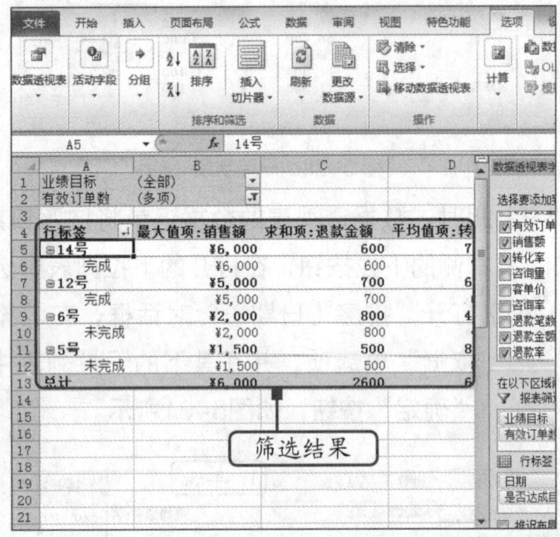

图5-35　查看筛选结果

（15）单击“业绩目标”单元格右侧的下拉按钮，在打开的下拉列表中选择“3000”元选项，然后单击“确定”按钮，如图5-36所示。

（16）此时，数据透视表中将只显示业绩目标为“3000”元的数据，如图5-37所示。

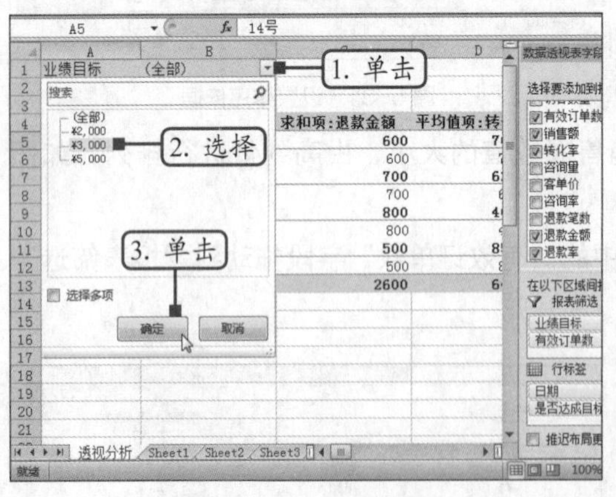

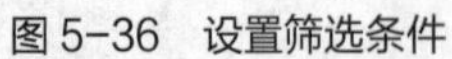

图5-36　设置筛选条件

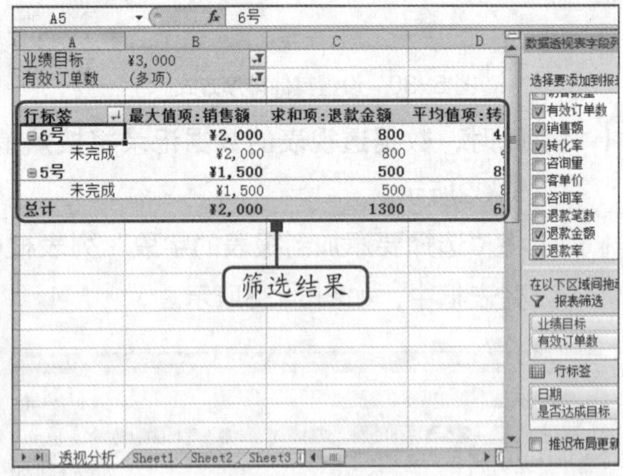

图5-37　查看筛选结果

（17）单击数据透视表中“有效订单数”单元格右侧的筛选按钮，在打开的下拉列表中单击选中“全部”复选框，然后单击“确定”按钮，如图5-38所示。

（18）继续单击“业绩目标”单元格右侧的筛选按钮，在打开的下拉列表中单击选中“全部”复选框，最后单击“确定”按钮，如图5-39所示。

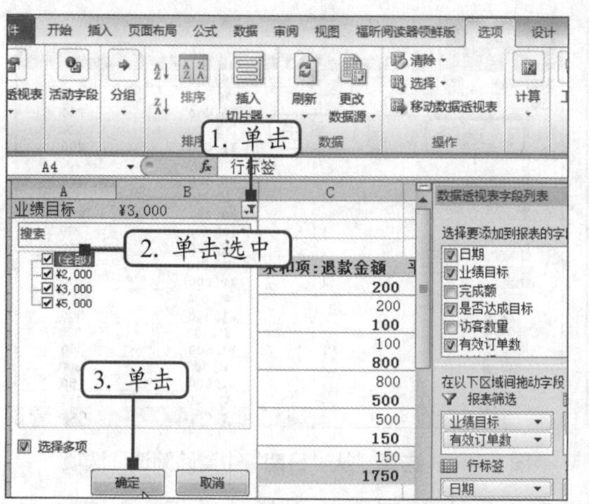

图 5-38　显示所有有效定单数

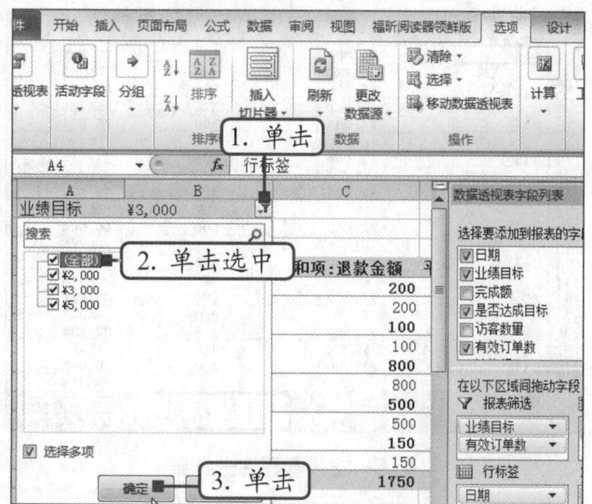

图 5-39　显示所有业绩目标

（19）单击“行标签”右侧的下拉按钮，在打开的下拉列表中选择“值筛选”选项，再在打开的子列表中选择“10个最大的值”选项，如图5-40所示。

（20）打开“前10个筛选（日期）”对话框，在“依据”下拉列表中选择“求和项：退款金额”选项，然后单击“确定”按钮，如图5-41所示。

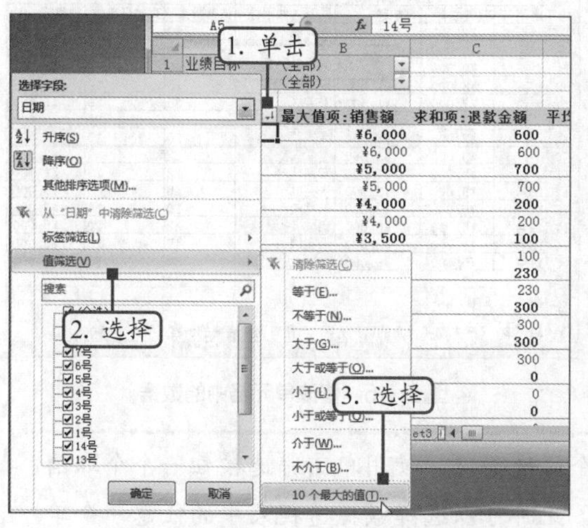

图 5-40　选择“10个最大的值”选项

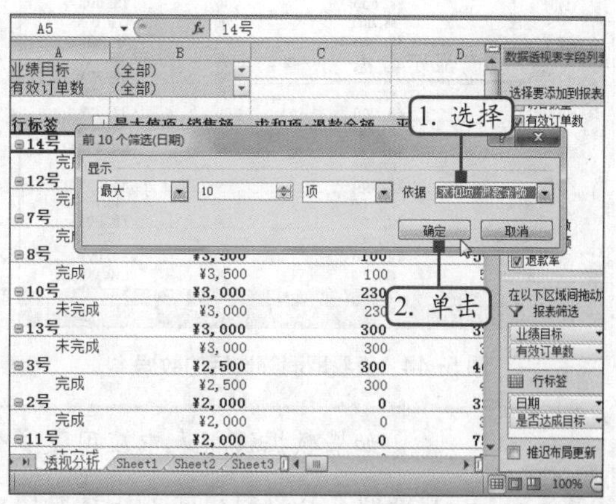

图 5-41　设置筛选依据

提示

在打开的“前10个筛选（日期）”对话框中，可在第一个下拉列表中选择筛选的条件为“最大”或“最小”，并在第二个数值框中重新输入筛选值，在第三个下拉列表中选择筛选类型。

（21）此时，数据透视表中仅显示退款金额最大的10个数据记录，如图5-42所示。

（22）再次单击“行标签”单元格右侧的筛选按钮，在打开的下拉列表中选择“从‘日期’中清除筛选”选项，如图5-43所示。

图 5-42　查看筛选结果　　　　图 5-43　选择“从‘日期’中清除筛选”选项

（23）此时，数据透视表将取消筛选，重新显示出所有关于退款金额的数据，如图5-44所示。

（24）切换到“Sheet1”工作表，将C9和G9单元格中的数据更改为“3500”，并将修改后的单元格填充为黄色，如图5-45所示。

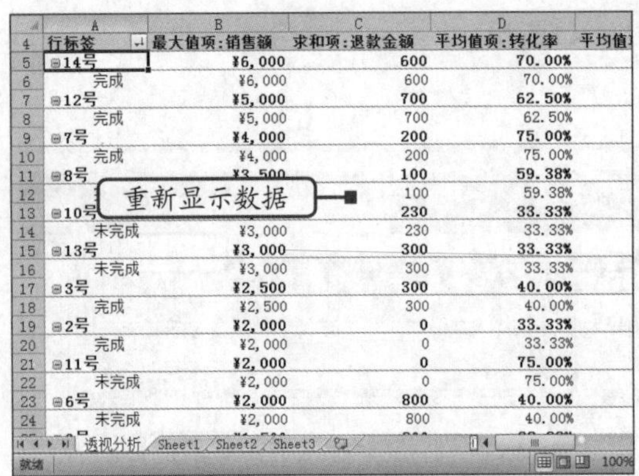

图 5-44　查看取消筛选后的数据　　　　图 5-45　修改单元格中的数据

提示

如果数据透视表中应用了多个筛选条件，使用单击筛选按钮一个个取消筛选的方式进行清除会比较麻烦，此时可以选择数据透视表中的任意一个单元格，在“数据透视表工具 选项”选项卡中的“操作”组中单击“清除”按钮，在打开的下拉列表中选择“清除筛选”选项，即可将当前数据透视表中的所有筛选条件一次性全部删除。

（25）切换到“透视分析”工作表，发现数据透视表中7号的完成额仍为“4000”并没有同步发生改变，如图5-46所示。

（26）单击“数据透视表工具 选项”选项卡“数据”组中的“刷新”下拉按钮，在打开的下拉列表中选择“全部刷新”选项，如图5-47所示。

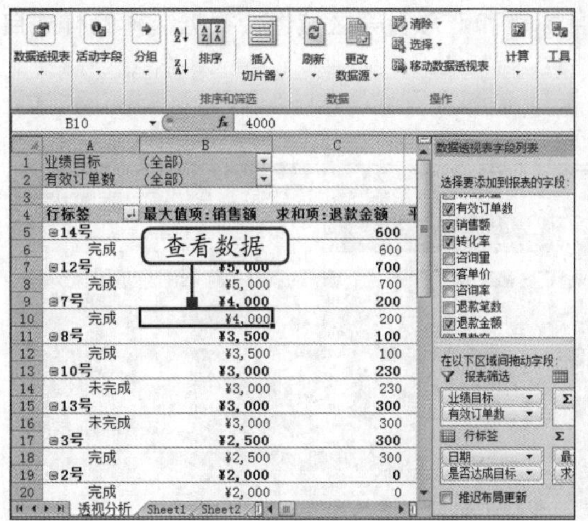

图 5-46　查看数据

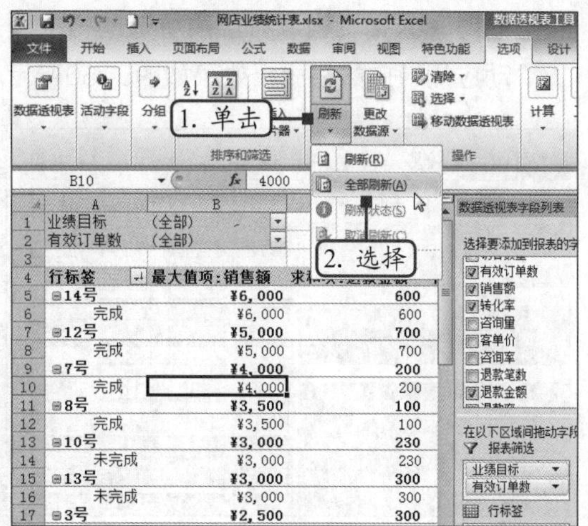

图 5-47　刷新数据

（27）此时，数据透视表中7号的完成额发生变化，如图5-48所示。

	A	B	C	D	E
1	业绩目标	(全部)			
2	有效订单数	(全部)			
3					
4	行标签	最大值项:销售额	求和项:退款金额	平均值项:转化率	平均值项:退款率
5	⊟14号	¥6,000	600	70.00%	17.14%
6	完成	¥6,000	600	70.00%	17.14%
7	⊟12号	¥5,000	700	62.50%	35.00%
8	完成	¥5,000	700	62.50%	35.00%
9	⊟8号	¥3,500	100	59.38%	10.53%
10	完成	¥3,500	100	59.38%	10.53%
11	⊟7号	¥3,500	200	75.00%	20.00%
12	完成	¥3,500	200	75.00%	20.00%
13	⊟10号	¥3,000	230	33.33%	40.00%
14	未完成	¥3,000	230	33.33%	40.00%
15	⊟13号	[illegible]	300	33.33%	20.00%
16	未完成	[illegible]	300	33.33%	20.00%
17	⊟3号	[illegible]	300	40.00%	25.00%
18	完成	¥2,500	300	40.00%	25.00%
19	⊟2号	¥2,000	0	33.33%	0.00%
20	完成	¥2,000	0	33.33%	0.00%

数据同步更新

透视分析　Sheet1　Sheet2　Sheet3

图 5-48　查看刷新后的数据

提示

使用透视表分析完表格数据后，如果不再需要数据透视表，可将其删除。方法为：选择数据透视表中的任意单元格，在“数据透视表工具 选项”选项卡的“操作”组中单击“选择”下拉按钮，在打开的下拉列表中选择“整个数据透视表”选项，然后按“Delete”键即可快速删除数据透视表。

5.1.4　美化数据透视表

数据透视表虽然是根据数据源创建的，但仍然可以对其外观进行美化设置。下面将在“网店业绩统计表.xlsx”工作簿中为数据透视表应用样式，并手动美化数据透视表，其具体操作如下。

（1）在“网店业绩统计表.xlsx”工作簿的“透视分析”工作表中，选择包含数据的任意一个单元格，然后在“数据透视表工具 设计”选项卡的“数据透视表样式”组中单击“其他”按钮，在打开的“其他样式”列表框中选择“深色”栏中的“数据透视表样式深色3”选项，如图5-49所示。

微课：美化数据透视表

（2）此时，数据透视表将应用所选的样式，且标题和汇总行等区域也会根据选择的样式自动应用对应的格式，效果如图5-50所示。

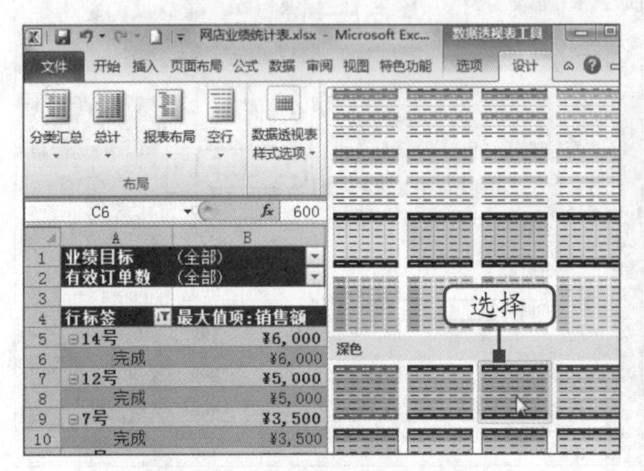

图 5-49　选择数据透视表样式

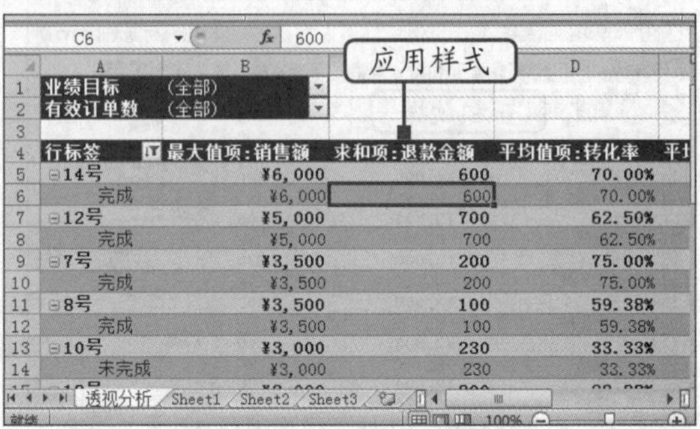

图 5-50　查看应用的样式

（3）在“数据透视表工具 设计”选项卡的“数据透视表样式选项”组中，依次单击选中“镶边行”和“镶边列”复选框，如图5-51所示。

（4）此时，数据透视表的各行和各列都会添加边框效果，如图5-52所示。

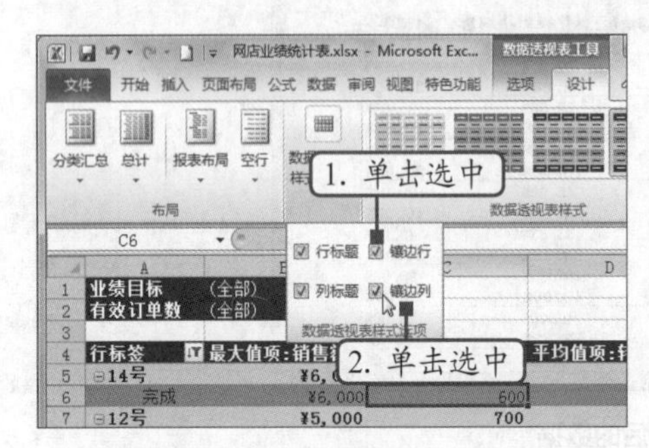

图 5-51　设置样式选项

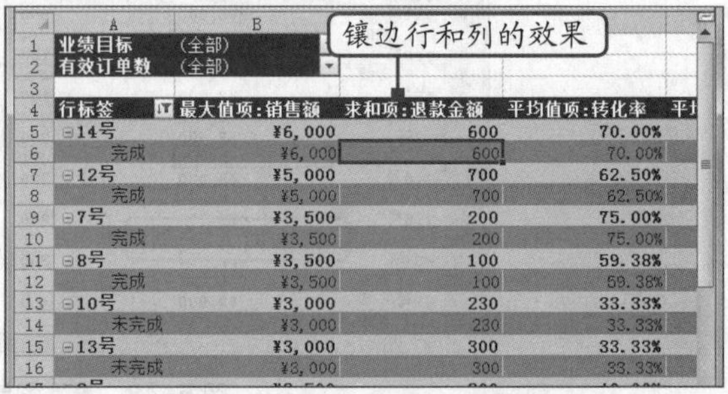

图 5-52　应用样式的效果

（5）选择A5:E24单元格区域，在“开始”选项卡的“字体”组中单击“字体”下拉按钮，在打开的下拉列表中选择“隶书”选项，如图5-53所示。

（6）保持单元格区域的选择状态，在“开始”选项卡的“单元格”组中单击“格式”按钮，在打开的下拉列表中选择“单元格大小”栏中的“行高”选项，如图5-54所示。

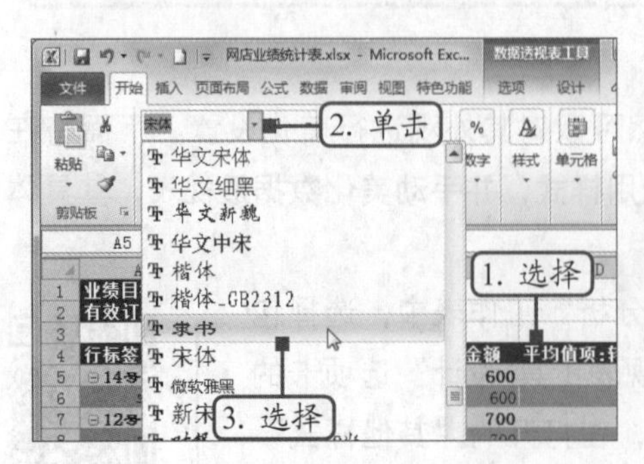

图 5-53　更改字体样式

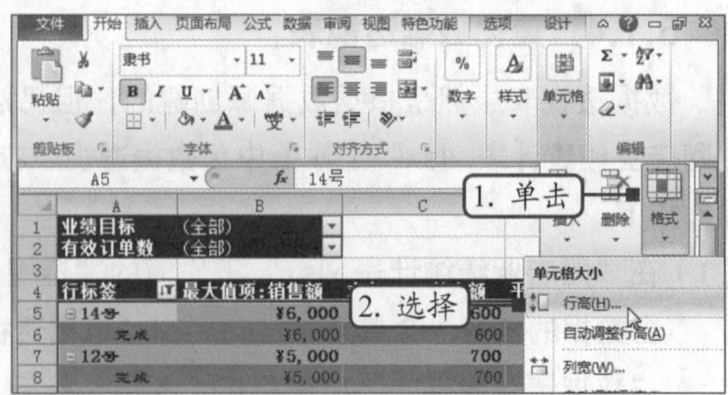

图 5-54　选择“行高”选项

（7）打开“行高”对话框，在“行高”数值框中输入“15”，然后单击“确定”按钮，如

图5-55所示。

（8）此时，所选单元格区域的行高均调整为“15”，效果如图5-56所示。

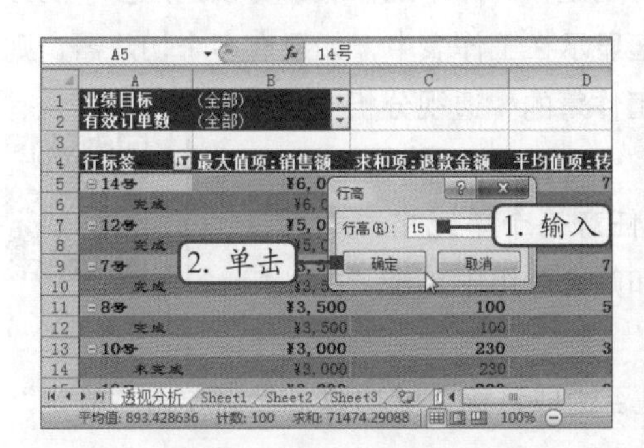

图 5-55　输入行高值

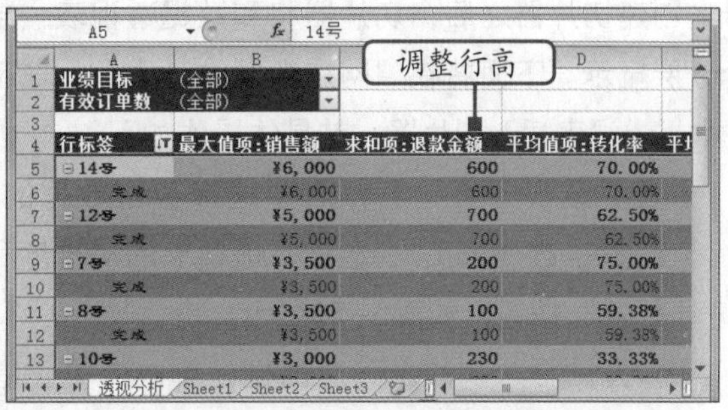

图 5-56　调整行高后的效果

（9）利用“Ctrl”键选择不连续的多个“未完成”单元格，单击“开始”选项卡“字体”组中的“填充颜色”下拉按钮，在打开的下拉列表中选择“标准色”栏中的“黄色”选项，如图5-57所示。

（10）此时，数据透视表中所选单元格将自动填充为黄色，效果如图5-58所示。

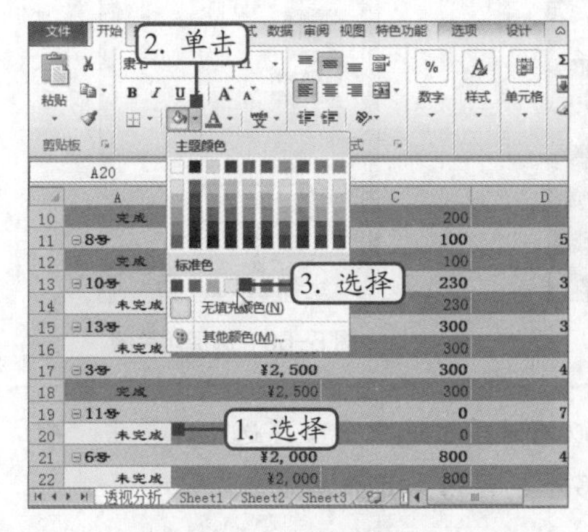

图 5-57　选择填充颜色

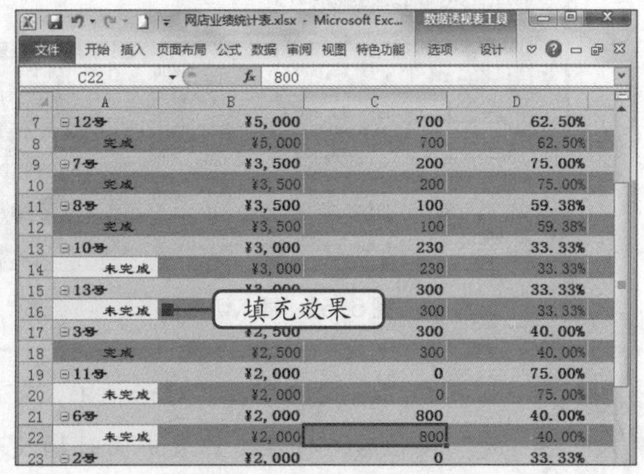

图 5-58　查看填充效果

提示

在对数据透视表进行美化设置时，除了可以设置透视表的样式和样式选项外，还可以在“数据透视表工具 设计”选项卡的“布局”组中对数据透视表的分类汇总项、总计、空白行和报表布局等进行设置。

5.2　切片器的应用

通过筛选按钮来筛选数据透视表中的数据固然可以实现筛选操作，但在对多个项目进行筛选时，将很难看到当前的筛选状态，此时可以利用Excel的切片器功能进行快速筛选，并指定当前筛选状态，从而轻松、准确地了解已筛选的数据信息。

5.2.1 插入切片器

插入切片器通常是指在现有数据透视表中进行创建，同一个工作表中可以创建多个切片器。创建切片器之后，切片器将和数据透视表一起显示在工作表中，如果有多个切片器，则会分层显示。下面将在“网店业绩统计表.xlsx”工作簿的“透视分析”工作表中，根据现有的数据透视表插入切片器，其具体操作如下。

微课：插入切片器

（1）在“透视分析”工作表中选择包含数据的任意一个单元格，然后在“数据透视表工具 选项”选项卡的“排序和筛选”组中单击“插入切片器”按钮，如图5-59所示。

（2）打开“插入切片器”对话框，单击选中“是否达成目标”复选框，然后单击“确定”按钮，如图5-60所示。

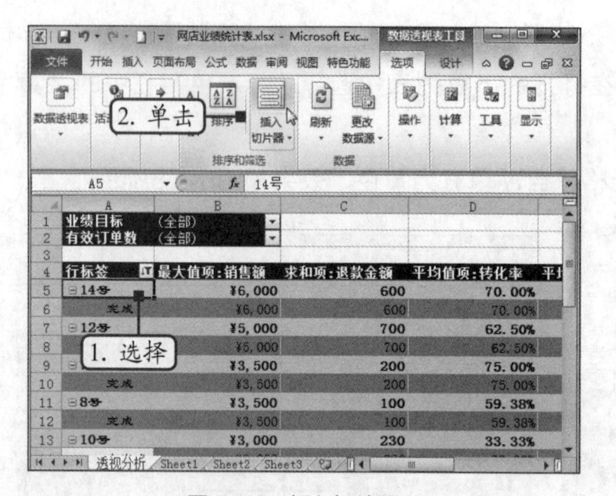

图 5-59 插入切片器

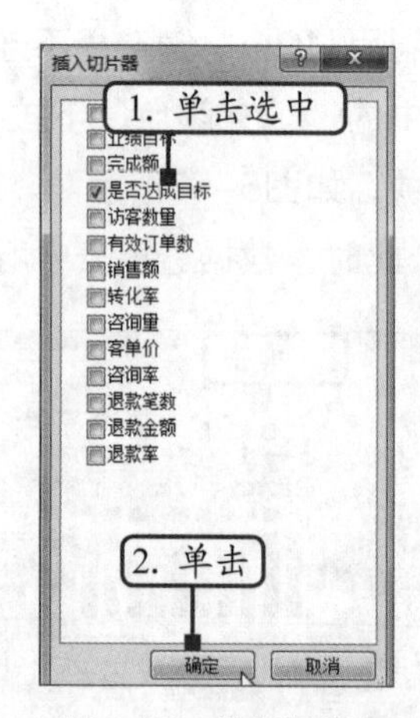

图 5-60 选择切片器

提示　在“插入切片器”对话框中，可以同时单击选中多个复选框，单击“确定”按钮后，将在工作表中同时插入多个切片器，并分层显示。

（3）此时，将插入“是否达成目标”切片器，在其中选择“完成”选项，将在数据透视表中同步筛选出所有完成的数据信息，如图5-61所示。

（4）在“是否达成目标”切片器中选择“未完成”选项，将在数据透视表中同步显示所有未完成的数据信息，如图5-62所示。

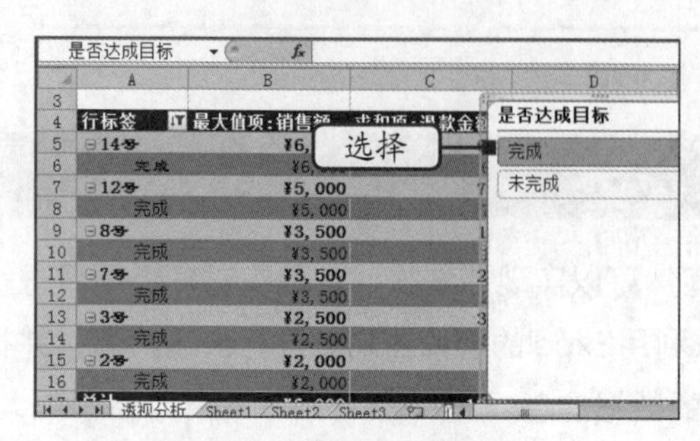

图 5-61 筛选“完成”数据

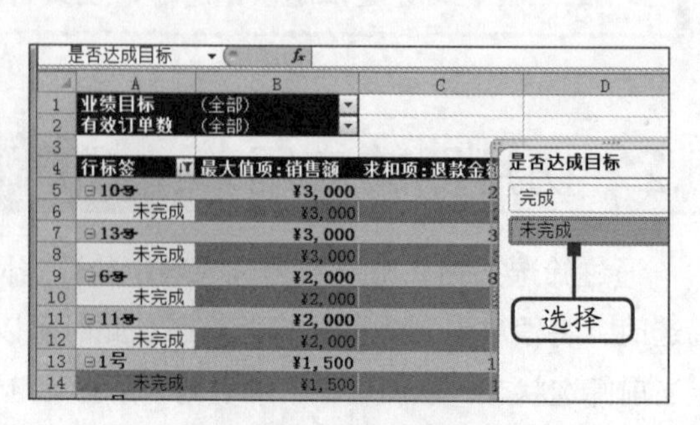

图 5-62 筛选“未完成”数据

（5）按住“Shift”键的同时，在“是否达成目标”切片器中选择“完成”选项，将同时筛选出所有完成和未完成的数据信息，最终效果如图5-63所示。

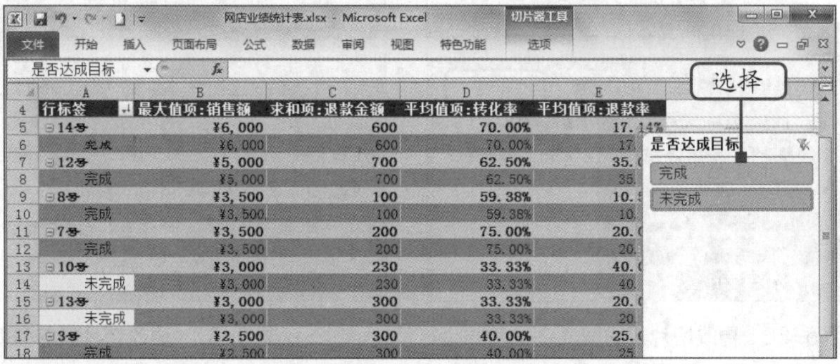

图 5-63　筛选多个数据

5.2.2　更改切片器样式

更改切片器样式就是对切片器的边框颜色等样式进行设置，这样可以使其突出显示在表格中，便于查看和操作。下面将对“网站业绩统计表.xlsx”工作簿中插入的切片器进行设置，其具体操作如下。

微课：更改切片器样式

（1）选择“透视分析”工作表中插入的“是否达成目标”切片器，在“切片器工具 选项”选项卡的“切片器样式”组中选择“切片器样式浅色6”选项，如图5-64所示。此时，插入的切片器将应用选择的样式。

（2）在“切片器工具 选项”选项卡的“按钮”组中，单击“列”数值框对应的“增大”按钮，此时，切片器中的按钮将在一排中显示两个，如图5-65所示。

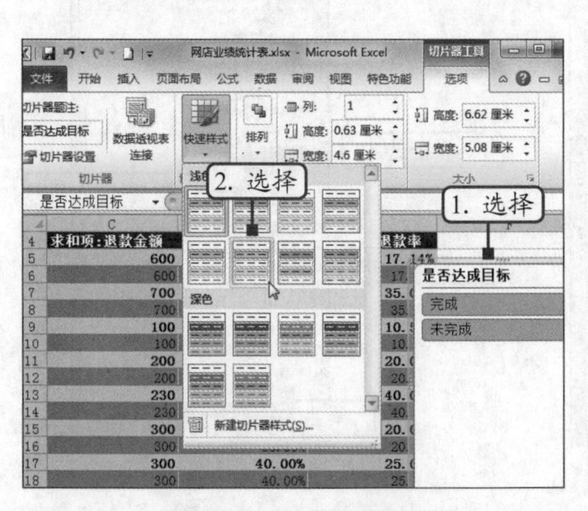

图 5-64　选择切片器的样式

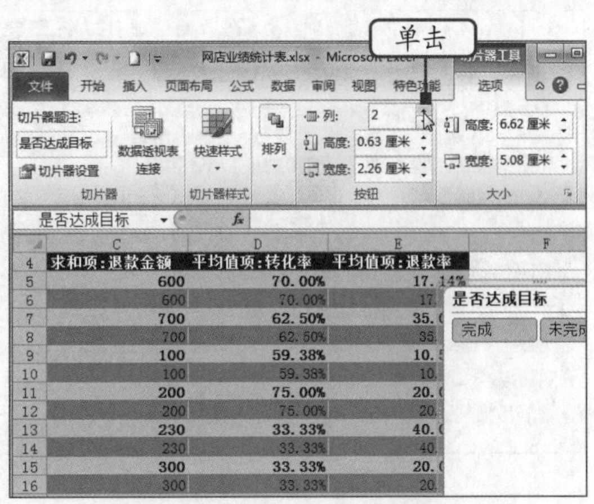

图 5-65　更改切片器按钮的显示方式

（3）在“切片器工具 选项”选项卡的“大小”组中，单击“宽度”数值框对应的“减小”按钮，将切片器的宽度调整为“4.6厘米”，如图5-66所示。

（4）在“切片器工具 选项”选项卡的“大小”组中，单击“高度”数值框对应的“减小”按钮，将切片器的高度调整为“2.8厘米”，如图5-67所示。

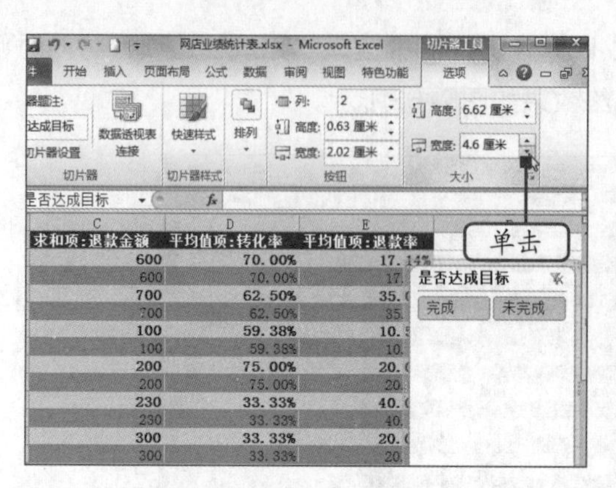

图 5-66　更改切片器的宽度

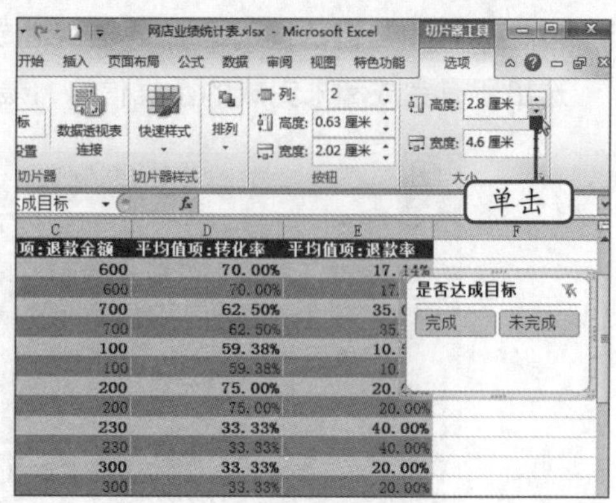

图 5-67　更改切片器的高度

5.2.3　设置切片器

通过设置可以调整切片器中选项的排列方式，或更改切片器的名称。下面将在“网店业绩统计表.xlsx”工作簿中添加并设置切片器，其具体操作如下。

微课：设置切片器

（1）在“透视分析”工作表中选择透视表中的任意一个单元格，这里选择D13单元格，然后单击“数据透视表工具 选项”选项卡“排序和筛选”组中的“插入切片器”下拉按钮，在打开的下拉列表中选择“插入切片器”选项，如图5-68所示。

（2）打开“插入切片器”对话框，依次单击选中“转化率”“客单价”和“退款率”3个复选框，然后单击“确定”按钮，如图5-69所示。

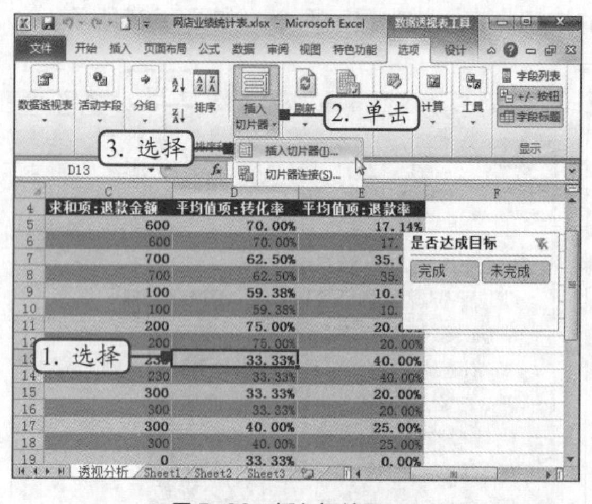

图 5-68　插入切片器

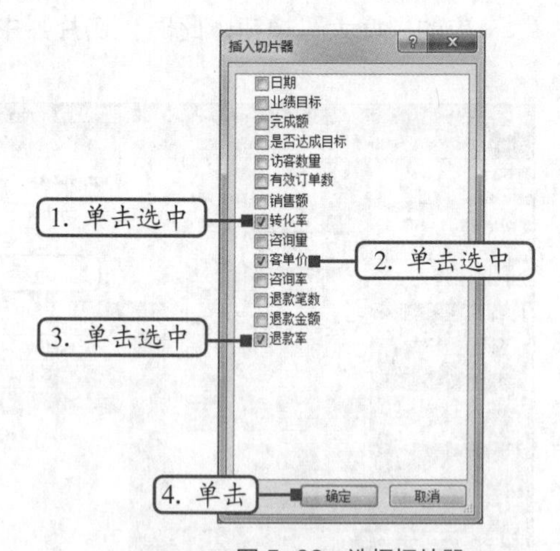

图 5-69　选择切片器

（3）返回Excel工作界面，此时“透视分析”工作表中将同时显示插入的3个切片器，并分层显示，如图5-70所示。

（4）选择名为“转化率”的切片器，然后单击“切片器工具 选项”选项卡“排列”组中的“上移一层”按钮，如图5-71所示。

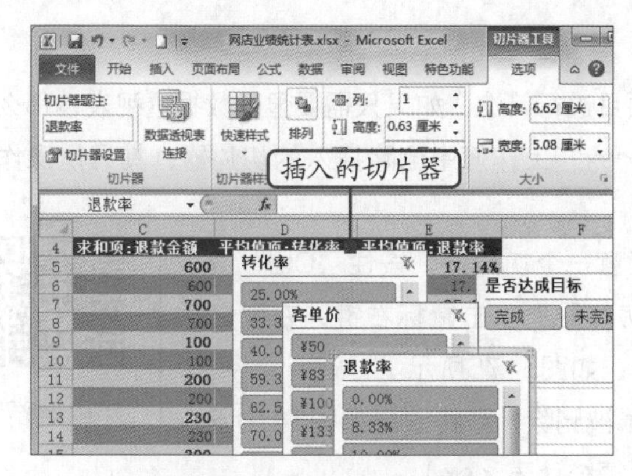

图 5-70 查看插入的多个切片器

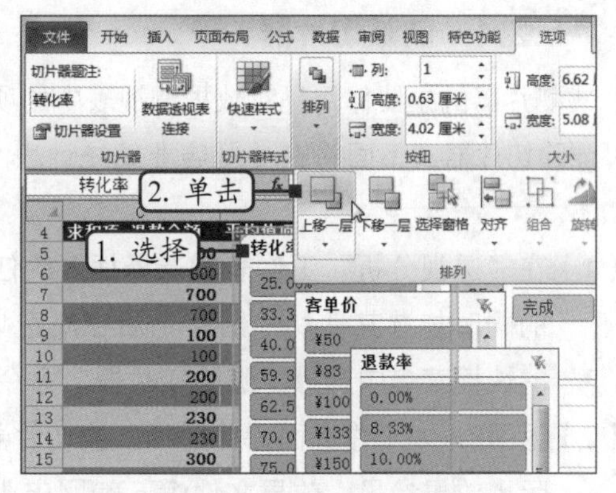

图 5-71 上移切片器

（5）此时，“转化率”切片器将置于“客单价”切片器的上层，方便查看数据内容。保持“转化率”切片器的选择状态，单击“切片器工具 选项”选项卡“切片器”组中的“切片器设置”按钮，如图5-72所示。

（6）打开“切片器设置”对话框，在“名称”文本框中输入“客户转化率”，在“标题”文本框中输入“客户转化率”，然后单击选中“项目排序和筛选”栏中的“降序（最大到最小）”单选项，最后单击“确定”按钮，如图5-73所示。

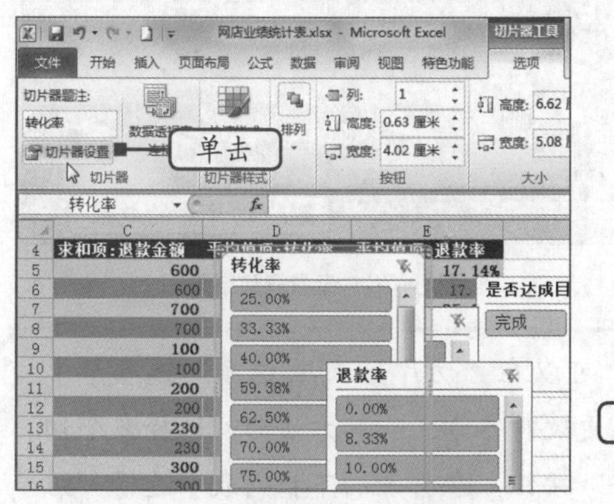

图 5-72 启用设置切片器功能

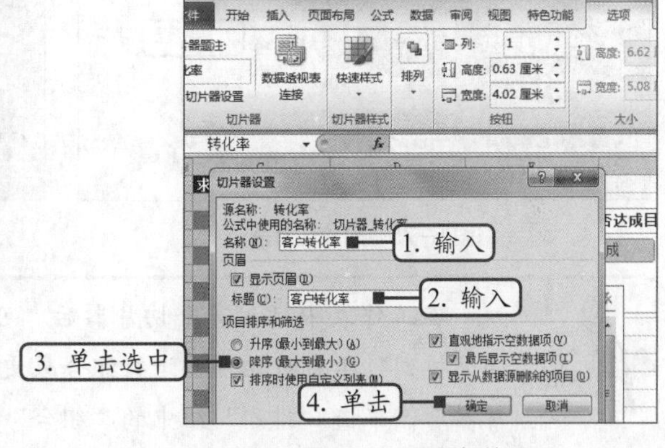

图 5-73 设置切片器

（7）此时，切片器中的选项将按降序的方式进行排序，最终效果如图5-74所示。

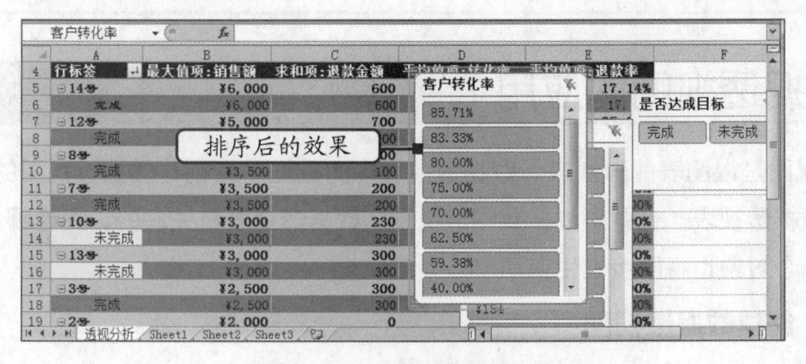

图 5-74 查看设置后的效果

5.2.4 删除切片器

切片器的主要作用是对数据透视表中的项目进行筛选，如果只需要显示数据透视表，那么可删除切片器。下面将在“网店业绩统计表.xlsx”工作簿中删除插入的切片器，其具体操作如下。

微课：删除切片器

（1）在“透视分析”工作表中选择插入的任意一个切片器，按住“Ctrl”键的同时加选其他切片器，然后在所选切片器上单击鼠标右键，在弹出的快捷菜单中选择“删除切片器”命令，如图5-75所示。

（2）返回Excel工作界面，此时插入的切片器被删除，最终效果如图5-76所示（效果参见：效果文件\第5章\网店业绩统计表.xlsx）。

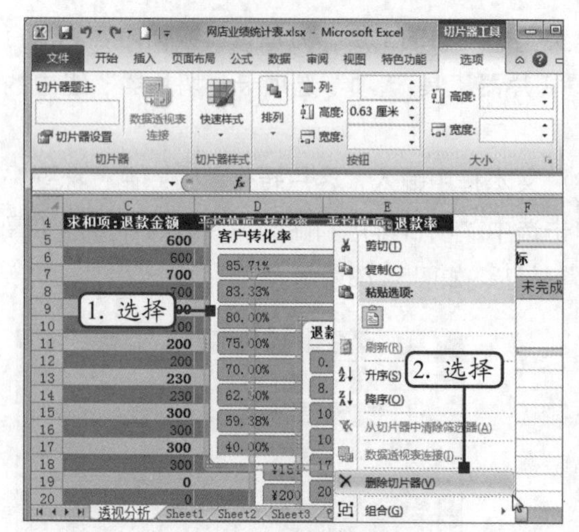

图5-75 删除切片器

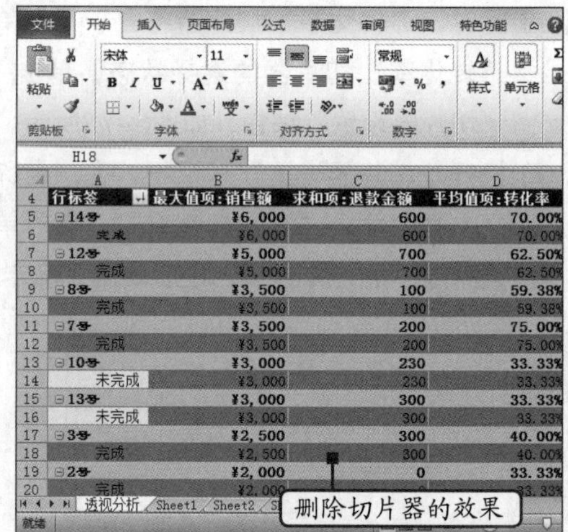

图5-76 查看删除结果

提示

在工作表中插入多个切片器后，可以在“切片器工具 选项”选项卡中的“排列”组中对切片器进行组合或更改对齐方式。其方法为：选择多个切片器后，单击“排列”组中的“组合”按钮，在打开的下拉列表中选择“组合”选项，即可将多个切片器组合成一个；若单击“对齐”按钮，在打开的下拉列表中可以为选择的切片器应用不同的对齐方式。

5.3 数据透视图的应用

数据透视图是以图表的形式表示数据透视表中的数据。在创建数据透视图的同时，Excel会同时创建数据透视表。也就是说，数据透视图和数据透视表是关联的，无论哪一个对象发生了变动，另一个对象也将同步发生变动。

5.3.1 创建数据透视图

数据透视图的创建与数据透视表的创建相似，关键在于数据区域与字段的选择。下面将在“销售提成表.xlsx”工作簿中插入数据透视图，其具体操作如下。

微课：创建数据透视图

（1）打开素材文件“销售提成表.xlsx”工作簿（素材参见：素材文件\第5章\销售提成表.xlsx），在“Sheet1”工作表中，单击“插入”选项卡“表格”组中的“数据透视表”下拉按钮，在打开的下拉列表中选择“数据透视图”选项，如图5-77所示。

（2）打开“创建数据透视表及数据透视图”对话框，在“表/区域”文本框中将数据区域指定为A2:K23单元格区域，单击选中“现有工作表”单选项，并将位置指定为A25单元格，然后单击“确定”按钮，如图5-78所示。

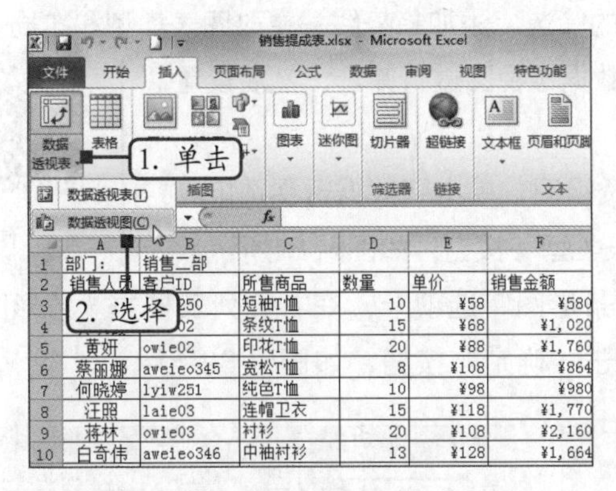

图5-77 选择“数据透视图”选项

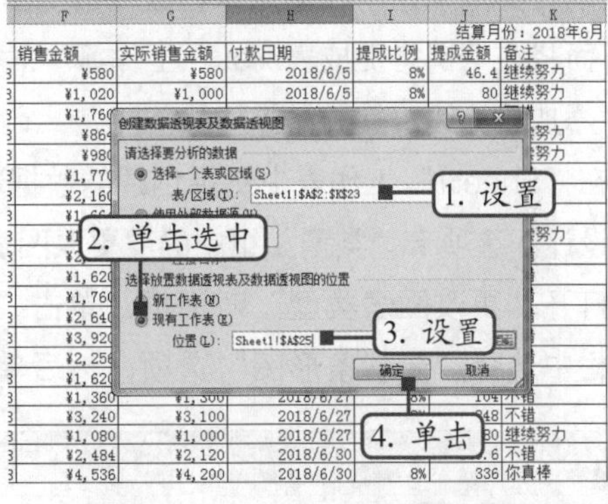

图5-78 设置数据透视表参数

（3）返回Excel工作界面，工作表中成功创建数据透视图并打开“数据透视表字段列表”任务窗格，依次将“销售人员”字段添加到“报表筛选”列表框，将“所售商品”字段添加到“轴字段（分类）”列表框，将“实际销售金额”字段添加到“数值”列表框，如图5-79所示。

（4）完成数据透视图的创建后，适当调整图表的大小尺寸，并移至表格数据下方，最终效果如图5-80所示。

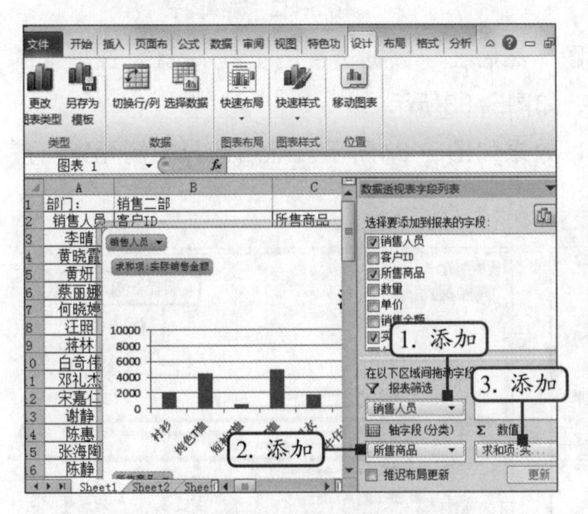

图5-79 添加字段

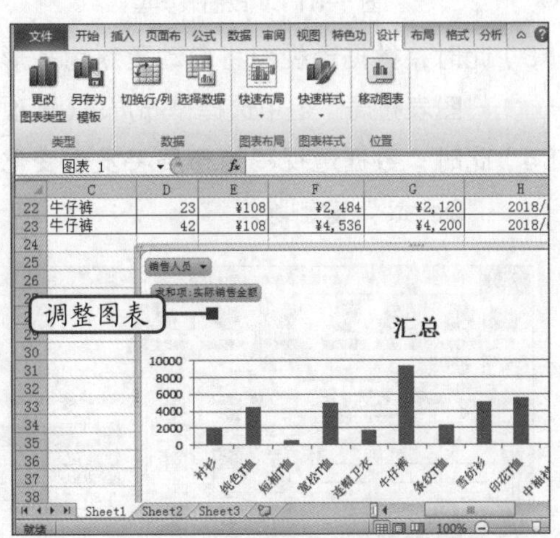

图5-80 调整图表

提示　如果当前工作表中已经插入了数据透视表，可通过数据透视表来创建数据透视图。方法为：选择数据透视表中的任意一个单元格后，单击“数据透视表工具 选项”选项卡“工具”组中的“数据透视图”按钮，打开“插入图表”对话框，在其中选择所需的图表类型后，单击“确定”按钮，便可成功创建数据透视图。

5.3.2 使用数据透视图

数据透视图兼具数据透视表和图表的功能，因此在使用上也同时具备这两种对象的特性。我们在实际工作中要重点掌握数据透视图的筛选、添加趋势线、更改图表类型和布局等操作。下面将在“销售提成表.xlsx”工作簿中对数据透视图进行筛选，然后设置布局并添加趋势线，其具体操作如下。

微课：使用数据透视图

（1）在“Sheet1”工作表中选择创建的数据透视图，单击“数据透视图工具 设计”选项卡“类型”组中的“更改图表类型”按钮，如图5-81所示。

（2）打开“更改图表类型”对话框，单击“条形图”选项卡，在右侧列表框的“条形图”栏中选择“簇状条形图”选项，然后单击“确定”按钮，如图5-82所示。

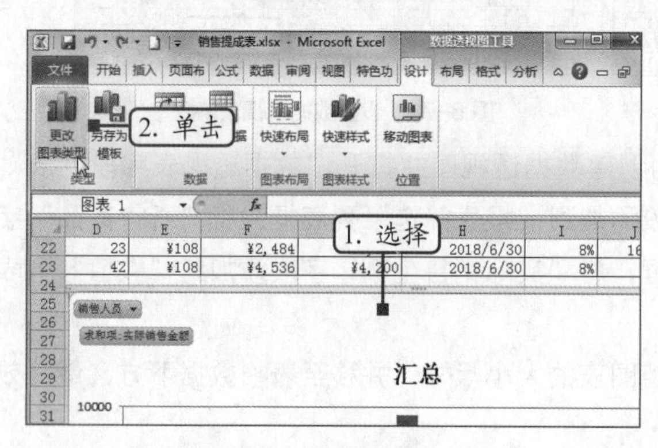

图5-81　更改图表类型

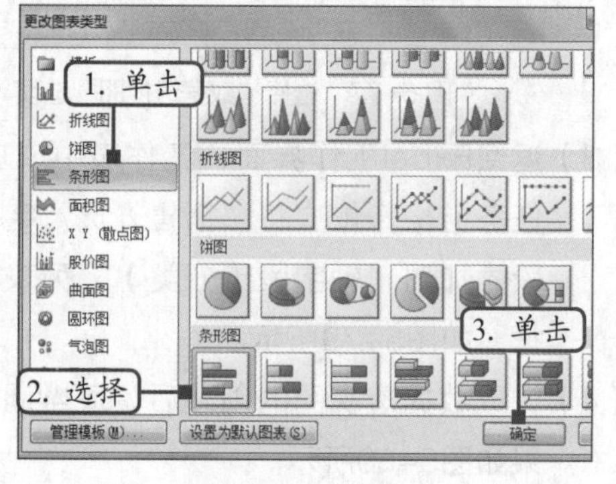

图5-82　选择图表

（3）此时，数据透视图将自动更新为条形图，然后在“数据透视图工具 设计”选项卡的“图表布局”组中选择“布局2”选项，如图5-83所示。

（4）此时，数据透视图的布局将发生变化，效果如图5-84所示。然后选择图例元素，按“Delete”键删除。

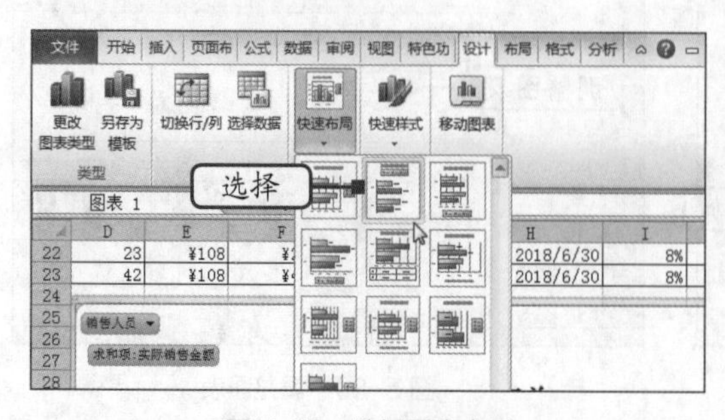

图5-83　选择图表布局

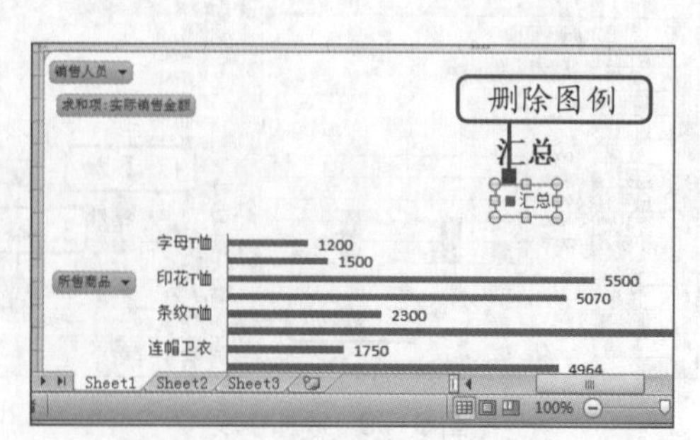

图5-84　更改图表布局后的效果

（5）选择图表标题，将标题内容更改为“实际销售金额汇总”，如图5-85所示。

（6）单击数据透视图中的“销售人员”筛选按钮，在打开的下拉列表中单击选中“选择多项”复选框，单击选中“黄丽丽”“黄晓霞”和“黄妍”复选框，然后单击“确定”按钮，如图5-86所示。

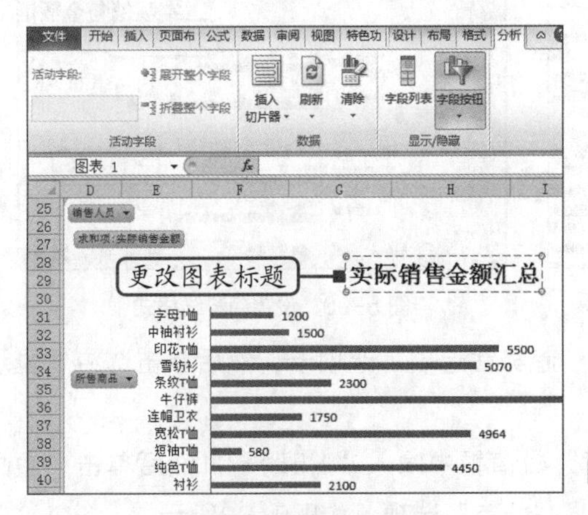

图 5-85　更改图表标题

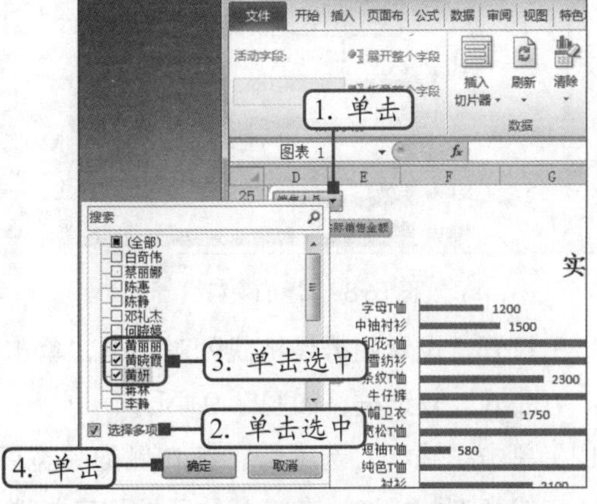

图 5-86　设置筛选项目

（7）再次单击“销售人员”筛选按钮，将要查看的销售人员的数据信息设置为列表框中的前6位，然后单击“确定”按钮，如图5-87所示。

（8）在“数据透视图工具 分析”选项卡的“显示/隐藏”组中单击“字段列表”按钮，将“数据透视表字段列表”任务窗格重新显示出来，然后单击选中“选择要添加到报表的字段”列表框中的“提成金额”复选框，如图5-88所示。

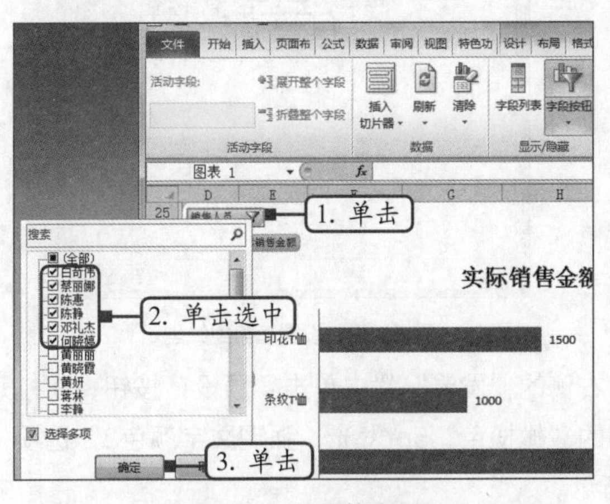

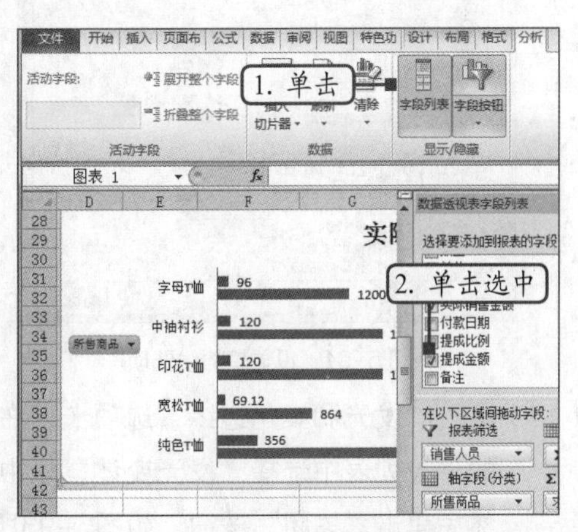

图 5-87　设置筛选项目

图 5-88　添加字段

（9）选择数据透视图中的“系列‘求和项：实际销售金额’”元素，在“数据透视图工具 布局”选项卡的“分析”组中单击“趋势线”按钮，在打开的下拉列表中选择“指数趋势线”选项，如图5-89所示。

（10）此时，数据透视图中将自动显示添加的趋势线。在该趋势线上单击鼠标右键，在弹出的快捷菜单中选择“设置趋势线格式”命令，如图5-90所示。

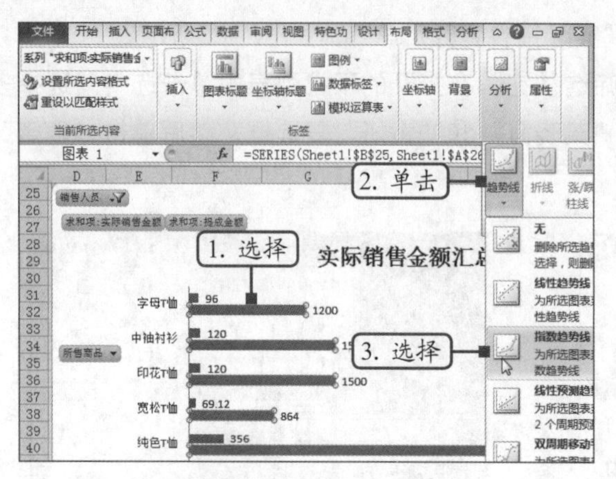

图 5-89　添加趋势线

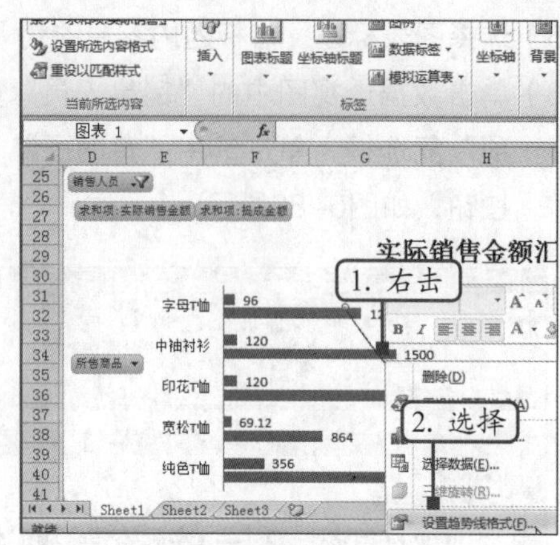

图 5-90　设置趋势线格式

（11）打开“设置趋势线格式”对话框，单击“趋势线选项”选项卡，然后单击选中“显示公式”复选框，如图5-91所示。

（12）单击“线型”选项卡，在右侧的“宽度”数值框中输入“1.5磅”，然后单击“短画线类型”按钮，在打开的下拉列表中选择“方点”选项，如图5-92所示。

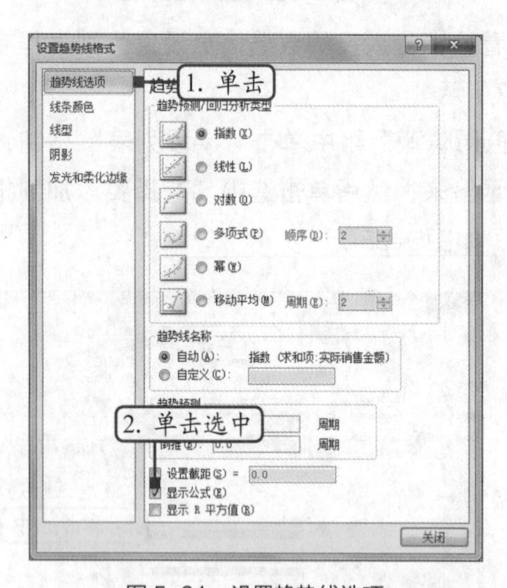

图 5-91　设置趋势线选项

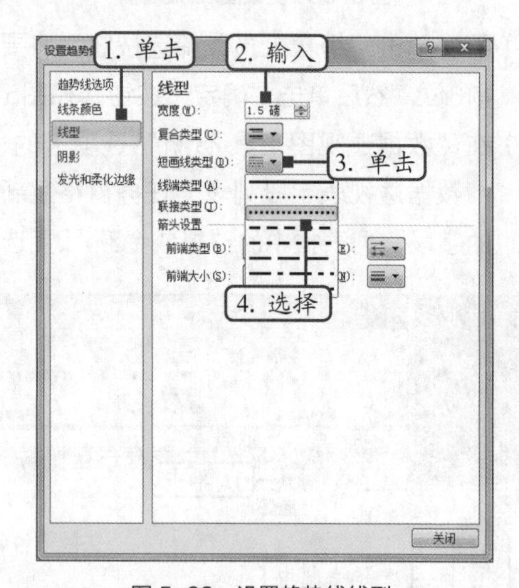

图 5-92　设置趋势线线型

（13）单击“发光和柔化边缘”选项卡，在右侧的“发光”栏中单击“预设”按钮，在打开的下拉列表中选择“发光变体”栏中的“橄榄色，5pt发光，强调文字颜色3”选项，然后单击“关闭”按钮，如图5-93所示。

（14）返回Excel工作界面，数据透视图中的趋势线将显示设置的效果，如图5-94所示。

提示

在设置数据透视图中的趋势线选项时，默认情况下，趋势线只能预测一个周期的数值，如果需要预测多个周期的数值，可以在“趋势预测”栏的“前推”文本框中输入数值。假设输入数字“3”，则趋势线将预测3个周期的数据变化情况。

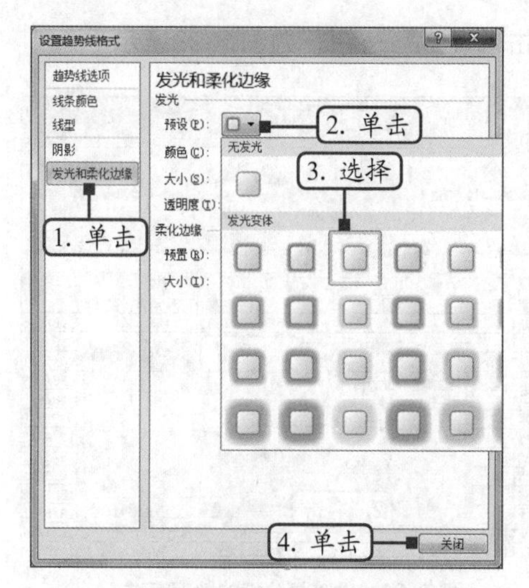

图 5-93　设置趋势线的发光和柔化边缘

图 5-94　查看设置后的趋势线

(15) 在“数据透视图工具 布局”选项卡的“标签”组中单击“模拟运算表”按钮，在打开的下拉列表中选择“显示模拟运算表”选项，如图5-95所示。

(16) 此时，数据透视图的下方将自动显示添加的模拟运算表，效果如图5-96所示。

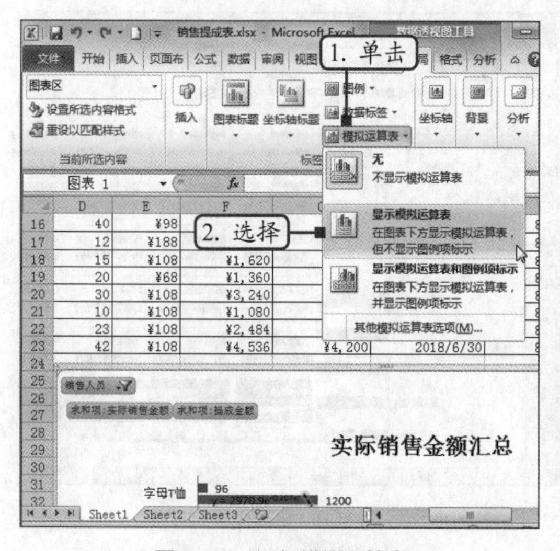

图 5-95　添加模拟运算表

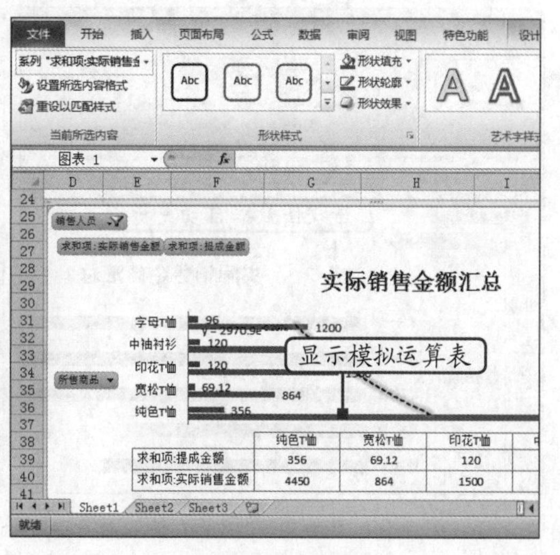

图 5-96　查看效果

5.3.3　设置并美化数据透视图

用户可以对数据透视图进行灵活设置，如更改数据源和美化外观等。下面将在“销售提成表.xlsx”工作簿中对创建的数据透视图进行适当设置和美化，其具体操作如下。

(1) 在“Sheet1”工作表的数据透视表中选择任意一个单元格，这里选择A29单元格，然后单击“数据透视表工具 选项”选项卡“数据”组中的“更改数据源”下拉按钮，在打开的下拉列表中选择“更改数据源”选项，如图5-97所示。

微课：设置并美化数据透视图

(2) 打开“移动数据透视表”对话框，在“表/区域”文本框中将要分析的数据区域指定为A2:G15单元格区域，然后单击“确定”按钮，如图5-98所示。

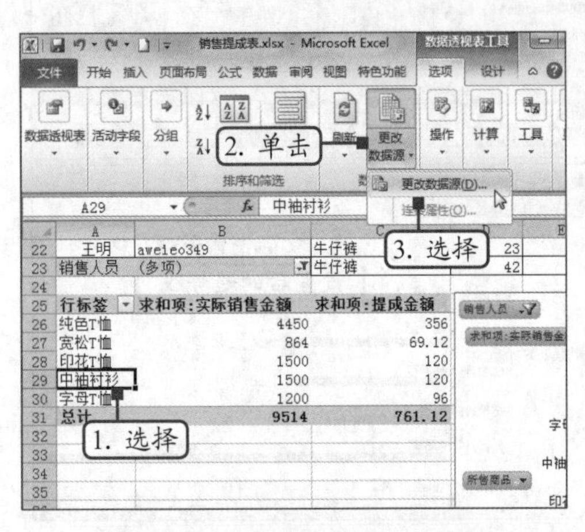

图 5-97　选择“更改数据源”选项

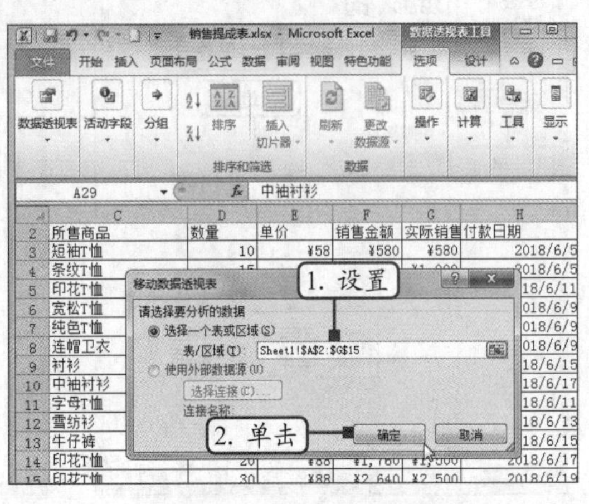

图 5-98　输入要分析的数据区域

（3）此时，数据透视图中的数据内容相应地发生改变，效果如图5-99所示。

（4）选择数据透视图，删除“模拟运算表”。在“数据透视图工具 设计”选项卡的“图表样式”组中选择“样式44”选项，如图5-100所示。

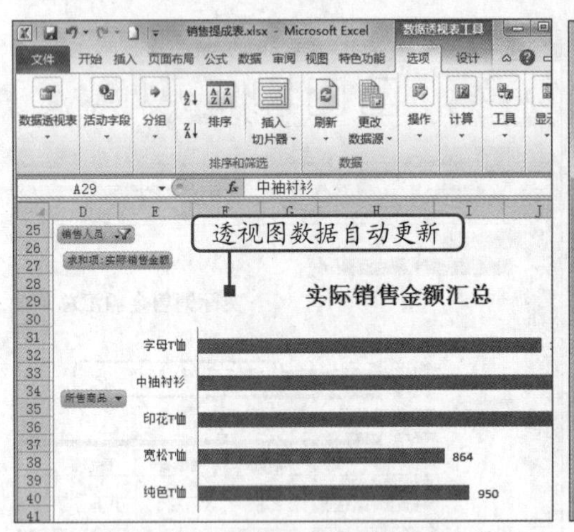

图 5-99　查看更改数据源后的效果

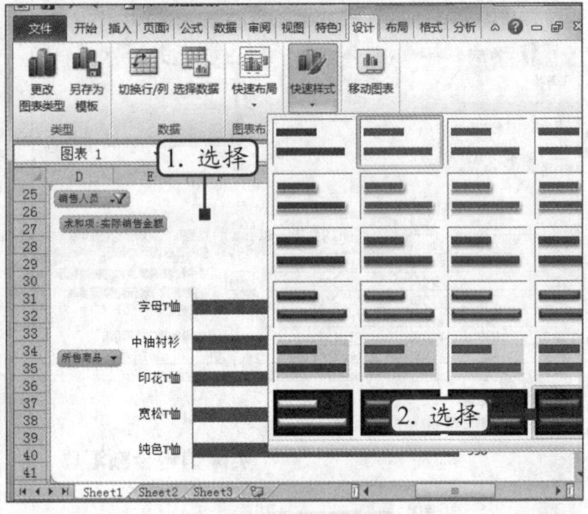

图 5-100　更改图表样式

提示

“数据透视图工具 设计”选项卡的“图表样式”组中提供了40多种图表样式，每种样式均包括图表区、绘图区、坐标轴和数据系列等图表元素的填充颜色和字体格式。如果对于预设的样式不满意，可以通过“数据透视图工具 格式”选项卡重新设置图表样式。

（5）选择图表标题，在“数据透视图工具 格式”选项卡的“艺术字样式”组中单击“文字效果”按钮，在打开的下拉列表中选择“发光”选项，在打开的子列表中选择“发光变体”栏中的“红色，18pt发光，强调文字颜色2”选项，如图5-101所示。

（6）选择图表中的“垂直（类别）轴”元素，然后在“数据透视图工具 格式”选项卡的

"形状样式"组中单击"形状填充"按钮，在打开的下拉列表中选择"主题颜色"栏中的"红色，强调文字颜色2"选项，如图5-102所示。

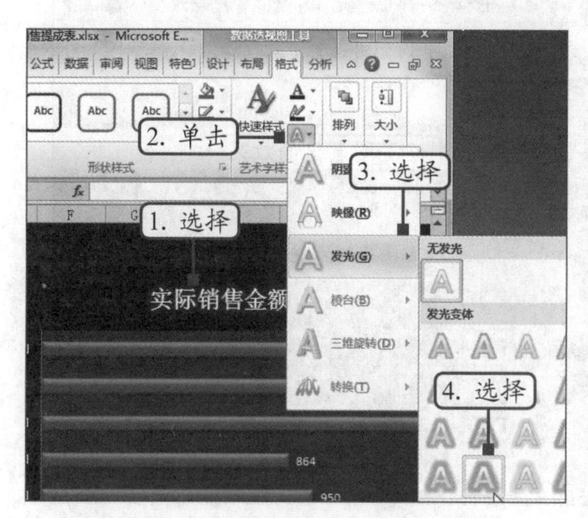

图 5-101　设置标题艺术字样式

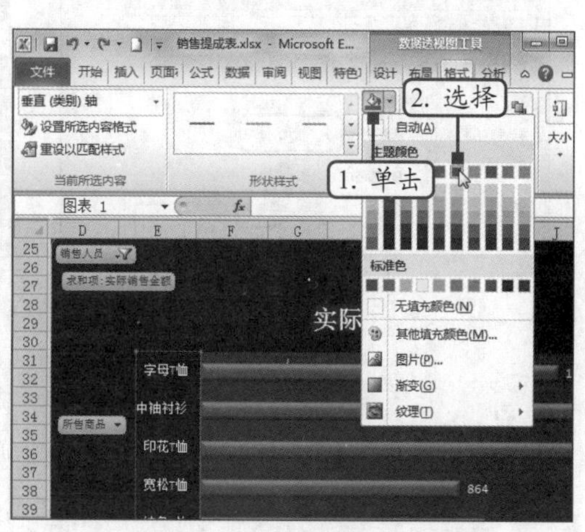

图 5-102　设置坐标轴填充颜色

(7) 选择图表区，在"数据透视图工具 格式"选项卡的"形状样式"组中单击"形状填充"按钮，在打开的下拉列表中选择"渐变"选项，在打开的子列表中选择"其他渐变"选项，如图5-103所示。

(8) 打开"设置图表区格式"对话框，单击"填充"选项卡，在右侧的"填充"列表中单击选中"渐变填充"单选项，然后单击"预设颜色"下拉按钮，在打开的下拉列表中选择"茵茵绿原"选项，如图5-104所示。

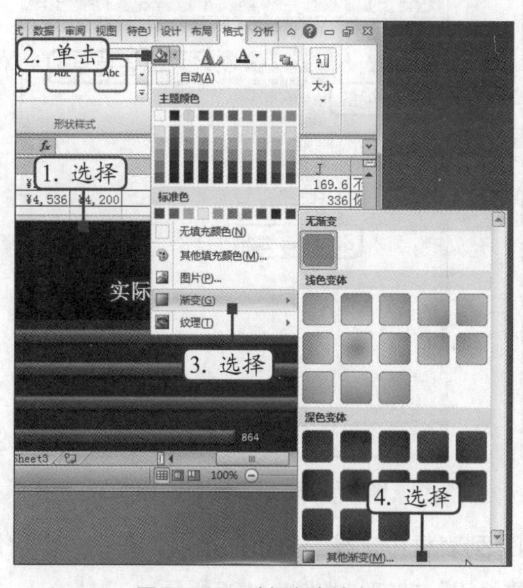

图 5-103　选择渐变填充

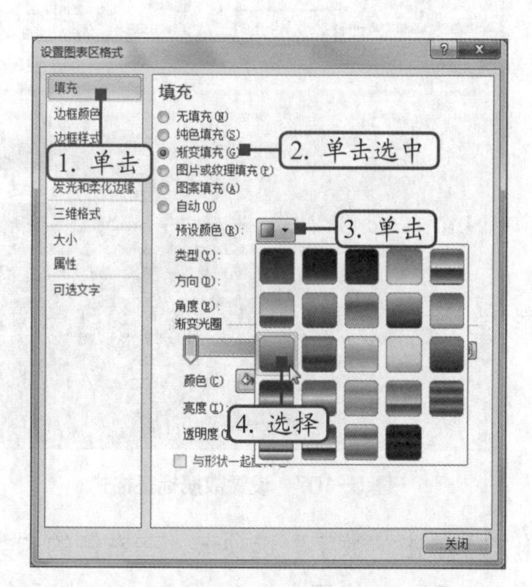

图 5-104　选择预设颜色

(9) 继续在"填充"列表的"类型"下拉列表中选择"线性"选项，单击"方向"下拉按钮，在打开的下拉列表中选择"线性向右"选项，然后单击"关闭"按钮，如图5-105所示。

（10）此时，图表区将应用设置的填充效果，如图5-106所示。

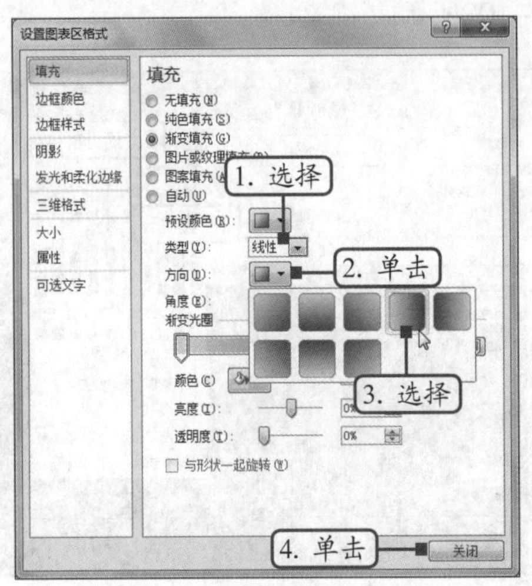

图 5-105　设置渐变类型和方向

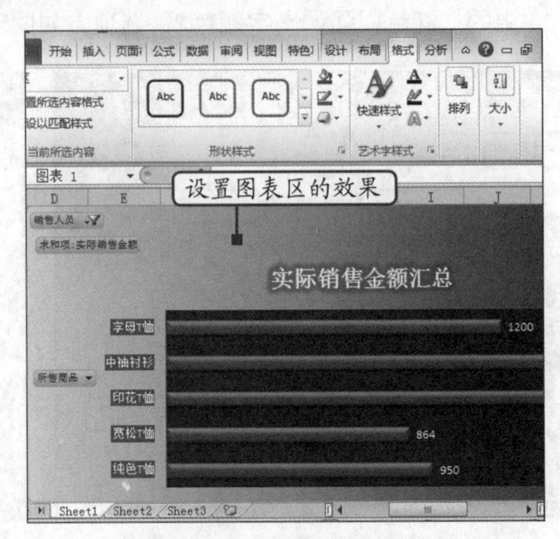

图 5-106　图表区的设置效果

（11）选择图表中的数据标签，然后单击“数据透视图工具 布局”选项卡“当前所选内容”组中的“设置所选内容格式”按钮，如图5-107所示。

（12）打开“设置数据标签格式”对话框，单击“标签选项”选项卡，在右侧的“标签包括”栏中单击选中“系列名称”复选框，在“标签位置”栏中单击选中“数据标签内”单选项，如图5-108所示。

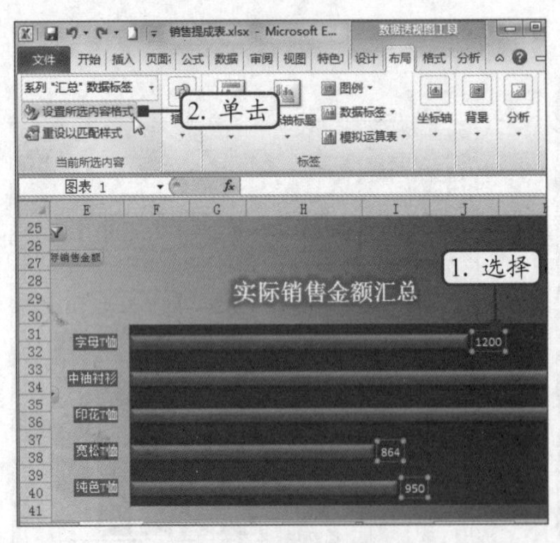

图 5-107　设置数据标签格式

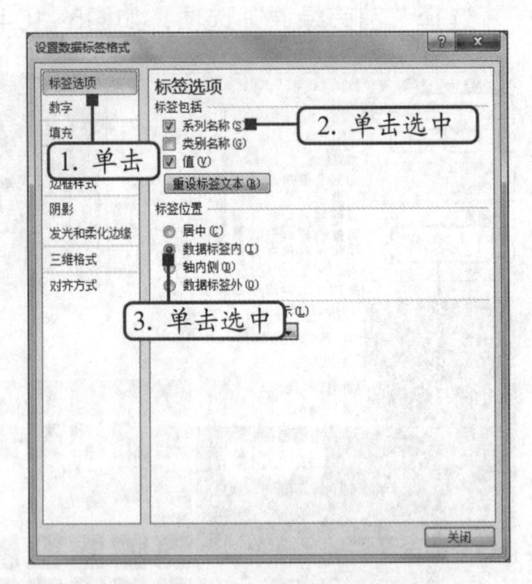

图 5-108　设置标签内容和位置

（13）单击“数字”选项卡，在右侧的“类别”列表框中选择“货币”选项，并在“小数位数”数值框中输入“0”，完成后单击“关闭”按钮，如图5-109所示。

（14）返回Excel工作界面，此时图表中的数据标签以货币的形式显示在数据系列上，最终效果如图5-110所示（效果参见：效果文件\第5章\销售提成表.xlsx）。

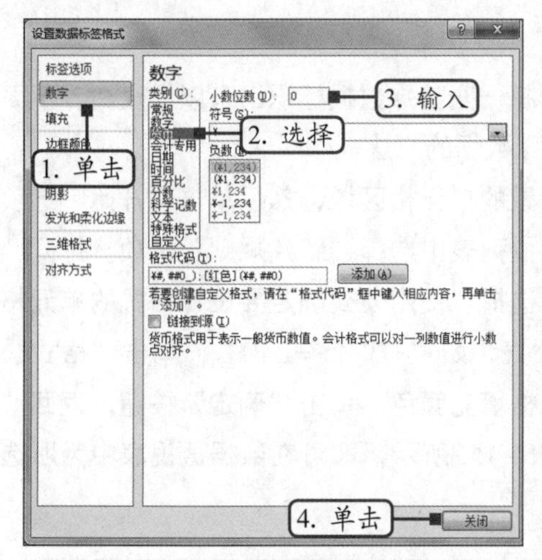

图 5-109 设置数字格式

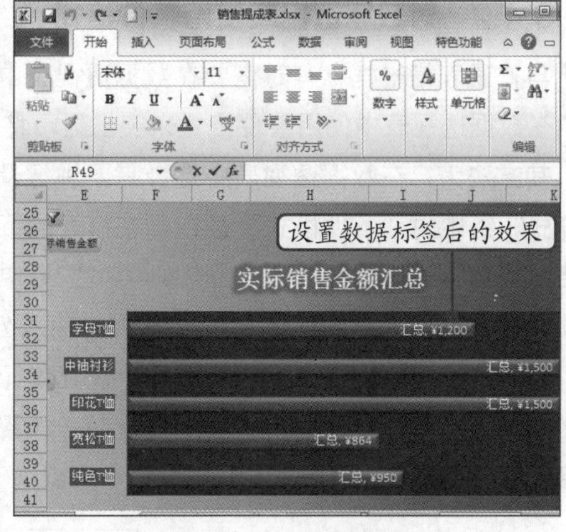

图 5-110 查看最终效果

提示

在设置数据透视图中的文本字体格式时，除了可以通过"艺术字样式"组进行设置外，还可以通过"开始"选项卡中的"字体"组进行设置，包括字形、字号、字体和填充颜色等参数。

5.4 提高与技巧

数据透视表可以通过简单的拖曳操作，完成复杂的数据分类汇总，是Excel中最实用、最常用的功能之一。下面将对数据透视表的一些应用技巧进行简单介绍。

5.4.1 处理数据透视表的空白项

在一般情况下，数据透视表中的空白单元格为空值，如果想要将其显示为某个文本内容或0，可通过"数据透视表选项"对话框进行设置。

其方法为：在创建的数据透视表上选择任意一个单元格，然后单击"数据透视表工具 选项"选项卡"数据透视表"组中的"选项"按钮，打开"数据透视表选项"对话框，在"布局和格式"选项卡中单击选中"对于空单元格，显示"复选框，并在右侧的文本框中输入"0"，最后单击"确定"按钮，即可将透视表中的空白项显示为"0"，如图5-111所示。

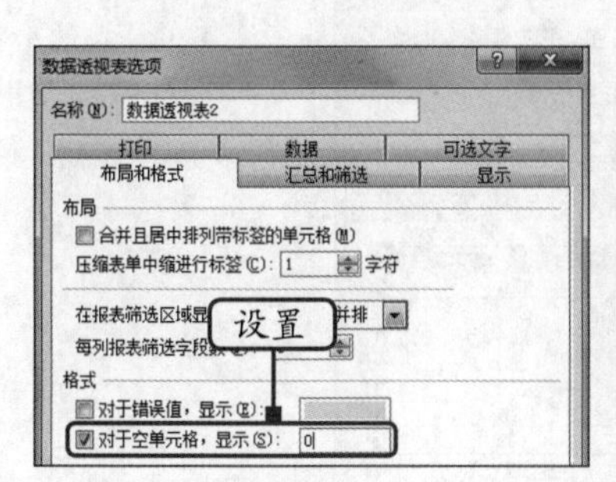

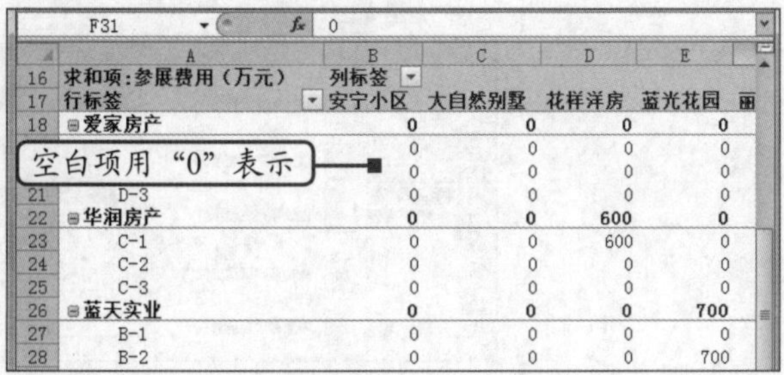

图 5-111 处理透视表空白项的效果

5.4.2 对数据透视表使用条件格式

与普通表格一样，有时需要在数据透视表中将一些特殊数据标识出来以便查阅。下面将介绍在数据透视表中使用条件格式来突出显示特殊数据的方法。

其方法为：在数据透视表中选择需要进行设置的单元格区域，然后单击“开始”选项卡“样式”组中的“条件格式”按钮，在打开的下拉列表中选择“新建规则”选项。打开“新建格式规则”对话框，在“选择规则类型”栏中选择“使用公式确定要设置格式的单元格”选项，在“编辑规则说明”栏的文本框中输入公式，如“=B21>=240”，单击“格式”按钮。打开“设置单元格格式”对话框，设置单元格填充颜色，单击“确定”按钮，返回“新建格式规则”对话框，单击“确定”按钮，如图5-112所示，即可在数据透视表中为所选单元格区域应用条件格式。

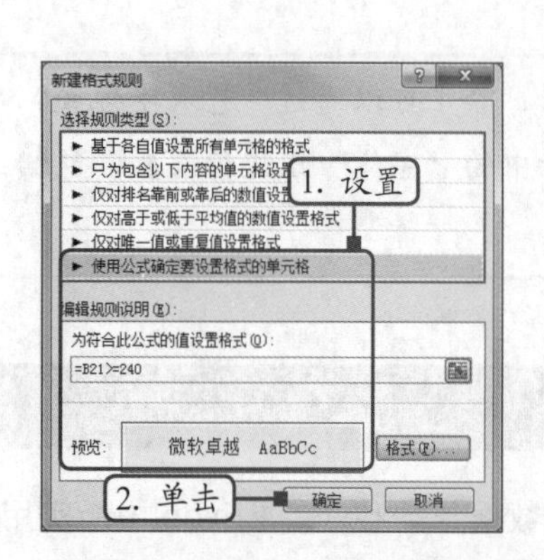

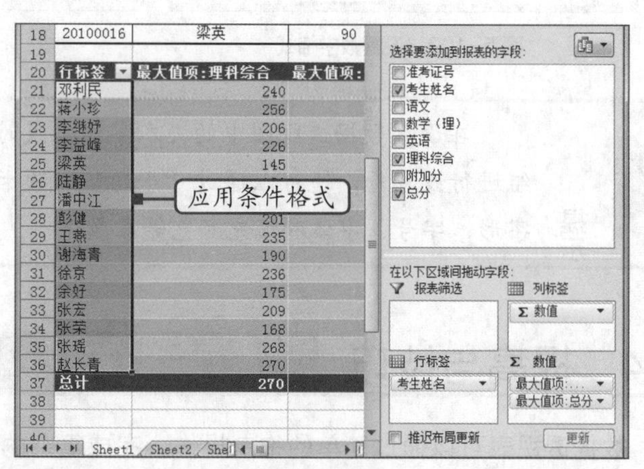

图 5-112　在数据透视表中应用条件格式的效果

5.4.3 改变数据透视表的报表布局

在默认情况下，Excel数据透视表是以压缩形式显示报表的。这种形式特别需要经常使用“折叠”和“展开”图标，以查看和隐藏每个项目下的明细数据。除此之外，Excel还提供了大纲和表格两种报表布局形式供用户选择。改变数据透视表报表布局的方法很简单，只需在“数据透视表工具 设计”选项卡的“布局”组中，单击“报表布局”按钮，在打开的下拉列表中选择所需的报表形式即可。图5-113所示为以大纲形式显示的数据透视表。

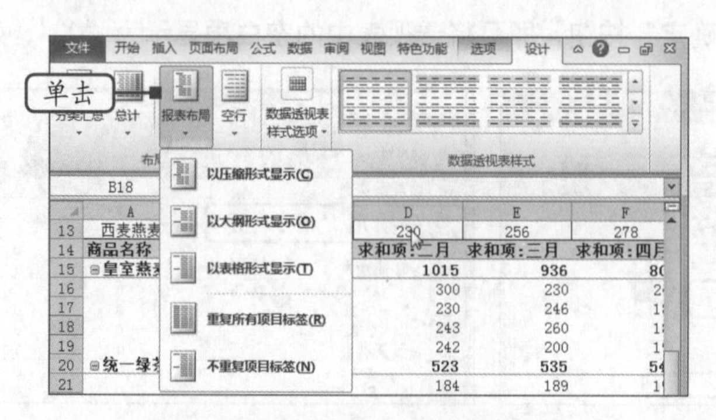

图 5-113　更改数据透视表的报表布局

Information

第6章 产品营销数据分析

在大数据时代，营销人员可以通过分析营销数据，找到解决问题的方法，不断提升网络营销的效果，降低营销成本。本章主要介绍如何对产品销售数据进行分析，包括产品生命周期的分析、畅/滞销产品的分析和整体销售数据的分析等。这些数据信息是研究行业营销规律，制订订货、补货和促销计划，调整经营措施的基本依据。

本章要点

- 单款产品销售生命周期分析
- 产品畅/滞销款分析
- 多店铺销售数据分析
- 历年销售数据分析

6.1 单款产品销售生命周期分析

单款产品销售生命周期分析一般是针对一些订货量和库存量较多的单品来做研究，以判断是否缺货或产生库存压力，从而及时调整营销计划。图6-1所示为单款产品销售生命周期分析的最终效果，通过折线图可以直观地看出在4-6日和10-13日两个时间段是该产品的销售高峰期，而前后几天都有非常大的反差。此时，营销人员需要根据产品的销售趋势对照近期的市场情况和该产品的特点来分析产品销量下滑的原因，从而避免造成更大的损失。

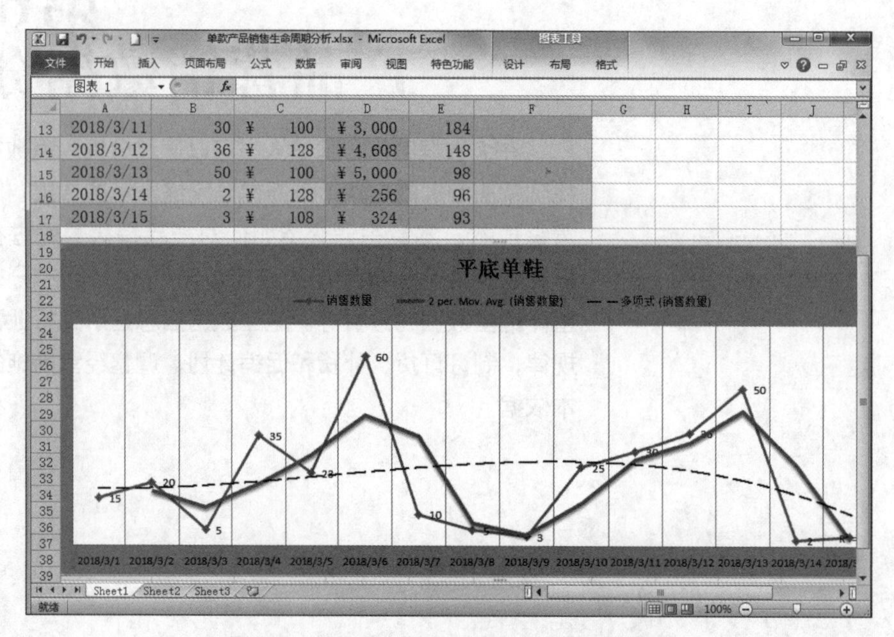

图 6-1 单款产品销售生命周期分析的最终效果

下面首先对该产品每一日的销售额进行计算，然后通过折线图来分析产品近半个月的销售情况。该实例涉及的知识点有：公式的使用、折线图的插入与分析等。

6.1.1 统计对应日期的销售额

统计销售额是指对产品每一日的销售额进行计算，该计算可通过简单的公式来完成：销售数额=销售数量×销售单价。下面将在“单款产品销售生命同期分析.xlsx”工作簿中统计对应日期的销售额，其具体操作如下。

微课：统计对应日期的销售额

（1）打开素材文件“单款产品销售生命周期分析.xlsx”工作簿（素材参见：素材文件\第6章\单款产品销售生命周期分析.xlsx），在“Sheet1”工作表中选择D3单元格，然后单击编辑栏，输入运算符“=”，如图6-2所示。

（2）保持编辑栏的编辑状态，选择工作表中的B3单元格，然后输入运算符“*”，继续单击工作表中的C3单元格，如图6-3所示，完成公式的输入。

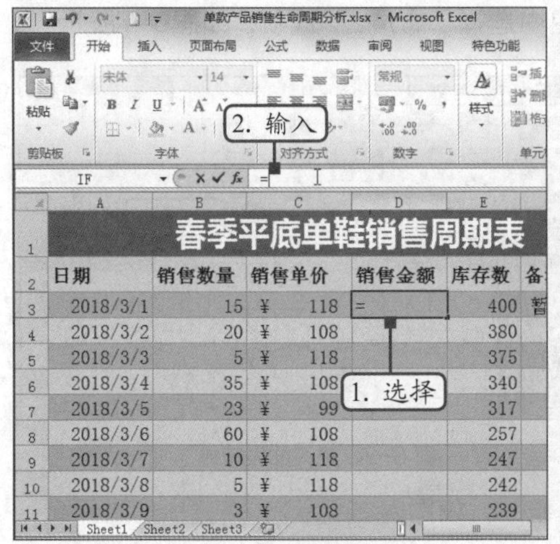

图 6-2 输入运算符

图 6-3 选择引用单元格

（3）确认输入的公式无误后，按“Enter”键即可得到计算结果，如图6-4所示。

（4）重新选择D3单元格，将鼠标指针定位至填充柄上，按住鼠标左键不放向下拖动，如图6-5所示，直至拖动到D17单元格后释放鼠标完成公式的复制。

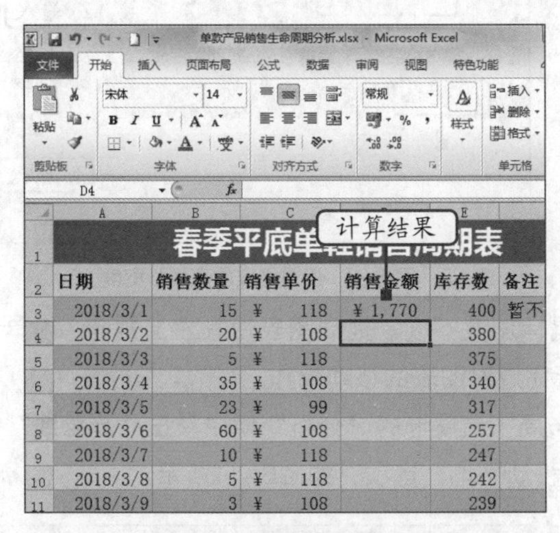

图 6-4 查看计算结果

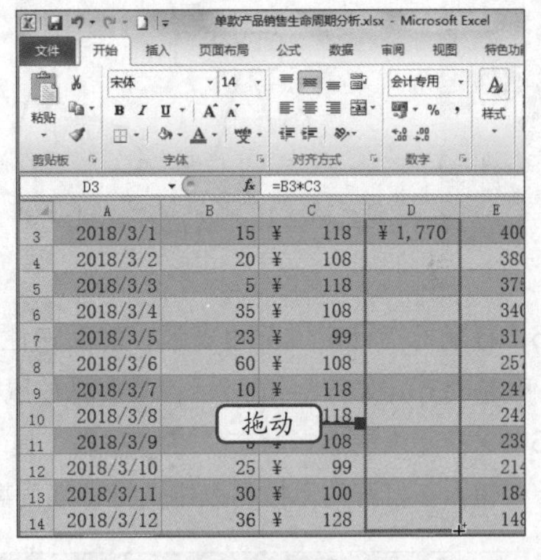

图 6-5 复制公式

6.1.2 判断单款产品的销售生命周期

单款产品销售生命周期是指单款产品销售的总时间跨度及该时间段的销售状况（一般是指正价销售期），同时，还可以根据销售走势判断出产品是否具有销售潜力。如果有，则可以再结合自身的库存量进行适当补货，以减少缺货损失。下面将利用折线图来判断单款产品的销售生命周期，其具体操作如下。

（1）选择A2:B17单元格区域，在“插入”选项卡的“图表”组中单击“折线图”按钮，在打开的下拉列表中选择“二维折线图”栏中的“带数据标记的折线图”选项，如图6-6所示。

（2）此时，工作表中将显示插入的折线图。保持插入图表的选择状态，在

微课：判断单款产品的销售生命周期

“图表工具 设计”选项卡的“图表布局”组中选择“布局2”选项，如图6-7所示。

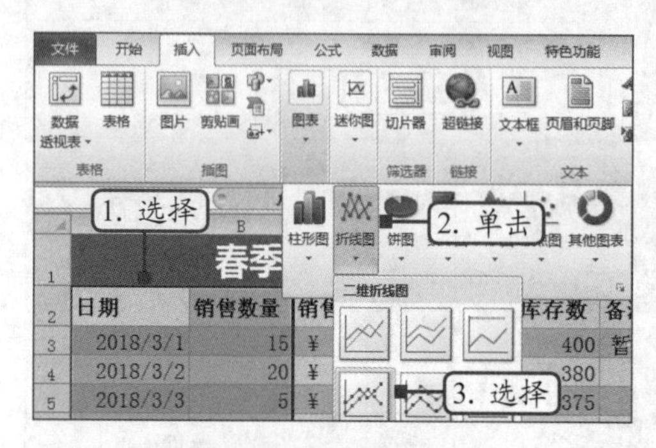

图6-6　选择图表类型

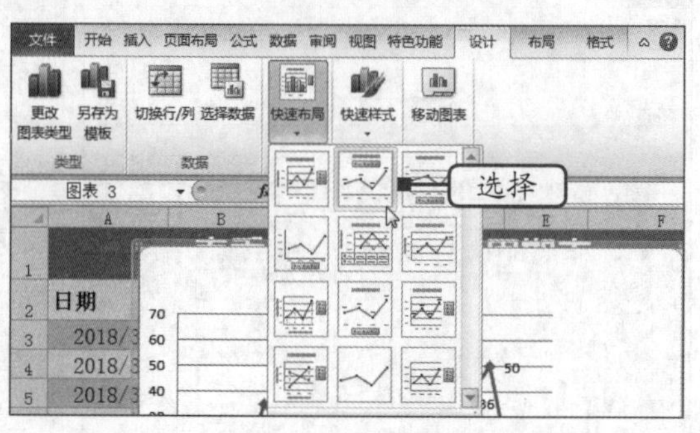

图6-7　更改图表布局

（3）选择图表标题，将标题名称更改为“平底单鞋”，如图6-8所示。

（4）选择图表区，在“图表工具 格式”选项卡的“大小”组中，依次在“高度”和“宽度”数值框中输入“9.75厘米”和“26.75厘米”，如图6-9所示。

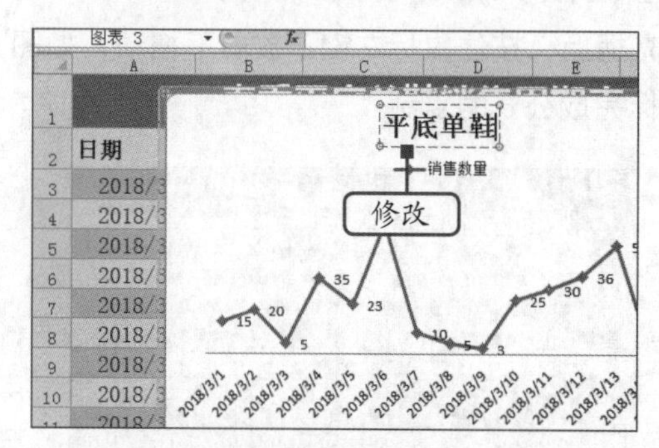

图6-8　更改图表标题

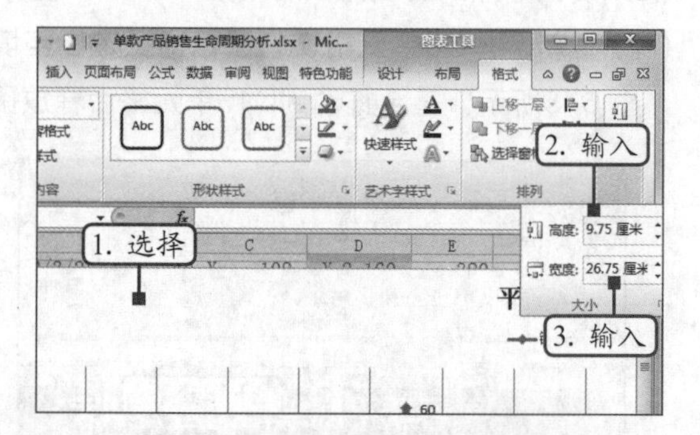

图6-9　设置图表的高度和宽度

（5）将鼠标指针定位至图表区，然后按住鼠标左键不放，拖动图表使其左上角与A19单元格对齐，如图6-10所示，最后释放鼠标完成对图表的移动操作。

（6）保持图表的选择状态，在“图表工具 布局”选项卡的“分析”组中单击“趋势线”按钮，在打开的下拉列表中选择“双周期移动平均”选项，如图6-11所示。

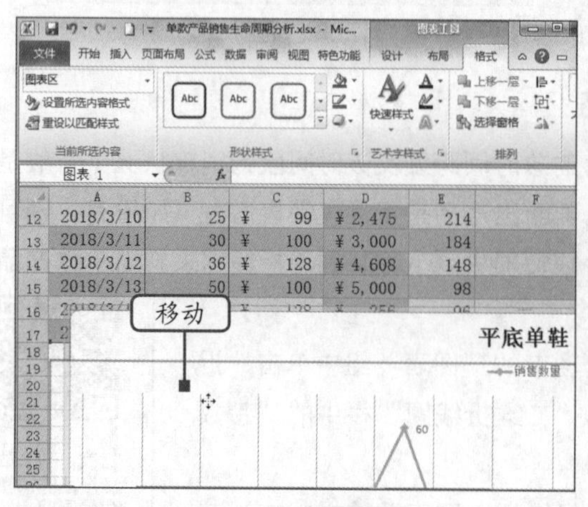

图6-10　移动图表

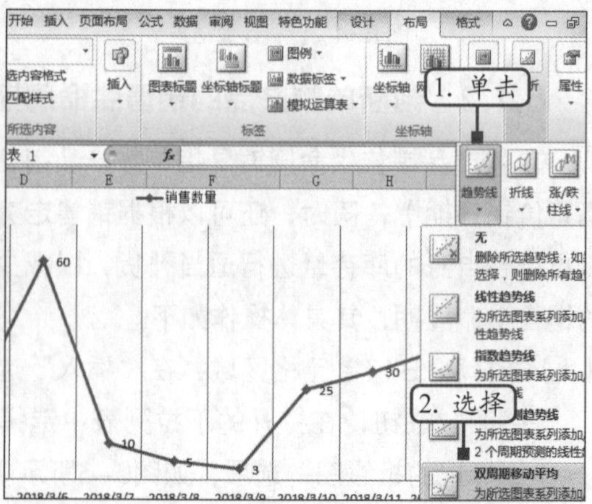

图6-11　添加趋势线

提示　在图表中建立移动平均趋势线时，默认采用的是双周期类型，即以数据中前两个数据点的平均值作为移动平均趋势线中的第一个点，第二个和第三个数据点的平均值作为趋势线的第二个点，依次类推。

（7）选择“系列‘销售数量’趋势线”图表元素，在“图表工具 格式”选项卡“形状样式”组的“样式”列表中选择“粗线-强调颜色2”选项，如图6-12所示。

（8）重新选择图表区，在“图表工具 布局”选项卡的“分析”组中单击“趋势线”按钮，在打开的下拉列表中选择“线性预测趋势线”选项，如图6-13所示。

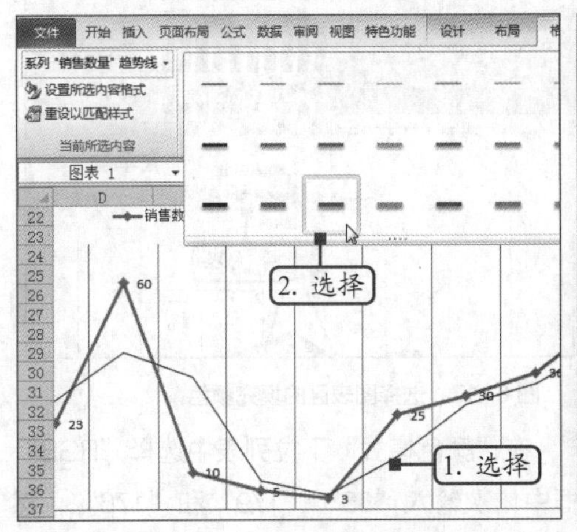

图6-12　设置趋势线形状样式

图6-13　添加趋势线

（9）选择“系列‘销售数量’趋势线2”图表元素，然后在“图表工具 布局”选项卡的“当前所选内容”组中单击“设置所选内容格式”按钮，如图6-14所示。

（10）打开“设置趋势线格式”对话框，单击“趋势线选项”选项卡，在右侧的“趋势预测/回归分析类型”栏中单击选中“多项式”单选项，并在右侧的“顺序”数值框中输入“3”，然后单击选中“显示R平方值”复选框，如图6-15所示。

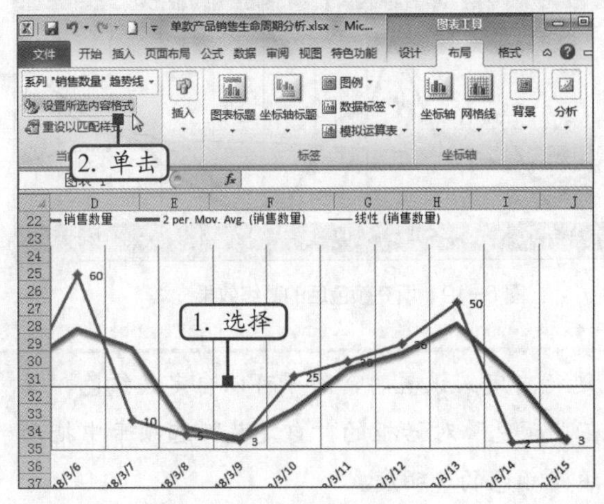

图6-14　设置趋势线2

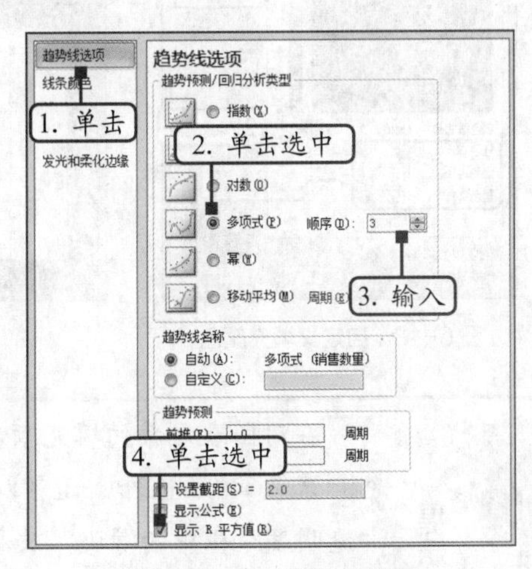

图6-15　设置趋势线选项

（11）单击“线型”选项卡，在右侧的“宽度”数值框中输入“1.5磅”，然后单击“短画线类型”按钮，在打开的下拉列表中选择“长画线”选项，最后单击“关闭”按钮，如图6-16所示。

（12）选择图表区，在“图表工具 格式”选项卡的“形状样式”组中单击“形状填充”按钮，在打开的下拉列表中选择“其他填充颜色”选项，如图6-17所示。

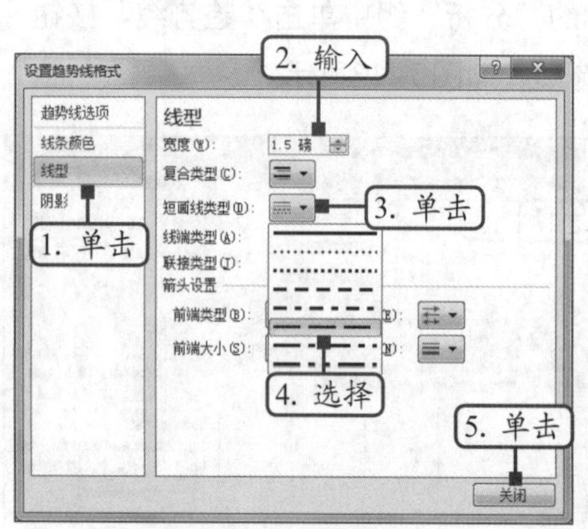

图6-16　设置趋势线线型

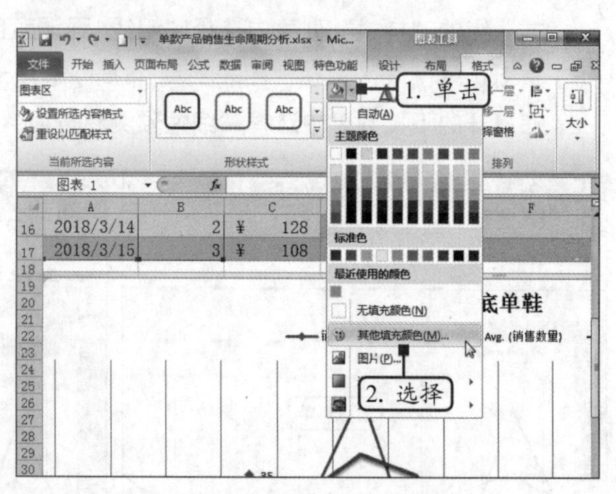

图6-17　选择图表区的填充颜色

（13）打开“颜色”对话框，单击“自定义”选项卡，在“颜色模式”下拉列表中选择“RGB”选项，在“红色”“绿色”和“蓝色”数值框中依次输入“35”“179”和“176”，然后单击“确定”按钮，如图6-18所示。

（14）返回Excel工作界面，即可查看对图表区填充自定义颜色后的效果，如图6-19所示（效果参见：效果文件\第6章\单款产品销售生命周期分析.xlsx）。

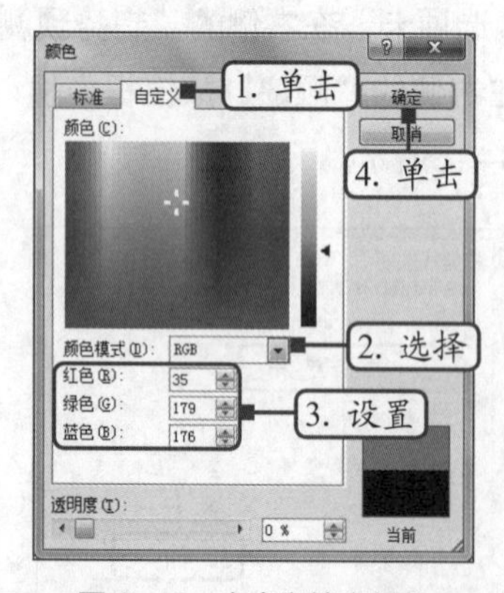

图6-18　自定义填充颜色

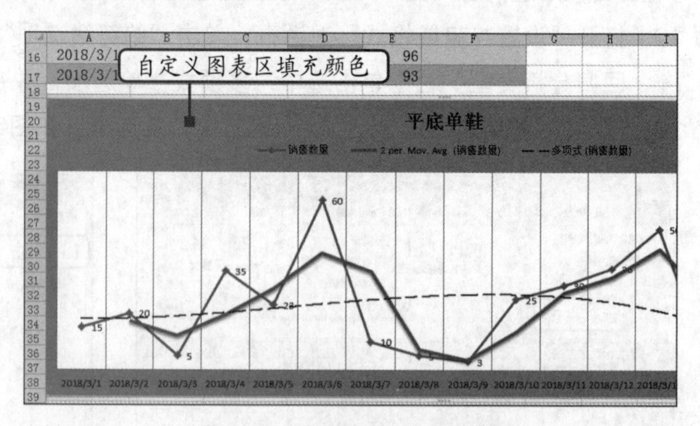

图6-19　填充颜色后的最终效果

提示

在对图表元素的填充颜色进行自定义设置时，除了可以自定义红色、绿色和蓝色3种颜色外，还可以在“颜色”对话框的“自定义”选项卡中拖动“透明度”栏中的滑块，改变填充颜色的透明度。

6.2 产品畅/滞销款分析

任何一种销售形式，其本质都是产品和时间的赛跑，简单地说，就是在最短的时间内销售最多的产品。畅/滞销款分析是店铺产品销售数据分析中最直观，也是最重要的因素之一。畅销款是指在一定时间内销量较大的产品，而滞销款则与之相反。图6-20所示为产品畅/滞销款分析的最终效果，通过该表格可以清晰地看出当前滞销的产品有哪些，有哪些产品需要及时补货或进行促销，是否存在库存压力等。

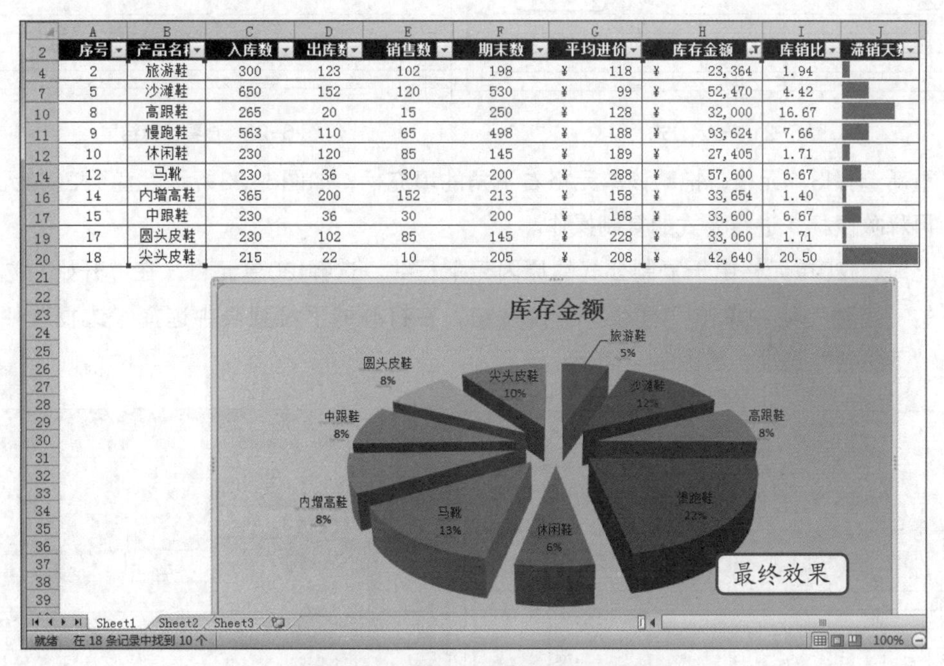

序号	产品名称	入库数	出库数	销售数	期末数	平均进价	库存金额	库销比	滞销天数
2	旅游鞋	300	123	102	198	¥ 118	¥ 23,364	1.94	
5	沙滩鞋	650	152	120	530	¥ 99	¥ 52,470	4.42	
8	高跟鞋	265	20	15	250	¥ 128	¥ 32,000	16.67	
9	慢跑鞋	563	110	65	498	¥ 188	¥ 93,624	7.66	
10	休闲鞋	230	120	85	145	¥ 189	¥ 27,405	1.71	
12	马靴	230	36	30	200	¥ 288	¥ 57,600	6.67	
14	内增高鞋	365	200	152	213	¥ 158	¥ 33,654	1.40	
15	中跟鞋	230	36	30	200	¥ 168	¥ 33,600	6.67	
17	圆头皮鞋	230	102	85	145	¥ 228	¥ 33,060	1.71	
18	尖头皮鞋	215	22	10	205	¥ 208	¥ 42,640	20.50	

图6-20 产品畅/滞销款分析的最终效果

下面首先计算产品的库销比，然后利用条件格式突出显示当前月份中的滞销产品，最后利用饼图来分析库存金额。该实例涉及的知识点有：公式的使用、条件格式的应用及饼图的插入与编辑等。

6.2.1 使用公式计算库销比

库销比是指库存量与销售额的比率，它是一个检测库存量是否合理的指标。月库销比的计算公式为：月库销比=月末库存量/月销售量。下面将利用公式计算“产品畅滞销款分析.xlsx”工作簿中的库销比，其具体操作如下。

（1）打开素材文件“产品畅滞销款分析.xlsx”工作簿（素材参见：素材文件\第6章\产品畅滞销款分析.xlsx），在“Sheet1”工作表中选择I3单元格，然后在编辑栏中输入公式“=F3/E3”，如图6-21所示。

（2）确认输入的公式无误后，按“Enter”键查看计算结果，如图6-22所示。

微课：使用公式计算库销比

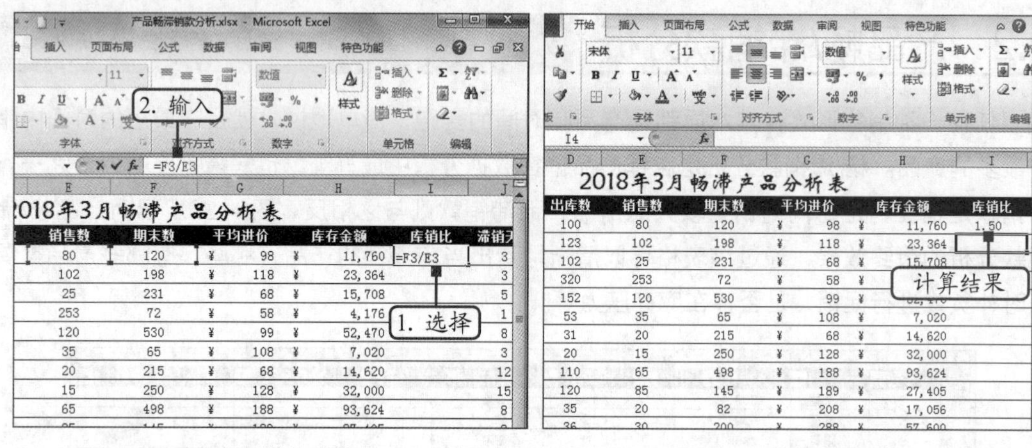

图6-21　输入公式　　　　图6-22　查看计算结果

（3）重新选择I3单元格，拖动该单元格右下角的填充柄，如图6-23所示，直至I20单元格后再释放鼠标，进行公式的复制操作。

（4）此时，I20单元格由于复制公式的原因无下框线。选择I20单元格，在“开始”选项卡的“字体”组中单击“框线”下拉按钮，在打开的下拉列表中选择“边框”栏中的“下框线”选项，如图6-24所示。

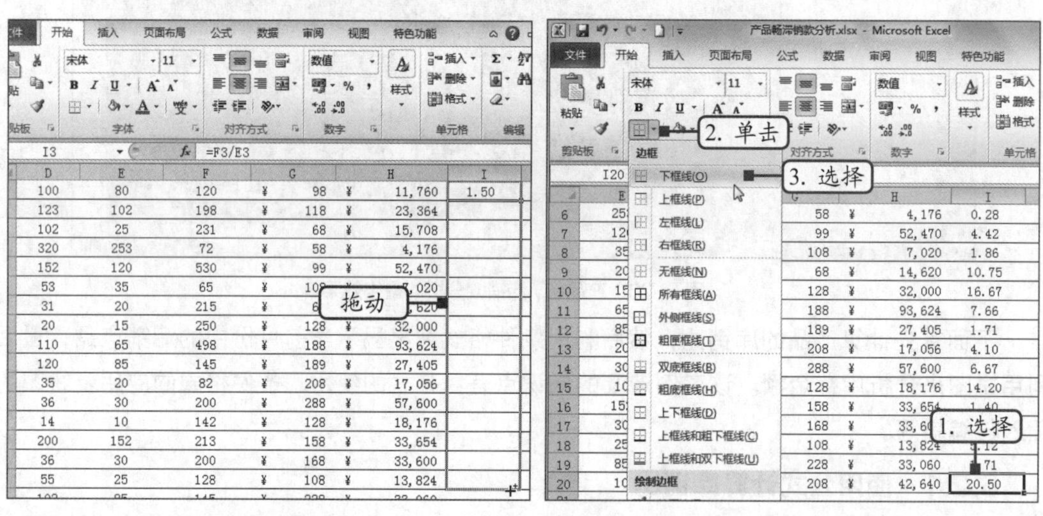

图6-23　复制公式　　　　图6-24　为单元格添加边框

6.2.2　突出显示滞销产品

滞销产品对店铺的经营效益有着至关重要的影响。一旦发现有滞销产品，店铺经营者应及时采取措施，如针对该产品可以用打折、减价或减价+赠品等方式来处理。下面将通过条件格式来分析表格中是否存在滞销产品，其具体操作如下。

（1）在“Sheet1”工作表中选择J3:J20单元格区域，然后单击“开始”选项卡“样式”组中的“条件格式”按钮，在打开的下拉列表中选择“新建规则”选项，如图6-25所示。

微课：突出显示滞销产品

（2）打开“新建格式规则”对话框，在“选择规则类型”栏中选择“基于各自值设置所有单元格的格式”选项，在“编辑规则说明”栏的“格式样式”下拉列表中选择“数据条”选项，并单击选中右侧的“仅显示数据条”复选框，如图6-26所示。

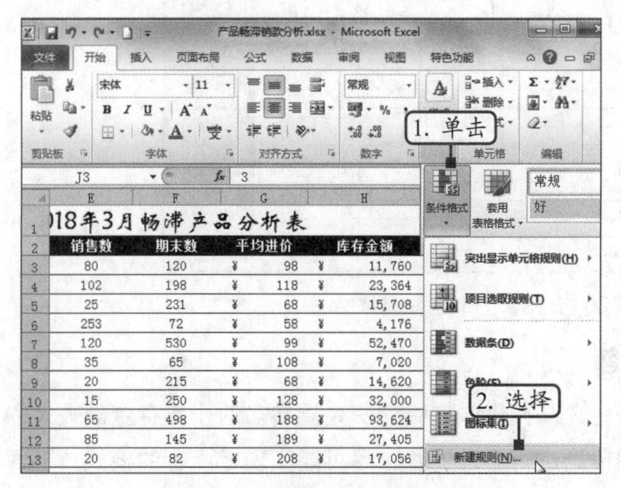

图 6-25　新建条件格式规则

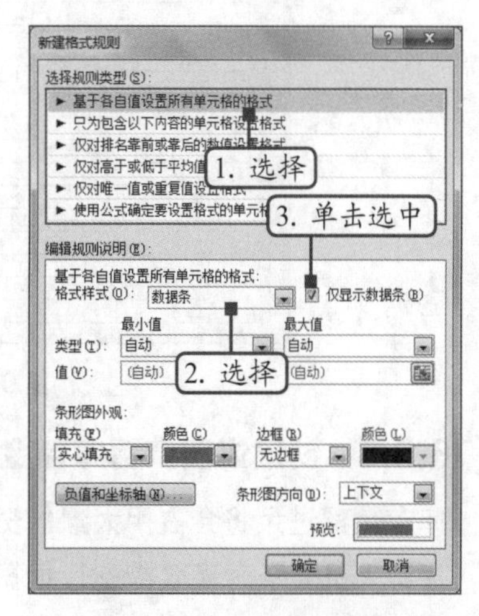

图 6-26　选择规则类型

（3）在“最小值”对应的“类型”下拉列表中选择“数字”选项，并在其下的“值”数值框中输入“1”。按照相同的操作方法，将“最大值”对应的“类型”和“值”分别设置为“数字”和“21”，如图6-27所示。

（4）在“条形图外观”栏中将填充颜色设置为“标准色”栏中的“红色”，然后单击“边框”下拉按钮，在打开的下拉列表中选择“实心边框”选项，最后单击“确定”按钮，如图6-28所示。

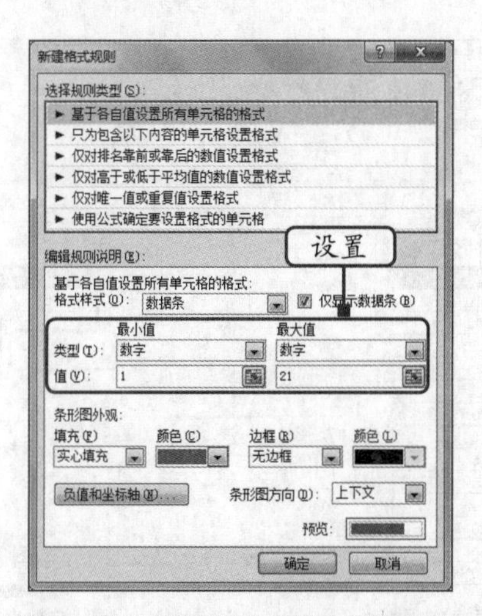

图 6-27　设置条件格式的最大和最小值

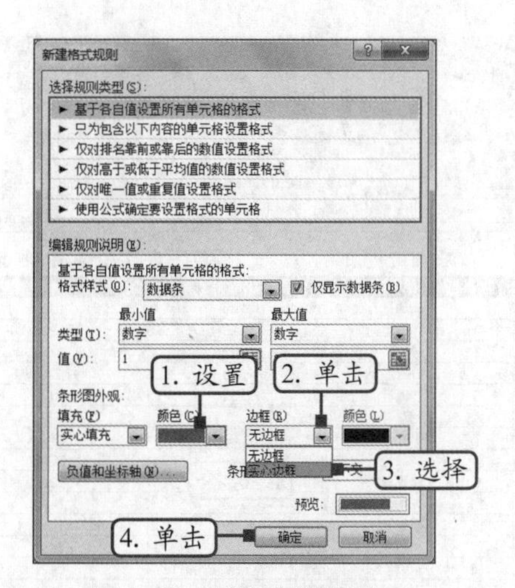

图 6-28　设置条形图外观

（5）返回Excel工作界面，即可看到应用条件格式后的单元格区域，如图6-29所示。该区域中较长的红色条形图就表示对应的产品不是很畅销，有滞销的迹象。

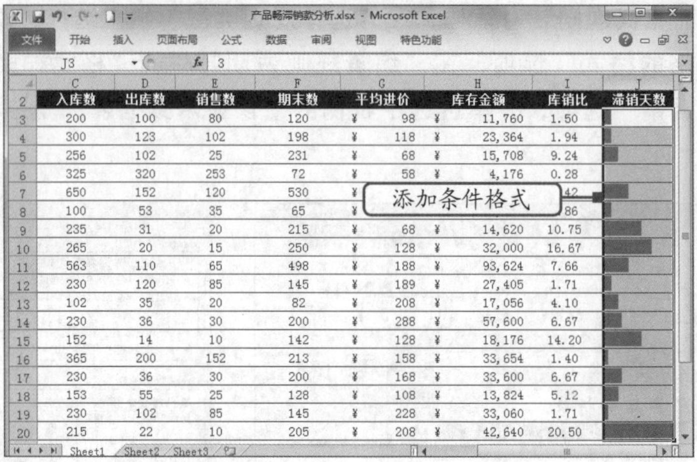

图 6-29　应用条件格式后的效果

6.2.3　创建饼图查看库存金额

库存金额过大将会占用大量的资金，从而影响店铺的资金周转。对于库存金额较大的产品，营销人员要及时采取措施，根据市场进行合理调整，尽可能实现零库存的模式。下面将通过饼图来查看当前产品的库存金额，其具体操作如下。

（1）选择“Sheet1”工作表中包含数据的任意一个单元格，这里选择D8单元格，然后在“数据”选项卡的“排序和筛选”组中单击“筛选”按钮，如图6-30所示。

微课：创建饼图查看库存金额

（2）此时，工作表中的数据将呈筛选状态。单击“库存金额”列右侧的下拉按钮，在打开的下拉列表中选择“数字筛选”选项，再在打开的子列表中选择“10个最大的值”选项，如图6-31所示。

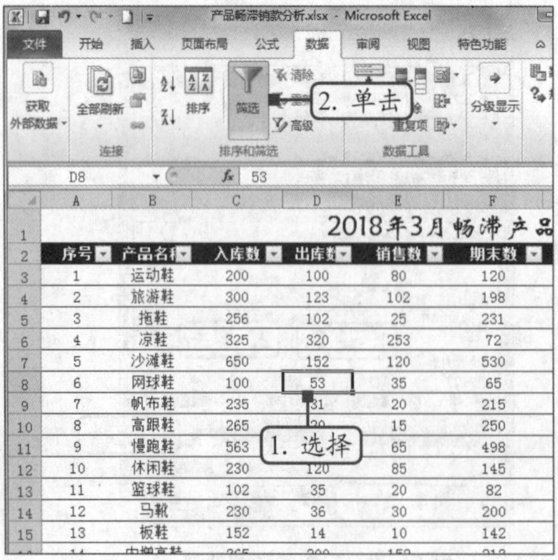

图 6-30　筛选数据

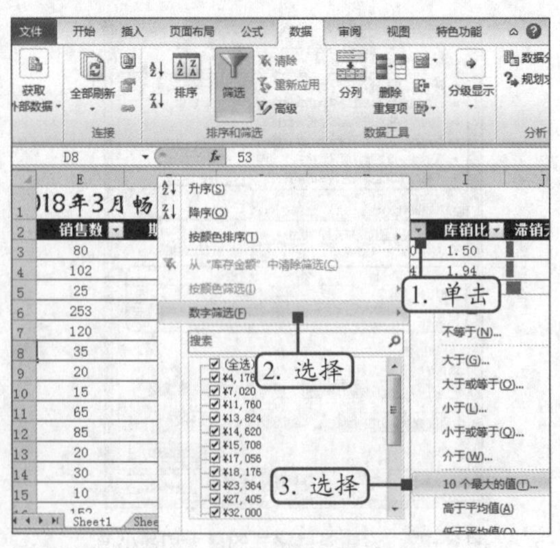

图 6-31　设置筛选条件

（3）打开“自动筛选前10个”对话框，保持对话框中所有设置不变，单击“确定”按钮，如图6-32所示。

（4）选择B2:B20单元格区域，按住“Ctrl”键的同时加选H2:H20单元格区域，然后单击“插入”选项卡“图表”组中的“饼图”按钮，在打开的下拉列表中选择“三维饼图”栏中的“分离型三维饼图”选项，如图6-33所示。

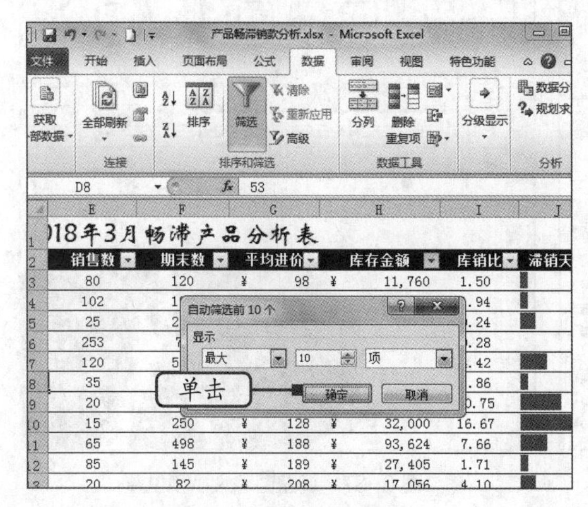

图6-32　确定筛选条件

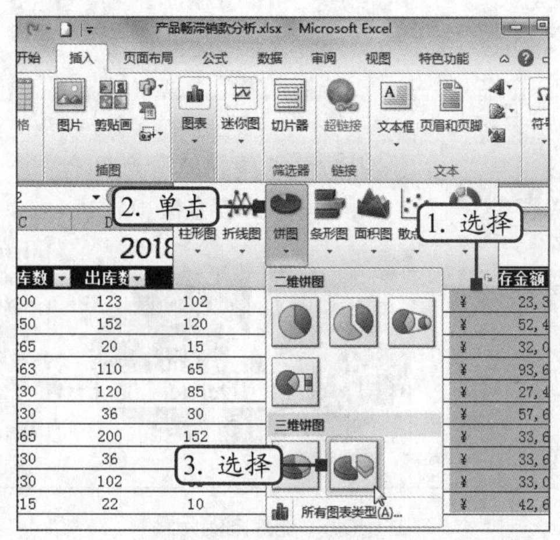

图6-33　选择图表类型

（5）将插入一个饼图，保持图表的选择状态，单击“图表工具 布局”选项卡“标签”组中的“数据标签”按钮，在打开的下拉列表中选择“其他数据标签选项”选项，如图6-34所示。

（6）打开“设置数据标签格式”对话框，单击“标签选项”选项卡，在右侧的“标签包括”栏中单击选中“类别名称”和“百分比”复选框，在“标签位置”栏中单击选中“最佳匹配”单选项，然后单击“关闭”按钮，如图6-35所示。

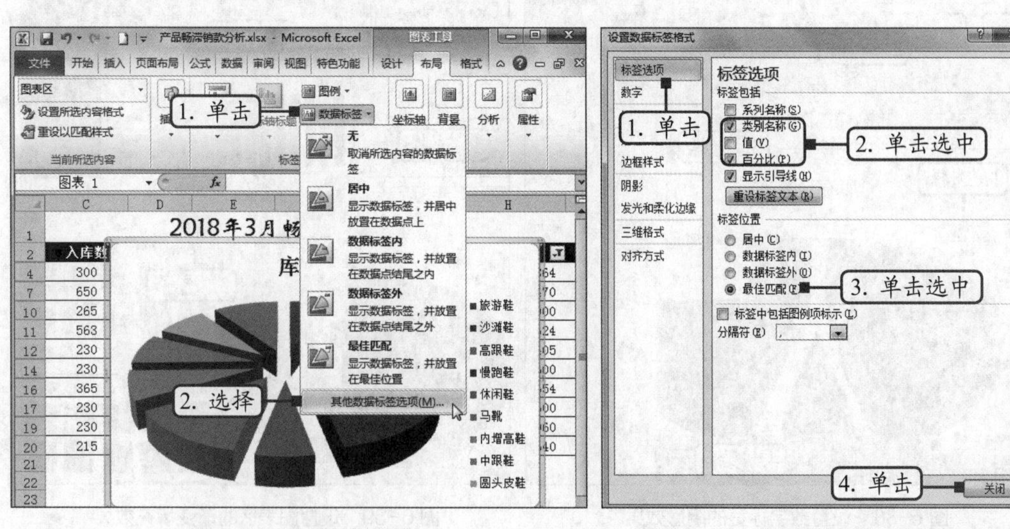

图6-34　设置数据标签　　图6-35　设置标签包括内容和位置

（7）此时，图表中将显示添加的标签信息。选择图表中的图例元素，然后按“Delete”键删除，如图6-36所示。

（8）在“图表工具 格式”选项卡的“大小”组中，将图表的高度和宽度分别设置为“9.67厘米”和“18.68厘米”，然后拖动图表，使其左上角与工作表中的C22单元格对齐，最终效果如图6-37所示。

图 6-36　删除图例元素

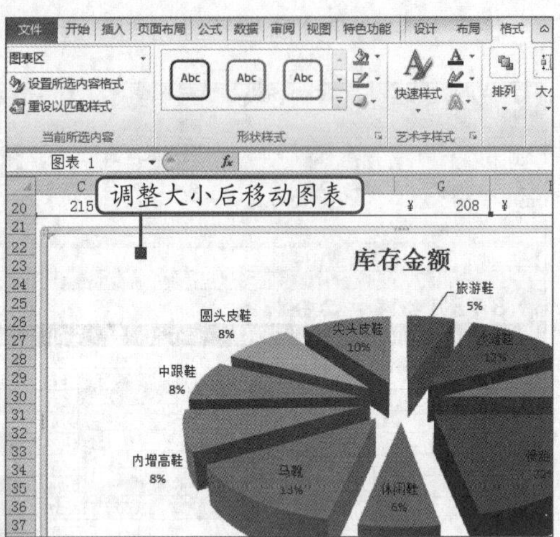

图 6-37　调整图表大小和位置

（9）选择“系列‘库存金额’数据标签”图表元素，然后单击“图表工具 格式”选项卡“艺术字样式”组中的“文字效果”按钮，在打开的下拉列表中选择“阴影”选项，再在打开的子列表中选择“透视”栏中的“左上对角透视”选项，如图6-38所示。

（10）选择图表区，在“图表工具 格式”选项卡的“形状样式”组中单击“形状填充”按钮，在打开的下拉列表中选择“渐变”选项，再在打开的子列表中选择“浅色变体”栏中的“从右上角”选项，如图6-39所示。

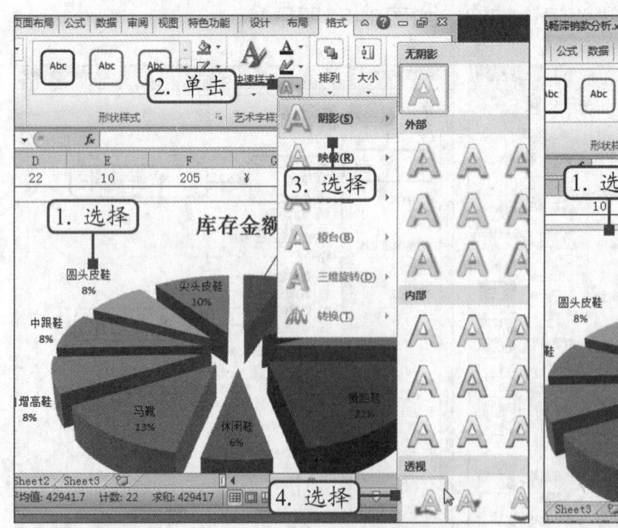

图 6-38　设置数字标签的阴影效果

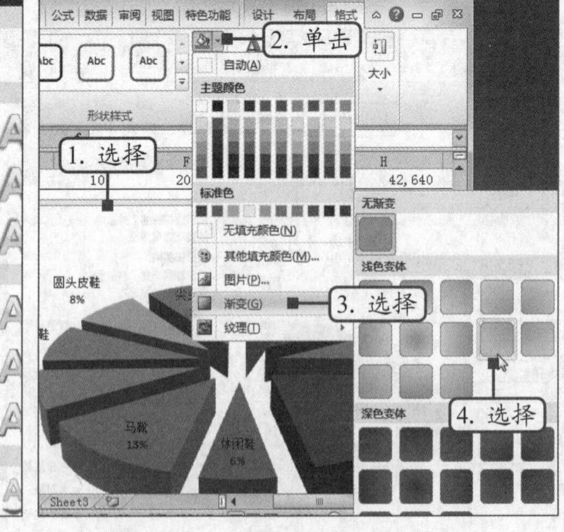

图 6-39　设置图表区的渐变填充效果

（11）返回Excel工作界面，数据标签元素和图表区将自动应用设置好的样式，最终效果如图6-40所示（效果参见：效果文件\第6章\产品畅滞销款分析.xlsx）。通过该饼图可以判断出：所售产品中慢跑鞋的库存金额最大，其次是马靴和沙滩鞋。

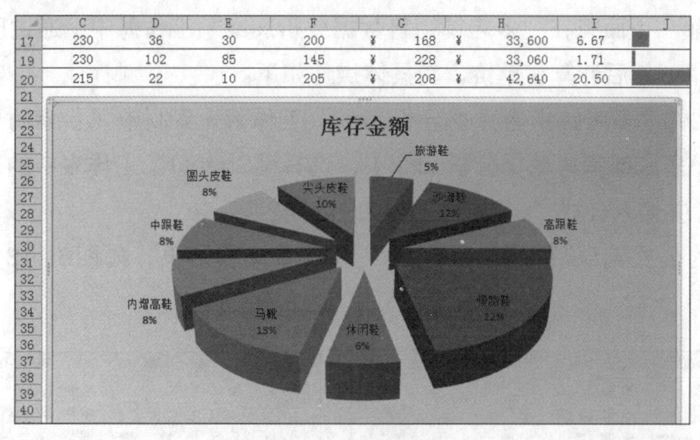

图 6-40　最终效果

6.3　多店铺销售数据分析

通过对多店铺之间的销售情况进行对比分析，能够有效地提升总仓的物流管理能力，并且可评估和提升各店销售水平和解决库存的能力。图6-41所示为多店铺在一个月内销售数据分析的最终效果。通过该表可以清晰地对比出各店铺的销售高峰期，如店铺A在第一周的销量最好，而店铺B则在第三周的销量最好，同时还可以将团体销售额和正常销售额的数据信息创建成柱形图，直观了解团体销售额与正常销售额各自所占的比重。

8月份销售数据统计表

店铺名称	周期	访客人数	成交数	成交率	销售数量	连带率	客单价	团体销售额	团体占比	正常销售额
店铺A	第一周	20	15	75.0%	30	2	100.00	2000	40.0%	3000
	第二周	30	10	33.3%	10	1	100.00	1000	50.0%	1000
	第三周	10	2	20.0%	4	2	125.00	0	0.0%	500
	第四周	40	5	12.5%	12	2.4	125.00	5000	76.9%	1500
店铺B	第一周	15	10	66.7%	15	1.5	266.67	2000	33.3%	4000
	第二周	30	5	16.7%	5	1	200.00	1500	60.0%	1000
	第三周	65	35	53.8%	45	1.285714	217.78	0	0.0%	9800
	第四周	25	12	48.0%	20	1.666667	340.00	3500	34.0%	6800
店铺C	第一周	23	15	65.2%	20	1.333333	540.00	2000	15.6%	10800

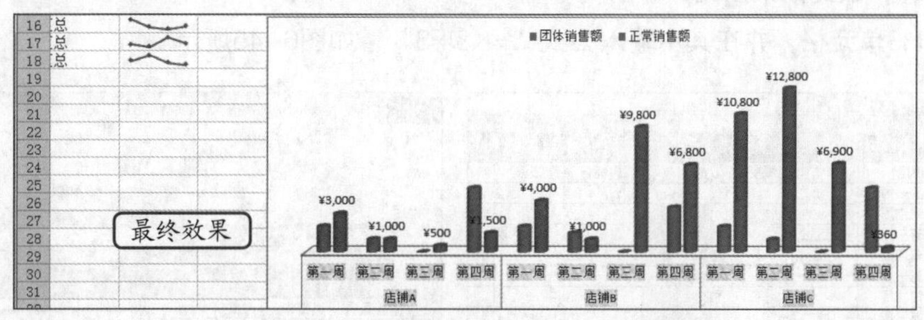

图 6-41　多店铺销售数据分析的最终效果

下面首先使用公式计算各店铺8月份的成交率和客单价，然后利用迷你图来分析各店铺的销量情况，最后通过柱形图来分析团体销售额和正常销售额各自所占的比重。

6.3.1　计算各店铺的成交率和客单价

店铺提升销售业绩的两大关键因素是成交数和客单价。每天的成交笔数乘以平均客单价就是当天的销售额。下面将在“多店铺销售数据分析.xlsx”工作簿中，通过已知的成交数来计算店铺的成交率，然后计算客单价，其具体操作如下。

微课：计算各店铺的成交率和客单价

（1）打开素材文件“多店铺销售数据分析.xlsx”工作簿（素材参见：素材文件\第6章\多店铺销售数据分析.xlsx），选择“Sheet1”工作表中的E3单元格，并输入公式“=D3/C3”，如图6-42所示。

（2）确认输入的公式无误后，按“Enter”键查看计算结果，如图6-43所示。

图6-42　输入公式

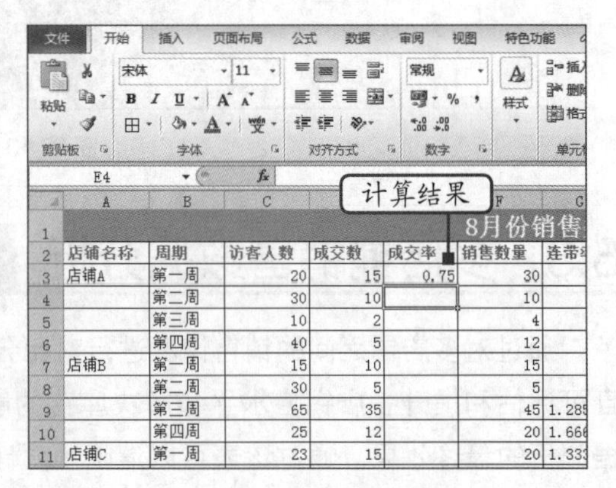

图6-43　查看计算结果

提示

默认情况下，单元格将显示公式的计算结果，若要查看工作表中包含的公式，可以在单元格中显示公式而不显示计算结果。其方法为：打开包含公式的工作表后，单击“公式”选项卡“公式审核”组中的“显示公式”按钮，此时，单元格将自动加宽，并在其中显示应用的公式而不是计算结果。

（3）重新选择E3单元格，拖动其右下角的填充柄至E14单元格后释放鼠标，进行公式的复制操作，最终效果如图6-44所示。

（4）选择H3单元格，并在其中输入公式“=K3/F3”，如图6-45所示。

图6-44　复制公式

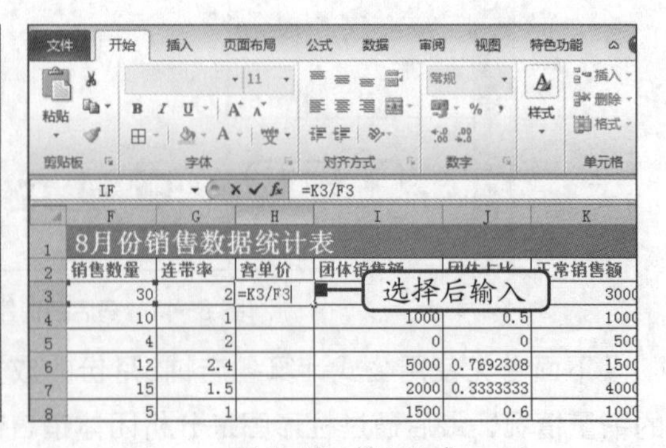

图6-45　输入公式

（5）确认输入的公式无误后，按“Enter”键查看计算结果，如图6-46所示。

（6）重新选择H3单元格，拖动其右下角的填充柄至H14单元格后释放鼠标，进行公式的复制操作，最终效果如图6-47所示。

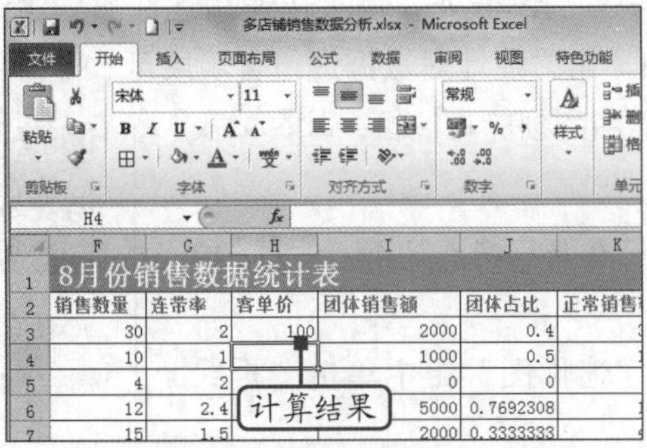

图 6-46 查看计算结果

图 6-47 复制公式

（7）保持H3:H14单元格区域的选择状态，在“开始”选项卡“数字”组的“数字格式”下拉列表中选择“数字”选项，如图6-48所示。

（8）选择E3:E14单元格区域，在按住“Ctrl”键的同时加选J3:J14单元格区域，然后单击“开始”选项卡“数字”组中的“展开”按钮，如图6-49所示。

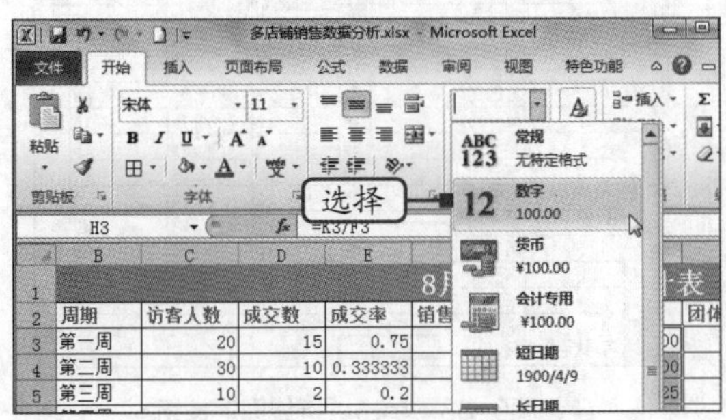

图 6-48 设置单元格的数字格式

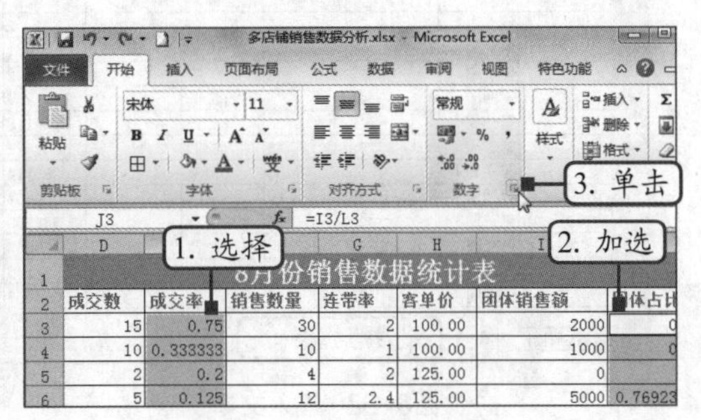

图 6-49 单击“展开”按钮

（9）打开“设置单元格格式”对话框，在“数字”选项卡的“分类”列表框中选择“百分比”选项，并在右侧的“小数位数”数值框中输入“1”，最后单击“确定”按钮，如图6-50所示。

（10）此时，所选单元格区域中的数字格式将显示为百分比样式，如图6-51所示。

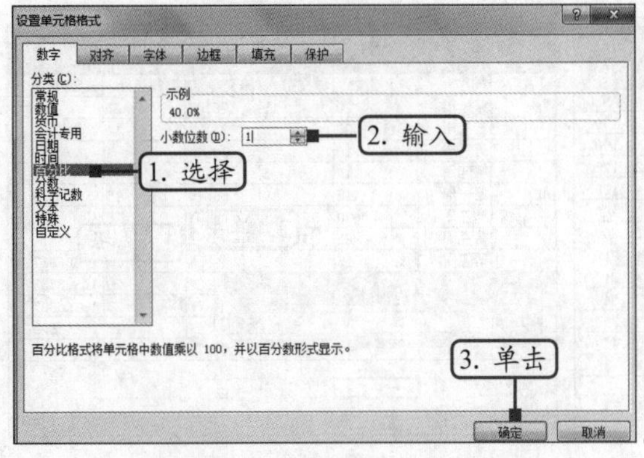

图 6-50 设置数字格式

图 6-51 应用百分比样式后的效果

6.3.2 使用迷你图显示各店铺的销量

利用Excel进行数据分析时，除了使用最常见的图表外，还可以使用迷你图。迷你图是Excel单元格中的一种微型图表，通过它可以非常方便地对数据进行直观展示。下面将在“多店铺销售数据分析.xlsx”工作簿中进行迷你图的创建与编辑，其具体操作如下。

微课：使用迷你图显示各店铺的销量

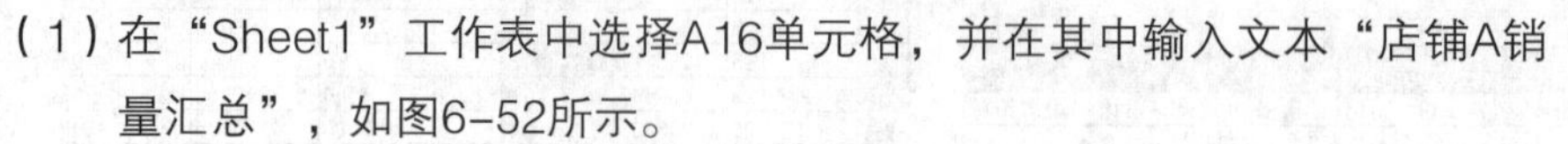

（1）在“Sheet1”工作表中选择A16单元格，并在其中输入文本“店铺A销量汇总”，如图6-52所示。

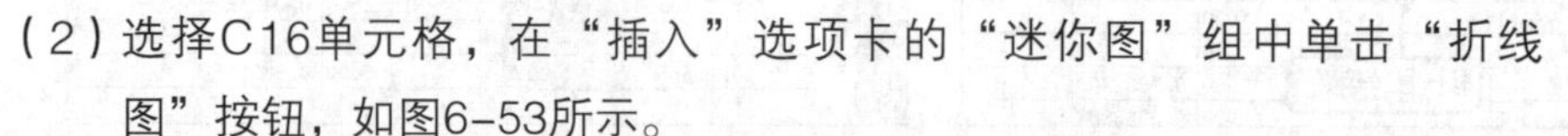

（2）选择C16单元格，在“插入”选项卡的“迷你图”组中单击“折线图”按钮，如图6-53所示。

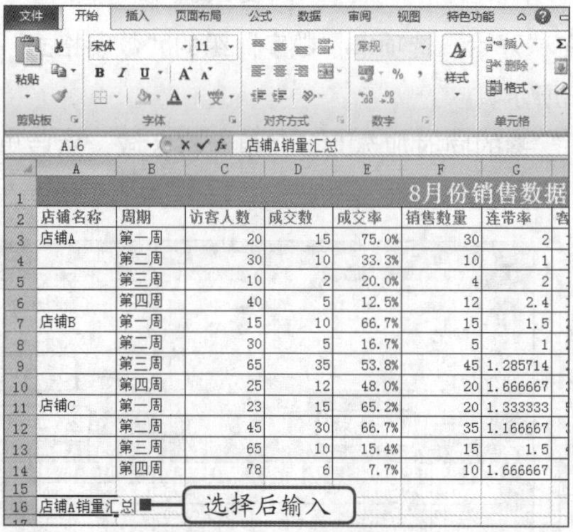

图6-52 输入文本

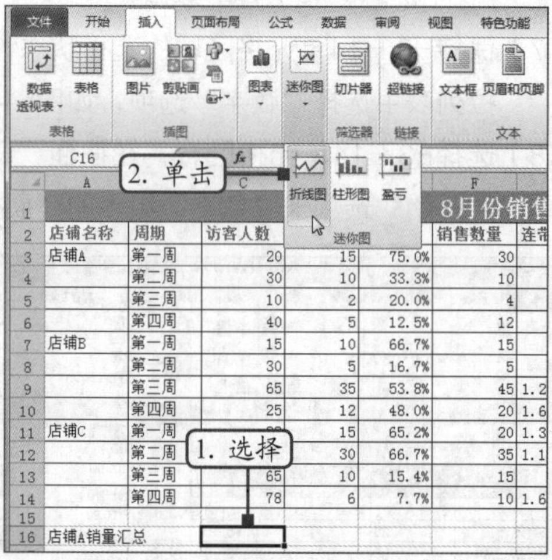

图6-53 单击“折线图”按钮

（3）打开“创建迷你图”对话框，在“选择所需的数据”栏中单击“数据范围”文本框右侧的“收缩”按钮，如图6-54所示。

（4）此时，“创建迷你图”对话框呈收缩状态。在“Sheet1”工作表中拖动鼠标选择需要显示的数据区域，这里选择F3:F6单元格区域，然后单击对话框中的“展开”按钮，如图6-55所示。

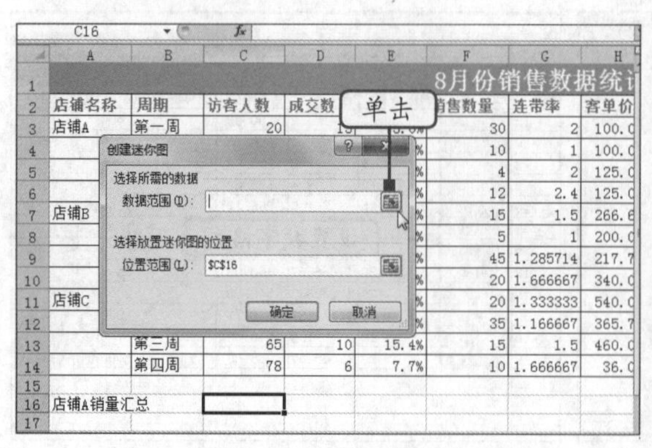

图 6-54 打开“创建迷你图”对话框

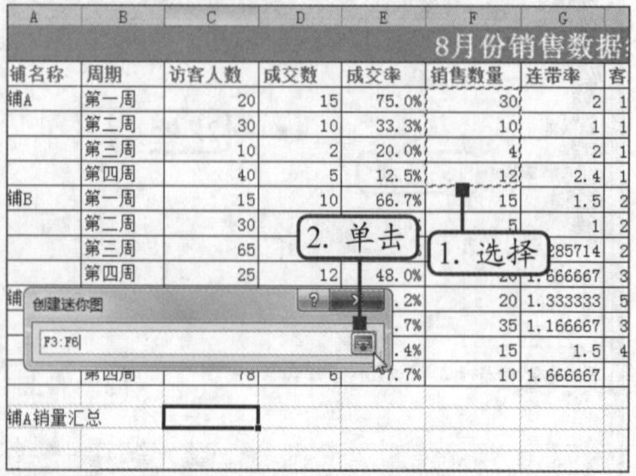

图 6-55 选择数据范围

(5) 展开“创建迷你图”对话框，保持迷你图的放置位置不变，单击“确定”按钮，如图6-56所示。

(6) 返回Excel工作界面，此时，C16单元格中将显示创建的迷你图，最终效果如图6-57所示。

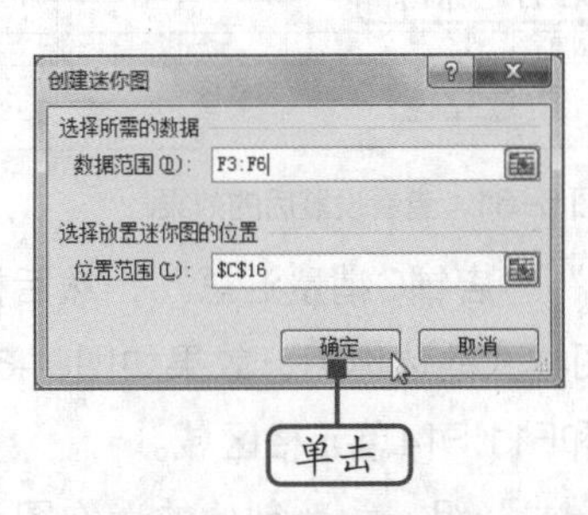

图 6-56 确认数据范围

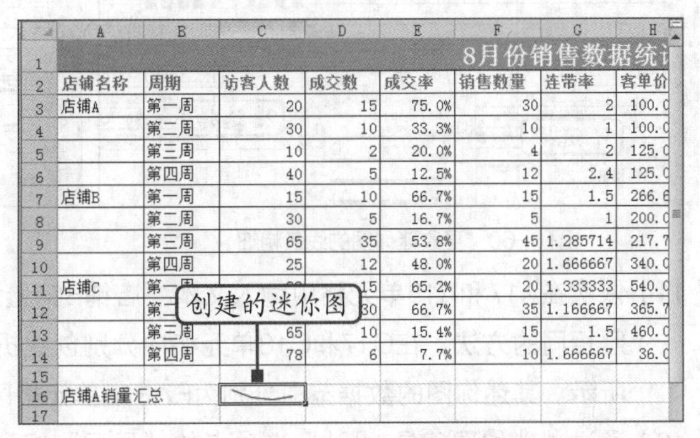

	A	B	C	D	E	F	G	H
1	8月份销售数据统计							
2	店铺名称	周期	访客人数	成交数	成交率	销售数量	连带率	客单价
3	店铺A	第一周	20	15	75.0%	30	2	100.0
4		第二周	30	10	33.3%	10	1	100.0
5		第三周	10	2	20.0%	4	2	125.0
6		第四周	40	5	12.5%	12	2.4	125.0
7	店铺B	第一周	15	10	66.7%	15	1.5	266.6
8		第二周	30	5	16.7%	5	1	200.0
9		第三周	65	35	53.8%	45	1.285714	217.7
10		第四周	25	12	48.0%	20	1.666667	340.0
11	店铺C	第一		15	65.2%	20	1.333333	540.0
12		第二		30	66.7%	35	1.166667	365.7
13		第三周	65	10	15.4%	15	1.5	460.0
14		第四周	78	6	7.7%	10	1.666667	36.0
15								
16	店铺A销量汇总							
17								

图 6-57 查看创建的迷你图

(7) 选择创建的迷你图，在“迷你图工具 设计”选项卡的“显示”组中单击选中“标记”复选框，如图6-58所示。

(8) 保持迷你图的选择状态，在“迷你图工具 设计”选项卡“样式”组的“样式”列表中选择“迷你图样式彩色#2”选项，如图6-59所示。

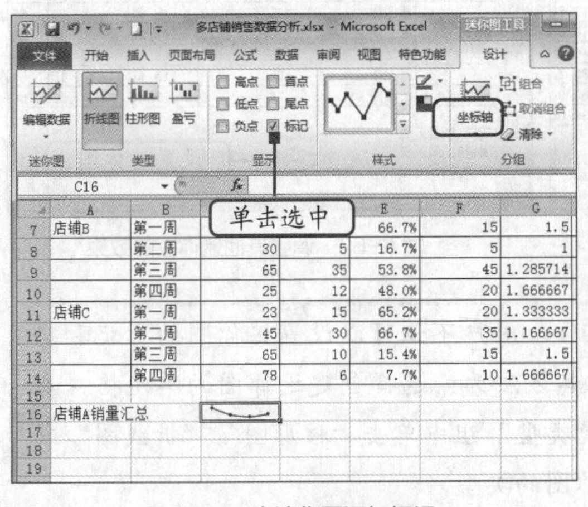

图 6-58 为迷你图添加标记

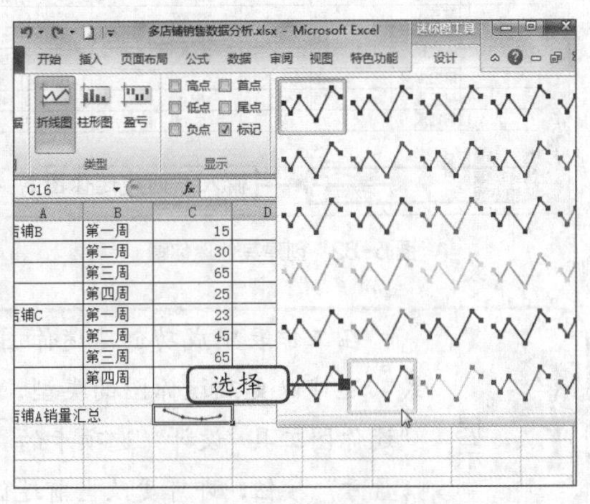

图 6-59 更改迷你图样式

(9) 在“迷你图工具 设计”选项卡的“样式”组中单击“迷你图颜色”下拉按钮，在打开的下拉列表中选择“粗细”选项，再在打开的子列表中选择“1.5磅”选项，如图6-60所示。

(10) 此时，在“Sheet1”工作表的C16单元格中将自动显示迷你图线条加粗的最终效果，如图6-61所示。

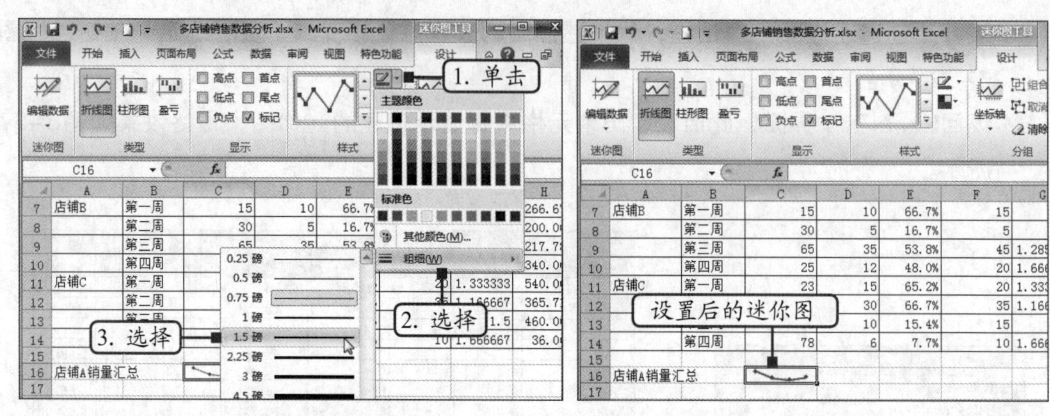

图 6-60　更改迷你图的线条粗细　　　　图 6-61　查看设置后的效果

（11）依次在A17和A18单元格中输入文本“店铺B销量汇总”“店铺C销量汇总”，然后按照相同的方法，在C17和C18单元格中分别创建折线图样式的迷你图，效果如图6-62所示。其迷你图的数据范围分别为F7:F10单元格区域和F11:F14单元格区域。

（12）通过“迷你图工具 设计”选项卡的“显示”组和“样式”组，为新创建的迷你图添加标记和应用样式，最终效果如图6-63所示。由3个迷你图可知，店铺A在第一周出现销售峰值，店铺B在第三周出现销售峰值，店铺C在第二周出现销售峰值。

	A	B	C	D	E	F	G	H
4		第二周	30	10	33.3%	10	1	100.0
5		第三周	10	2	20.0%	4	2	125.0
6		第四周	40	5	12.5%	12	2.4	125.0
7	店铺B	第一周	15	10	66.7%	15	1.5	266.6
8		第二周	30	5	16.7%	5	1	200.0
9		第三周	65	35	53.8%	45	1.285714	217.7
10		第四周	25	12	48.0%	20	1.666667	340.0
11	店铺C	第一周	23	15	65.2%	20	1.333333	540.0
12		第二周	45	30	66.7%	35	1.166667	365.7
13		第三周	65	10	15.4%	15	1.5	460.0
14		第四周	78	6	7.7%	10	1.666667	36.0
15								
16	店铺A销量汇总							
17	店铺B销量汇总							
18	店铺C销量汇总							

输入并创建迷你图

图 6-62　创建其他迷你图

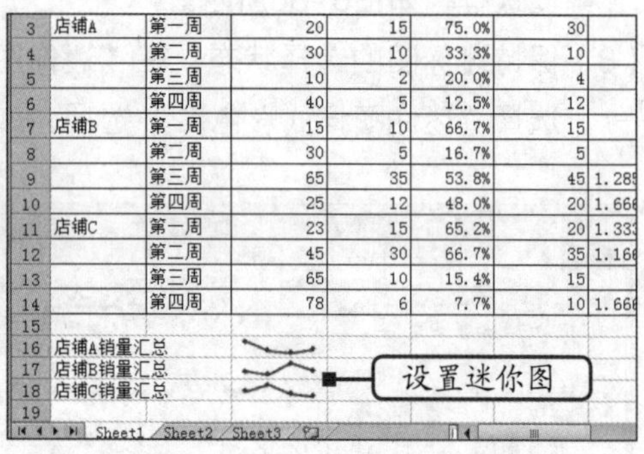

图 6-63　调整其他迷你图的效果

提示　在工作表中成功创建迷你图后，用户不仅可以设置迷你图的标记和样式，还可以更改迷你图的类型。其方法为：选择创建迷你图的单元格，在“迷你图工具 设计”选项卡的“类型”组中单击“柱形图”“折线图”或“盈亏”按钮，即可更改当前迷你图的类型。

6.3.3　创建圆柱图对比各店铺的销售额

圆柱图属于柱形图中的一种，主要侧重于对个体的描述，用于显示某一项目在某几个特定时间段内的差异。下面将通过圆柱图直观显示各店铺中正常销售额和团体销售额的对比情况，其具体操作如下。

（1）在“Sheet1”工作表中选择A2:B14单元格区域后，在按住“Ctrl”键的同时加选I2:I14单元格区域和K2:K14单元格区域，然后单击“插入”选项卡“图表”组中的“柱形图”按钮，在打开的下拉列表中选择“圆柱图”栏中的“簇状圆柱图”选项，如图6-64所示。

微课：创建圆柱图对比各店铺的销售额

（2）此时，工作表中将显示插入的簇状圆柱图，保持图表的选择状态，在“图表工具 设计”选项卡的“图表布局”组中单击“快速布局”按钮，在打开的下拉列表中选择“布局2”选项，如图6-65所示。

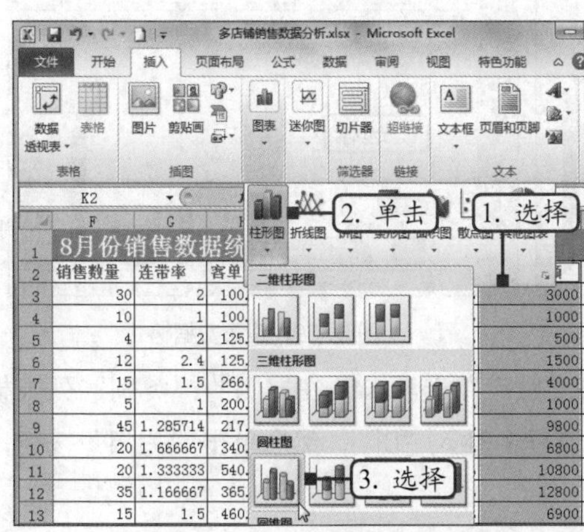

图6-64　选择图表类型

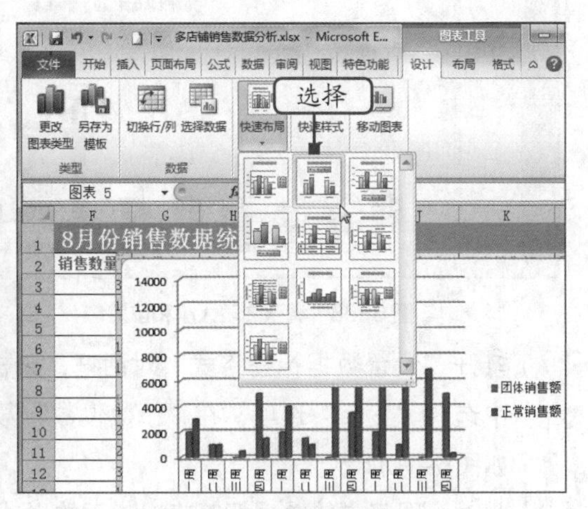

图6-65　更改图表布局

（3）选择图表标题，按“Delete”键将其删除，如图6-66所示。

（4）选择“系列‘团体销售额’数据标签”图表元素，按“Delete”键将其删除，如图6-67所示。

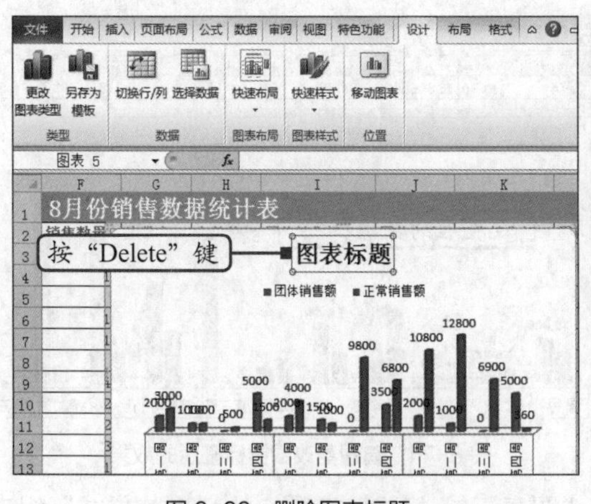

图6-66　删除图表标题

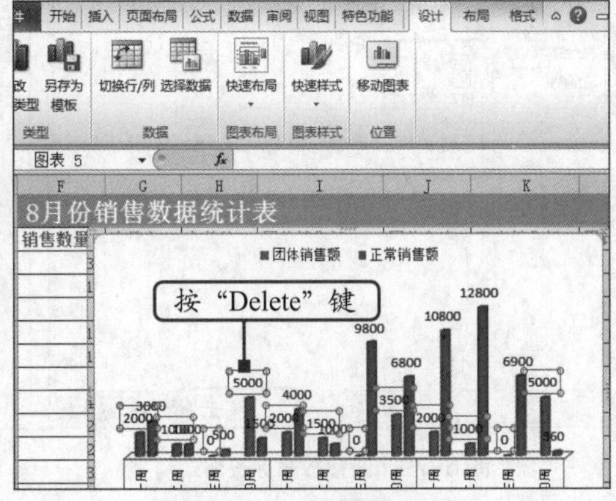

图6-67　删除数据标签

（5）在“图表工具 格式”选项卡的“大小”组中，将图表的宽度和高度分别设置为“18.69厘米”和“8.04厘米”，然后移动图表，使其左上角与E16单元格对齐，效果如图6-68所示。

（6）选择“系列‘正常销售额’数据标签”图表元素，在“图表工具 格式”选项卡的“当前所选内容”组中单击“设置所选内容格式”按钮，如图6-69所示。

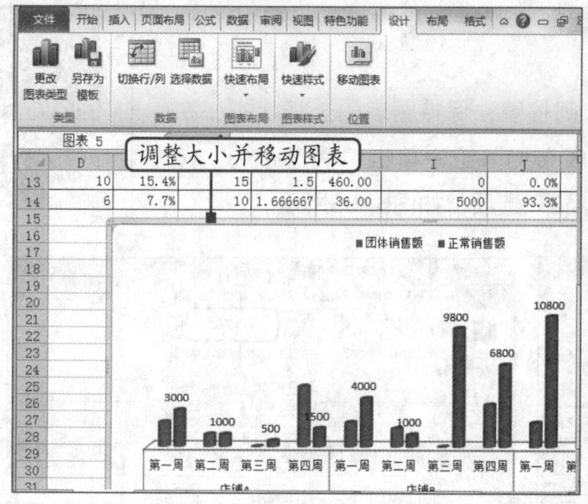

图 6-68　调整图表大小和位置

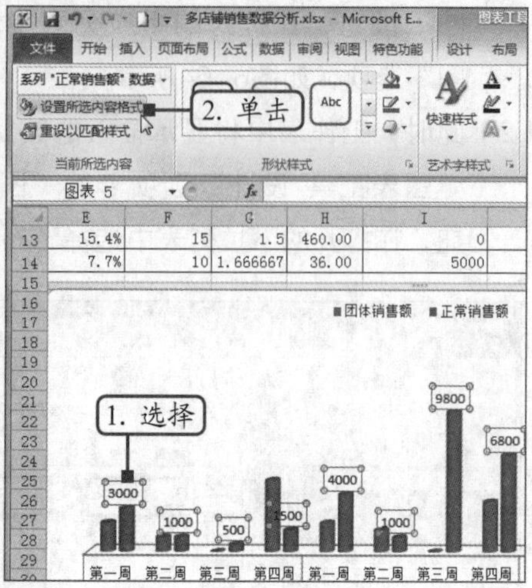

图 6-69　设置数据格式

（7）打开“设置数据标签格式”对话框，单击“数字”选项卡，在右侧的“类别”列表框中选择“货币”选项，在“小数位数”数值框中输入“0”，然后单击“关闭”按钮，如图6-70所示。

（8）此时，图表中的数据标签将以货币的形式进行显示，如图6-71所示。

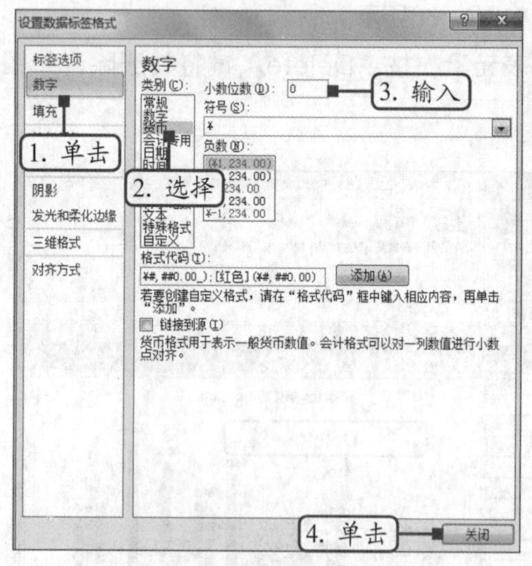

图 6-70　设置数据标签格式

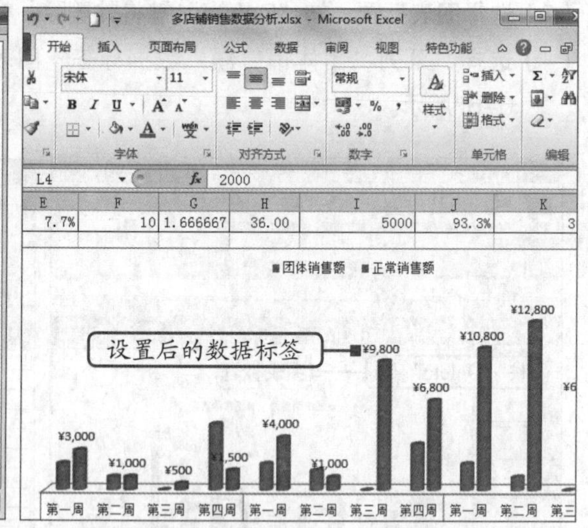

图 6-71　查看更改数据标签后的效果

（9）选择“水平（类别）轴”图表元素，在“图表工具 格式”选项卡的“形状样式”组中单击“形状填充”按钮，在打开的下拉列表中选择“纹理”选项，再在打开的子列表中选择“新闻纸”选项，如图6-72所示。

（10）此时，图表中的水平轴将应用新闻纸样式的填充效果，如图6-73所示（效果参见：效果文件\第6章\多店铺销售数据分析.xlsx）。通过该图表，用户可以清楚地看到各店铺不同时期的销量情况对比。

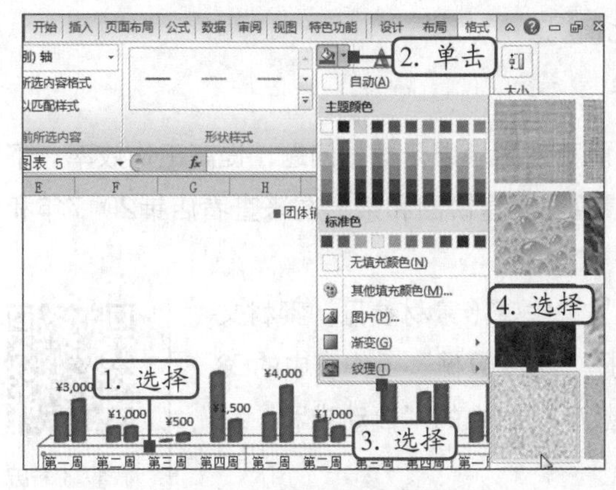

图 6-72　设置水平轴格式

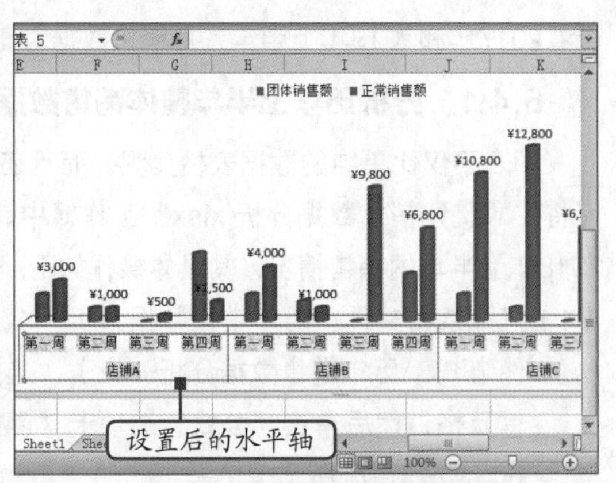

图 6-73　更改填充效果后的效果

6.4　历年销售数据分析

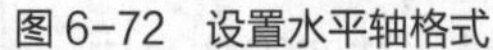

销售数据分析的重要性已无须多言，尤其在销售管理方面，只有通过对销售数据的准确分析，才能真正找到数据变动（上升或下滑）的根本原因，从而实现分析问题，解决问题的目的。图6-74所示为店铺在2017年和2018年两个年度上半年整体销售数据的分析效果。营销人员通过该表可以清晰地看出这两年上半年的总体销售情况，以及各月的市场数据分析情况。

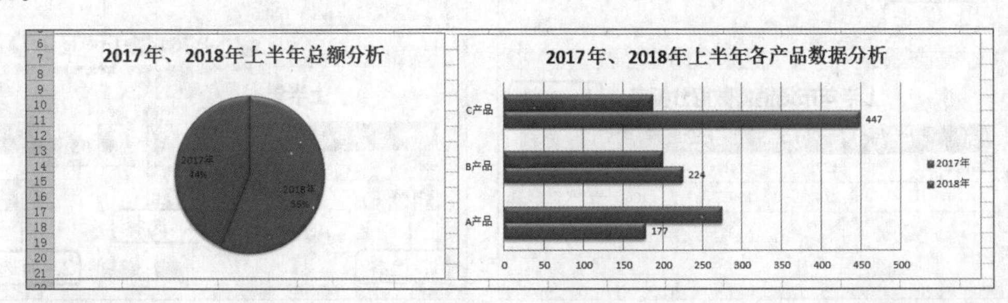

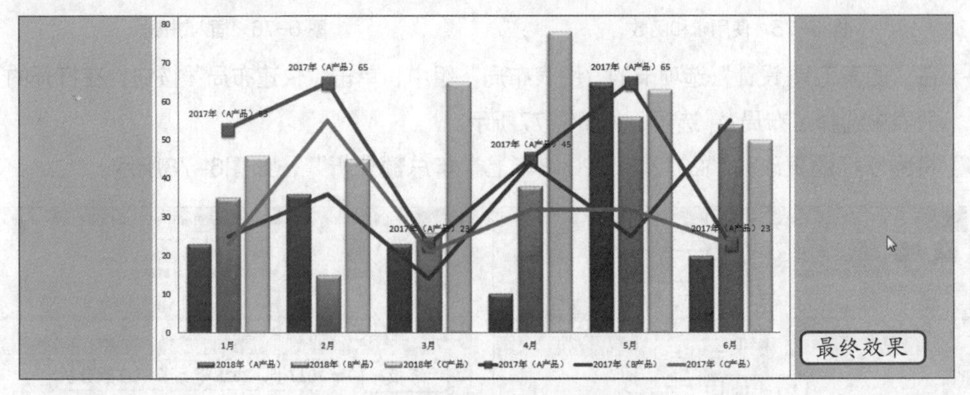

图 6-74　历年销售数据分析的最终效果

下面首先使用求和函数计算2017年和2018年上半年的销售数据合计值，然后创建条形图和饼图来查看这两年的整体销售数据和各月的市场销售数据，最后结合柱形图和折线图来查看2017年和2018年上半年各月销售数据对比情况。

6.4.1 分析历年上半年整体销售数据

图表不仅比单纯的数据表格美观，而且还能更清晰地展示数据问题，提高工作效率。下面将在“整体销售数据分析.xlsx”工作簿中，通过创建饼图和条形图来查看店铺2017年和2018年上半年的销售情况，其具体操作如下。

微课：分析历年上半年整体销售数据

（1）打开素材文件“历年销售数据分析.xlsx”工作簿（素材参见：素材文件\第6章\历年销售数据分析.xlsx），选择“年度数据”工作表中的E3单元格，然后单击“公式”选项卡“函数库”组中的“自动求和”按钮，如图6-75所示。

（2）此时，E3单元格中将自动显示参与求和的单元格区域，并在工作表中以不断闪烁的虚线框样式进行标识，确认引用的单元格区域无误后，按“Enter”键显示计算结果。按照相同的操作方法，计算2017年的合计数。

（3）选择A3:A4单元格区域，按住“Ctrl”键的同时加选E3:E4单元格区域，然后单击“插入”选项卡“图表”组中的“饼图”按钮，在打开的下拉列表中选择“二维饼图”栏中的“饼图”选项，如图6-76所示。

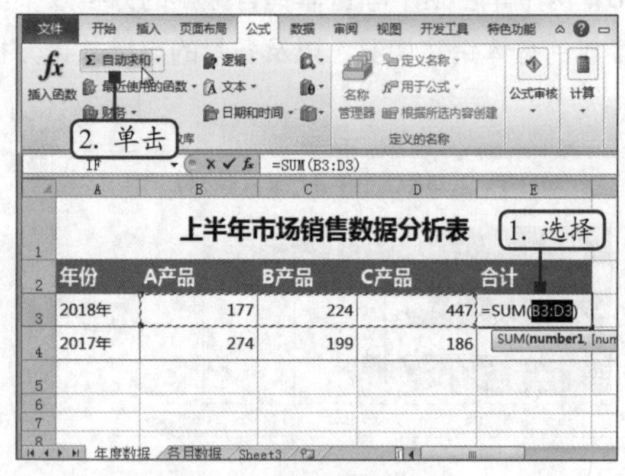

图6-75 使用求和函数

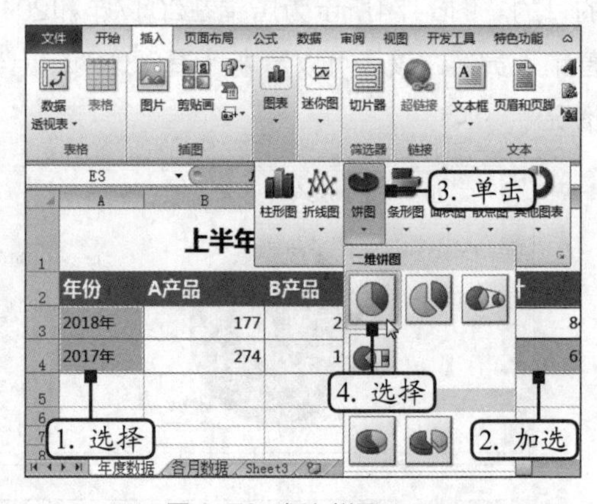

图6-76 插入饼图

（4）在“图表工具 设计”选项卡的“图表布局”组中，单击“快速布局”按钮，在打开的下拉列表中选择“布局1”选项，如图6-77所示。

（5）将图表标题更改为“2017年、2018年上半年总额分析”，如图6-78所示。

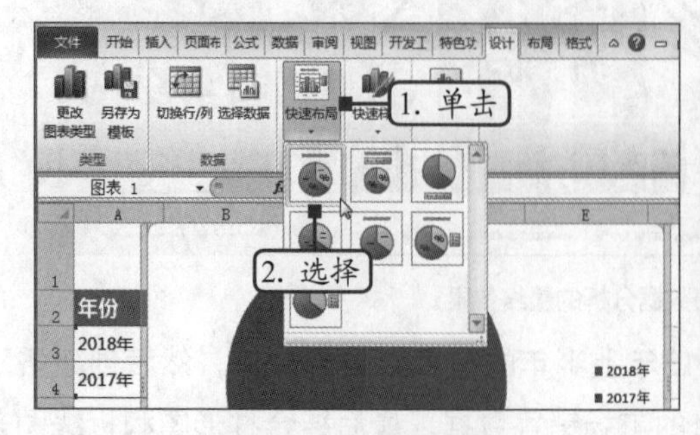

图6-77 更改图表布局

图6-78 修改图表标题

（6）在“图表工具 设计”选项卡的“图表样式”组中单击“快速样式”按钮，在打开的下拉列表中选择“样式26”选项，如图6-79所示。完成饼图的设置后，移动图表，使其左上角与A6单元格对齐。

（7）选择A2:D4单元格区域，在“插入”选项卡的“图表”组中单击“条形图”按钮，在打开的下拉列表中选择“二维条形图”栏中的“簇状条形图”选项，如图6-80所示。

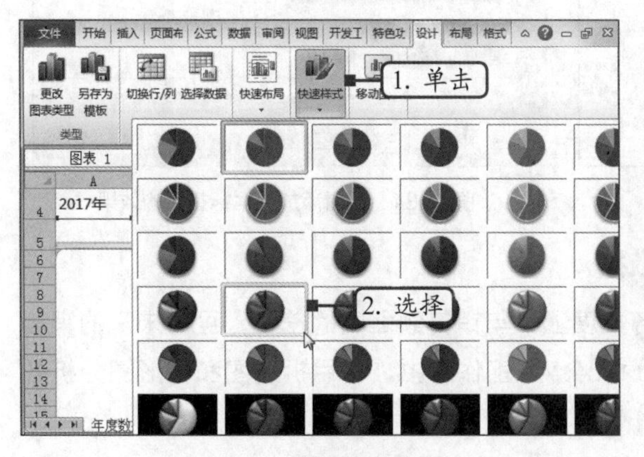

图 6-79 选择图表样式

图 6-80 插入条形图

（8）在“图表工具 设计”选项卡的“图表布局”组中单击“快速布局”按钮，在打开的下拉列表中选择“布局1”选项，如图6-81所示。

（9）将条形图的图表标题更新为“2017年、2018年上半年各产品数据分析”，然后在“图表样式”组的“快速样式”下拉列表中选择“样式26”选项，如图6-82所示。

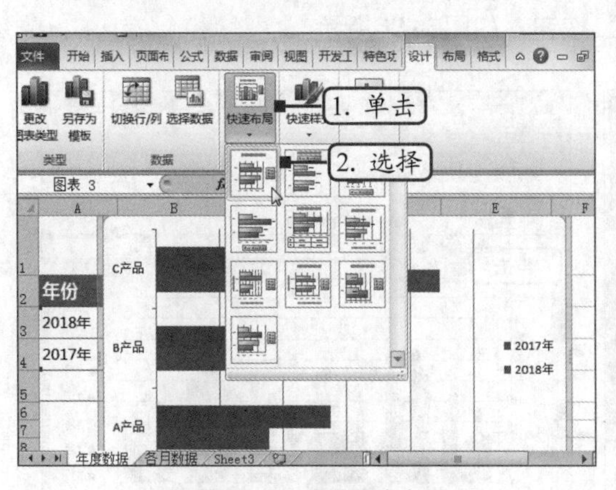

图 6-81 更改图表布局

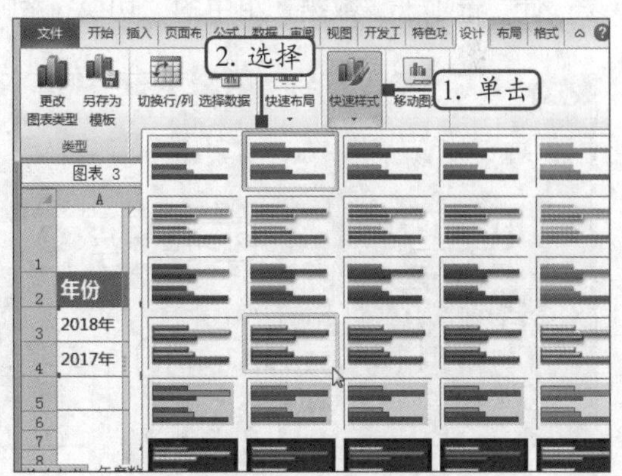

图 6-82 选择图表样式

（10）移动编辑后的条形图，使之与饼图保持在一条直线上，然后拖动条形图右侧中间的控制点，适当增加条形图的宽度。

（11）选择条形图中蓝色的数据条，然后在“图表工具 布局”选项卡的“标签”组中单击“数据标签”按钮，在打开的下拉列表中选择“数据标签外”选项，如图6-83所示。

（12）此时，图表中将显示添加数据标签的效果，如图6-84所示。

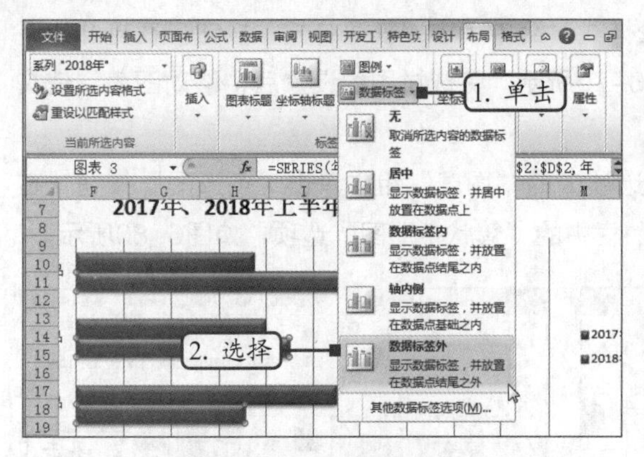

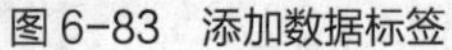

图6-83　添加数据标签

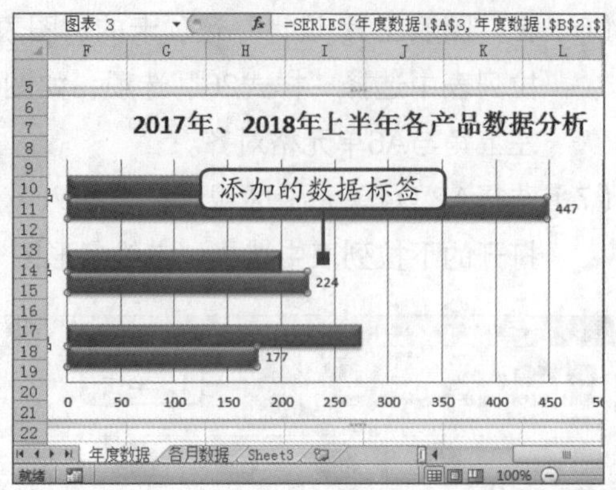

图6-84　查看添加数据标签后的效果

6.4.2　分析历年上半年各月销售数据

通过对销售数据的研究和分析，比较各年度上半年销售额之间的差距，可为未来的销售工作提供指导。下面将在“历年销售数据分析.xlsx”工作簿中，利用折线图和柱形图分析各年度上半年各月的销售情况，其具体操作如下。

微课：分析历年上半年各月销售数据

（1）在“各月数据”工作表中选择A2:G8单元格区域，然后在“插入”选项卡的“图表”组中单击“柱形图”按钮，在打开的下拉列表中选择“二维柱形图”栏中的“簇状柱形图”选项，如图6-85所示。

（2）此时，工作表中将显示创建的柱形图，由该图表可形象地观察各产品不同月度的销售情况。保持插入图表的选择状态，单击“图表工具 设计”选项卡“数据”组中的“切换行/列”按钮，如图6-86所示。

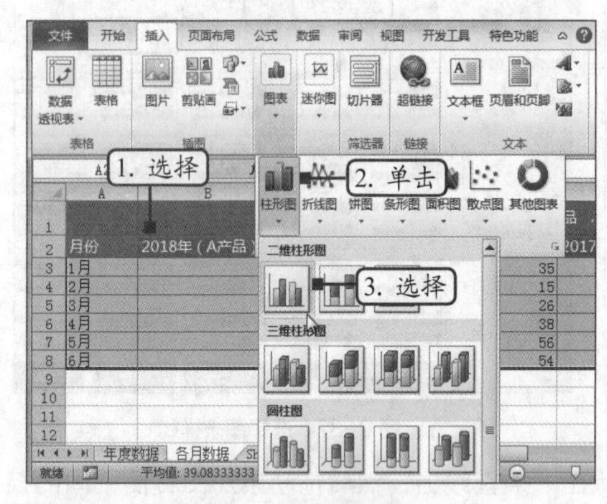

图6-85　创建图表

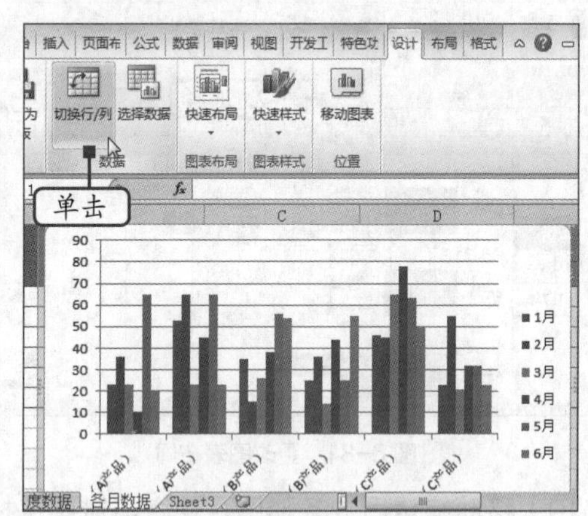

图6-86　调整行列数据

（3）选择图表中“2017年A产品”对应的数据条，然后在“图表工具 设计”选项卡的“类型”组中单击“更改图表类型”按钮，如图6-87所示。

（4）打开“更改图表类型”对话框，在左侧列表中单击“折线图”选项卡，在右侧的“折线图”栏中选择“折线图”选项，然后单击“确定”按钮，如图6-88所示。

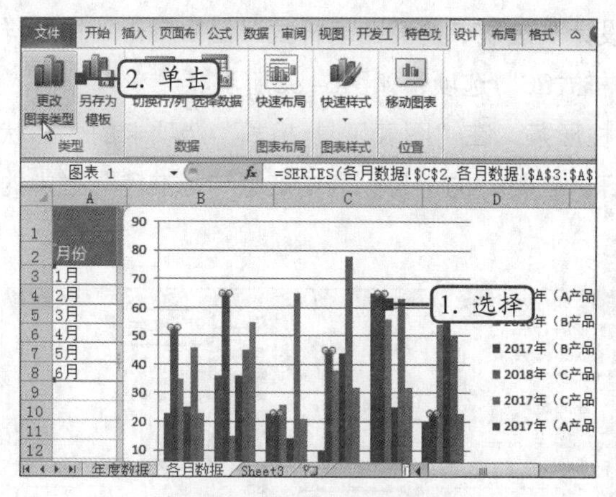

图6-87　更改图表类型

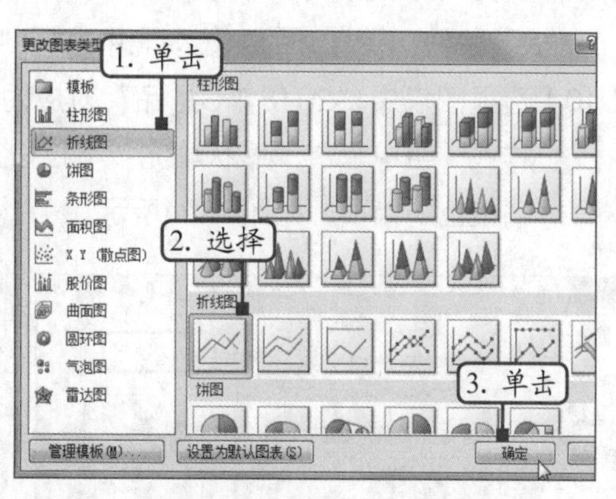

图6-88　重新选择所需图表

（5）此时，图表中所选的柱形图更改为折线图。按照相同的操作方法，将2017年C产品和B产品的柱形图更改为折线图，效果如图6-89所示。

（6）选择图表，在“图表工具 设计”选项卡的“图表布局”组中单击“快速布局”按钮，在打开的下列列表中选择“布局3”选项，如图6-90所示。

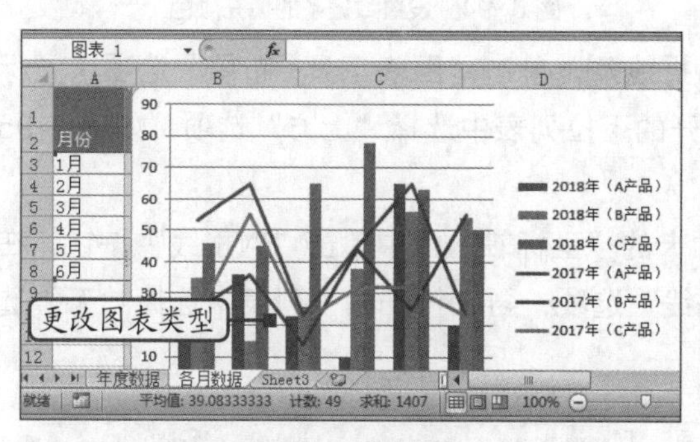

图6-89　更改图表类型

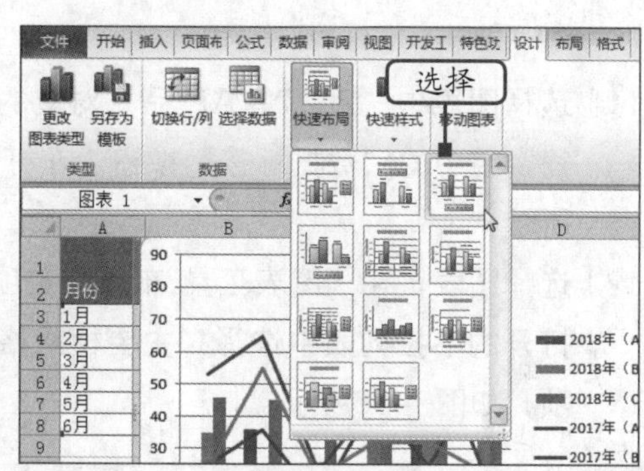

图6-90　更改图表布局

（7）将图表标题更改为“A、B、C产品2017年、2018年上半年各月销售数据分析”，如图6-91所示。

（8）移动图表，使其左上角与A10单元格对齐，并将图表宽度调整为“31.66厘米”，效果如图6-92所示。

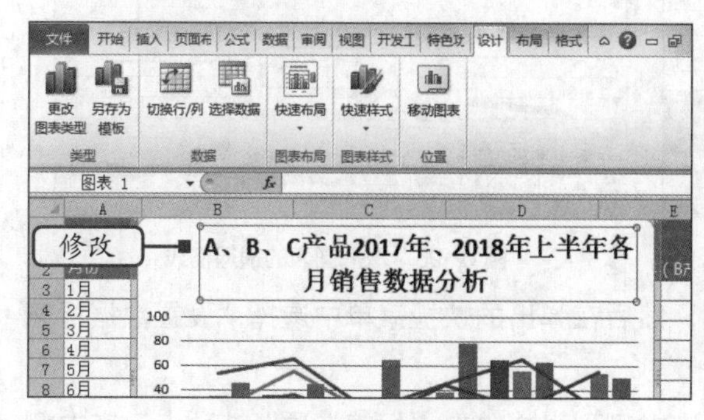

图6-91　更改图表标题

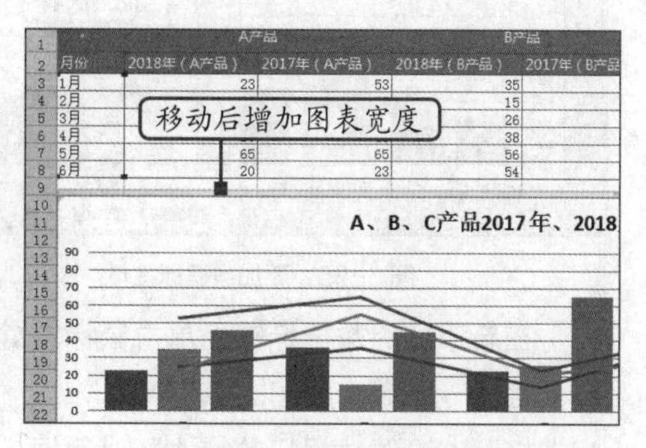

图6-92　移动并调整图表宽度

（9）保持图表的选择状态，在“图表工具 设计”选项卡的“图表样式”组中单击“快速样式”按钮，在打开的下拉列表中选择“样式26”选项，如图6-93所示。

（10）选择图表中“2018年C产品”对应的柱形条，在“图表工具 格式”选项卡的“形状样式”组中单击“形状填充”下拉按钮，在打开的下拉列表中选择“标准色”栏中的“橙色”选项，如图6-94所示。

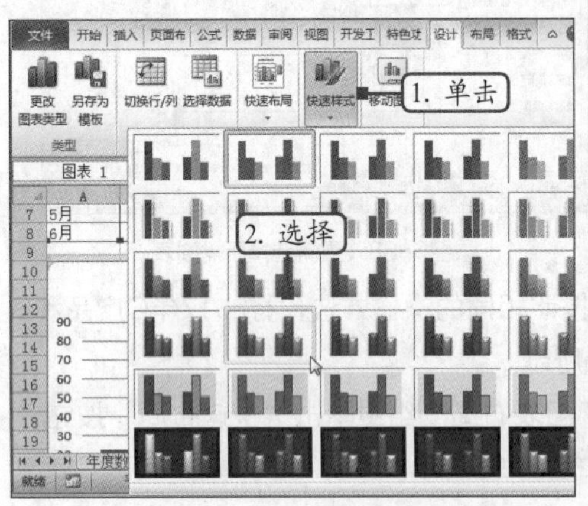

图6-93 更改图表样式

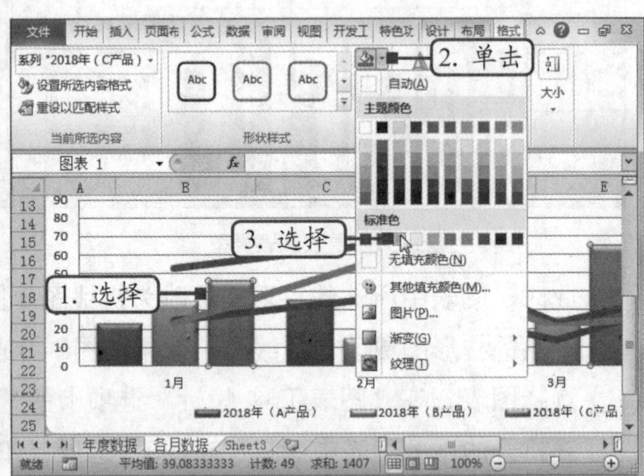

图6-94 设置数据条的填充颜色

（11）选择图表中“2017年A产品”对应的折线条，单击“图表工具 布局”选项卡“标签”组中的“数据标签”按钮，在打开的下拉列表中选择“上方”选项，如图6-95所示。

（12）选择图表，在“图表工具 布局”选项卡的“坐标轴”组中单击“网格线”按钮，在打开的下拉列表中选择“主要横网格线”选项，再在打开的子列表中选择“无”选项，如图6-96所示。

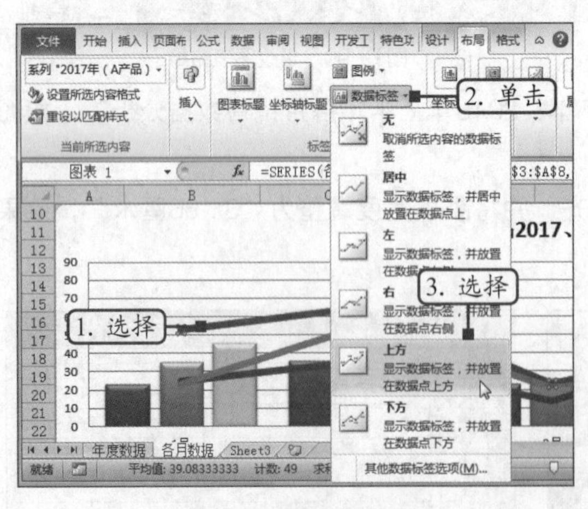

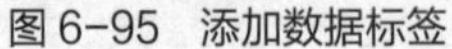

图6-95 添加数据标签

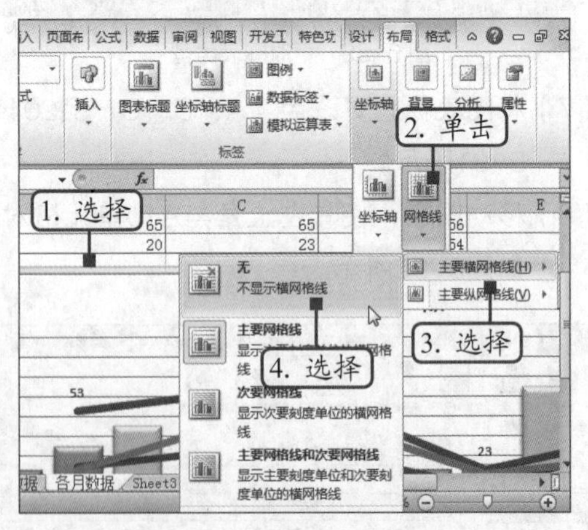

图6-96 取消图表的横网格线

（13）在新添加的数据标签上单击鼠标右键，然后在弹出的快捷菜单中选择“设置数据标签格式”命令，如图6-97所示。

（14）打开“设置数据标签格式”对话框，在左侧列表中单击“标签选项”选项卡，在右侧的“标签包括”栏中单击选中“系列名称”复选框，然后在“分隔符”下拉列表中选择“空格”选项，最后单击“关闭”按钮，如图6-98所示。

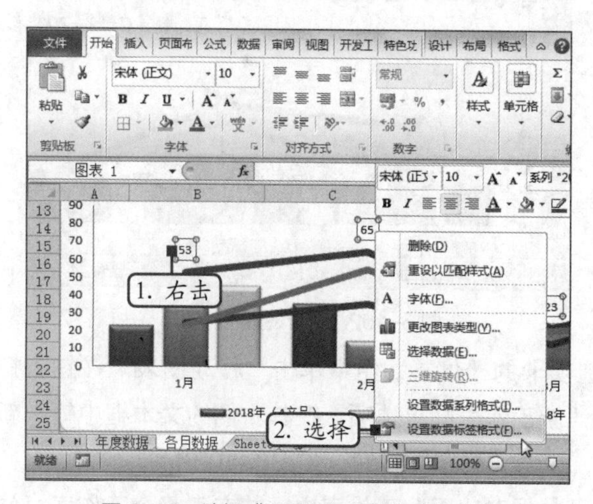

图 6-97　选择“设置数据标签格式”命令

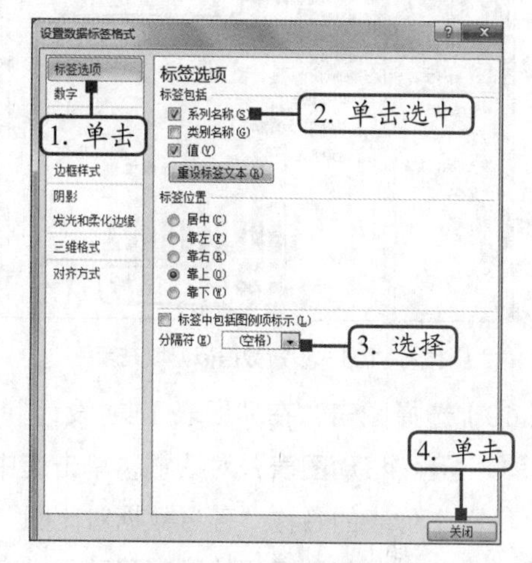

图 6-98　设置标签选项

（15）在红色折线图上单击鼠标右键，然后在弹出的快捷菜单中选择“设置数据系列格式”命令，如图6-99所示。

（16）打开“设置数据系列格式”对话框，在左侧列表中单击“数据标记选项”选项卡，在右侧的“数据标记类型”栏中单击选中“内置”单选项，然后将数据标记的类型设置为“实心正方形”，大小设置为“13”，如图6-100所示。

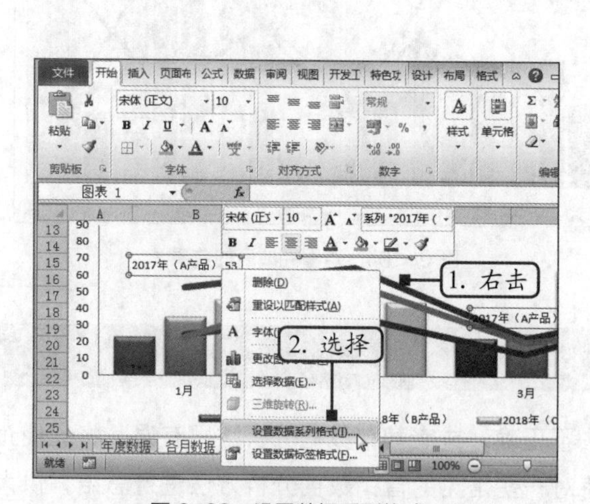

图 6-99　设置数据系列格式

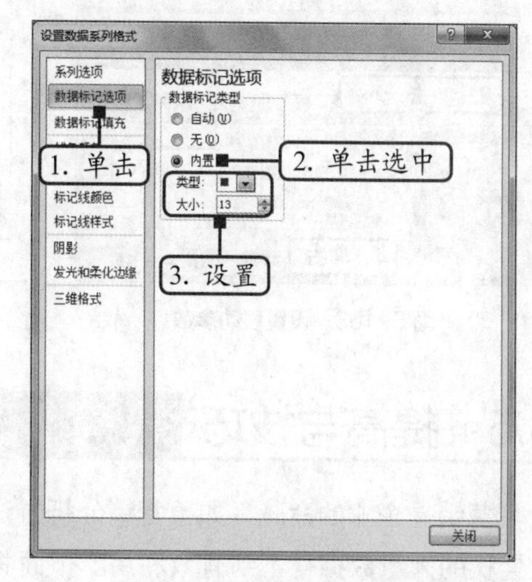

图 6-100　设置数据标记选项

（17）单击“设置数据系列格式”对话框中的“数据标记填充”选项卡，在对话框右侧单击选中“纯色填充”单选项，然后在“填充颜色”栏的“颜色”下拉列表中选择“红色”选项，最后单击“关闭”按钮，如图6-101所示。

（18）此时，图表中“2017年A产品”的数据系列将显示设置后的标记效果，如图6-102所示。

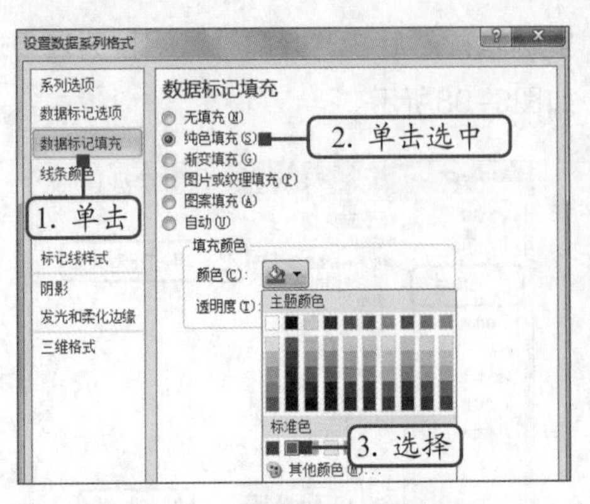

图 6-101　设置数据标记填充颜色

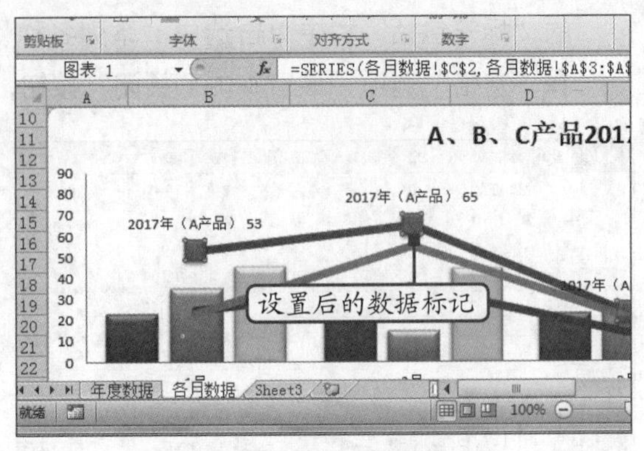

图 6-102　查看设置后的效果

（19）选择图表，在“图表工具 设计”选项卡的“位置”组中单击“移动图表”按钮，打开“移动图表”对话框，单击选中“新工作表”单选项，在其右侧的文本框中输入新工作表的名称“各月数据对比图”，单击“确定”按钮，如图6-103所示。

（20）此时，将创建好的图表移动至“各月数据对比图”工作表中，并充满整个工作表，效果如图6-104所示（效果参见：效果文件\第6章\历年销售数据分析.xlsx）。

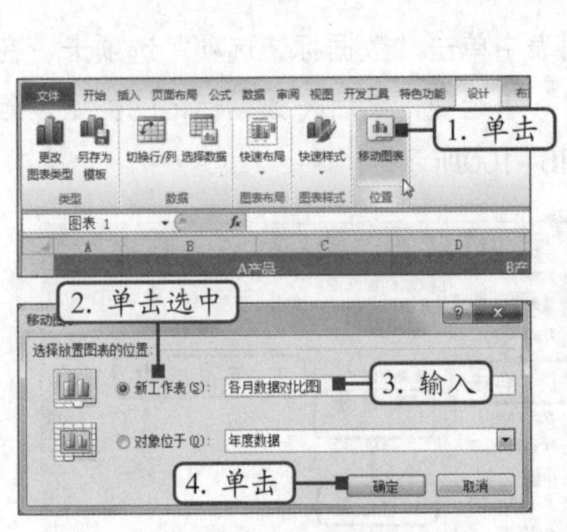

图 6-103　设置移动参数

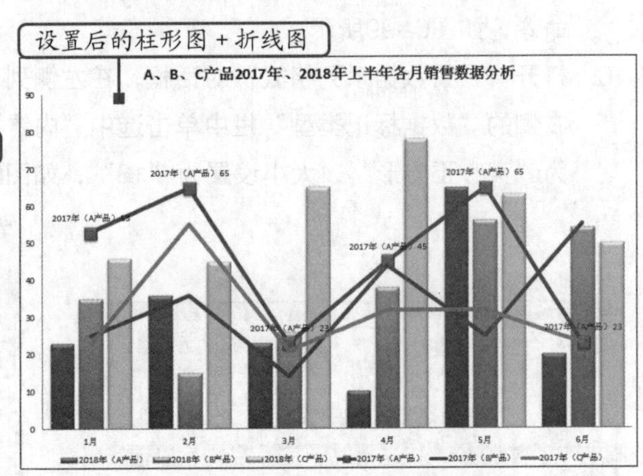

图 6-104　查看完成后的效果

6.5　提高与技巧

营销是企业的命脉，如果营销分析方法不正确，或者营销数据分析结果有误，将会使企业累积的大量数据得不到有效利用。下面将对一些常见的营销数据分析方法进行总结，供大家参考。

6.5.1　销售额/销售量分析

通过对销售额和销售量的分析，可以快速找出客户增长或下滑的原因。如果销售额增长大于销售量增长，说明增长主要来源于产品平均价格的提高，反映了市场平均价格的提高或产品结构升级，属于结构性增长；反之，则为容量性增长。图6-105所示为某一店铺在2017

年和2018年的销售额和销售量的增长情况，从该图表便可以看出店铺在这两个年度内属于结构性增长。

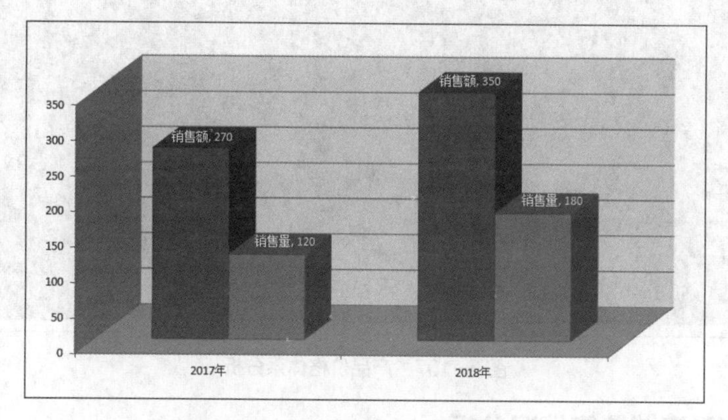

图 6-105　整体销售额 / 销售量分析

6.5.2　季节性产品销量分析

很多消费品行业存在明显的季节性趋势，最明显的就是服装。这些季节性产品的竞争十分激烈，此时，商家就应根据行业规律为店铺的供货渠道和促销方式进行合理规划。在进行规划之前，对这些季节性产品的销量进行分析是非常重要的。图6-106所示为某店铺的服装在近两年内的销售情况，从该图表可以看出6—9月是明显的销售淡季，应在这一时段加大产品的促销力度。

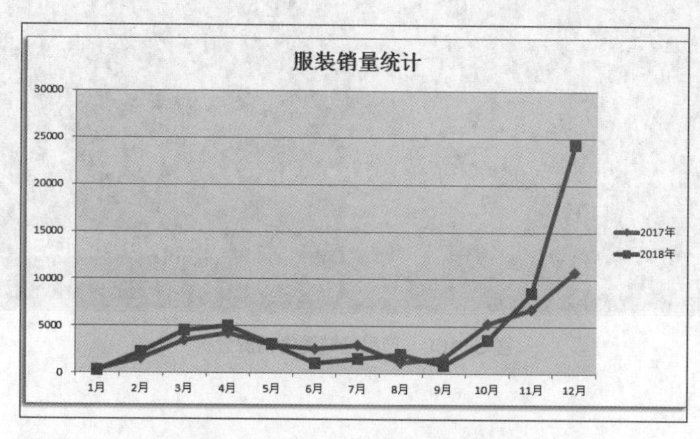

图 6-106　季节性产品销量分析

6.5.3　产品价格体系分析

要想做好销售，除了需要产品本身的质量过硬外，产品的价格也很重要。有些产品虽然质量很好，但因为定价过高，最终导致产品销售不佳。因此，从价格结构就可以看出产品分布的合理性。图6-107所示为某店铺近两年所售的不同价位的产品销售量汇总，从该图表中可以看出：售价50～200元的产品销量是最好的，尤其是100～200元的产品深受广大用户的喜欢，而低于50元的产品几乎无人问津。针对这一现象，店铺管理人员应及时调整产品的价格体系，以适应市场需求。

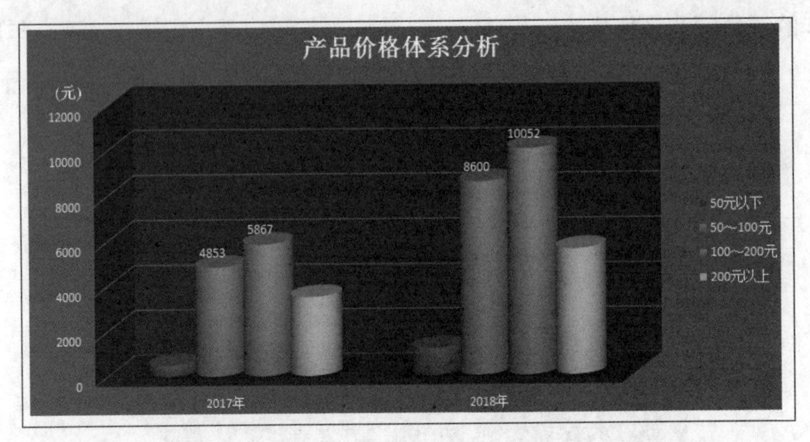

图6-107 产品价格体系分析

6.5.4 产品区域销售情况分析

通过对产品区域销售情况的分析，可以判断出当前产品的市场分布是否合理，并为下一阶段的销售方向提供依据。图6-108所示为某店铺在近三个月的产品区域分布情况，通过该图表可以明显看出：四川省的消费人群是最庞大的，其次是江苏省，店铺可以针对这两个区域制订相应的销售计划。

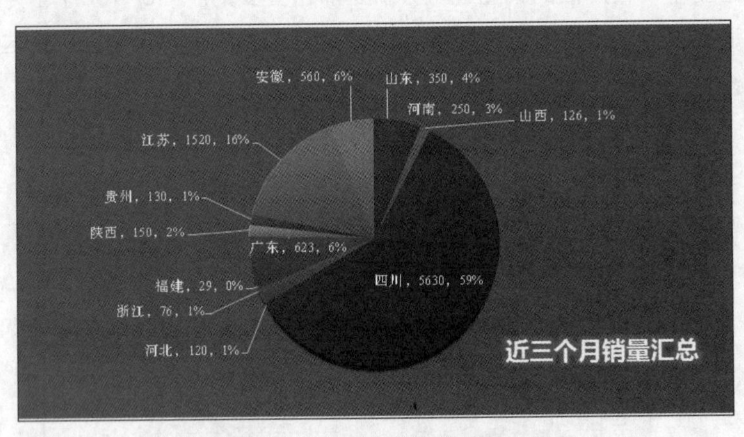

图6-108 产品区域销售情况分析

Information

第7章 销售费用分析

销售费用分析就是对影响销售额的数据进行搜集、分类和比较。影响销售额的因素主要包括销售收入、成本、费用和税金等。本章主要介绍销售收入、成本、费用和税金的计算，销售收入与成本的对比关系，各项费用明细对比分析等内容。

本章要点

- 销售收入与成本分析
- 各项费用明细支出对比

7.1 销售收入与成本分析

销售收入是企业通过产品销售所获得的货币收入及形成的应收货款。销售成本是销售产品过程中所产生的费用，其实质是对已售产品生产成本的结转。图7-1所示为销售费用分析表的最终效果，在其中体现了销售收入与成本的相关性和对比情况。通过该表营销人员可以清楚地了解销售收入、成本、费用及税金的合计数，销售收入与成本之间不存在线性相关性，以及销售收入与成本之间的对比情况。

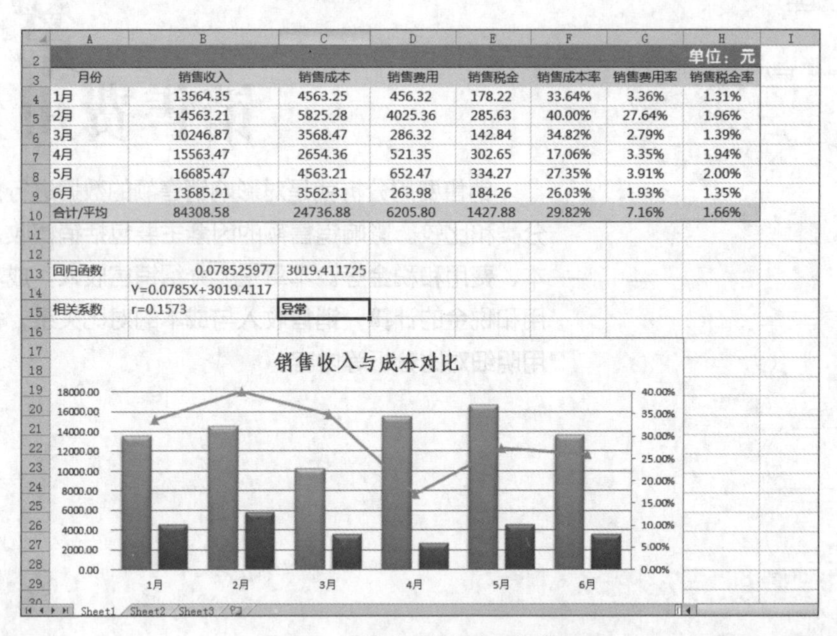

单位：元

月份	销售收入	销售成本	销售费用	销售税金	销售成本率	销售费用率	销售税金率
1月	13564.35	4563.25	456.32	178.22	33.64%	3.36%	1.31%
2月	14563.21	5825.28	4025.36	285.63	40.00%	27.64%	1.96%
3月	10246.87	3568.47	286.32	142.84	34.82%	2.79%	1.39%
4月	15563.47	2654.36	521.35	302.65	17.06%	3.35%	1.94%
5月	16685.47	4563.21	652.47	334.27	27.35%	3.91%	2.00%
6月	13685.21	3562.31	263.98	184.26	26.03%	1.93%	1.35%
合计/平均	84308.58	24736.88	6205.80	1427.88	29.82%	7.16%	1.66%

回归函数	0.078525977	3019.411725
	Y=0.0785X+3019.4117	
相关系数	r=0.1573	异常

图 7-1 销售费用分析表最终效果

下面首先对销售收入、成本、费用和税金及相关的成本率、费用率和税金率进行计算，然后利用回归分析函数对销售收入与成本进行线性回归分析，最后利用折线图和柱形图直观展现销售收入与成本的对比关系。该实例涉及的知识点有：SUM、IF、AVERAGE、CORREL、TEXT及CONCATENATE等函数的使用，图表的插入与编辑等。

7.1.1 计算销售收入、成本、费用和税金

下面将在“销售费用分析表.xlsx”工作簿中首先利用求和函数（SUM）合计上半年的销售收入、销售成本、销售费用和销售税金，然后通过逻辑函数（IF）和平均值函数（AVERAGE）计算销售成本率、销售费用率和销售税金率，其具体操作如下。

（1）打开素材文件“销售费用分析表.xlsx”（素材参见：素材文件\第7章\销售费用分析表.xlsx），选择B10单元格，在“公式”选项卡的“函数库”组中单击“自动求和”按钮，如图7-2所示，此时B10单元格将自动显示参与求和的单元格区域，确认无误后按“Enter”键得出计算结果。

微课：计算销售收入、成本、费用和税金

（2）按照相同的操作方法，计算销售成本、销售费用和销售税金的合计数，如图7-3所示。

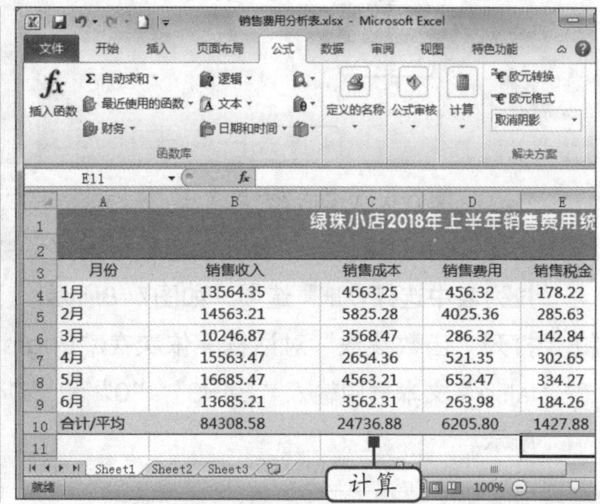

图7-2　销售收入求和　　　　图7-3　计算其他数据

（3）选择F4单元格，在“公式”选项卡的“函数库”组中单击“插入函数”按钮，如图7-4所示。

（4）打开“插入函数”对话框，在“或选择类别”下拉列表中选择“常用函数”选项，在“选择函数”列表框中选择“IF”选项，然后单击“确定”按钮，如图7-5所示。

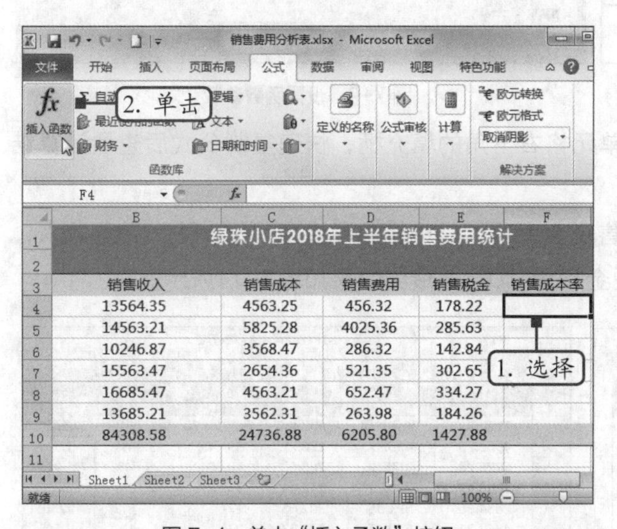

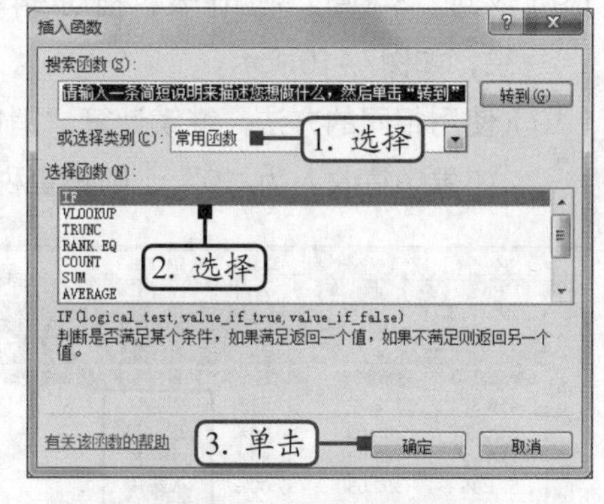

图7-4　单击“插入函数”按钮　　　　图7-5　选择“IF”函数

（5）打开“函数参数”对话框，在“Logical_test”文本框中输入“B4=0”，在“Value_if_true”文本框中输入“IF(C4=0,0,"出错")”，在“Value_if_false”文本框中输入“IF(C4=0,"出错",C4/B4)”，最后单击“确定”按钮，如图7-6所示。

（6）返回“Sheet1”工作表查看计算结果，将鼠标指针移至F4单元格右下角的填充柄上，按住鼠标左键不放向下拖动至F9单元格后，释放鼠标复制公式，如图7-7所示。

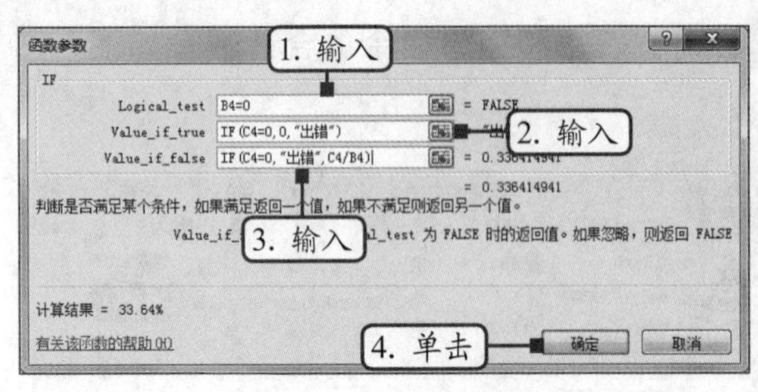

图7-6　设置函数参数

图7-7　快速复制公式

（7）选择G4单元格，在“公式”选项卡的“函数库”组中单击“逻辑”按钮，在打开的下拉列表中选择“IF”选项，如图7-8所示。

（8）打开“函数参数”对话框，依次在“Logical_test”“Value_if_true”和“Value_if_false”文本框中输入“B4=0”“0”和“D4/B4”，然后单击“确定”按钮，如图7-9所示。

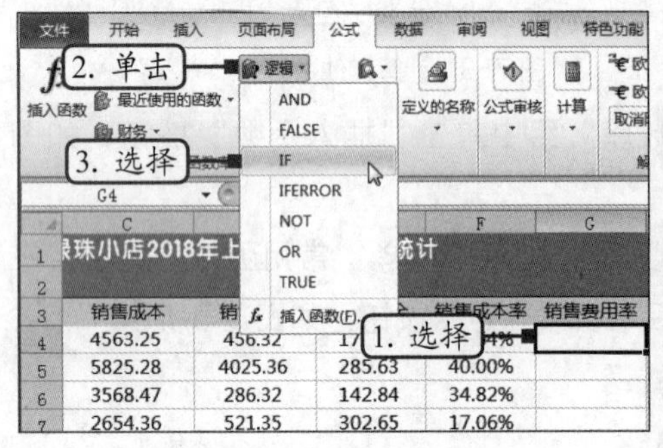

图7-8　选择逻辑函数

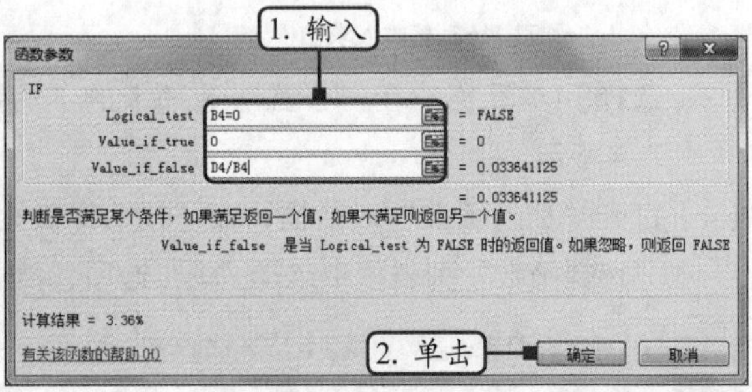

图7-9　设置函数参数

（9）返回“Sheet1”工作表，拖动G4单元格右下角的填充柄，快速复制公式后查看计算结果，如图7-10所示。

（10）使用相同的方法，继续计算“销售税金率”，其中销售税金率=销售税金/销售收入，如果销售收入为“0”，则销售税金率为“0”，最终效果如图7-11所示。

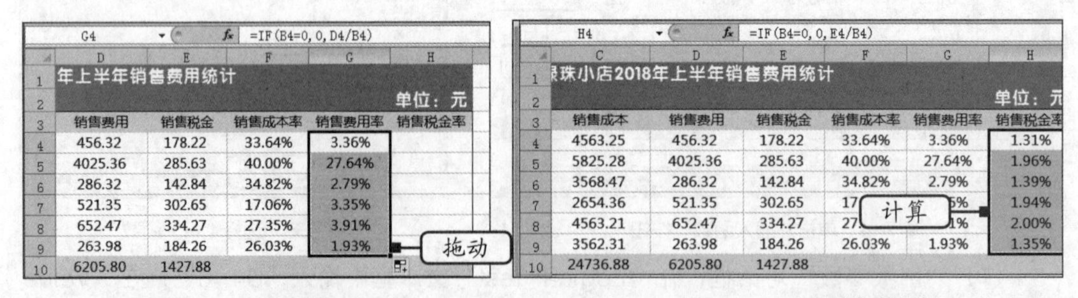

图7-10　快速复制公式

图7-11　计算销售税金率

（11）选择F10单元格，在“公式”选项卡的“函数库”组中单击“自动求和”按钮右侧的下拉按钮，在打开的下拉列表中选择“平均值”选项，如图7-12所示。

（12）此时，F10单元格中将自动插入函数并进行平均值计算，如图7-13所示，确认参与计算的函数参数无误后，按“Enter”键得出计算结果。

图 7-12　选择“平均值”选项

图 7-13　计算销售成本率的平均值

提示　在工作表中使用自动求和、平均值、最大值、最小值和计数函数计算单元格中的数据时，可以通过改变工作表中不断闪烁的选框来快速调整参与计算的单元格区域。图7-13中参与计算的单元格区域为F4: F9，此时，将鼠标指针定位到不断闪烁的选框4个角的任意一个角上，按住鼠标左键不放进行拖动，即可快速改变参与计算的单元格区域。

（13）按照相同的操作方法，计算“销售费用率”和“销售税金率”的平均值。

7.1.2　回归分析销售收入与成本

微课：回归分析销售收入与成本

回归分析是确定两种或两种以上变量之间相互依赖的定量关系的一种统计分析方法。下面将通过LINEST、CONCATENATE、TEXT和CORREL函数对销售收入和成本进行回归分析，判断这两者之间是否存在定量关系，其具体操作如下。

（1）选择A13单元格，在其中输入文本“回归函数”后按“Enter”键，如图7-14所示。

（2）选择B13:C13单元格区域，在编辑栏中输入公式“=LINEST(C4:C9,B4:B9)”，如图7-15所示。

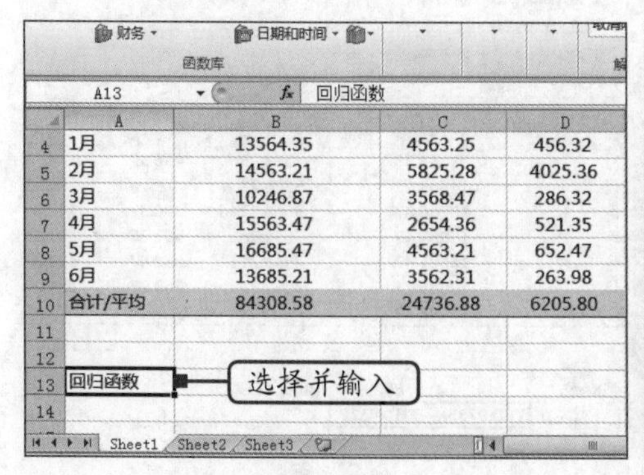

图 7-14　输入文本内容

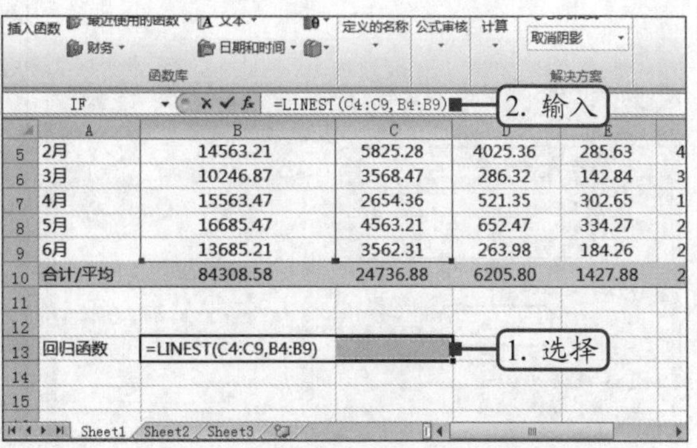

图 7-15　输入公式

提示

LINEST函数通过使用最小二乘法对已知数据进行最佳直线拟合，并返回描述此直线的数组。其语法结构为：LINEST(known_y's,known_x's,const,stats)，其中，known_y's是关系表达式$y=mx+b$中已知的y值集合；known_x's是关系表达式$y=mx+b$中已知的可选x值集合；const为逻辑值，用于指定是否将常量b强制设为0；stats为逻辑值，用于指定是否返回附加回归统计值。

（3）按“Ctrl+Shift+Enter”组合键，得到销售收入和销售成本存在的线性关系下的直线表达式的斜率和截距，如图7-16所示。

（4）选择B14单元格，单击“公式”选项卡“函数库”中的“插入函数”按钮，打开“插入函数”对话框，在“或选择类别”下拉列表中选择“文本”选项，在“选择函数”列表框中选择“CONCATENATE”选项，然后单击“确定”按钮，如图7-17所示。

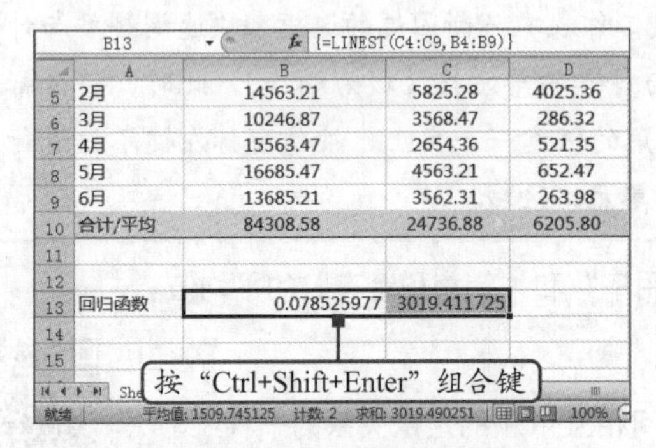

图7-16　输入公式计算回归函数

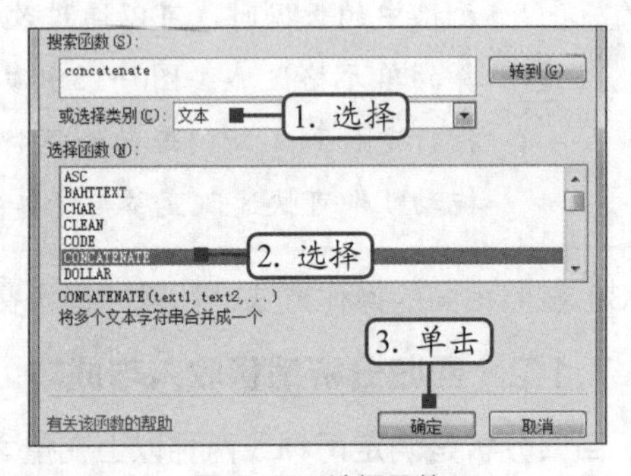

图7-17　选择函数

（5）打开“函数参数”对话框，依次在“Test1”“Test2”“Test3”和“Test4”文本框中输入图7-18所示的内容，然后单击“确定”按钮。

（6）返回“Sheet1”工作表，查看B14单元格的计算结果，如图7-19所示。其中Y表示“销售成本”，X表示“销售收入”。

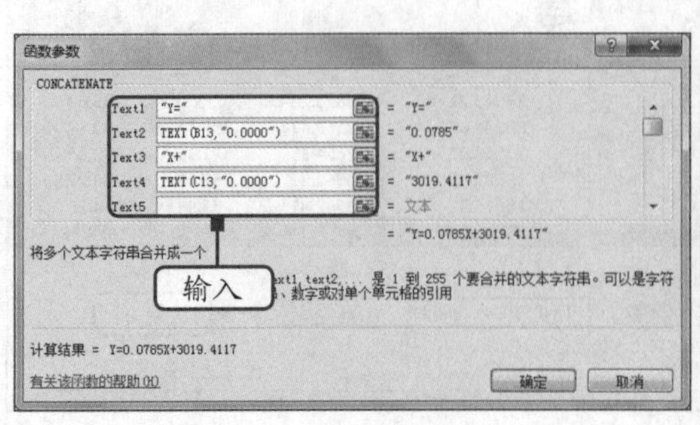

图7-18　设置函数参数

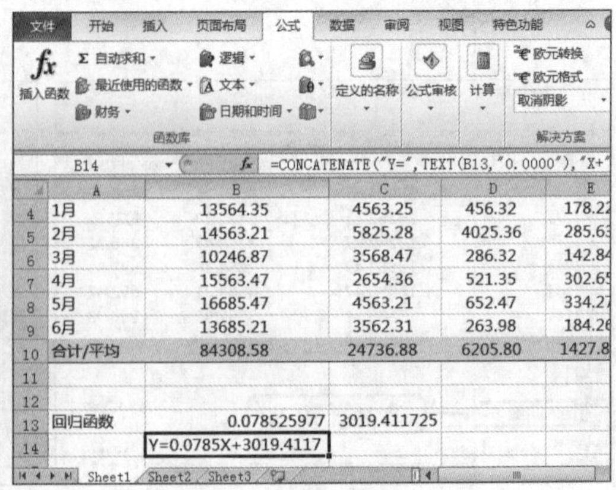

图7-19　查看计算结果

提示　CONCATENATE函数用于将两个或多个文本字符串合并为一个字符串，其语法结构为：CONCATENATE(text1, [text2], ...)。text1，text2, ... 为2～255个将要合并成单个文本项的原始文本项。注意：各项之间必须用逗号隔开，这些文本项可以为数字、文本字符串或单个单元格的引用。

（7）选择A15单元格，输入文本“相关系数”，然后选择B15单元格，在编辑栏中输入公式“=CONCATENATE("r=",TEXT(CORREL(B4:B9,C4:C9),"0.0000"))”，按“Enter”键显示计算结果，如图7-20所示。

（8）选择C15单元格，在编辑栏中输入公式“=IF(CORREL(B4:B9,C4:C9)<0.5,"异常","相关")”，判断销售收入与销售成本的相关性，然后按“Enter”键显示计算结果，如图7-21所示。

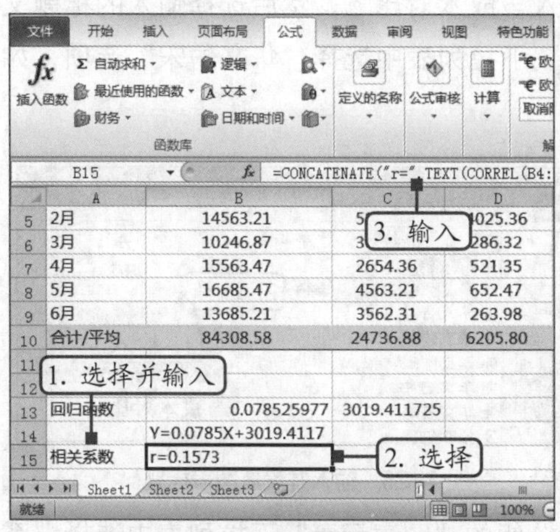

图7-20　利用函数计算相关系数

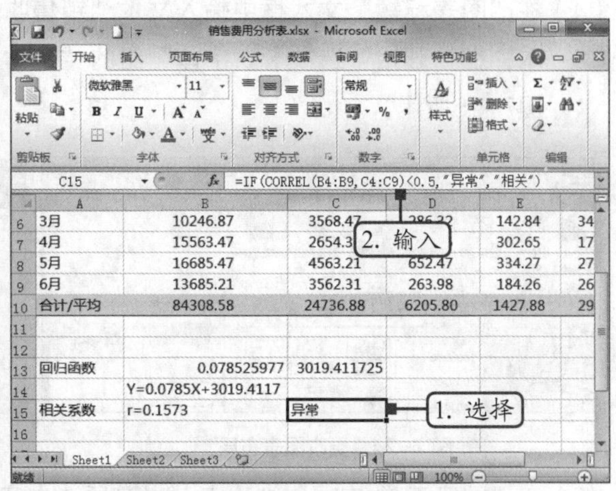

图7-21　利用CORREL函数判断相关性

提示　CORREL函数用于返回单元格区域array1和array2之间的相关系数，其语法结构为：CORREL(array1,array2)。其中，array1表示第一组数值的单元格区域；array2表示第二组数值的单元格区域。

7.1.3　利用图表显示销售收入与成本的变化

为了更加直观、形象地展示表格中的数据信息，下面通过柱形图和折线图相结合的方式，将销售收入与成本的变化直观地显示在工作表中，其具体操作如下。

（1）选择A3:C9单元格区域，在按住“Ctrl”键的同时加选F3:F9单元格区域，如图7-22所示。

（2）在“插入”选项卡的“图表”组中单击“柱形图”按钮，在打开的下拉列表中选择“二维柱形图”栏中的“簇状柱形图”选项，如图7-23所示。

微课：利用图表显示销售收入与成本的变化

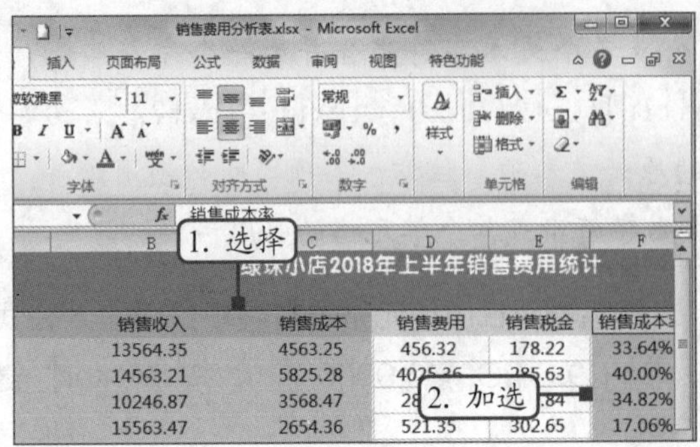

图 7-22　选择单元格区域

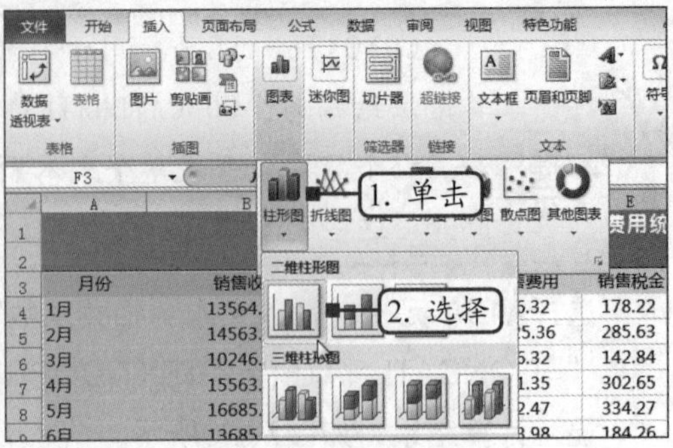

图 7-23　插入柱形图

（3）此时，插入的柱形图默认呈选择状态，在“图表工具 设计”选项卡的“图表布局”组中单击“快速布局”按钮，在打开的下拉列表中选择“布局3”选项，如图7-24所示。

（4）在“图表标题”文本框中输入文本“销售收入与成本对比”，然后选择输入的标题文本，在“开始”选项卡“字体”组的“字体”下拉列表中选择“华文仿宋”选项，如图7-25所示。

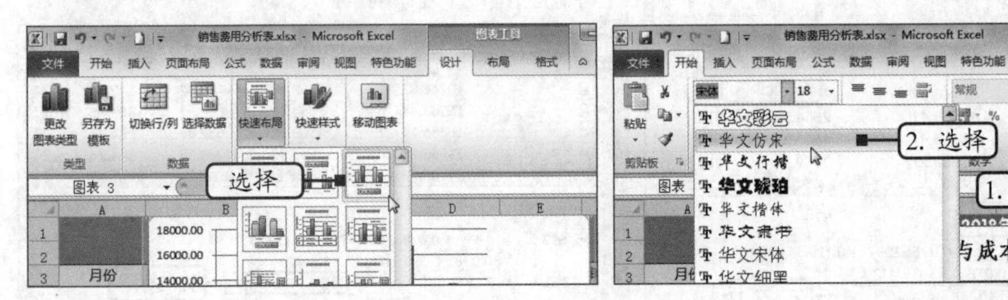

图 7-24　更改图表布局

图 7-25　输入并设置图表标题

（5）在“图表工具 布局”选项卡“当前所选内容”组的“图表元素”下拉列表中选择“系列‘销售成本率’”选项，然后单击“设置所选内容格式”按钮，如图7-26所示。

（6）打开“设置数据系列格式”对话框，单击左侧列表框中的“系列选项”选项卡，在右侧的“系列绘制在”栏中单击选中“次坐标轴”单选项，然后单击“关闭”按钮，如图7-27所示。

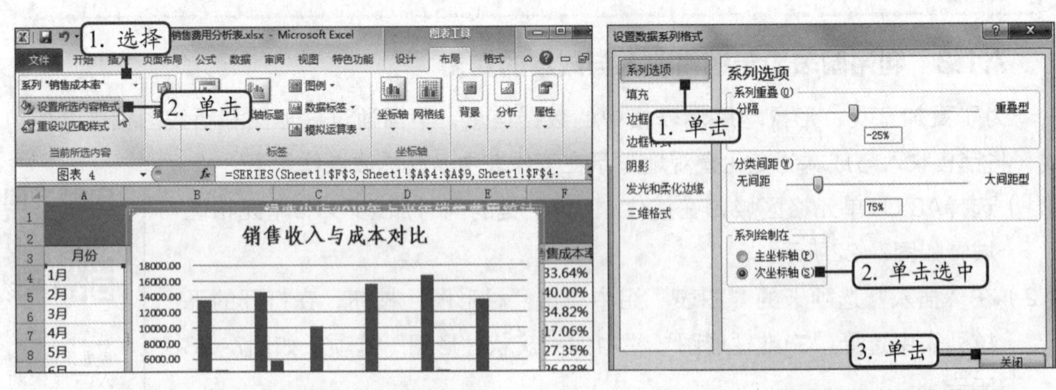

图 7-26　设置“销售成本率”系列格式

图 7-27　设置数据系列的绘制位置

（7）在“图表工具 设计”选项卡的“类型”组中单击“更改图表类型”按钮，如图7-28所示。

（8）打开“更改图表类型”对话框，单击左侧列表框中的“折线图”选项卡，在右侧的“折线图”栏中选择“带数据标记的折线图”选项，然后单击“确定”按钮，如图7-29所示。

图7-28 单击“更改图表类型”按钮

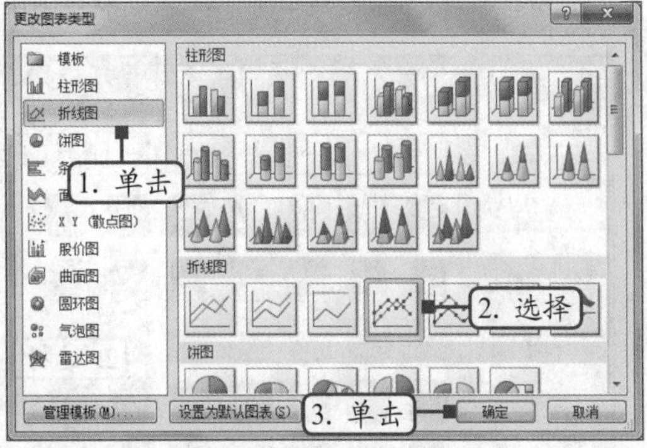

图7-29 更改图表类型

（9）在“图表工具 布局”选项卡“当前所选内容”组的“图表元素”下拉列表中选择“次坐标轴 垂直（值）轴”选项，然后单击“设置所选内容格式”按钮，如图7-30所示。

（10）打开“设置坐标轴格式”对话框，单击左侧列表框中的“坐标轴选项”选项卡，在右侧的“坐标轴选项”栏中单击选中“最大值”项对应的“固定”单选项，并在右侧的数值框中输入“0.4”，然后单击“关闭”按钮，如图7-31所示。

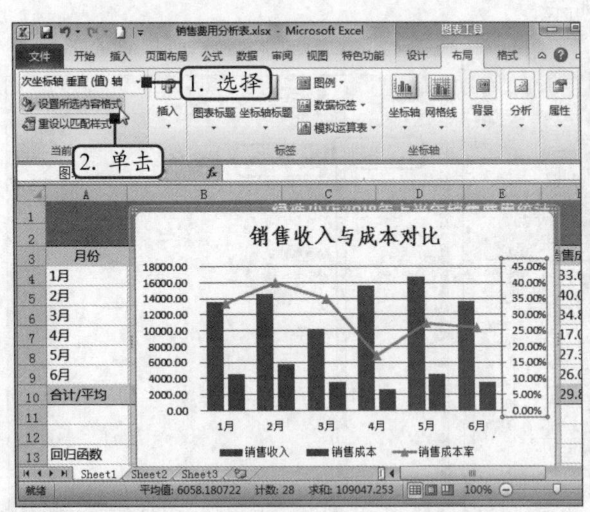

图7-30 设置次坐标轴 垂直（值）轴格式

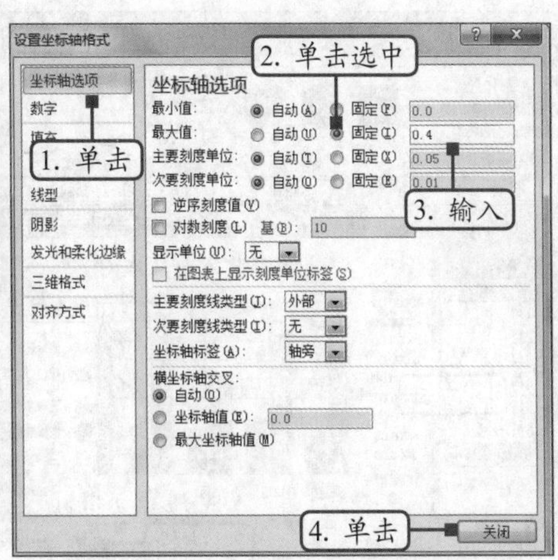

图7-31 自定义次坐标轴的最大值

在对图表中的元素（如数据系列、坐标轴、图例、图表区和绘图区等）进行格式设置时，除了可以通过“当前所选内容”组进行设置外，还可以直接在图表中要设置的图表元素上单击鼠标右键进行设置。

（11）选择图表中的“销售收入”数据系列，然后单击“图表工具 格式”选项卡“形状样式”组中的“其他”按钮，在打开的“其他形状样式”下拉列表中选择“强烈效果-橙色，强调颜色6”选项，如图7-32所示。

（12）按照相同的操作方法，将图表中的“销售成本”数据系列的形状样式设置为“强烈效果-紫色，强调颜色4”选项，效果如图7-33所示。

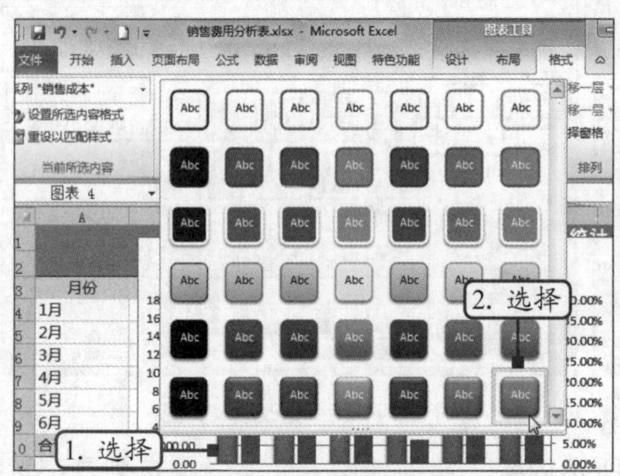

图7-32 设置“销售收入”数据系列的形状样式

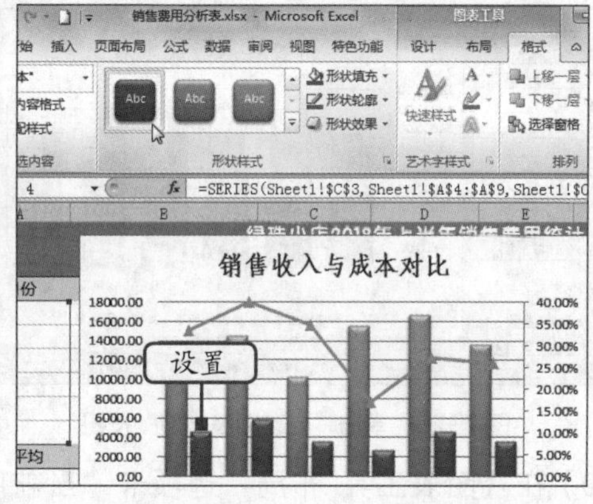

图7-33 设置“销售成本”数据系列的形状样式

（13）在“销售收入”数据系列上单击鼠标右键，在弹出的快捷菜单中选择“设置数据系列格式”命令，如图7-34所示。

（14）打开“设置数据系列格式”对话框，单击左侧列表框中的“系列选项”选项卡，在右侧的“系列重叠”栏对应的数值框中输入“-30%”，调整数据系列的分隔距离，然后单击“关闭”按钮，如图7-35所示。

图7-34 设置“销售收入”数据系列格式

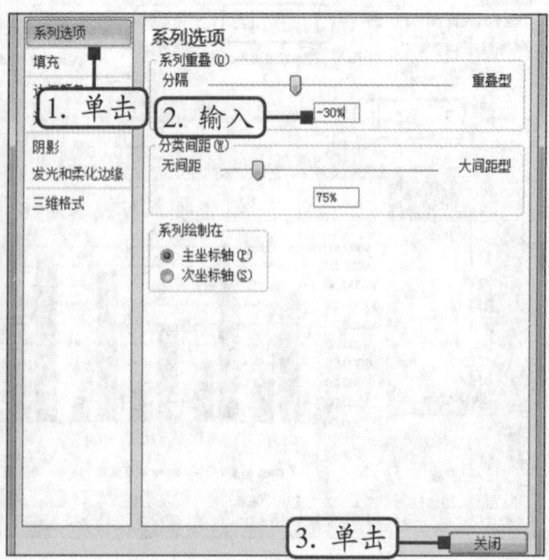

图7-35 调整数据系列间的分隔距离

（15）将鼠标指针定位至图表区，按住鼠标左键不放拖动图表，使其左上角与A17单元格对齐，然后将鼠标指针移至图表右下角的控制点上，当其变为↘形状时，按住鼠标左键不放向右下角拖动，直至图表区与G31单元格重叠后再释放鼠标，完成图表的移动和放大操作，最终效果如图7-36所示（效果参见：效果文件\第7章\销售费用分析表.xlsx）。

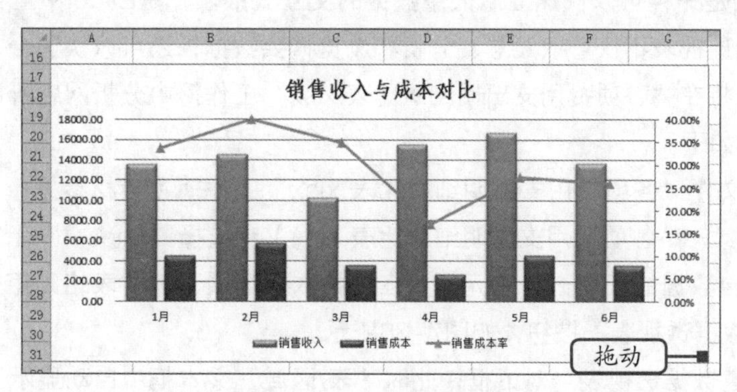

图7-36　移动并放大图表

7.2　各项费用明细支出对比

随着电商领域的不断发展，现在不少个人也成立起了小团队或小公司，最为显著的标志之一就是开设网店。成功创立网店后，要想将网店经营好，店主必须详细了解各项费用的支出情况。图7-37所示为各项费用明细支出对比的最终效果。通过该表，店主可以清晰地对比所售产品“产品成本”“拍摄和制作费用”和“推广费用”3个项目的明细费用信息，同时还可以将不同产品所耗费的人工成本合计数创建成柱形图，从而直观了解各产品的人工费用合计数。

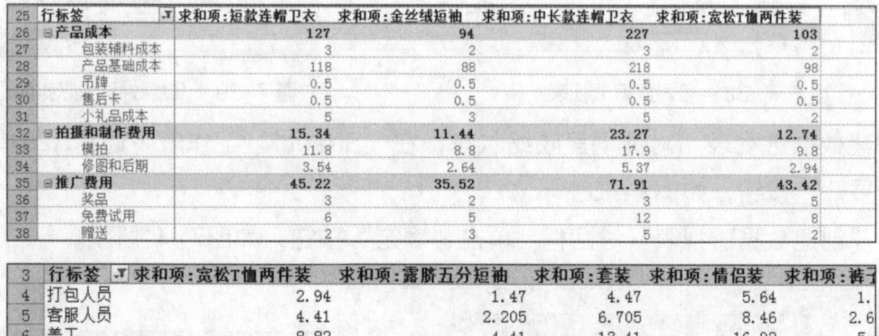

行标签	求和项:短款连帽卫衣	求和项:金丝绒短袖	求和项:中长款连帽卫衣	求和项:宽松T恤两件装
⊟产品成本	127	94	227	103
包装辅料成本	3	2	3	2
产品基础成本	118	88	218	98
吊牌	0.5	0.5	0.5	0.5
售后卡	0.5	0.5	0.5	0.5
小礼品成本	5	3	5	2
⊟拍摄和制作费用	15.34	11.44	23.27	12.74
模拍	11.8	8.8	17.9	9.8
修图和后期	3.54	2.64	5.37	2.94
⊟推广费用	45.22	35.52	71.91	43.42
奖品	3	2	3	5
免费试用	6	5	12	8
赠送	2	3	5	2

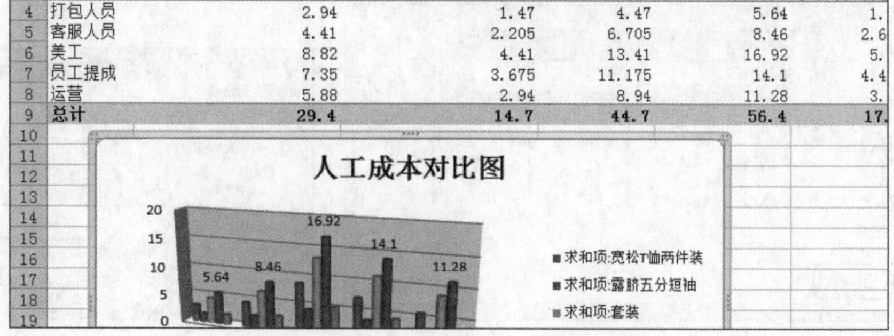

行标签	求和项:宽松T恤两件装	求和项:露脐五分短袖	求和项:套装	求和项:情侣装	求和项:裤
打包人员	2.94	1.47	4.47	5.64	1.
客服人员	4.41	2.205	6.705	8.46	2.6
美工	8.82	4.41	13.41	16.92	5.
员工提成	7.35	3.675	11.175	14.1	4.4
运营	5.88	2.94	8.94	11.28	3.
总计	29.4	14.7	44.7	56.4	17.

图7-37　各项费用明细支出对比的最终效果

下面首先利用数据透视表来分析“产品成本”“拍摄和制作费用”及“推广费用”这3项费用明细构成，然后利用数据透视图来分析各产品的人工成本明细支出情况。

7.2.1 创建数据透视表统计各项费用

数据透视表是一种可以快速汇总大量数据的交互式报表，是Excel中重要的分析性报告工具。通过数据透视表不仅可以汇总、分析和浏览摘要数据，还可以快速合并和比较分析大量的数据。下面将在“各项费用支出明细对比表.xlsx”工作簿中分析网店所售产品的费用构成，其具体操作如下。

微课：创建数据透视表统计各项费用

（1）打开素材文件“各项费用支出明细对比表.xlsx”工作簿（素材参见：素材文件\第7章\各项费用支出明细对比表.xlsx），选择“Sheet1”工作表中包含数据的任意一个单元格，在“插入”选项卡的“表格”组中单击“数据透视表”按钮，如图7-38所示。

（2）打开“创建数据透视表”对话框，此时“表/区域”文本框中自动显示了要分析的数据区域，这里保持默认设置。在“选择设置数据透视表的位置”栏中单击选中“现有工作表”单选项，单击“位置”文本框右侧的“收缩”按钮，如图7-39所示。

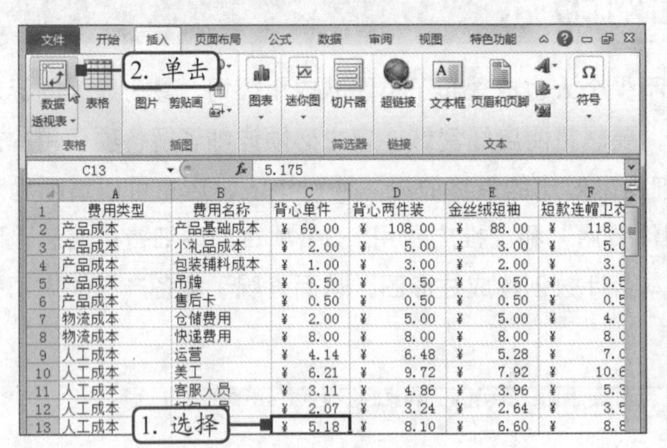

图7-38 插入数据透视表

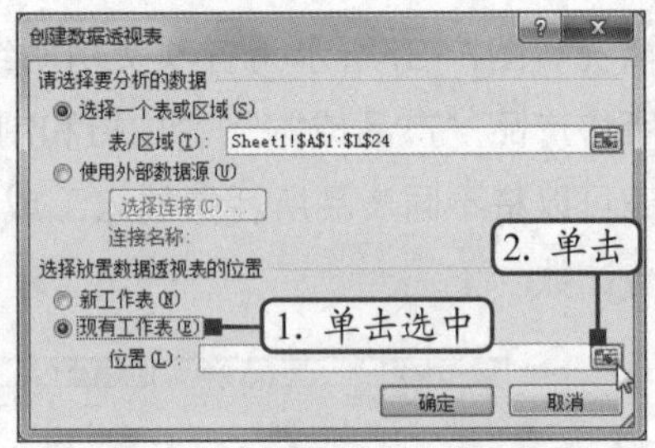

图7-39 设置数据透视表的显示位置

（3）“创建数据透视表”对话框呈收缩状态，在“Sheet1”工作表中选择A25单元格，单击“展开”按钮，如图7-40所示。

（4）展开“创建数据透视表”对话框，单击“确定”按钮，如图7-41所示。

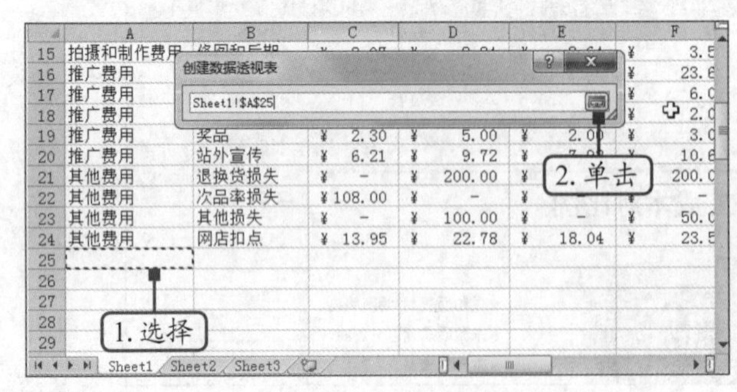

图7-40 选择数据透视表的显示位置

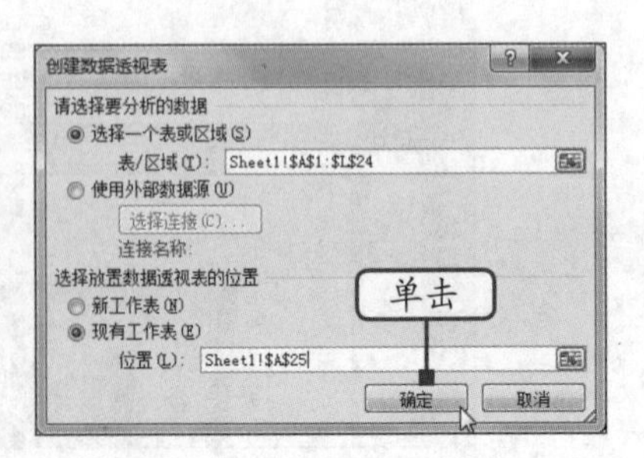

图7-41 确认创建数据透视表

（5）返回“Sheet1”工作表，成功创建空白的数据透视表，同时在右侧打开“数据透视表字段列表”任务窗格，如图7-42所示。

（6）在“选择要添加到报表的字段”列表框中依次单击选中“费用类型”“费用名称”“背心单件”“背心两件装”“金丝绒短袖”及“短款连帽卫衣”6个复选框，添加数据透视表字段创建数据透视表，如图7-43所示。该表可清楚地展示所选4种产品的费用支出明细和合计值。

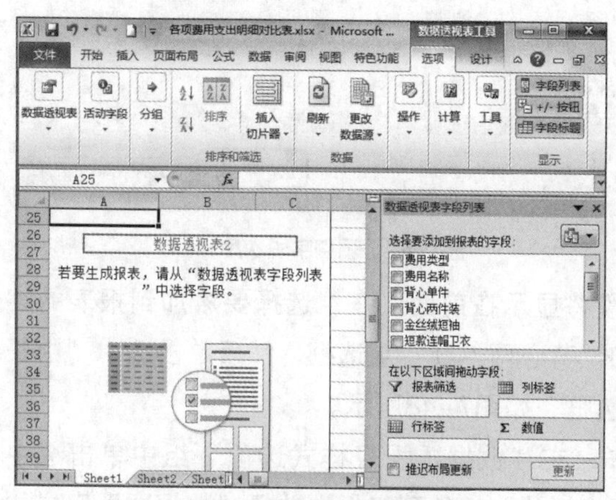

图7-42　显示空白的数据透视表

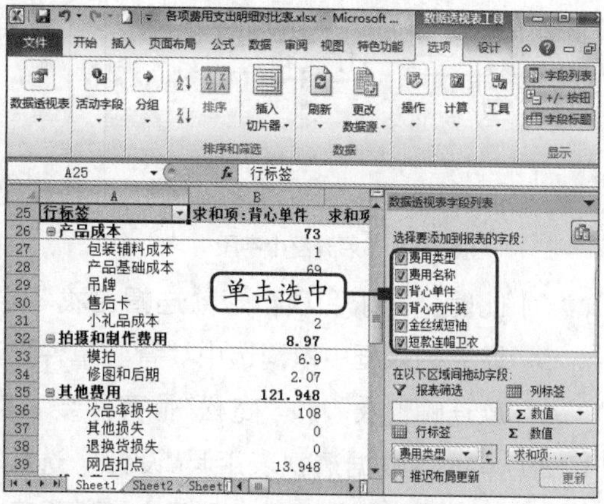

图7-43　选择要添加到报表的字段

（7）选择A26单元格，在“数据透视表工具 选项”选项卡的“活动字段”组中单击“折叠整个字段”按钮，如图7-44所示，可以查看构成产品成本的主要项目合计。

（8）单击数据透视表中“行标签”右侧的“筛选”按钮，在打开的下拉列表中单击选中“产品成本”“拍摄和制作费用”和“推广费用”3个复选框，然后单击“确定”按钮，如图7-45所示。

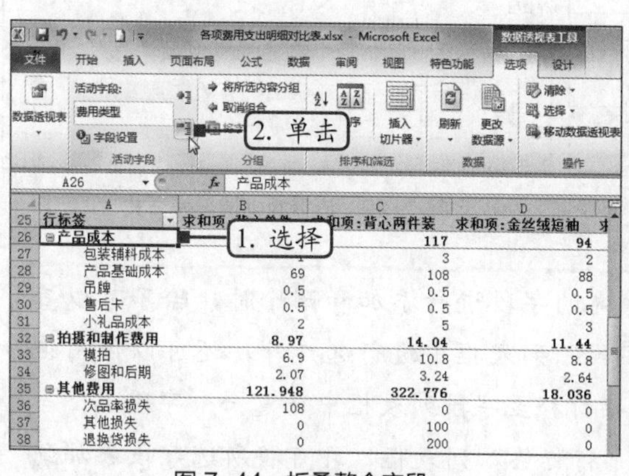

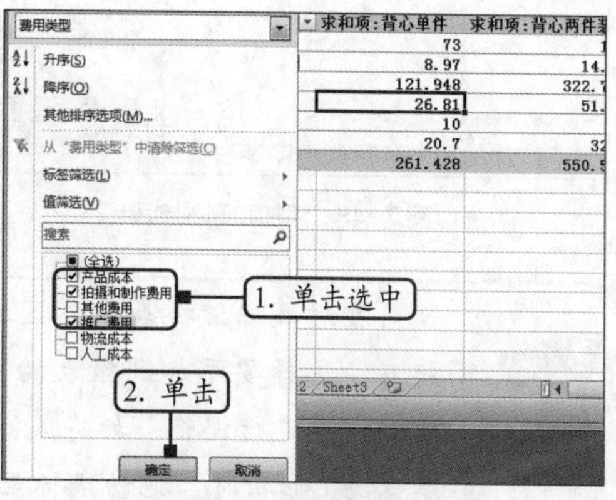

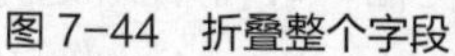

图 7-44　折叠整个字段

图 7-45　筛选费用类型

（9）此时，数据透视表中只显示筛选的3种费用类型。选择A26单元格，在“数据透视表工具 选项”选项卡的“活动字段”组中单击“展开整个字段”按钮，如图7-46所示，查看所选3种费用类型的明细支出情况。

（10）在“数据透视表字段列表”任务窗格右下角的“数值”列表框中单击“求和项：

短款连帽卫衣”字段，在打开的下拉列表中选择“移至开头”选项，如图7-47所示。

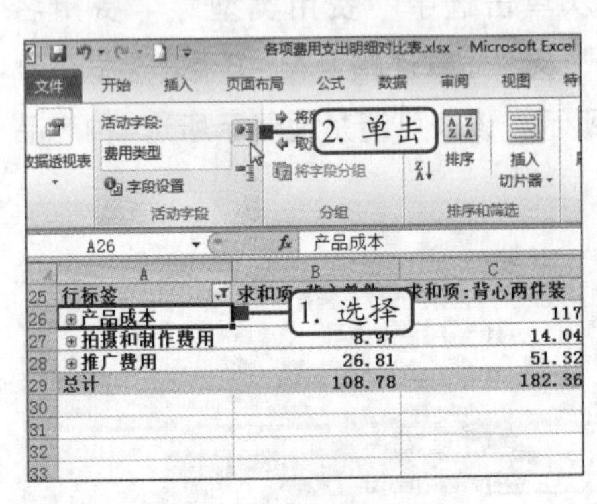

图7-46 展开整个字段

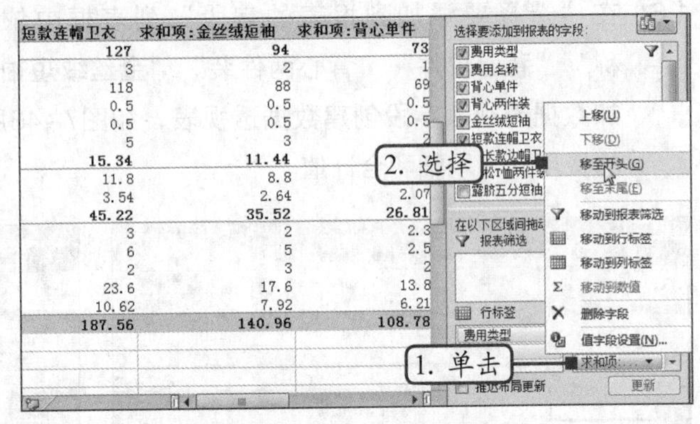

图7-47 调整字段次序

（11）此时，“求和项：短款连帽卫衣”字段将显示在前面，在“选择要添加到报表的字段”列表框中取消选中“背心单件”和“背心两件装”复选框，然后单击选中“中长款连帽卫衣”和“宽松T恤两件装”复选框，如图7-48所示。

（12）单击“数据透视表工具 设计”选项卡，在“数据透视表样式选项”组中单击选中“镶边行”复选框，然后在“数据透视表样式”组的列表框中选择“数据透视表样式浅色14”选项，如图7-49所示。

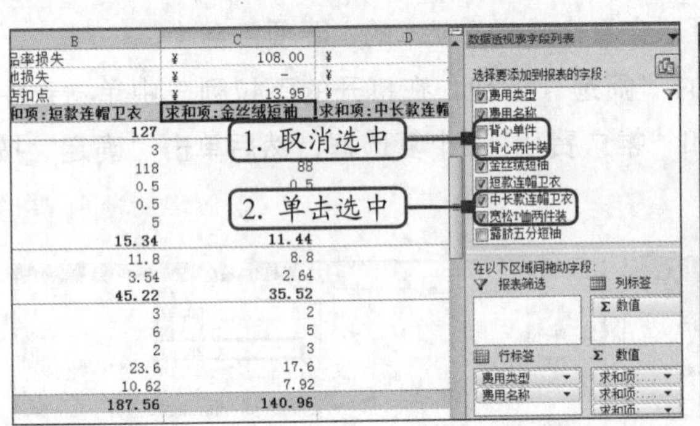

图7-48 添加和删除字段

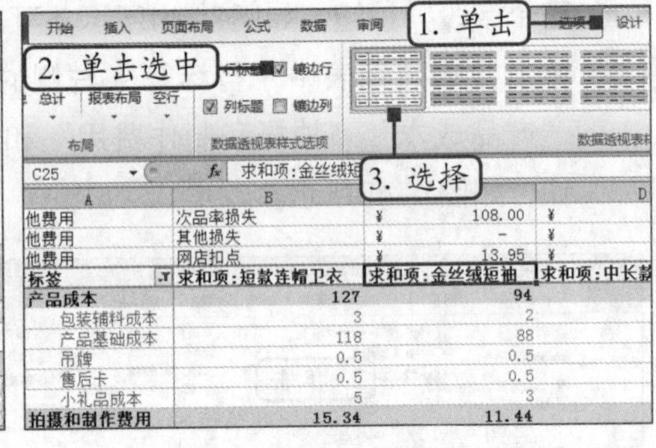

图7-49 设置数据透视表样式

提示

在对数据透视表中各区域内的字段进行添加和删除时，除了可以直接在“选择要添加到报表的字段”列表框中进行选择外，还可以使用拖动的方式进行调整。如将鼠标指针移至字段列表框中任意一个字段上，当其变为形状时，拖动鼠标至“行标签”列表框，即可将所选字段添加到该区域。若是在“报表筛选”“列标签”“行标签”和“数值”列表框中，按照相同的操作方法，任意拖动某个字段至区域外，则表示删除该字段。

（13）选择G2单元格，重新输入中长款连帽卫衣的成本价“218”后，按“Enter”键更改数据，效果如图7-50所示。

（14）选择D28单元格，在“数据透视表工具 选项”选项卡的“数据”组中单击“刷新”按钮，数据透视表中长款连帽卫衣的产品成本将自动更新为“218”，最终效果如图7-51所示。

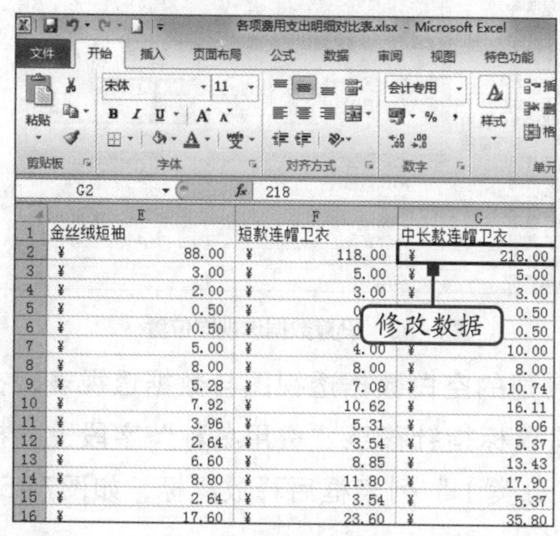

图7-50 修改源数据

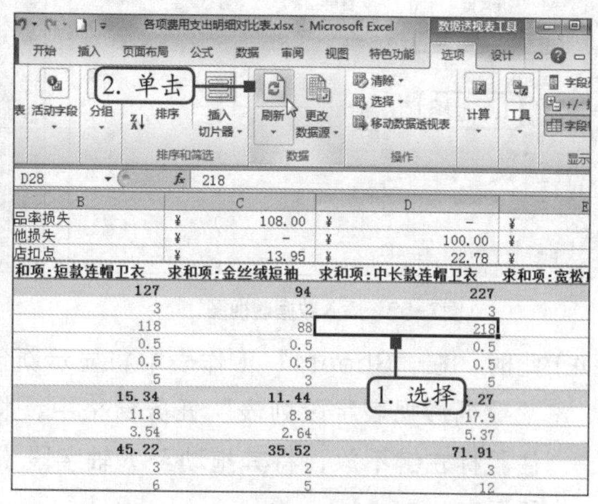

图7-51 刷新数据

提示

在数据透视表中，如果只修改了数据源中的小部分数据，可以直接单击“数据”组中的“刷新”按钮；如果修改的源数据较多，则需要单击“数据”组中的“刷新”下拉按钮，在打开的下拉列表中选择“全部刷新”选项。

7.2.2 使用数据透视图分析人工成本

利用Excel分析整理数据时，数据透视图是一个非常重要的工具。它与数据透视表一样可以查看不同级别的明细数据，并且可以将数据显示得更加直观。下面将通过数据透视图来分析人工成本，以及将人工成本分摊到各个产品中的金额，其具体操作如下。

（1）打开素材文件“各项费用支出明细对比表.xlsx”工作簿（素材参见：素材文件\第7章\各项费用支出明细对比表.xlsx），单击“文件”选项卡中的“另存为”按钮，打开“另存为”对话框，在“文件名”文本框中输入“人工成本分摊对比图”，然后单击“保存”按钮，对工作簿进行另存为操作。

微课：使用数据透视图分析人工成本

（2）选择“Sheet1”工作表中包含数据的任意一个单元格，这里选择A3单元格，在“插入”选项卡的“表格”组中单击“数据透视表”下拉按钮，在打开的下拉列表中选择“数据透视图”选项，如图7-52所示。

（3）打开“创建数据透视表及数据透视图”对话框，按照创建数据透视表的方法选择需分析的数据区域和放置数据透视表及数据透视图的位置，这里保持默认设置，然后“确定”按钮，如图7-53所示。

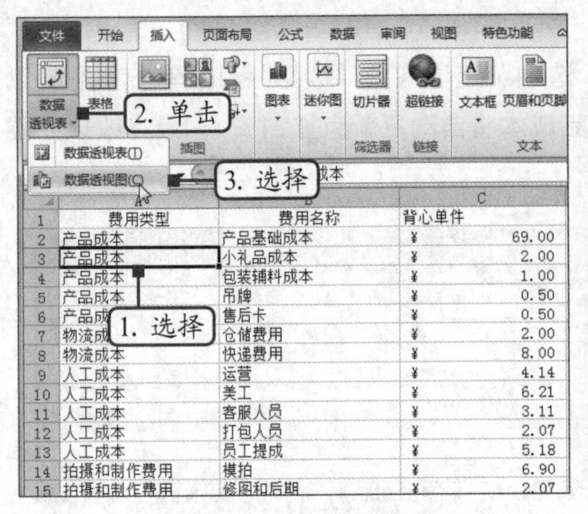

图7-52　插入数据透视图

图7-53　设置数据透视图位置

（4）此时，在“Sheet4”工作表中将显示新创建的空白数据透视图与数据透视表，在“数据透视表字段列表”任务窗格中，将鼠标指针移至“费用名称”字段上，按住鼠标左键不放，将其拖动至“轴字段（分类）”列表框后释放鼠标，如图7-54所示。

（5）按照相同的操作方法，依次将“宽松T恤两件装”“露脐五分短袖”“套装”“情侣装”及“裤子”5个字段拖动至“数值”列表框，如图7-55所示。

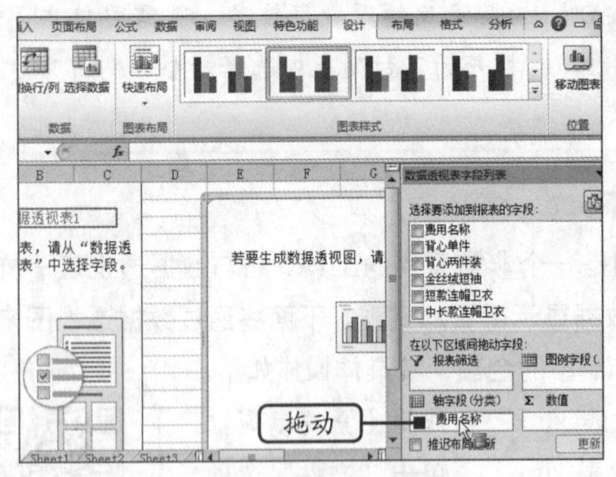

图7-54　添加字段

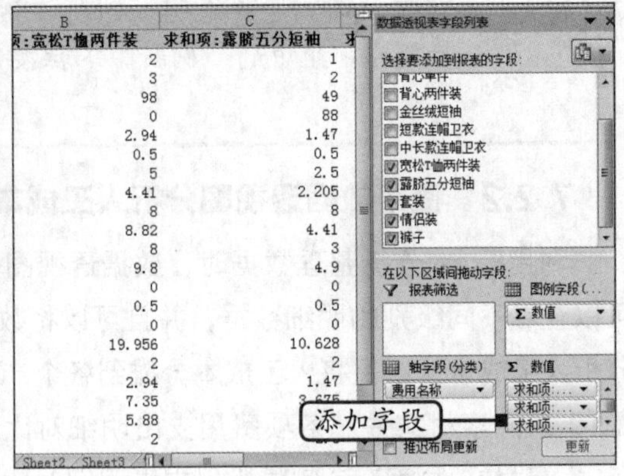

图7-55　添加字段

提示

在“数据透视表字段列表”任务窗格的“数值”列表框中，默认的值字段汇总方式为“求和”，用户可以根据实际需求选择其他的汇总方式。其方法为：单击“数值”列表框中任意一个字段，在打开的下拉列表中选择“值字段设置”选项，打开“值字段设置”对话框，在“值汇总方式”选项卡中可以选择“计数”“最大值”“最小值”和“乘积”等多种计算方法。

（6）在“数据透视图工具 分析”选项卡的“显示/隐藏”组中单击“字段按钮”下拉按

钮，在打开的下拉列表中取消选中“显示图例字段按钮”复选框，如图7–56所示，隐藏字段按钮。

（7）按照相同的操作方法，继续隐藏数据透视图中的“显示值字段按钮”。

（8）单击数据透视图中的“费用名称”按钮，在打开的列表中取消选中“全选”复选框，如图7–57所示。

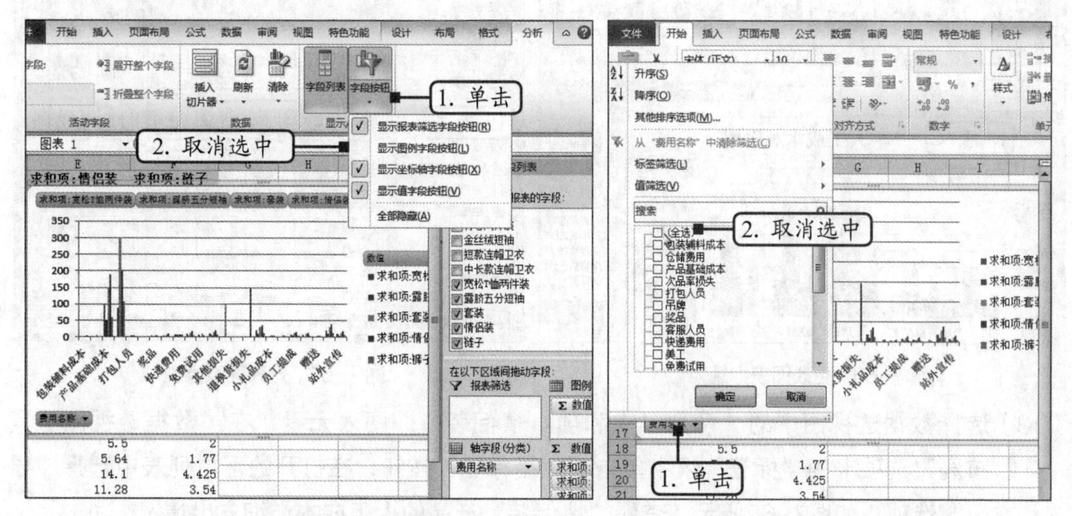

图7–56　隐藏图例字段按钮　　　　图7–57　取消选中所有数据

（9）在列表中选择需要进行比较的数据内容，这里依次单击选中“打包人员”“客服人员”“美工”“员工提成”和“运营”5个复选框，然后单击“确定”按钮，如图7–58所示。

（10）在“数据透视图工具 设计”选项卡的“图表布局”组中单击“快速布局”按钮，在打开的下拉列表中选择“布局1”选项，如图7–59所示。

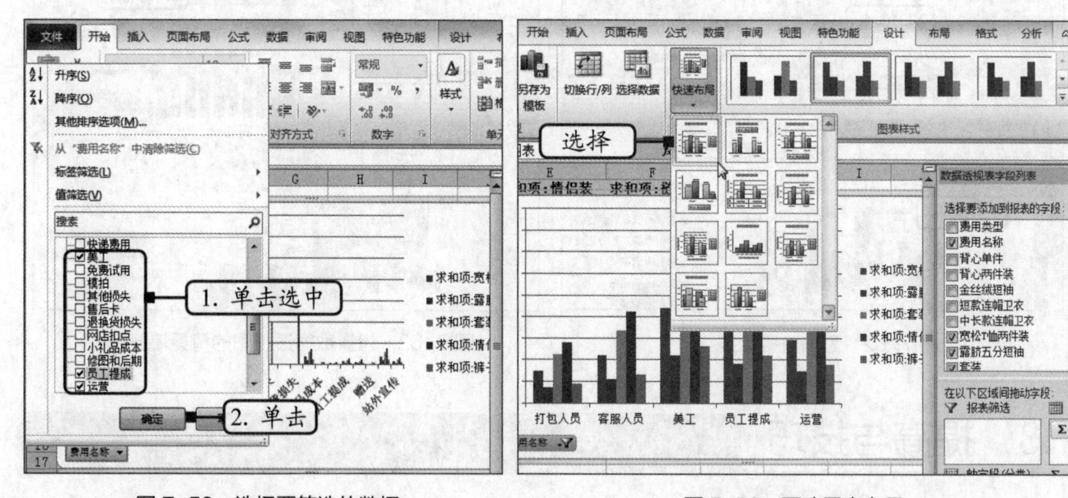

图7–58　选择要筛选的数据　　　　图7–59　更改图表布局

（11）将图表标题更改为“人工成本对比图”，然后在“类型”组中单击“更改图表类型”

按钮，如图7-60所示。

（12）打开“更改图表类型”对话框，在“柱形图”选项卡中选择“柱形图”栏下的“簇状圆柱图”选项，单击“确定”按钮，如图7-61所示。

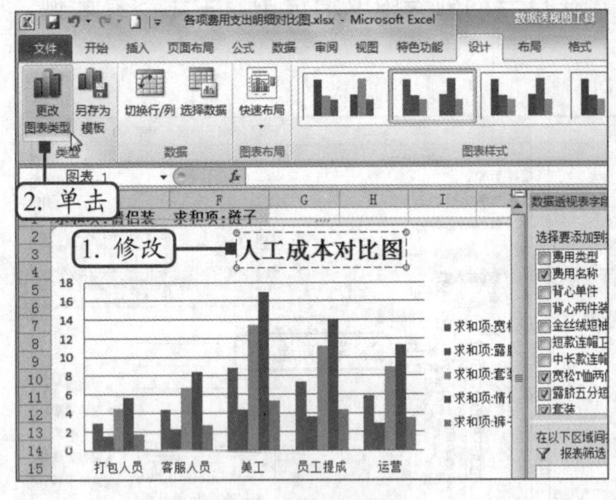

图7-60 更改图表标题

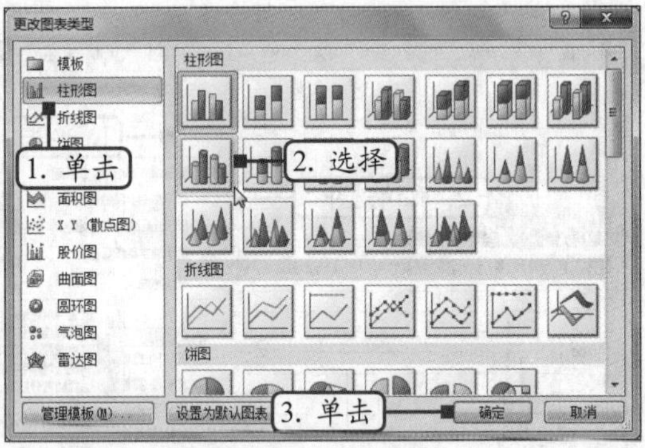

1. 单击
2. 选择
3. 单击

图7-61 选择图表类型

（13）选择数据透视图中的“系列‘求和项：情侣装’”图表元素，在“数据透视图工具 布局”选项卡的“标签”组中单击“数据标签”按钮，在打开的下拉列表中选择“显示”选项，如图7-62所示，查看“情侣装”产品的人工成本详细支出情况。

（14）选择数据透视图中的“背景墙”图表元素，在“数据透视图工具 格式”选项卡的“形状样式”组中单击“形状填充”按钮，在打开的下拉列表中选择“主题颜色”栏中的“白色，背景1，深色15%”选项，如图7-63所示（效果参见：效果文件\第7章\各项费用支出明细对比图.xlsx）。

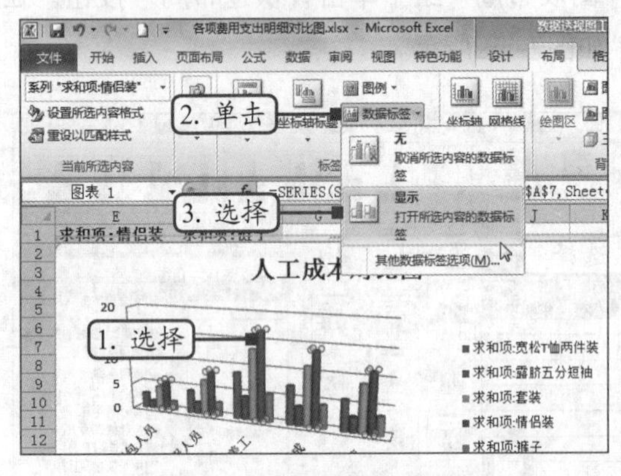

图7-62 添加数据标签

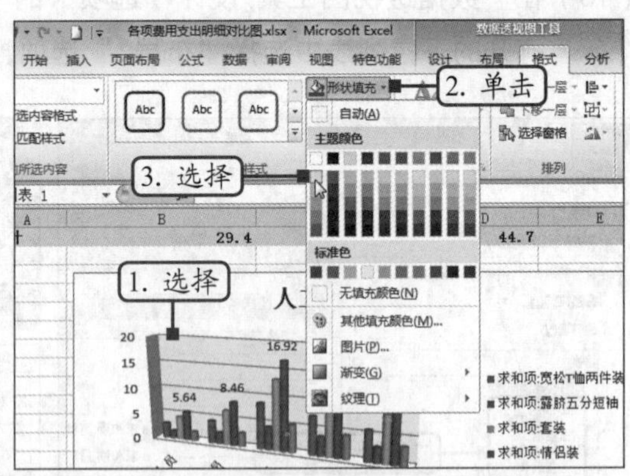

图7-63 设置数据透视图的背景墙颜色

7.3 提高与技巧

在利用数据透视表分析数据时，除了可以进行字段调整、更改数据源及设置值字段的汇总方式外，还可以调整数据透视表视图效果、计算数据及拆分数据透视表等，下面分别进行介绍。

7.3.1 调整数据透视表视图效果

在工作表中成功创建数据透视表后，用户虽然可以方便地查看数据，但如果数据太多，则需要通过滚动页面才能查看所有的数据。此时，可以通过数据透视表功能来获得不同的视图效果，如调换字段的垂直或水平视图，即将行移至列区域或将列移至行区域，以便更好地观察数据。

以调换“日期”行标签为例，其方法为：在数据透视表中选择任意包含日期的单元格，然后单击鼠标右键，在弹出的快捷菜单中选择“移动”命令，在弹出的子菜单中选择“将‘日期’移至列”命令，返回数据透视表中可看到“日期”标签由行标签更换为列标签，对应的数据显示在相应的列中，每个月的原料费用总计位于每一列的底部，如图7-64所示。此时，用户不需要向下滚动页面，便可对所有数据一目了然。

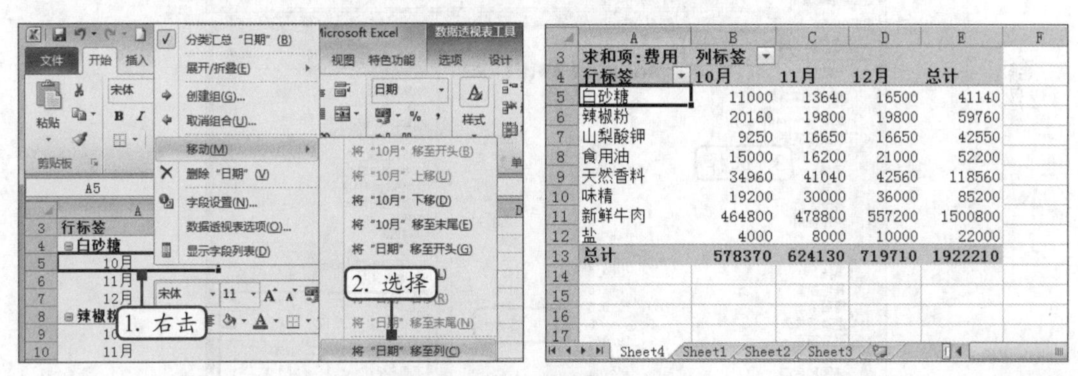

图7-64　将行标签更换为列标签

7.3.2 在数据透视表中计算数据

若需要计算某些字段的结果，可使用字段公式来完成。假设在某一工作簿中，销售额大于3 000元的订单可以返回5%的折扣，则可以使用字段公式计算订单可以返回的折扣金额。

其方法为：在“数据透视表工具 选项”选项卡的“计算”组中单击“域、项目和集”按钮，在打开的下拉列表中选择“计算字段”选项。打开“插入计算字段”对话框，在“名称”文本框中输入“折扣”，在“公式”文本框中输入公式“=销售额*IF(销售额>3000,5%)”，最后单击“确定”按钮，如图7-65所示，便可在数据透视表中自动显示计算结果。

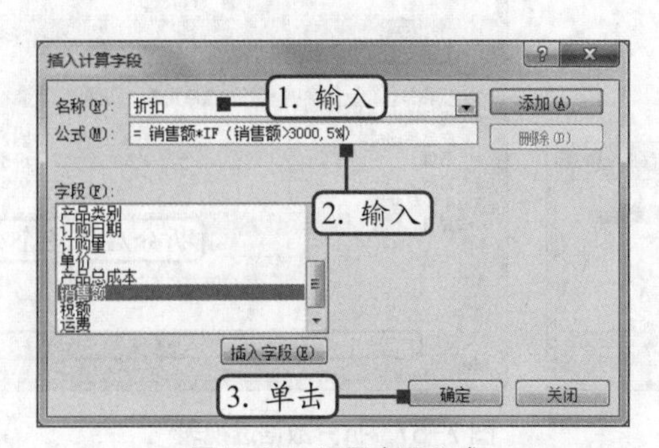

图7-65　设置字段公式

7.3.3 将数据透视表拆分成多个分表

在创建数据透视表的过程中，有时需要利用一个数据源重复地做多个数据透视表，为了操作方便，可以使用拆分数据透视表功能快速将总表拆分成多个分表。拆分数据透视表的操作很简单，只需先创建数据透视表，再进行拆分即可。

其方法为：在工作表中创建空白数据透视表后，通过“数据透视表字段列表”任务窗格添加字段到相应的区域，这里在“报表筛选”列表框中添加“费用类型”字段，在“行标签”列表框中添加“费用名称”字段，在“数值”列表框中依次添加需要显示数值的字段，如图7-66所示。在“数据透视表工具 选项”选项卡的“数据透视表”组中单击“选项”下拉按钮，在打开的下拉列表中选择“显示报表筛选页”选项。

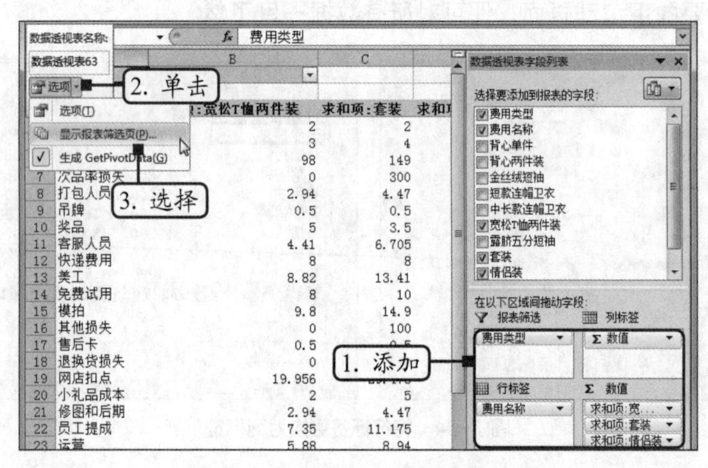

图7-66 添加字段后设置报表筛选页

打开“显示报表筛选页”对话框，默认将“费用类型”字段作为报表筛选页的字段，单击“确定”按钮。此时，拆分出的数据透视表将会以费用类型作为工作表名称，并生成多个分表，如图7-67所示。

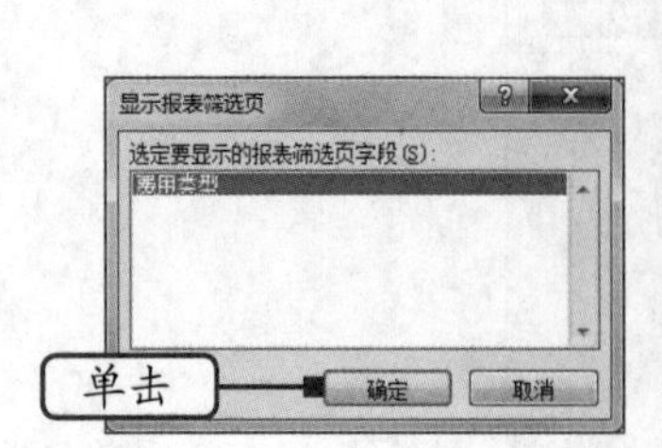

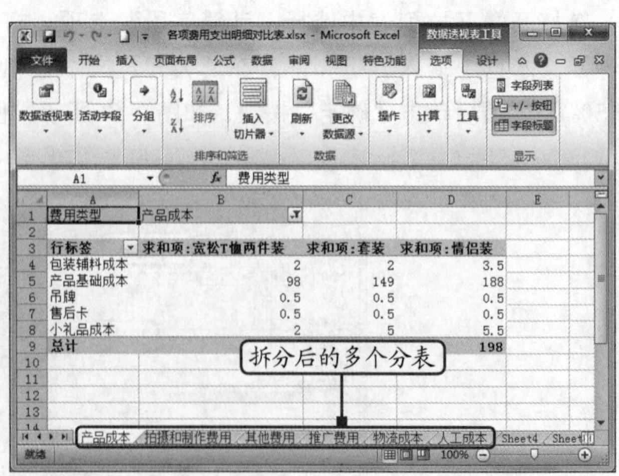

图7-67 拆分数据透视表

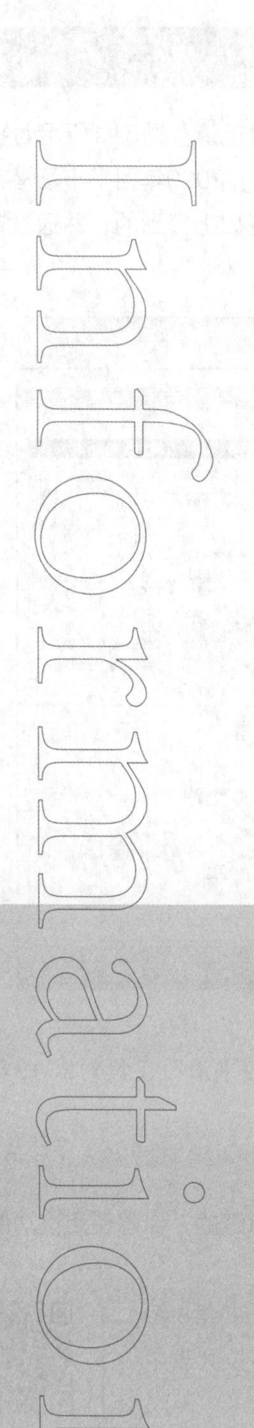

Information

第8章 营销决策分析

学会对营销决策数据进行分析，不仅可以规范消费者的个人行为，还能帮助企业在日益激烈的市场竞争中取胜。本章主要介绍市场需求量分析、定价策略分析、销售成本预测分析和客户消费能力分析4个方面的内容，其中涉及指数平滑工具的使用、INT和FORECAST函数的使用、MATCH和INDEX函数的使用，以及散点图的创建与分析等知识点。

本章要点

- 市场需求量分析
- 定价策略分析
- 销售成本预测分析
- 客户消费能力分析

8.1 市场需求量分析

市场需求量分析主要是估计市场规模的大小及产品的潜在需求量。图8-1所示为根据2007—2018年的市场需求量，通过二次指数平测法来预测2019年和2020年图书市场潜在需求量的最终效果。其中，二次指数平滑值是在一次指数平滑值的基础上得到的，并通过二次指数平滑公式最终得出预测值。

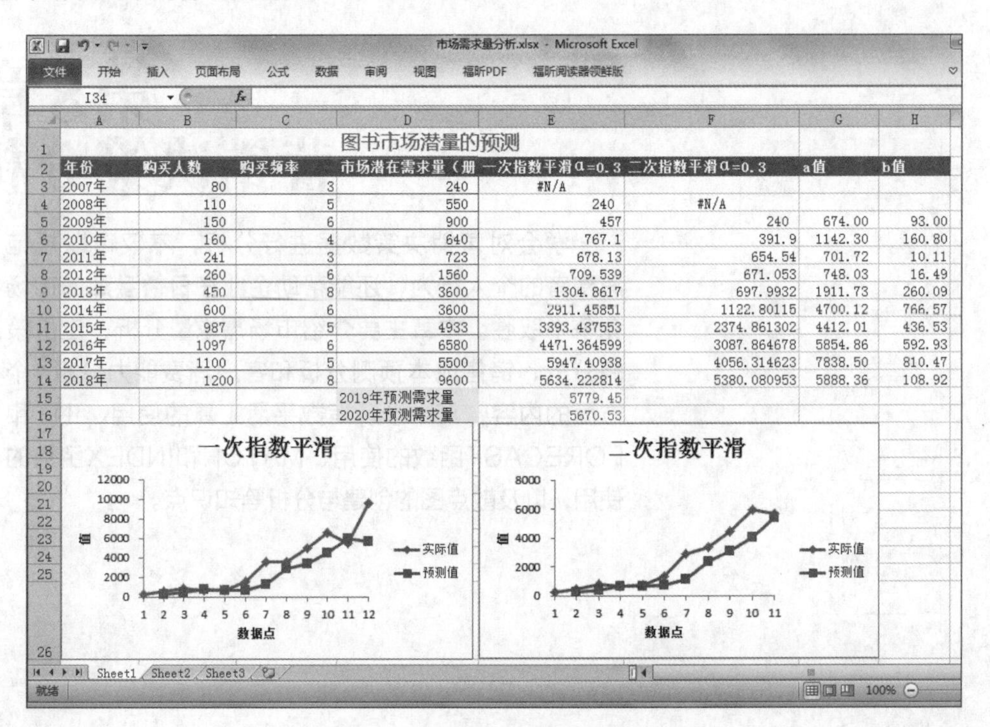

图书市场潜量的预测

年份	购买人数	购买频率	市场潜在需求量（册	一次指数平滑α=0.3	二次指数平滑α=0.3	a值	b值
2007年	80	3	240	#N/A			
2008年	110	5	550	240	#N/A		
2009年	150	6	900	457	240	674.00	93.00
2010年	160	4	640	767.1	391.9	1142.30	160.80
2011年	241	3	723	678.13	654.54	701.72	10.11
2012年	260	6	1560	709.539	671.053	748.03	16.49
2013年	450	8	3600	1304.8617	697.9932	1911.73	260.09
2014年	600	6	3600	2911.45851	1122.80115	4700.12	766.57
2015年	987	5	4933	3393.437553	2374.861302	4412.01	436.53
2016年	1097	6	6580	4471.364599	3087.864678	5854.86	592.93
2017年	1100	5	5500	5947.40938	4056.314623	7838.50	810.47
2018年	1200	8	9600	5634.222814	5380.080953	5888.36	108.92
			2019年预测需求量	5779.45			
			2020年预测需求量	5670.53			

图8-1　市场需求量分析最终效果

下面首先加载“分析工具库”，然后利用工具库中的“指数平滑”工具对2019年和2020年图书的潜在需求量进行预测。

8.1.1　添加分析工具库

分析工具库是Excel 2010的一个加载项程序，默认情况下是隐藏的，要想使用该功能，首先应该在Excel 2010中添加该分析工具库，其具体操作如下。

（1）打开素材文件“市场需求量分析.xlsx”（素材参见：素材文件\第8章\市场需求量分析.xlsx），单击“文件”选项卡，在打开的下拉列表中选择“选项”选项，如图8-2所示。

微课：添加分析工具库

（2）打开“Excel 选项”对话框，单击“加载项”选项卡，在右侧的“管理”下拉列表中选择“Excel 加载项”选项，然后单击“转到”按钮，如图8-3所示。

（3）打开“加载宏”对话框，在“可用加载宏”列表框中依次单击选中“分析工具库”和“规划求解加载项”复选框，然后单击“确定”按钮，如图8-4所示。

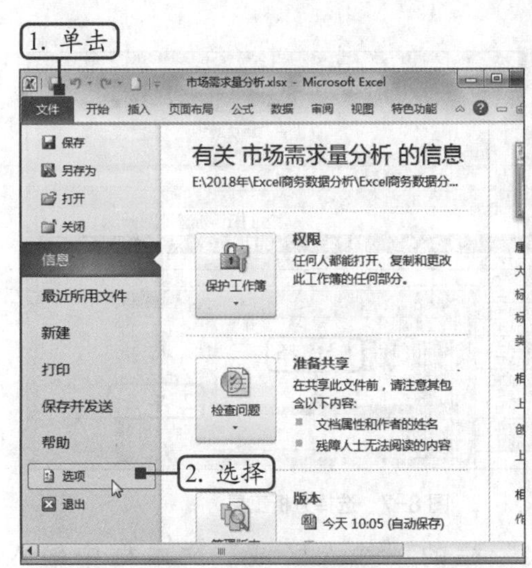

图 8-2　选择“选项”选项

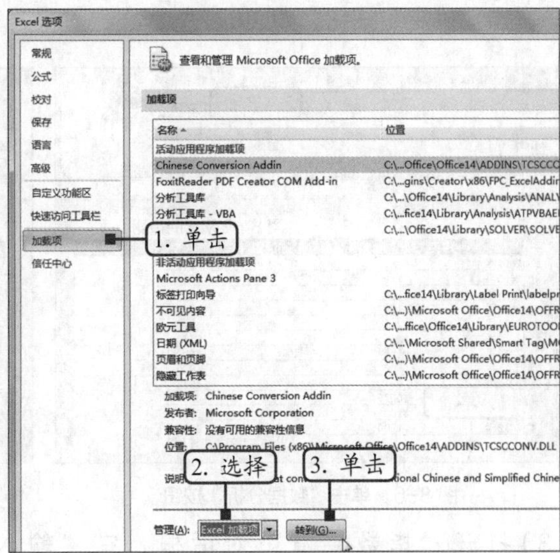

图 8-3　转到 Excel 加载项

（4）返回Excel 2010工作表界面，单击菜单栏中的“数据”选项卡，在“分析”组中可以查看添加的数据分析工具，如图8-5所示。

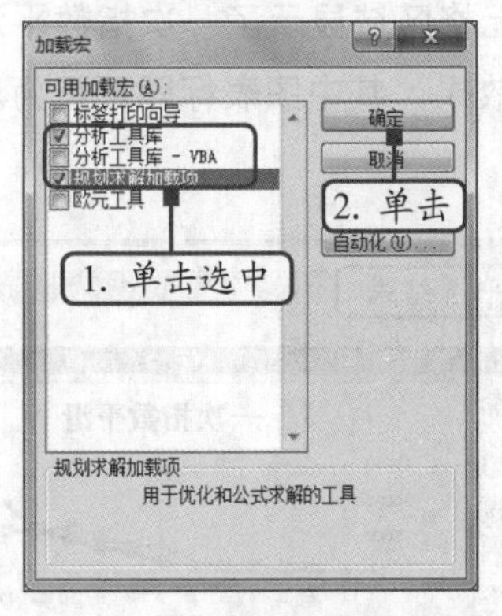

图 8-4　选择可用加载项

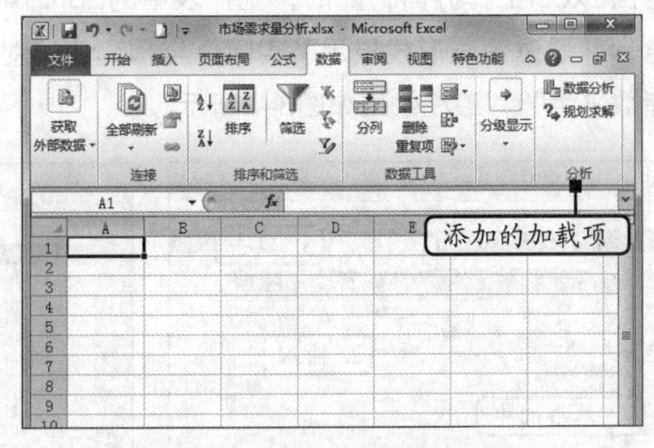

图 8-5　查看添加的数据分析工具

8.1.2　利用“指数平滑”工具分析市场需求量

指数平滑法是一种改良的加权平均法，它是根据本期的实际值和预测值，并借助平滑系数（α）进行加权平均计算，从而预测下一期的值。一次指数平滑主要用于对某一数据发展趋势的分析，若要计算具体的预测值，还需进行二次指数平滑。下面将利用“指数平滑”工具，通过二次指数平滑对2019年和2020年的市场需求量进行预测，涉及的公式有：$Y_{t+T}=a_t-b_t*T$、$a_t=2*S_t^{(1)}-S_t^{(2)}$，$b_t=(\alpha/1-\alpha)*(S_t^{(1)}-S_t^{(2)})$，其具体操作如下。

微课：利用“指数平滑”工具分析市场需求量

（1）在“市场需求量分析.xlsx”工作簿中单击“Sheet1”工作表标签，然后在“数据”选项卡的“分析”组中单击“数据分析”按钮，如图8-6所示。

（2）打开“数据分析”对话框，在“分析工具”列表框中选择“指数平滑”选项，然后单击“确定”按钮，如图8-7所示。

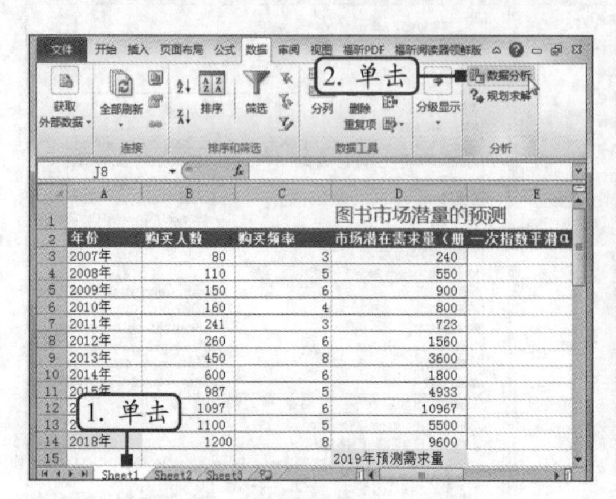

图 8-6 单击“数据分析”按钮

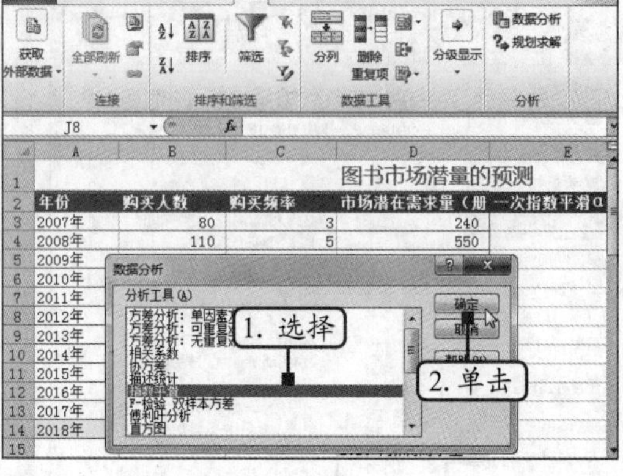

图 8-7 选择分析工具

（3）打开“指数平滑”对话框，在“输入”栏的“输入区域”文本框中输入“$D$3:$D$14”，在“阻尼系数”文本框中输入“0.3”；在“输出选项”栏的“输出区域”文本框中输入“$E$3”，单击选中“图表输出”复选框，然后单击“确定”按钮，如图8-8所示。

（4）返回Excel工作界面，此时，工作表中的E3:E14单元格区域显示了一次指数平滑的数值，并通过图表形式显示了实际值与预测值的对比效果，其中图表标题更正为“一次指数平滑”，最终效果如图8-9所示。

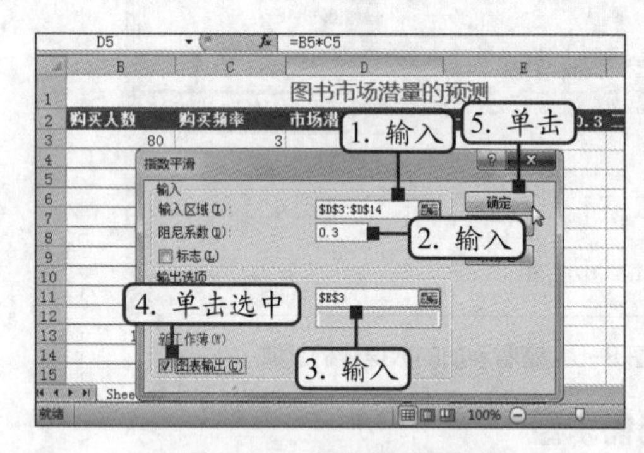

图 8-8 设置指数平滑参数

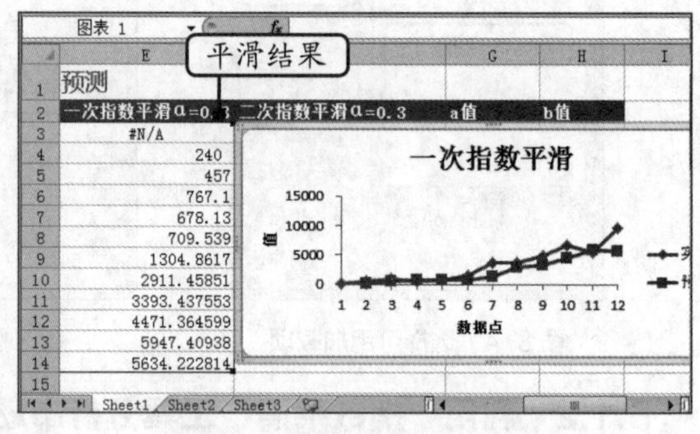

图 8-9 查看一次指数平滑结果

提示

Excel中的指数平滑法需要使用阻尼系数，阻尼系数越小，对近期实际预测结果的影响就越大。在实际应用中，阻尼系数是根据时间系列的变化特征来选取的，若时间序列数据波动不大，则阻尼系数取值范围应介于0.1和0.3之间；若时间序列数据具有明显的变动倾向，则阻尼系数取值范围应介于0.6和0.9之间。

（5）适当调整图表的显示位置后，再次打开“指数平滑”对话框，在“输入”栏的“输入区域”文本框中输入“$E$4:$E$14”，在“阻尼系数”文本框中输入“0.3”；在

“输出选项”栏的“输出区域”文本框中输入“$F$4”，单击选中“图表输出”复选框，然后单击“确定”按钮，如图8-10所示。

（6）返回Excel工作界面，此时，工作表中的F4:F14单元格区域显示了二次指数平滑的数值，并通过图表形式显示了实际值与预测值的对比效果，其中图表标题更正为“二次指数平滑”，最终效果如图8-11所示。

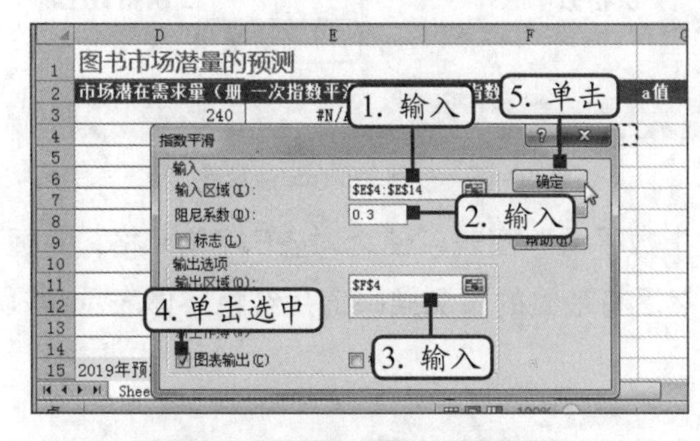

图 8-10　设置二次指数平滑参数

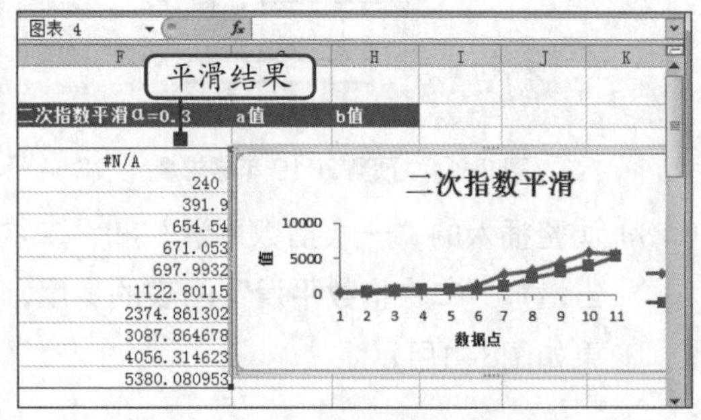

图 8-11　显示二次指数平滑结果

（7）由二次指数平滑公式“$Y_{t+T}=a_t-b_t*T$”可知：要计算最终的预测值，首先要计算a_t和b_t值。其中，$a_t=2*S_t^{(1)}-S_t^{(2)}$，$b_t=(\alpha/1-\alpha)*(S_t^{(1)}-S_t^{(2)})$，$S_t^{(1)}$对应工作表中一次指数平滑值，$S_t^{(2)}$对应二次指数平滑值，α对应阻尼系数0.3，所以在G5单元格中输入公式“=2*E5-F5”，并按“Enter”键得出计算结果，如图8-12所示。

（8）利用鼠标拖动G5单元格右下角的填充柄至G14单元格，对公式进行快速填充。

（9）选择H5单元格，并输入公式“=0.3/(1-0.3)*(E5-F5)”后按“Enter”键得出计算结果，如图8-13所示。

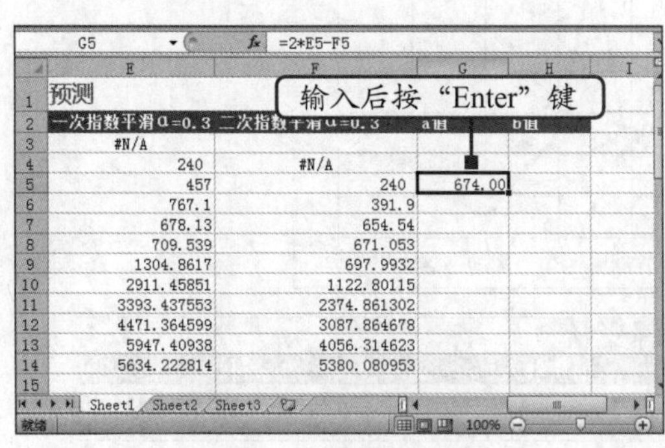

图 8-12　计算 a 值

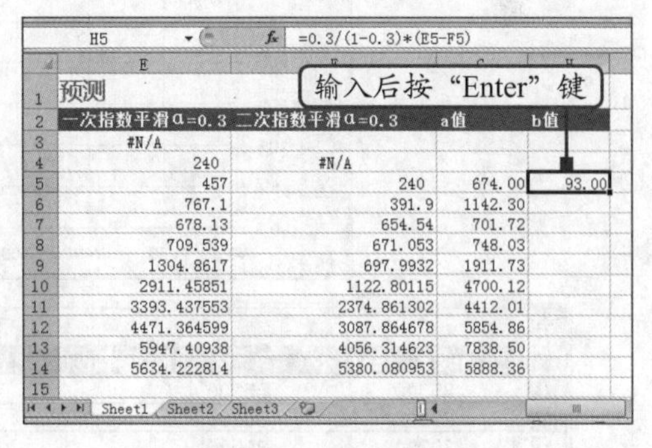

图 8-13　计算 b 值

（10）利用鼠标拖动H5单元格右下角的填充柄至H14单元格，对公式进行快速填充。

（11）由二次指数平滑公式“$Y_{t+T}=a_t-b_t*T$”可知：2019年图书市场的潜在需求量=$a_{2018}-b_{2018}*$（2019-2018）。所以，选择E15单元格并输入公式“=G14-H14*1”，并按“Enter”键得出计算结果，如图8-14所示。

（12）按照相同的计算方法预测2020年的图书需求量，需要注意的是公式中的“T”值不再是“1”，而应该是“2”（2020-2018），最终计算结果如图8-15所示。

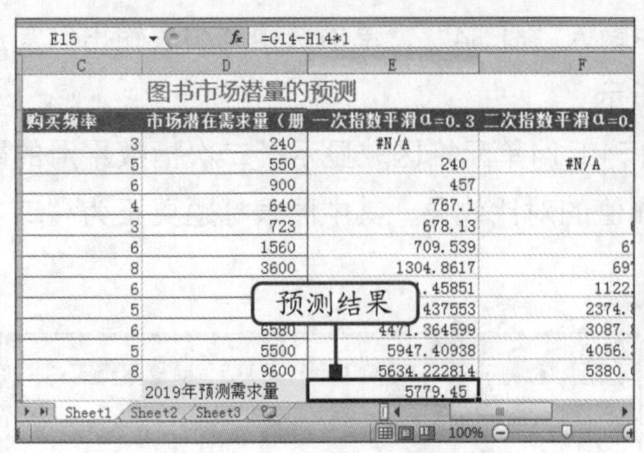

图 8-14 预测 2019 年需求量

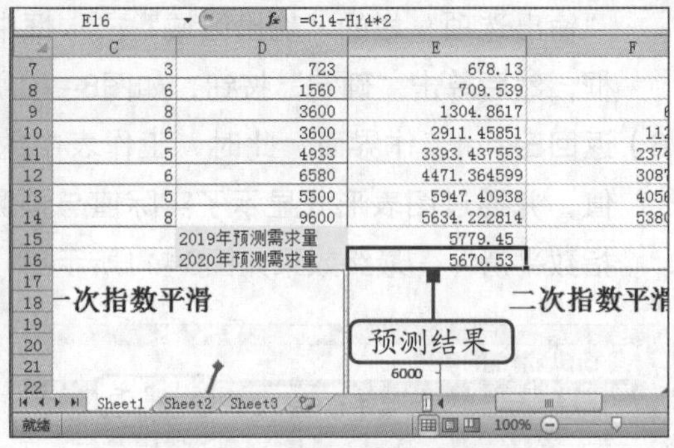

图 8-15 预测 2020 年需求量

（13）调整插入的“一次指数平滑”和“二次指数平滑”图表，使之对齐E17单元格，并适当增加“二次指数平滑”图表的宽度，然后将最终的预测结果值用红色字体表示，效果如图8-1所示。

8.2 定价策略分析

定价策略是指企业通过对客户需求的估算和成本分析，选择一种能吸引客户、实现市场营销组合的策略。图8-16所示为定价策略分析表的最终效果。营销人员通过该表不仅可以了解客户能够接受的价格范围，而且还能选出最优的定价方案。

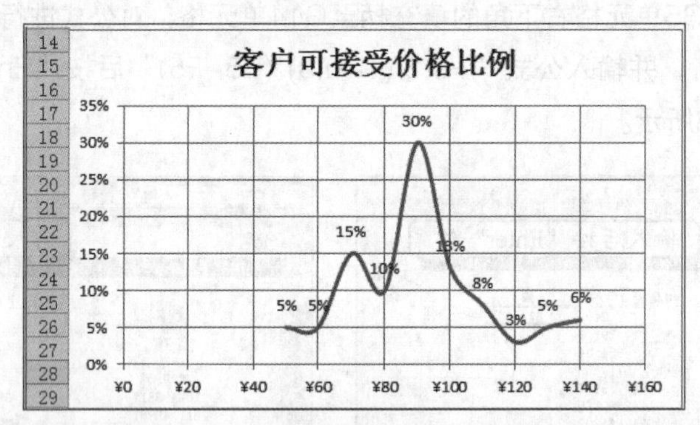

	求解变量						
11	变动成本	总成本	边际成本	销售收入	边际收入	边际利润	销售利润
12	25000	25200	0	¥70,000	0	0	¥44,80
13	30000	30200	5000	¥96,000	¥26,000	¥21,000	¥65,80
14	39200	39500	9300	¥126,000	¥30,000	¥20,700	¥86,50
15	48000	48450	8950	¥160,000	¥34,000	¥25,050	¥111,55
16	54000	54450	6000	¥198,000	¥38,000	¥32,000	¥143,55
17							
18	最大销售利润	¥143,550					
19	最大利润所在区域	5					
20	最优定价	110					

图 8-16 定价策略分析表的最终效果

选择定价策略的前提是分析出不同定价下能获得的销售利润。下面首先利用散点图来分析客户能接受的价格范围，然后计算出不同定价下产品的销售利润，最后选择最大利润所对应的定价方案。

8.2.1 创建客户可接受价格比例图表

微课：创建客户可接受价格比例图表

下面将在“定价策略分析.xlsx”工作簿中利用散点图来分析客户可接受的价格比例，其具体操作如下。

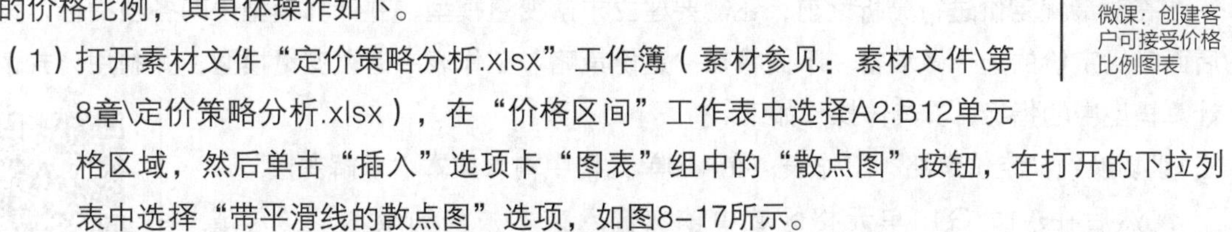

（1）打开素材文件“定价策略分析.xlsx”工作簿（素材参见：素材文件\第8章\定价策略分析.xlsx），在“价格区间”工作表中选择A2:B12单元格区域，然后单击“插入”选项卡“图表”组中的“散点图”按钮，在打开的下拉列表中选择“带平滑线的散点图”选项，如图8-17所示。

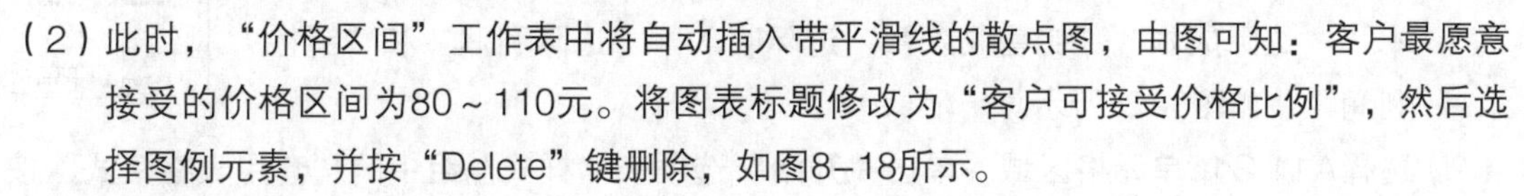

（2）此时，“价格区间”工作表中将自动插入带平滑线的散点图，由图可知：客户最愿意接受的价格区间为80～110元。将图表标题修改为“客户可接受价格比例”，然后选择图例元素，并按“Delete”键删除，如图8-18所示。

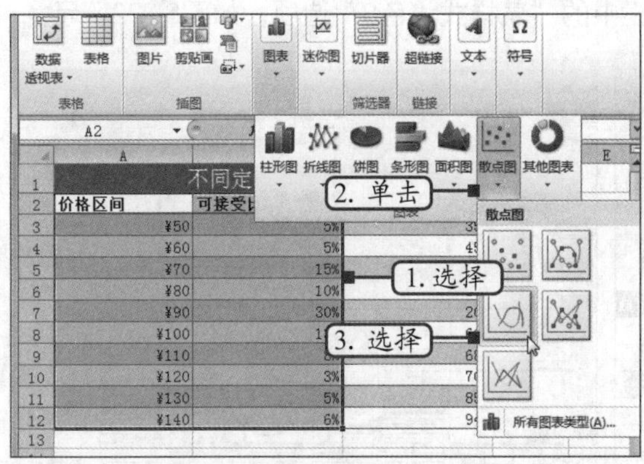

图8-17 插入散点图

图8-18 编辑图表

（3）选择图表中的“系列‘可接受比例’”图表元素，单击“图表工具 布局”选项卡“标签”组中的“数据标签”按钮，在打开的下拉列表中选择“上方”选项，如图8-19所示。

（4）选择插入的图表，单击“图表工具 布局”选项卡“坐标轴”组中的“网格线”按钮，在打开的下拉列表中选择“主要纵网格线”选项，再在打开的子列表中选择“主要网格线”选项，如图8-20所示。

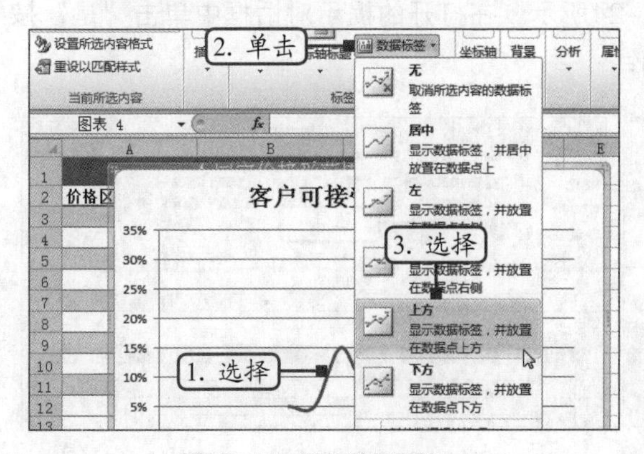

图8-19 添加数据标签

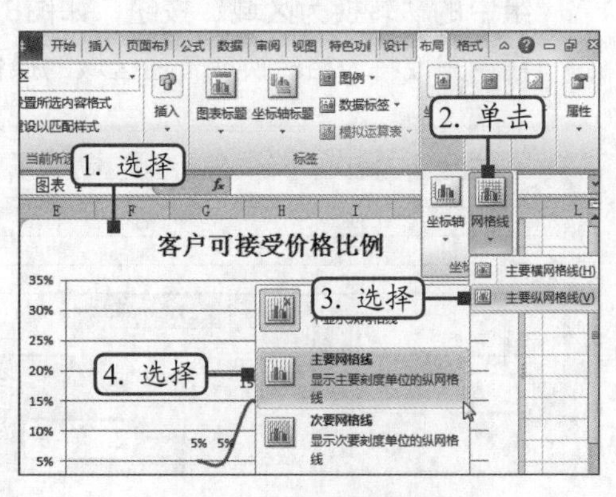

图8-20 添加主要网格线

（5）移动图表，使其左上角与A14单元格对齐，然后按“Ctrl+S”组合键保存修改后的工作表。

8.2.2 建立求解变量模型

在对最优定价进行分析之前，还需要建立求解变量模型，并计算模型中的各项指标，为后面最优定价的选择做准备。下面将在“定价策略”工作表中建立变量模型，并利用公式来计算模型中的指标，其具体操作如下。

微课：建立求解变量模型

（1）切换到“定价策略”工作表，在A10单元格中输入文本“求解变量”，然后在A11:G11单元格区域中依次输入文本“变动成本”“总成本”“边际成本”“销售收入”“边际收入”“边际利润”和“销售利润”，如图8-21所示。

（2）选择A11:G16单元格区域，单击“开始”选项卡“样式”组中的“套用表格格式”按钮，在打开的下拉列表中选择“浅色”栏中的“表样式浅色8”选项，如图8-22所示。

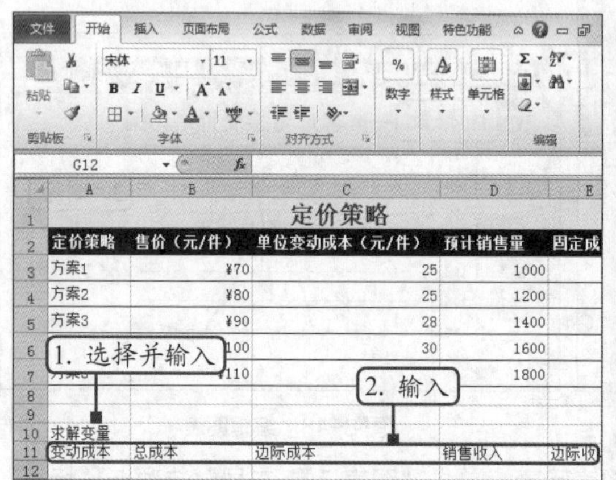

图8-21 在单元格中输入文本

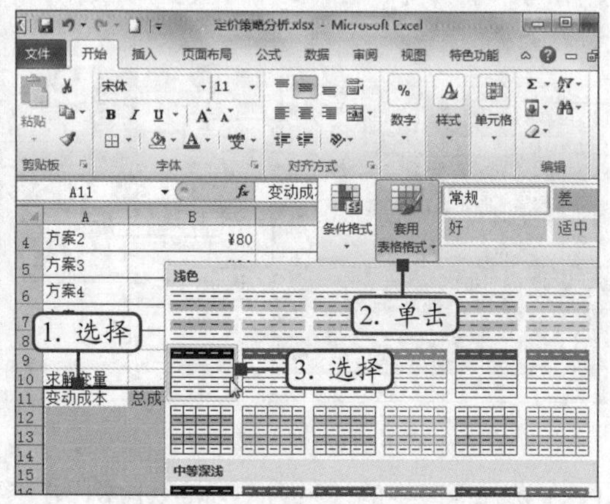

图8-22 套用预设的表格样式

（3）打开“套用表格式”对话框，单击选中“表包含标题”复选框，然后单击“确定”按钮，如图8-23所示。

（4）此时，所选单元格区域将应用设置的表样式，单击“表格工具 设计”选项卡“工具”组中的“转换为区域”按钮，如图8-24所示。在打开的提示对话框中单击“是”按钮，完成将表格转换成普通区域的操作。

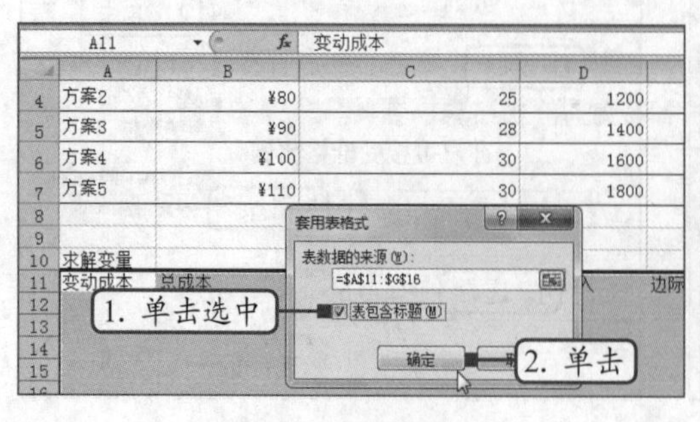

图8-23 设置表格式

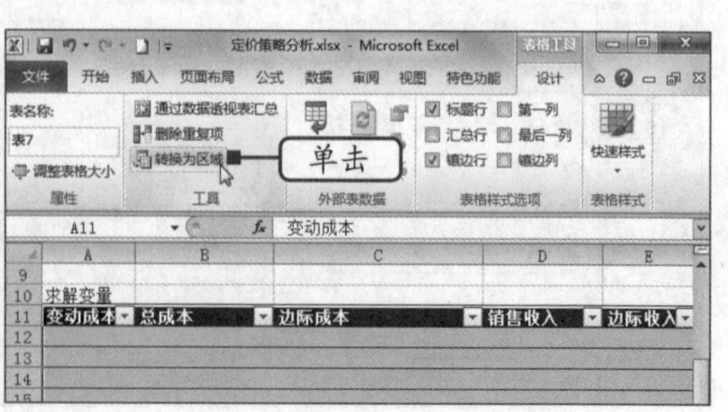

图8-24 将表格转换为普通区域

（5）选择A10:G10单元格区域，单击“开始”选项卡“样式”组中的“单元格样式”按钮，在打开的下拉列表中选择“数据和模型”栏中的“输出”选项，如图8-25所示。

（6）此时，所选单元格区域将应用“输出”样式。保持单元格区域的选择状态，在“开始”选项卡的“对齐方式”组中单击“合并后居中”按钮，然后在“字体”组中单击“增大字号”按钮，将字号调整为“16”，效果如图8-26所示。

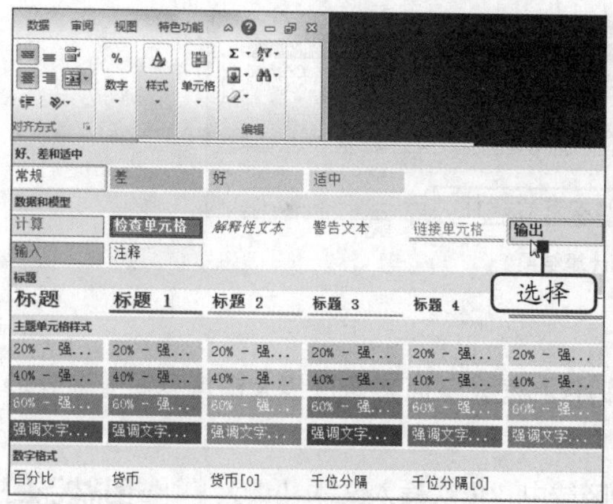

图 8-25　应用预设的单元格样式

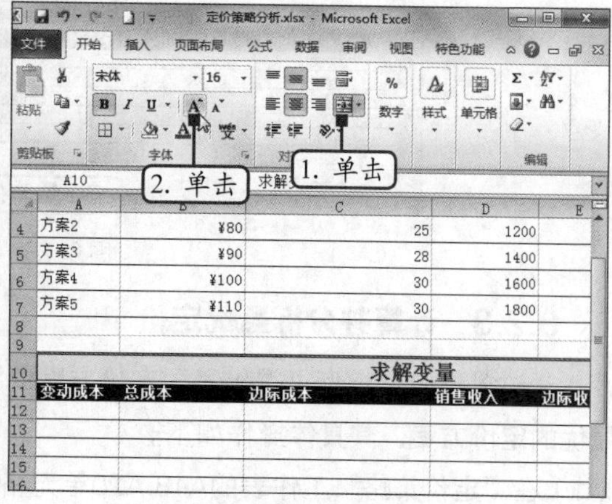

图 8-26　合并单元格并增大字号

（7）选择A12单元格，输入公式“=C3*D3”，然后按“Enter”键查看计算结果，如图8-27所示。

（8）按照相同的操作方法，继续根据已知数据计算“求解变量”中的各项指标，计算的最终结果如图8-28所示。在计算各项指标时涉及的公式依次为：B12=E3+A12，D12=B3*D3，G12=D12-B12。

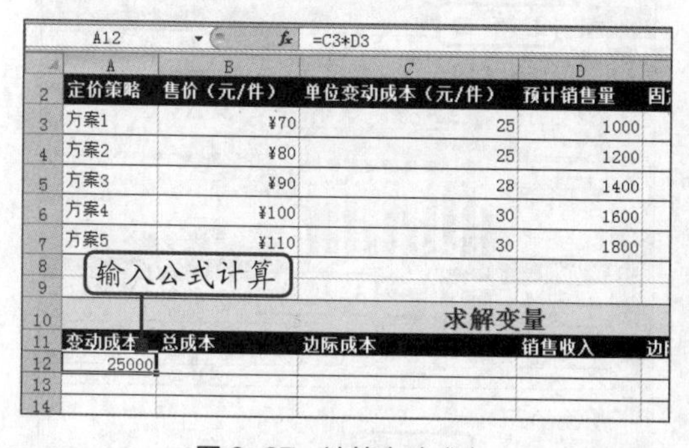

图 8-27　计算变动成本

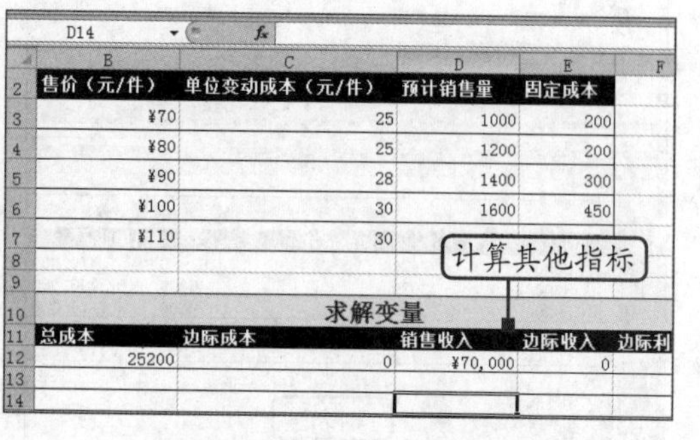

图 8-28　计算方案 1 的其他指标

提示

图8-28所示的边际成本（C12）、边际收入（E12）和边际利润（F12）的计算结果均为“0”，这是因为计算从第二档定价开始的，所以方案1中相关指标为“0”。那么其他方案对应的计算公式以方案2为依据，边际成本（C13=B13-B12），边际收入（E13=D13-D12），边际利润（F13=E13-C13），以此类推，便可计算其他方案的相同指标。

（9）根据提供的计算公式，依次计算方案2、方案3、方案4和方案5中的求解变量指标，最终效果如图8-29所示。

	A	B	C	D	E	F	G
5	方案3	¥90	28	1400	300		
6	方案4	¥100	30	1600	450		
7	方案5	¥110	30	1800	450		
8							
9							
10	求解变量						
11	变动成本	总成本	边际成本	销售收入	边际收入	边际利润	销售利润
12	25000	25200	0	¥70,000	0	0	¥44,800
13	30000	30200	5000	¥96,000	¥26,000	¥21,000	¥65,800
14	39200	39500	9300	¥126,000	¥30,000	¥20,700	¥86,500
15	48000	48450	8950	¥160,000	¥34,000	¥25,050	¥111,550
16	54000	54450	6000	¥198,000	¥38,000	¥32,000	¥143,550

计算其他方案的指标

图 8-29　计算结果

8.2.3　计算并分析最优定价

通过求解变量模型可得出不同定价方案的销售利润，下面将通过最大销售利润值来分析最优的定价方案，其具体操作如下。

（1）在“定价策略”工作表的A18:A20单元格区域中，依次输入文本“最大销售利润”“最大利润所在区域”和“最优定价”，如图8-30所示。

微课：计算并分析最优定价

（2）拖动鼠标选择A18:A20单元格区域，然后单击“开始”选项卡“字体”组中的“填充颜色”下拉按钮，在打开的下拉列表中选择“标准色”栏中的“黄色”选项，再单击“对齐方式”组中的“自动换行”按钮，如图8-31所示。

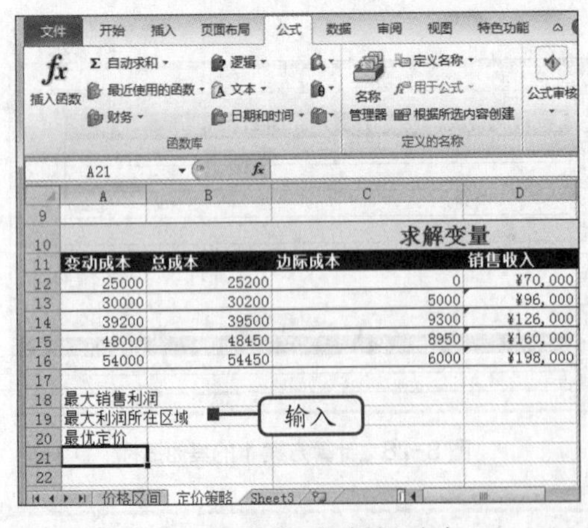

图 8-30　在单元格中输入文本

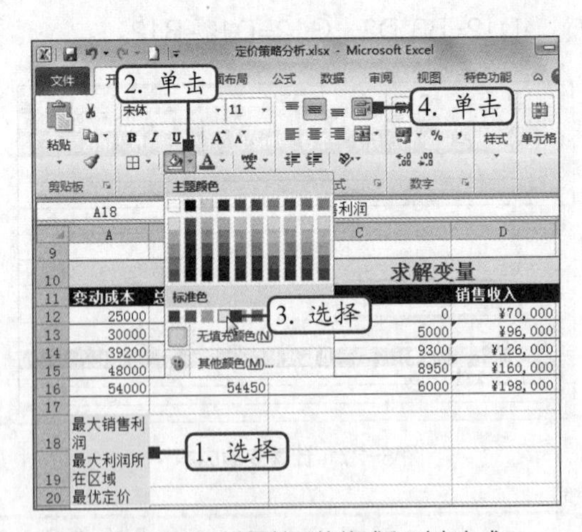

图 8-31　设置单元格格式和对齐方式

（3）选择B18单元格，然后在“公式”选项卡的“函数库”组中单击“自动求和”下拉按钮，在打开的下拉列表中选择“最大值”选项，如图8-32所示。

（4）此时，B18单元格中自动显示了参与运算的单元格区域，删除括号中的原有数据，重新输入参数“G12:G16”，如图8-33所示，按“Enter”键得到计算结果。

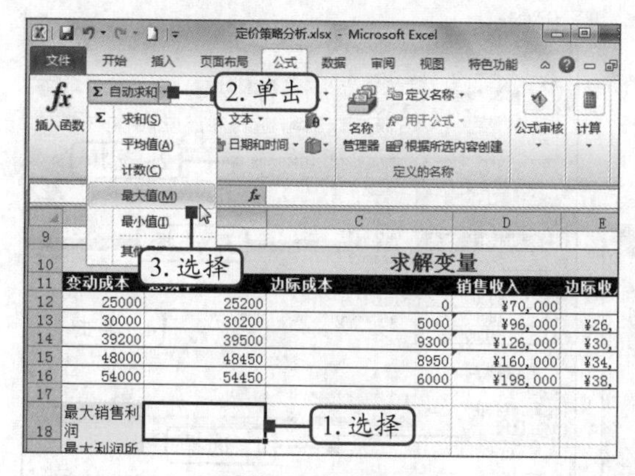

图 8-32 选择函数

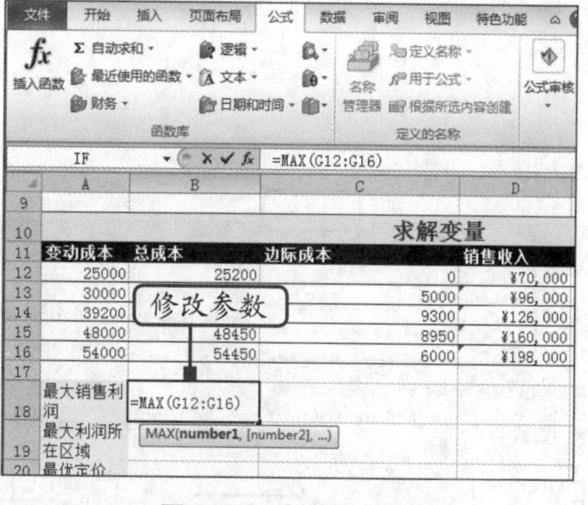

图 8-33 修改函数参数

(5) 选择B19单元格，单击编辑栏中的“插入函数”按钮，如图8-34所示。

(6) 打开“插入函数”对话框，在“或选择类别”下拉列表中选择“查找与引用”选项，在“选择函数”列表框中选择“MATCH”选项，然后单击“确定”按钮，如图8-35所示。

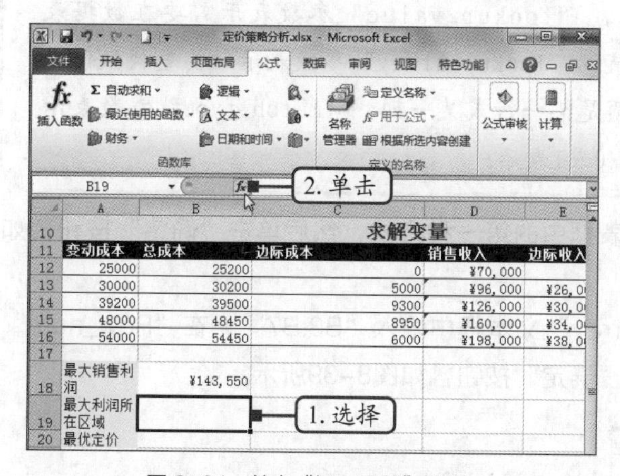

图 8-34 单击“插入函数”按钮

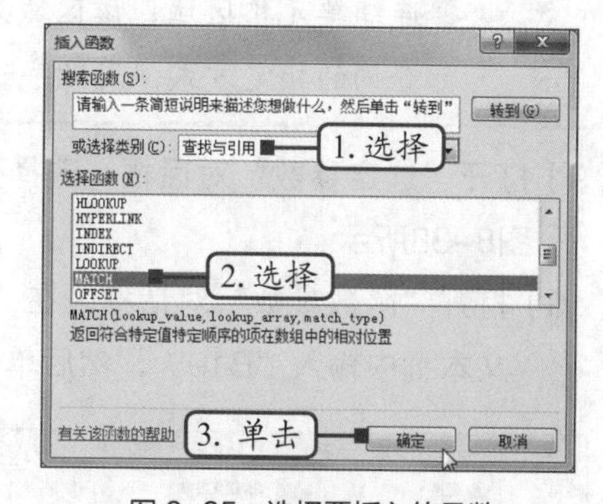

图 8-35 选择要插入的函数

提示

打开“插入函数”对话框的方法有多种，除了最常用的“函数库”组和编辑栏外，还可以直接按“Shift+F3”组合键进行。

(7) 打开“函数参数”对话框，在“Lookup_value”文本框中输入“B18”；在“Lookup_array”文本框中输入“G12:G16”；在“Match_type”文本框中输入“0”，然后单击“确定”按钮，如图8-36所示。

(8) 此时，B19单元格中将显示计算结果。选择B20单元格，打开“插入函数”对话框，在“或选择类别”下拉列表中选择“查找与引用”选项，在“选择函数”列表框中选择“INDEX”选项，然后单击“确定”按钮，如图8-37所示。

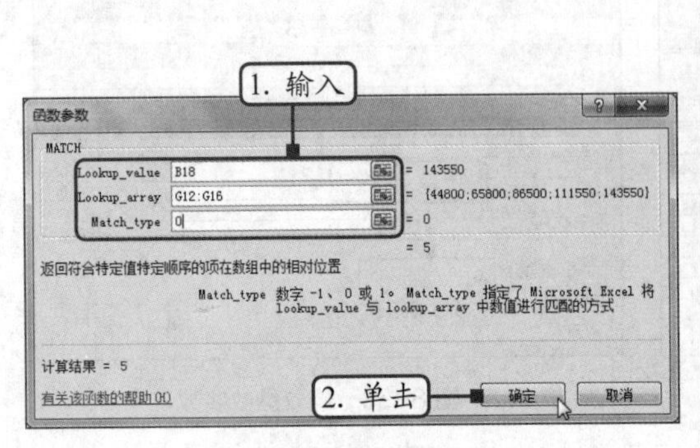

图 8-36 设置函数参数

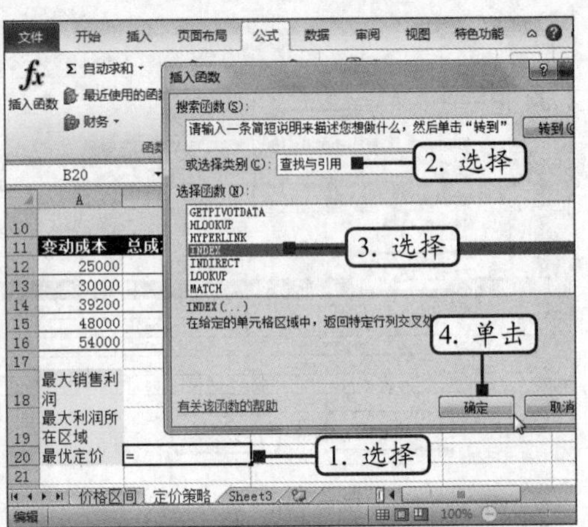

图 8-37 选择要插入的函数

提示

MATCH函数是Excel主要的查找函数之一，其功能是返回指定数值在指定数组区域中的位置。该函数的语法结构为：MATCH(lookup_value,lookup_array,match_type)。其中，“lookup_value”参数表示需要在数据表（lookup_array）中查找的值；“lookup_array”参数表示所要查找数值的连续单元格区域，该区域必须是某一行或某一列；“match_type”参数表示查询的指定方式，用数字-1、0或1表示。

（9）打开“选定参数”对话框，选择列表框中的第一种方式，然后单击“确定”按钮，如图8-38所示。

（10）打开“函数参数”对话框，在“Array”文本框中输入“B3:B7”，在“Row_num”文本框中输入“B19”，然后单击“确定”按钮，如图8-39所示。

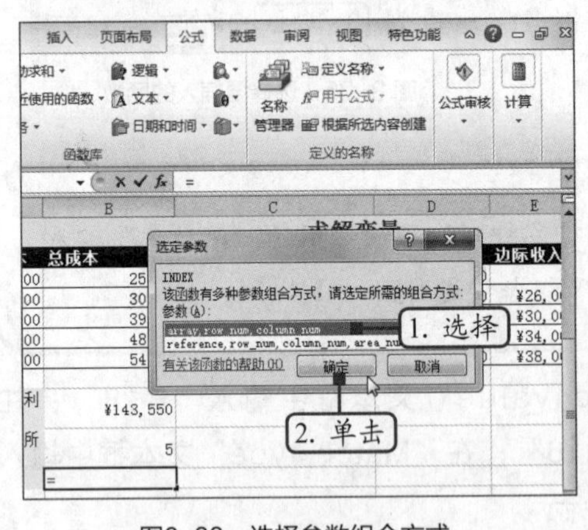

图8-38 选择参数组合方式

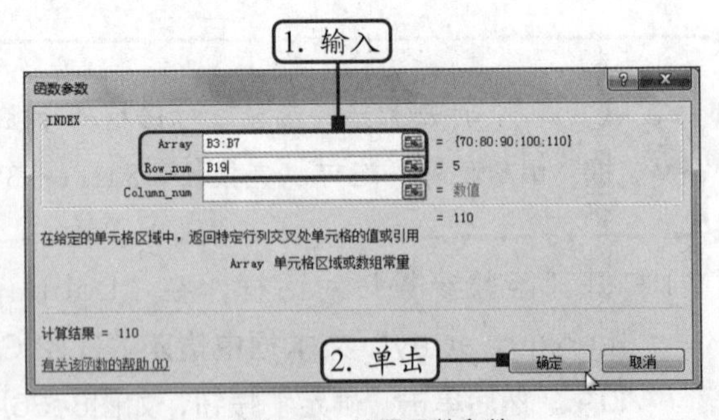

图8-39 设置函数参数

（11）返回Excel工作界面，此时，B20单元格将显示计算结果，如图8-40所示（效果参见：效果文件\第8章\定价策略分析.xlsx）。由此可见，当销售利润最大化时最优的定价为“110”，所对应的方案为“方案5”。

B20 =INDEX(B3:B7,B19)

	A	B	C	D	E	F	G
10	求解变量						
11	变动成本	总成本	边际成本	销售收入	边际收入	边际利润	销售利润
12	25000	25200	0	¥70,000	0	0	¥44,80
13	30000	30200	5000	¥96,000	¥26,000	¥21,000	¥65,80
14	39200	39500	9300	¥126,000	¥30,000	¥20,700	¥86,50
15	48000	48450	8950	¥160,000	¥34,000	¥25,050	¥111,55
16	54000	54450	6000	¥198,000	¥38,000	¥32,000	¥143,55
17							
18	最大销售利润	¥143,550					
19	最大利润所在区域	5					
20	最优定价	110					
21							

计算结果

价格区间 定价策略 Sheet3

图 8-40　查看计算结果

8.3　销售成本预测分析

企业的各项经营活动与产品的销售情况密切相关，因此，销售预测是经营预测的起点和基础。在销售预测中，成本预测是不容忽视的，通过成本预测，营销人员可以掌握未来的成本水平及其变动趋势，有助于减少决策的盲目性。图8-41所示为销售成本预测分析的最终效果。通过创建的散点图，营销人员可以看出企业的销售成本呈现上升趋势，并在F14单元格中显示出了预测的12月份的销售成本。

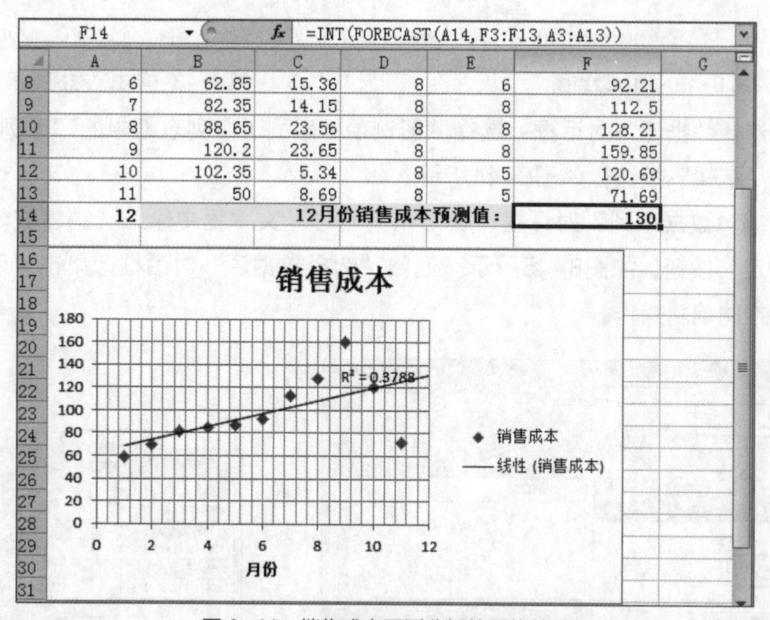
F14 =INT(FORECAST(A14,F3:F13,A3:A13))

	A	B	C	D	E	F
8	6	62.85	15.36	8	6	92.21
9	7	82.35	14.15	8	8	112.5
10	8	88.65	23.56	8	8	128.21
11	9	120.2	23.65	8	8	159.85
12	10	102.35	5.34	8	5	120.69
13	11	50	8.69	8	5	71.69
14	12	12月份销售成本预测值：				130

图 8-41　销售成本预测分析的最终效果

下面首先创建散点图来对比前11个月的销售成本，然后添加趋势线来分析销售成本的变化趋势，最后利用INT和FORECAST函数预测出12月份的销售成本。

8.3.1　创建散点图

散点图可表现出随自变量而变化的大致趋势。下面将在“销售成本预测分析.xlsx”工作簿中利用散点图来查看每个月的销售成本合计数的变化情况，其具体操作如下。

微课：创建散点图

（1）打开素材文件“销售成本预测分析.xlsx”工作簿（素材参见：素材文件\第8章\销售成本预测分析.xlsx），在“Sheet1”工作表中选择A3:A13单元格区域，按住“Ctrl”键的同时加选F3:F13单元格区域，然后单击“插入”选项卡“图表”组中的“散点图”按钮，在打开的下拉列表中选择“仅带数据标记的散点图”选项，如图8-42所示。

（2）此时，“Sheet1”工作表中将显示插入的散点图，保持图表的选择状态，单击“图表工具 设计”选项卡“数据”组中的“选择数据”按钮，如图8-43所示。

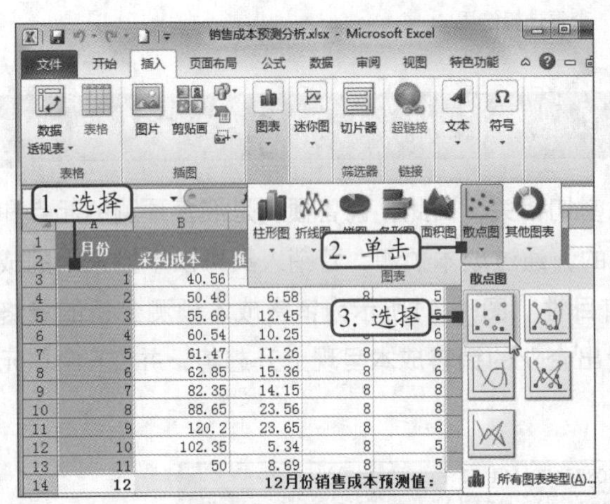

图 8-42 插入散点图

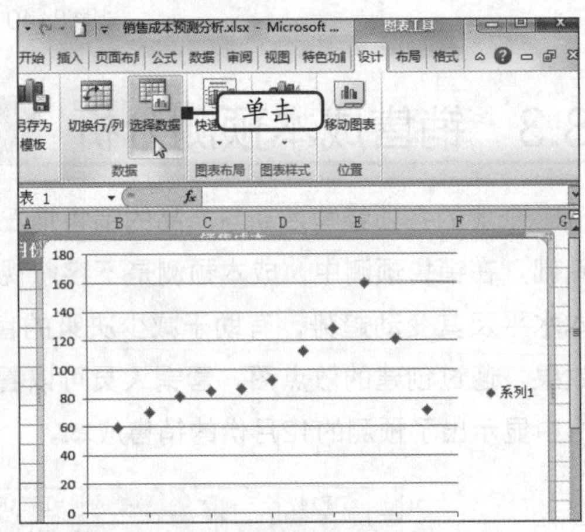

图 8-43 单击“选择数据”按钮

（3）打开“选择数据源”对话框，选择“图例项（系列）”列表框中的“系列1”选项，然后单击“编辑”按钮，如图8-44所示。

（4）打开“编辑数据系列”对话框，在“系列名称”文本框中输入“销售成本”，然后单击“确定”按钮，如图8-45所示。返回“选择数据源”对话框，单击“确定”按钮，完成数据的编辑操作。

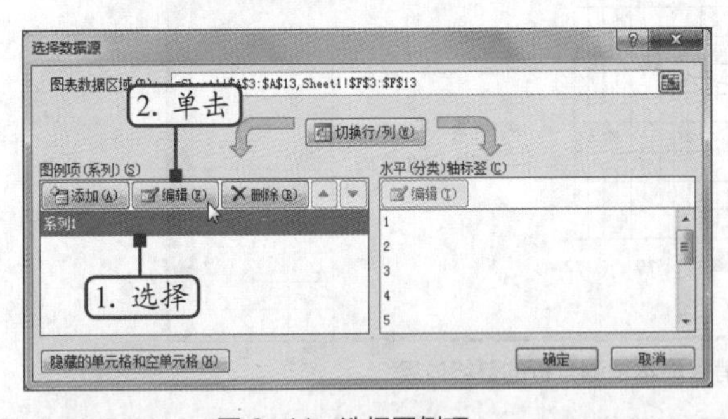

图 8-44 选择图例项

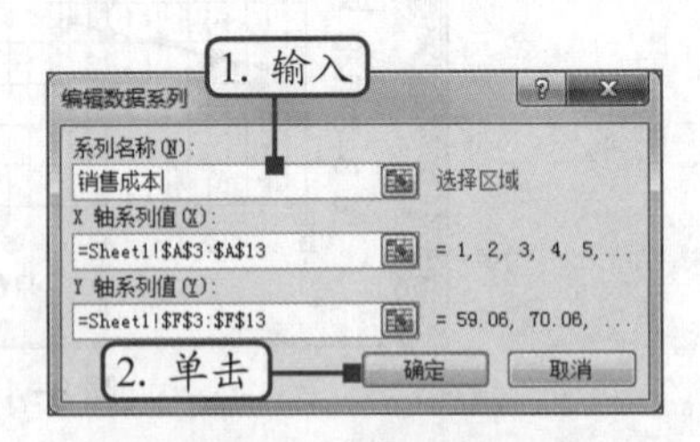

图 8-45 输入图例名称

（5）在“图表工具 布局”选项卡的“标签”组中单击“坐标轴标题”按钮，在打开的下拉列表中选择“主要横坐标轴标题”选项，再在打开的子列表中选择“坐标轴下方标题”选项，如图8-46所示。

（6）此时，在图表的横坐标轴下方将显示添加的坐标轴标题，将标题名称更改为“月份”，如图8-47所示。

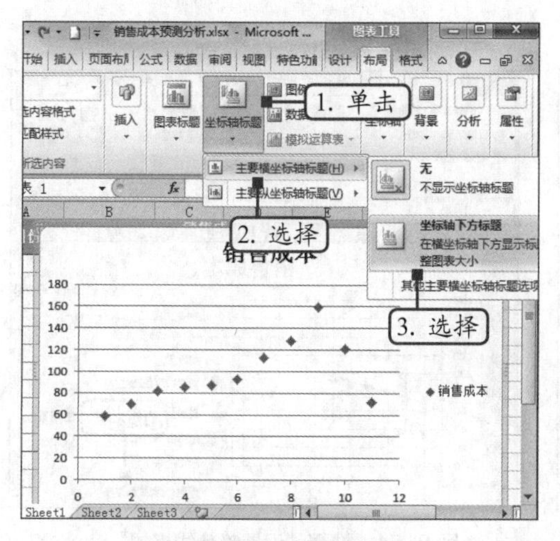

图 8-46　添加坐标轴标题

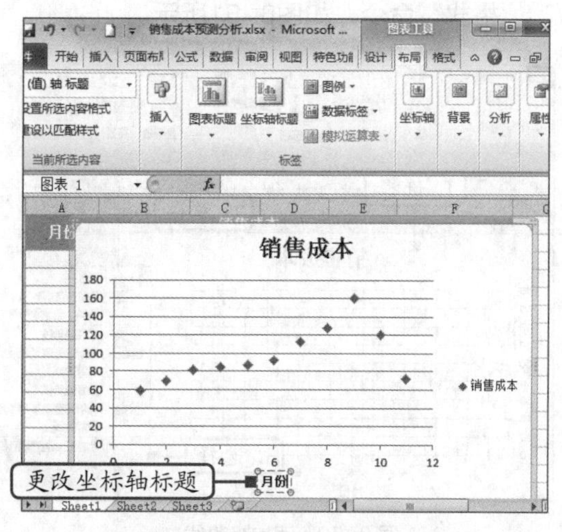

图 8-47　更改坐标轴标题名称

（7）在“图表工具 布局”选项卡的“坐标轴”组中单击“网格线”按钮，在打开的下拉列表中选择“主要纵网格线”选项，再在打开的子列表中选择“次要网格线”选项，如图8-48所示。

（8）此时，图表中将显示添加的次要纵网格线的效果，如图8-49所示。

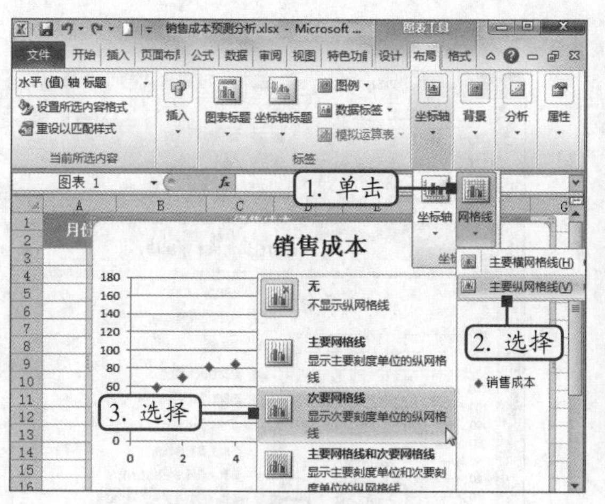

图 8-48　添加次要网格线

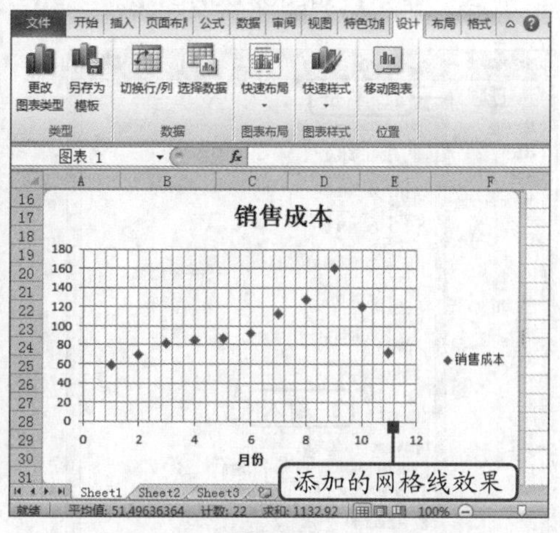

图 8-49　查看添加网格线后的效果

8.3.2　添加线性预测趋势线

利用Excel进行数据分析时，除了根据数据建立图表外，还应该利用趋势线、误差线和折线等工具进行分析，这样才能使数据结果一目了然。下面将利用趋势线来预测12月份的销售成本，其具体操作如下。

微课：添加线性预测趋势线

（1）在“Sheet1”工作表中选择插入的散点图，然后单击“图表工具 布局”选项卡“分析”组中的“趋势线”按钮，在打开的下拉列表中选择“线性预测趋势线”选项，如图8-50所示。

（2）在图表中添加的趋势线上单击鼠标右键，然后在弹出的快捷菜单中选择“设置趋势线格式”命令，如图8-51所示。

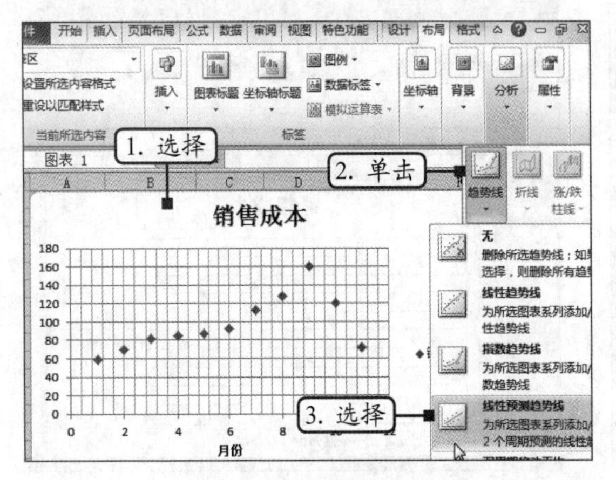

图 8-50　添加趋势线

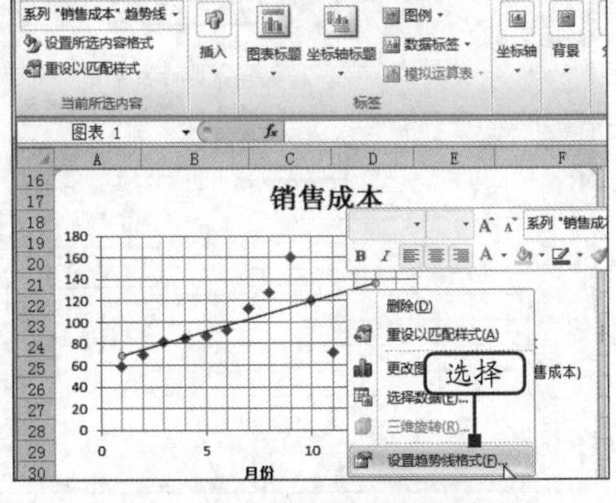

图 8-51　选择“设置趋势线格式”命令

（3）打开“设置趋势线格式”对话框，在左侧单击“趋势线选项”选项卡，在右侧“趋势预测”栏中的“前推”文本框中输入“1.0”，单击选中“显示R平方值”复选框，然后单击“关闭”按钮，如图8-52所示。

（4）在图表中的水平轴上单击鼠标右键，然后在弹出的快捷菜单中选择“设置坐标轴格式”命令，如图8-53所示。

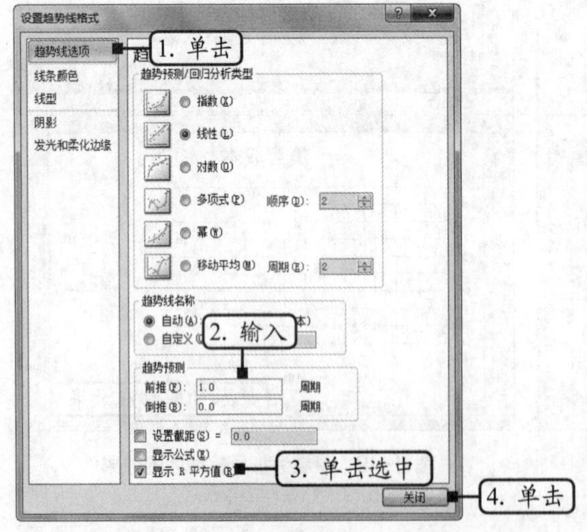

图 8-52　设置趋势线选项

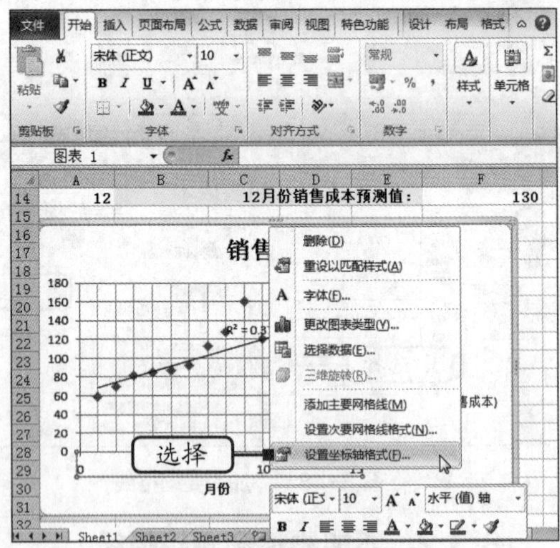

图 8-53　设置坐标轴格式

提示

Excel 2010提供了指数、线性、对数、多项式、幂和移动平均6种不同类型的趋势线，用于预测数据系列的值。其中，线性趋势线是适用于简单线性数据集的最佳拟合直线；而指数趋势线则是一种当数据值以不断增加的速率上升或下降时使用的曲线。

(5) 打开“设置坐标轴格式”对话框，在左侧单击“坐标轴选项”选项卡，在右侧的“坐标轴选项”栏中单击选中“最小值”对应的“固定”单选项，然后输入固定值“0.0”；按照相同的方法，将最大值设置为“12.0”，然后单击“关闭”按钮，如图8-54所示。

(6) 此时，图表中水平轴的最大值将显示为“12”，如图8-55所示。

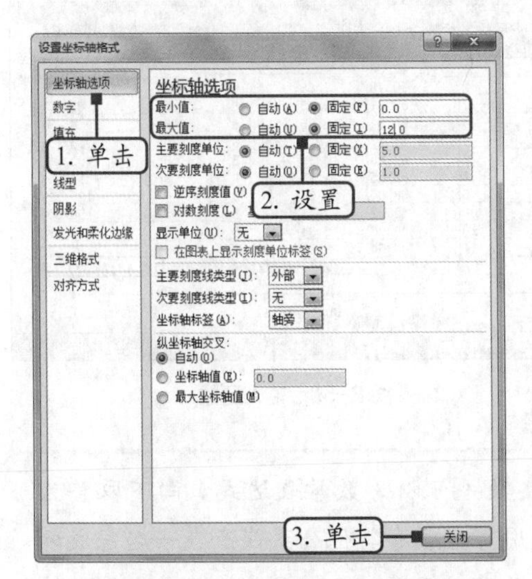

图8-54 设置坐标轴选项

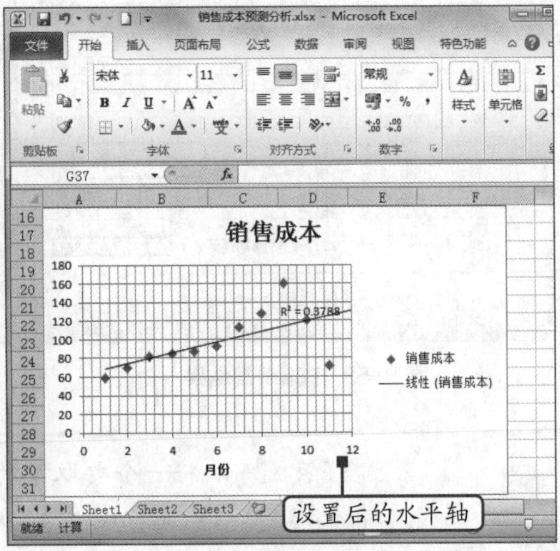

图8-55 查看设置后的水平轴

8.3.3 INT和FORECAST函数的使用

下面将综合利用INT和FORECAST函数来计算12月份销售成本的预测值，其具体操作如下。

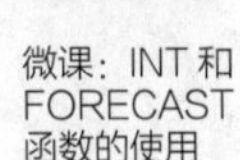

微课：INT和FORECAST函数的使用

(1) 选择“Sheet1”工作表中的F14单元格，按“Shift+F3”组合键，打开“插入函数”对话框，在“或选择类别”下拉列表中选择“统计”选项，在“选择函数”列表框中选择“FORECAST”选项，然后单击“确定”按钮，如图8-56所示。

(2) 打开“函数参数”对话框，分别在“X”“Known_y's”“Known_x's”数值框中输入“A14”“F3:F13”“A3:A13”，然后单击“确定”按钮，如图8-57所示。

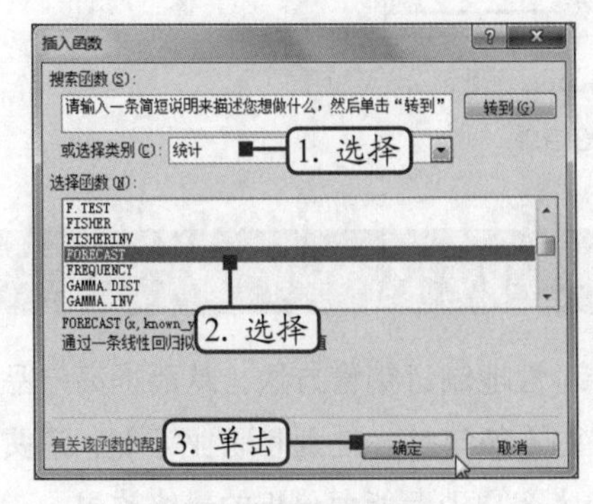

图8-56 选择函数

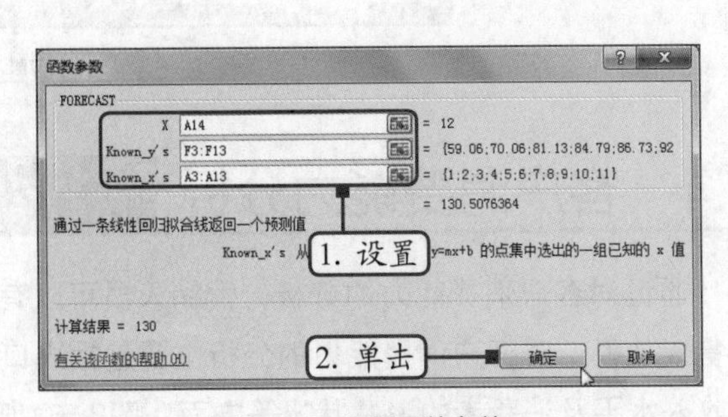

图8-57 设置函数参数

（3）返回Excel工作界面，F14单元格中自动显示计算结果，如图8-58所示。

（4）重新选择F14单元格，将鼠标指针定位至编辑栏中运算符“=”的后面，然后输入函数“INT”，并在其后输入前括号“(”，最后将鼠标指针定位至末尾，输入后括号“)”，如图8-59所示。

F14 =FORECAST(A14,F3:F13,A3:A13)

月份	销售成本				销售成本合计
	采购成本	推广费用	配送费	库存费	
1	40.56	5.5	8	5	59.06
2	50.48	6.58	8	5	70.06
3	55.68	12.45	8	5	81.13
4	60.54	10.25	8	6	84.79
5	61.47	11.26	8	6	86.73
6	62.85	15.36	8	6	92.21
7	82.35	14.15	8	8	112.5
8	88.65	23.56	8	8	128.21
9	120.2	23.65	8	8	159.85
10	102.35	5.34	8	5	120.69
11	50	8.69	8	5	71.69
12	12月份销售成本预测值：				130.5076364

计算结果

图8-58 查看计算结果

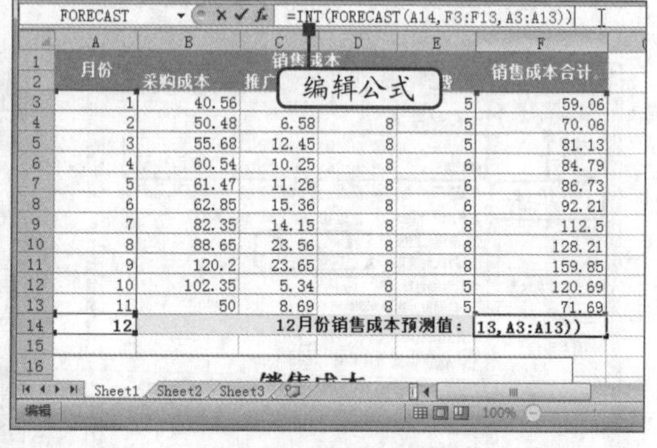

FORECAST =INT(FORECAST(A14,F3:F13,A3:A13))

月份	销售成本				销售成本合计
	采购成本	推广费用	配送费	库存费	
1	40.56			5	59.06
2	50.48	6.58	8	5	70.06
3	55.68	12.45	8	5	81.13
4	60.54	10.25	8	6	84.79
5	61.47	11.26	8	6	86.73
6	62.85	15.36	8	6	92.21
7	82.35	14.15	8	8	112.5
8	88.65	23.56	8	8	128.21
9	120.2	23.65	8	8	159.85
10	102.35	5.34	8	5	120.69
11	50	8.69	8	5	71.69
12	12月份销售成本预测值：				13,A3:A13))

图8-59 输入函数

提示

INT函数可以将一个要取整的实数（可以为数学表达式）向下取整为最接近的整数。INT函数很少单独使用，一般和其他公式嵌套在一起完成计算。需要注意的是：INT函数是取整函数，不进行四舍五入，而是直接去掉小数部分取整，如INT(12.86)的计算结果为“12”。

（5）按“Enter”键后，F14单元格中的数据将以整数形式显示，效果如图8-60所示（效果参见：效果文件\第8章\销售成本预测分析.xlsx）。

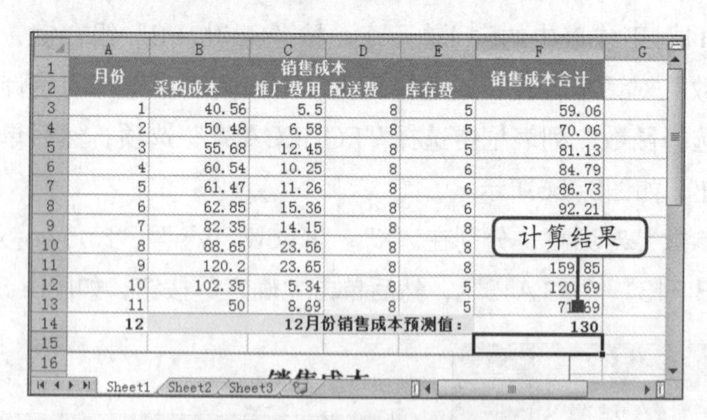

月份	销售成本				销售成本合计
	采购成本	推广费用	配送费	库存费	
1	40.56	5.5	8	5	59.06
2	50.48	6.58	8	5	70.06
3	55.68	12.45	8	5	81.13
4	60.54	10.25	8	6	84.79
5	61.47	11.26	8	6	86.73
6	62.85	15.36	8	6	92.21
7	82.35	14.15	8	8	
8	88.65	23.56	8	8	
9	120.2	23.65	8	8	159.85
10	102.35	5.34	8	5	120.69
11	50	8.69	8	5	71.69
12	12月份销售成本预测值：				130

图8-60 查看取整后的结果

8.4 客户消费能力分析

通过对客户消费能力的分析，营销人员可以有针对性地制订销售方法，从而提高产品的销售成功率。对客户消费能力的分析主要包括人口结构（如年龄、性别和职业等）、消费者的收入水平及消费者的消费状况等方面。图8-61所示为客户消费能力分析的最终效果。

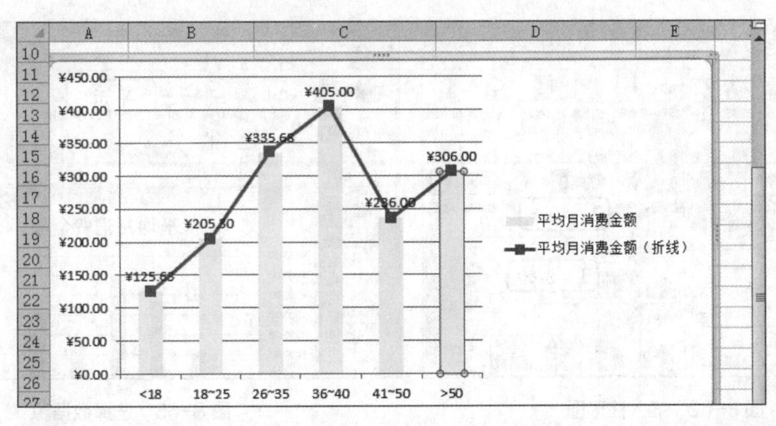

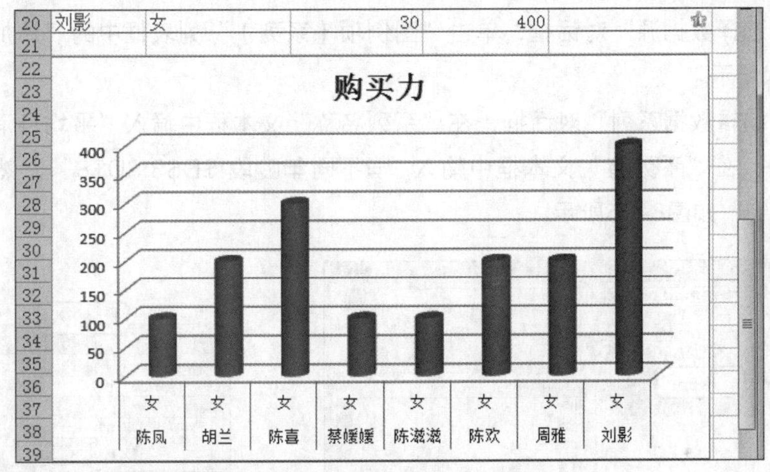

图 8-61　客户消费能力分析的最终效果

下面首先创建带折线的柱形图来分析不同年龄客户的平均月消费额，然后利用三维堆积柱形图来对比不同性别客户的购买力，最后通过筛选功能分别查看男性客户和女性客户各自的购买力。

8.4.1　不同年龄段客户的消费能力分析

交易成功率是影响店铺销量和口碑的重要因素，而提升交易成功率的关键在于分析不同年龄段客户的消费能力，做到有的放矢，最终促成交易。下面将在“客户消费能力分析.xlsx”工作簿中创建带折线的柱形图来分析不同年龄段客户的消费能力，其具体操作如下。

（1）打开素材文件“客户消费能力分析.xlsx”工作簿（素材参见：素材文件\第8章\客户消费能力分析.xlsx），单击“不同年龄段”工作表标签，选择A2:A8单元格区域，在按住“Ctrl”键的同时加选D2:D8单元格区域，然后单击“插入”选项卡“图表”组中的“柱形图”按钮，在打开的下拉列表中选择“簇状柱形图”选项，如图8-62所示。

微课：不同年龄段客户的消费能力分析

（2）此时，工作表中将显示插入的柱形图，保持图表的选择状态，单击“图表工具 设计”选项卡“数据”组中的“选择数据”按钮，如图8-63所示。

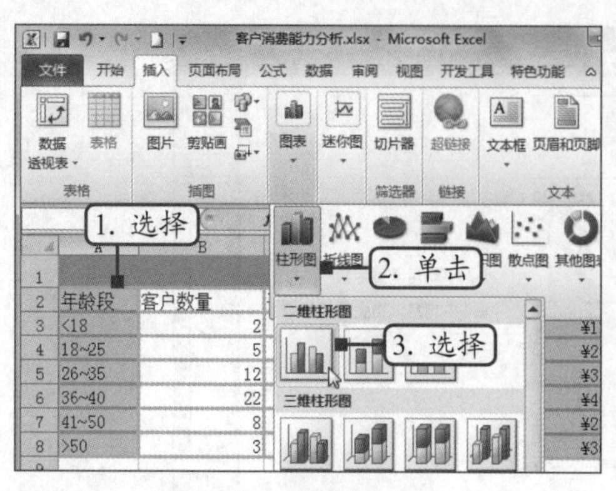

图 8-62　插入柱形图

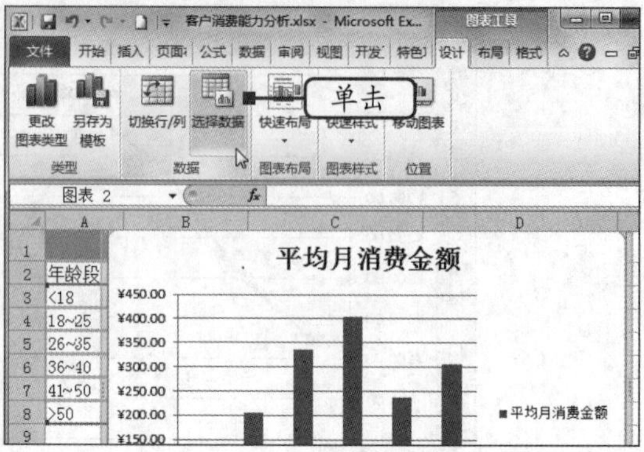

图 8-63　选择数据源

（3）打开“选择数据源”对话框，单击“图例项（系列）”列表框中的“添加”按钮，如图8-64所示。

（4）打开“编辑数据系列”对话框，在“系列名称”文本框中输入“平均月消费金额（折线）”，在“系列值”文本框中输入“=不同年龄段!$D$3:$D$8”，然后单击“确定”按钮，如图8-65所示。

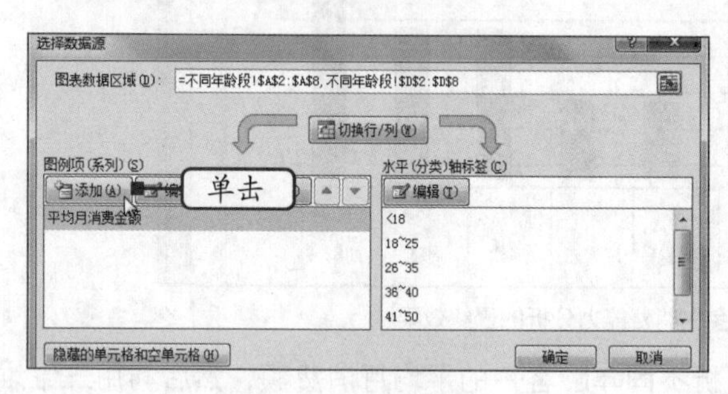

图 8-64　添加数据

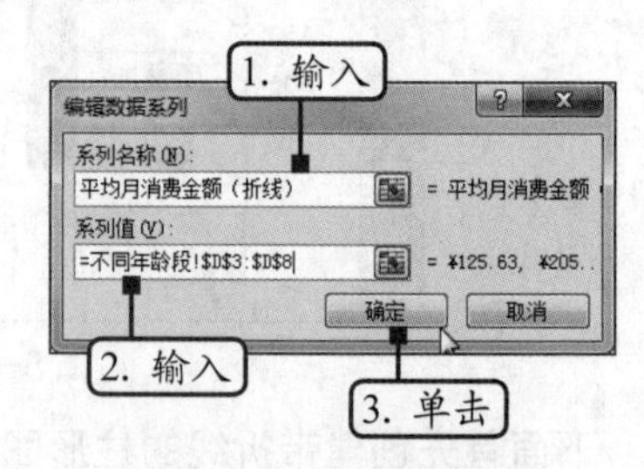

图 8-65　编辑数据系列

（5）返回“选择数据源”对话框，单击“确定”按钮，完成编辑数据系列的操作。在新添加的数据系列上单击鼠标右键，然后在弹出的快捷菜单中选择“更改系列图表类型”命令，如图8-66所示。

（6）打开“更改图表类型”对话框，在左侧单击“折线图”选项卡，在右侧的“折线图”栏中选择“带数据标记的折线图”选项，然后单击“确定”按钮，如图8-67所示。

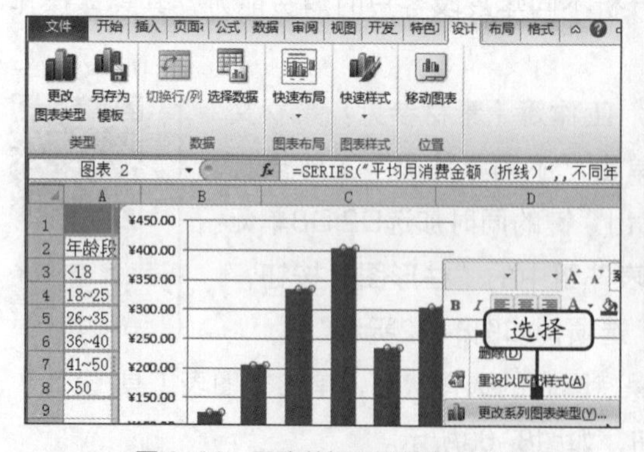

图 8-66　更改数据系列的图表类型

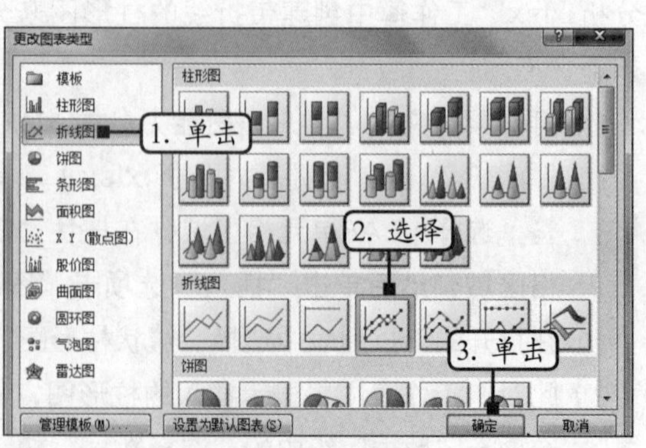

图 8-67　选择图表样式

（7）此时，红色柱形图将更改为折线图。选择“系列‘平均月销费金额’”图表元素，单击“图表工具 格式”选项卡“形状样式”组中的“形状填充”按钮，在打开的下拉列表中选择“标准色”栏中的“黄色”选项，如图8-68所示。

（8）保持数据系列的选择状态，单击“图表工具 布局”选项卡“标签”组中的“数据标签”按钮，在打开的下拉列表中选择“数据标签外”选项，如图8-69所示。

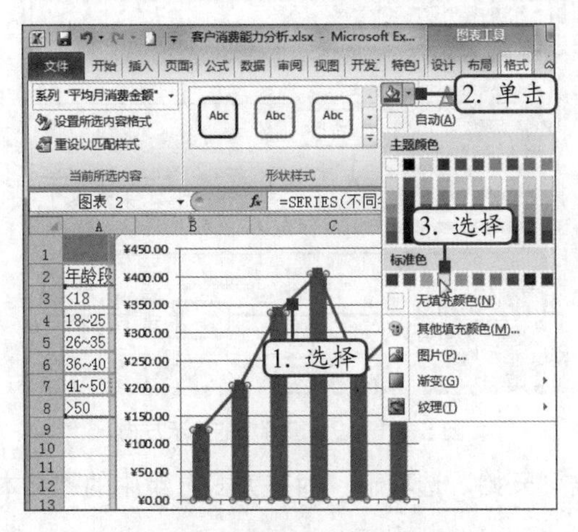

图 8-68　设置数据系列的填充颜色

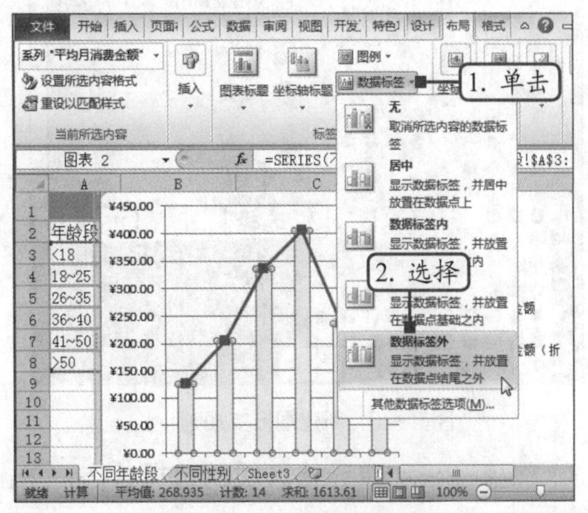

图 8-69　添加数据标签

提示　在对图表中的数据系列进行形状填充时，如果对设置的填充效果不满意，可以将数据系列恢复至设置前的样式。其方法为：在设置后的数据系列上单击鼠标右键，在弹出的快捷菜单中选择“重设以匹配样式”命令，即可将数据系列恢复至最初的样式。该方法同样适用于图表中的其他元素。

（9）由图可知，36～40岁这一年龄段客户的消费能力是最强的。移动图表，使其左上角与A11单元格对齐，然后拖动图表右下角，使其覆盖E27单元格，最后按“Ctrl+S”组合键，保存对“不同年龄段”工作表的修改。

8.4.2　不同性别客户的消费能力分析

不同性别的客户对购买产品的要求有所不同。例如，男性客户的购买行为相对较少，且多是有目的性的，一旦决定购买某种产品，男性比女性更容易做出购买决定。下面将利用图表和筛选功能分析是男性客户还是女性客户的消费能力更强，其具体操作如下。

（1）切换到“不同性别”工作表，选择E3:E20单元格区域，单击“开始”选项卡“样式”组中的“条件格式”按钮，在打开的下拉列表中选择“图标集”选项，再在打开的子列表中选择“其他规则”选项，如图8-70所示。

微课：不同性别客户的消费能力分析

（2）打开“新建格式规则”对话框，在“图标样式”下拉列表中选择“3个星形”选项，并单击选中右侧的“仅显示图标”复选框，然后将“金色星形”的“值”设置为“>=500”，“类型”设置为“数字”；继续将“半金色星形”的

“值”设置为“<500且>=300”，“类型”设置为“数字”；最后单击“确定”按钮，如图8-71所示。

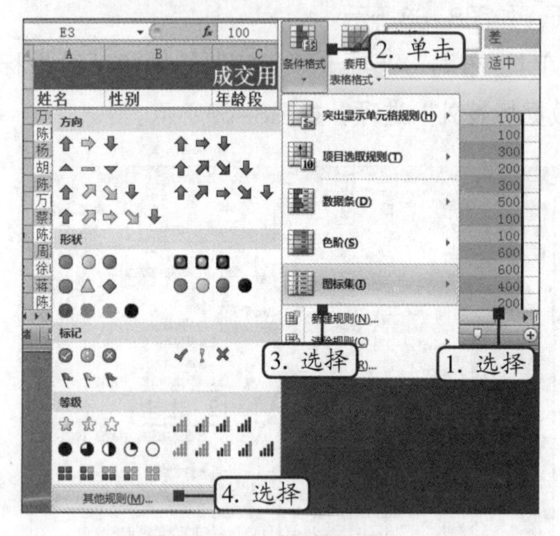

图 8-70　新建图标集规则

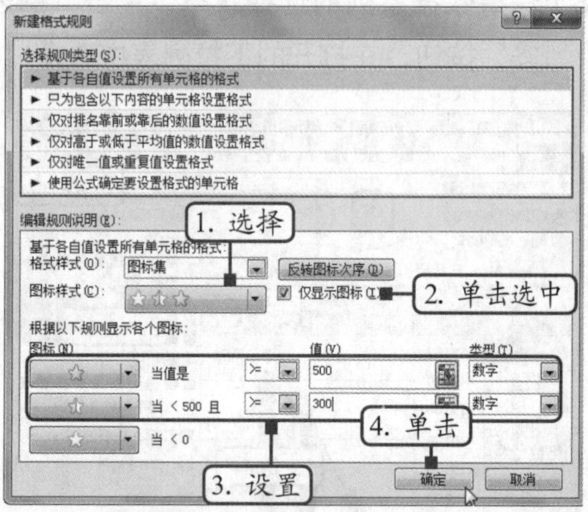

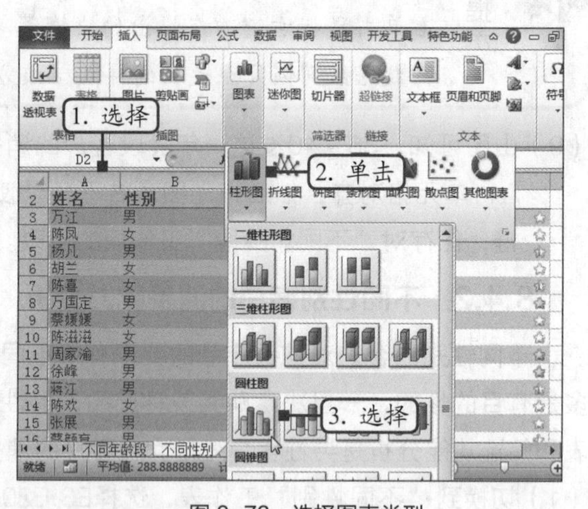

图 8-71　设置图标集的显示方式

（3）保持E3:E20单元格区域的选择状态，单击“开始”选项卡“对齐方式”组中的“文本右对齐”按钮，如图8-72所示。

（4）选择A3:B20单元格区域，按住“Ctrl”键的同时，加选D3:D20单元格区域，单击“插入”选项卡“图表”组中的“柱形图”按钮，在打开的下拉列表中选择“圆柱图”栏中的“簇状圆柱图”选项，如图8-73所示。

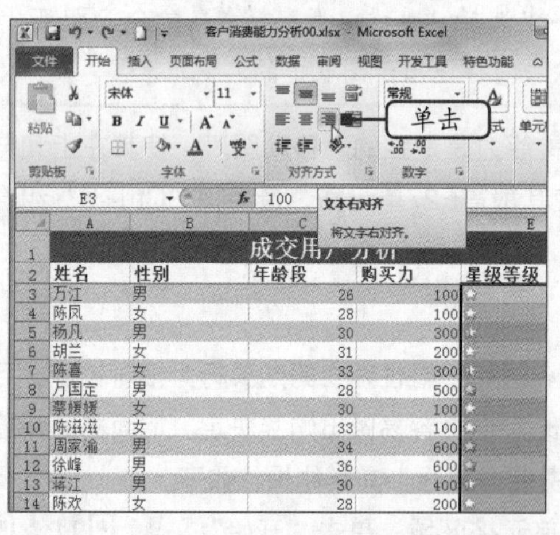

图 8-72　设置文本对齐方式

图 8-73　选择图表类型

（5）此时，插入图表中显示了男性和女性的不同购买能力。更改图表布局为“布局1”，设置图表标题为“购买力”，同时删除图例。选择工作表中包含数据的任意一个单元格，这里选择A5单元格，然后单击“数据”选项卡“排序和筛选”组中的“筛选”按钮，如图8-74所示。

（6）单击“性别”单元格右侧的下拉按钮，在打开的下拉列表中单击选中“男”复选框，然后单击“确定”按钮，如图8-75所示。

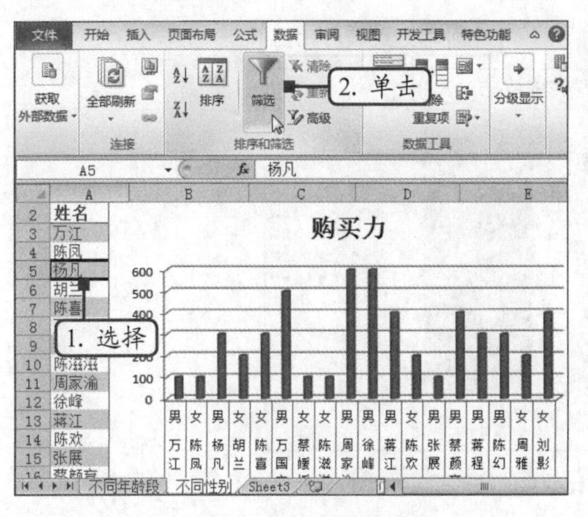

图 8-74　单击“筛选”按钮

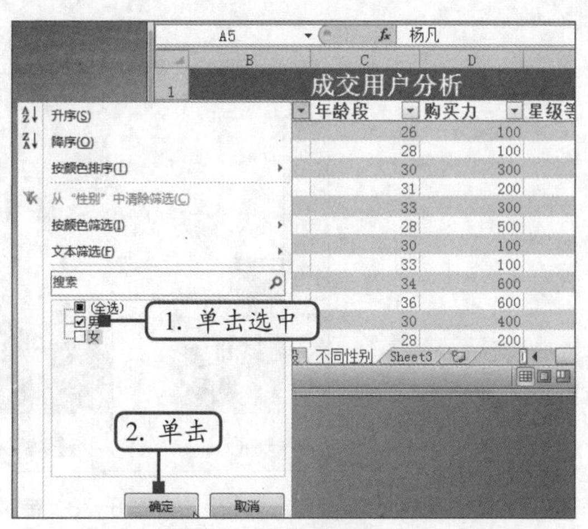

图 8-75　仅筛选男性客户

（7）此时，工作表将自动筛选出符合条件的10条记录，并对应显示在圆柱图上，如图8-76所示。

（8）按照相同的操作方法筛选出女性客户的购买力，如图8-77所示（效果参见：效果文件\第8章\客户消费能力分析.xlsx）。通过两次筛选，明显看出男性的购买力不仅比女性强，而且人数也比女性多。

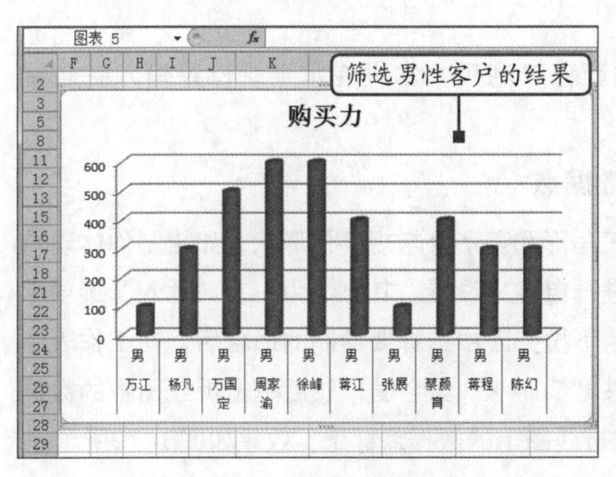

图 8-76　查看筛选结果

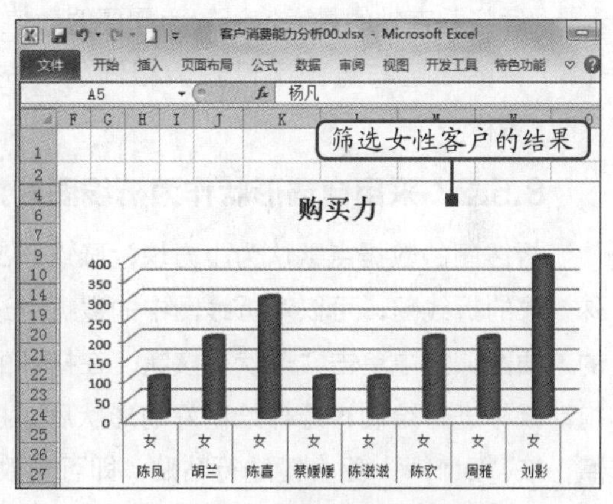

图 8-77　女性客户的筛选数据

8.5　提高与技巧

在Excel中编辑数据后，利用图表进行辅助分析是必不可少的。前面介绍了许多创建图表的方法，下面将对图表的制作技巧进行简单介绍。

8.5.1　创建带对比效果的柱形图

图8-78所示为带对比效果的柱形图，这种图表不仅可以清楚地展示各个店铺的业绩完成情况，还能对比出计划目标与实际完成的差异。

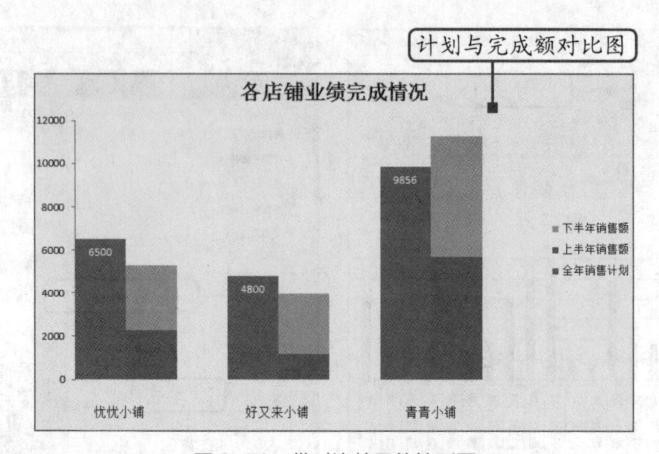

图 8-78 带对比效果的柱形图

创建此类图表的方法如下。

（1）在每个店铺数据下方插入两个空行，然后分别将上半年和下半年的数据下移一行。

（2）选择工作表中包含数据的单元格区域后插入堆积柱形图，然后修改图表标题，按“Delete”键删除网格线和水平轴标签。

（3）为“全年销售计划”数据添加货币样式的数据标签，并将分类间距设置为“0%”，然后将垂直轴的最大值设置为需要的数值。

（4）将图表区与绘图区设置为相同的填充颜色，利用文本框在水平轴位置输入各店铺名称。

8.5.2 采用自选形状作为折线图的数据点

折线图的数据点默认为小方块、圆点、三角形和菱形等常规几何形状，如需制作体现特殊效果的折线图，可以对折线图中的数据点进行自定义设置。其方法为：在“插入”选项卡的“插图”组中单击“形状”按钮，在打开的下拉列表中选择要绘制的形状后，在工作表中拖动鼠标进行绘制；选择绘制好的形状后，按“Ctrl+X”组合键，然后单击折线图中的数据点，按“Ctrl+V”组合键进行粘贴，即可更改折线图上的数据点标记，效果如图8-79所示。

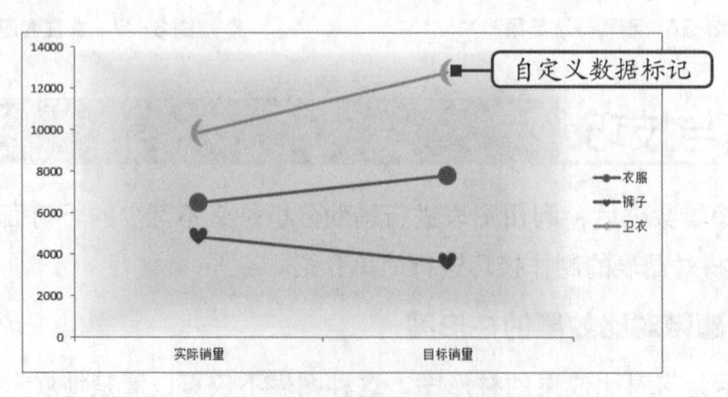

图 8-79 更改折线图数据点的效果

Information

第9章
竞争对手分析

俗语有云“知己知彼，方能百战不殆”，只有充分了解竞争对手的状况，掌握自己产品在市场中所占的份额和优势后，才能制订出有利于产品销售的策略，提高产品销量。本章将对竞争产品所占的市场份额和竞争对手的产品价格进行分析，其中涉及的知识点包括：SUMPRODUCT函数的使用、单元格名称的定义、控件的插入及图表的插入等。

本章要点

- 竞争产品市场份额分析
- 竞争对手价格差异分析

9.1 竞争产品市场份额分析

市场份额简单地说就是产品的销售量或销售额在市场同类产品中所占的比重，它体现了企业对市场的控制能力。图9-1所示为竞争产品市场份额分析的最终效果，其中展示了竞争产品在2017年和2018年的实际销量和整体市场占有情况。

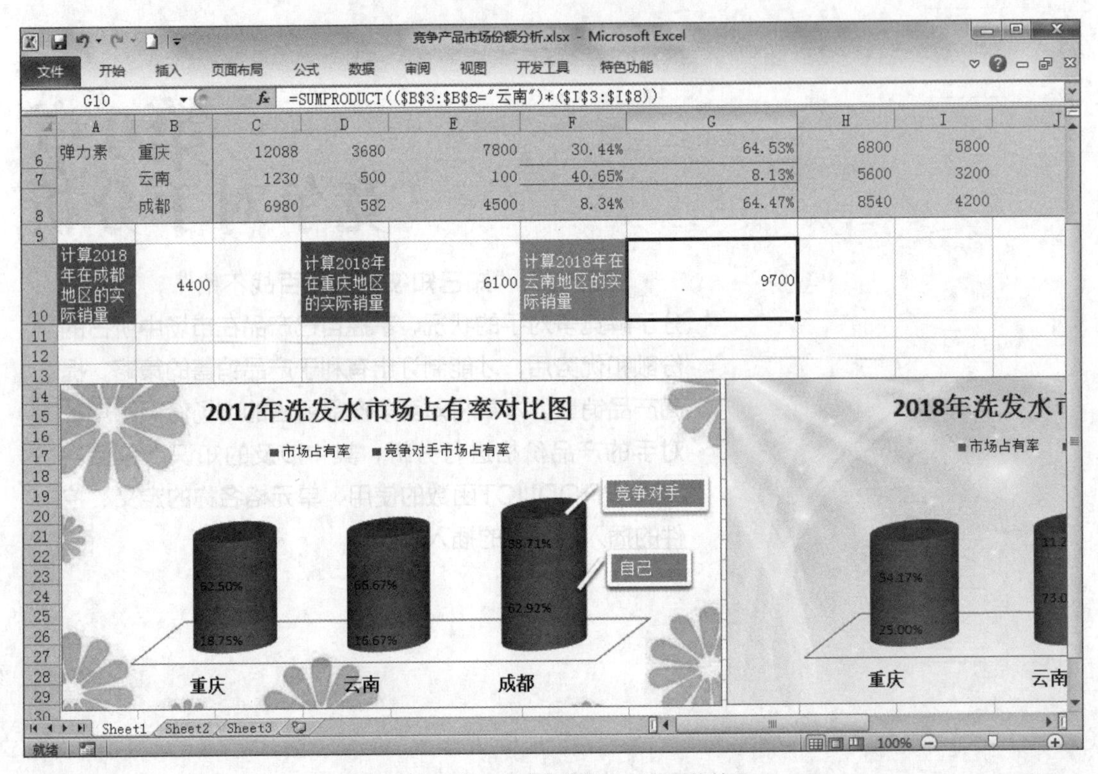

图9-1 竞争产品市场份额分析的最终效果

下面首先通过公式来计算竞争产品的市场占有率，然后利用SUMPRODUCT函数计算产品在成都、重庆和云南3个地区的实际销量，最后利用柱形图来对比分析洗发水在2017年和2018年的市场占有率。

9.1.1 使用公式计算市场占有率

市场占有率的计算方法是：用一定时期内某产品的销售数量除以该产品市场销售量的总和。下面将在“竞争产品市场份额分析.xlsx”工作簿中，分别计算自家产品和竞争产品的市场占有率，其具体操作如下。

（1）打开素材文件“竞争产品市场份额分析.xlsx”工作簿（素材参见：素材文件\第9章\竞争产品市场份额分析.xlsx），在“Sheet1”工作表中选择F3单元格，输入公式“=D3/C3”，如图9-2所示。

（2）按“Enter”键查看计算结果，然后重新选择F3单元格，拖动其填充柄进行公式复制，如图9-3所示。

微课：使用公式计算市场占有率

图 9-2 输入公式

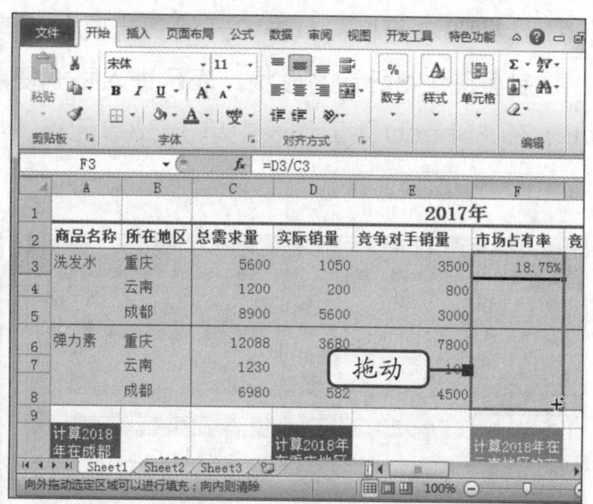

图 9-3 复制公式

（3）此时，F8单元格的下框线为“无”。选择F8单元格，单击“开始”选项卡“字体”组中的“展开”按钮，如图9-4所示。

（4）打开“设置单元格格式”对话框，单击“边框”选项卡，在“颜色”下拉列表中选择“蓝色，强调文字颜色1”选项，在“边框”栏中单击“下框线”按钮，然后单击“确定”按钮，如图9--5所示。

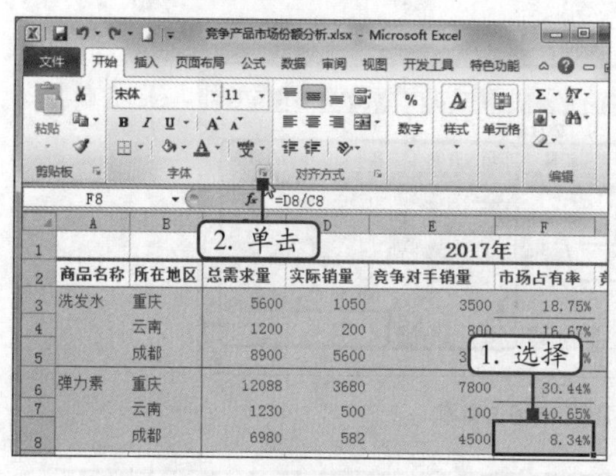

图 9-4 打开“设置单元格格式”对话框

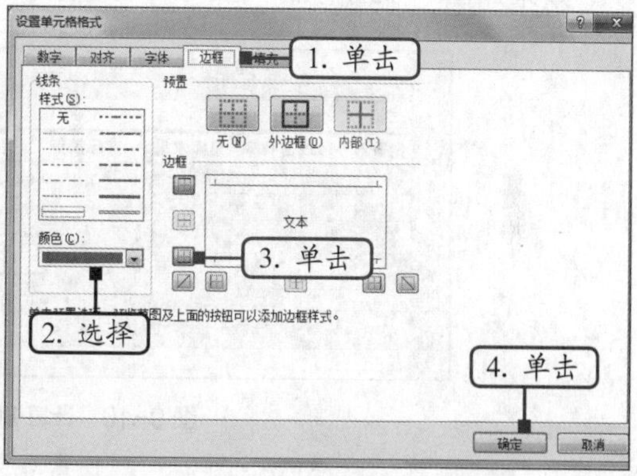

图 9-5 为单元格添加下框线

（5）选择G3单元格，输入公式“=E3/C3”，如图9-6所示。

（6）按“Enter”键查看计算结果，然后拖动G3单元格右下角的填充柄复制公式，效果如图9-7所示。

图 9-6 输入公式

图 9-7 复制公式

（7）选择F8单元格，单击“开始”选项卡“剪贴板”组中的“格式刷”按钮，此时鼠标指针呈图9-8所示的形状，表示进入格式复制状态。

（8）在“Sheet1”工作表中单击G8单元格，将F8单元格的格式复制到G8单元格，效果如图9-9所示。

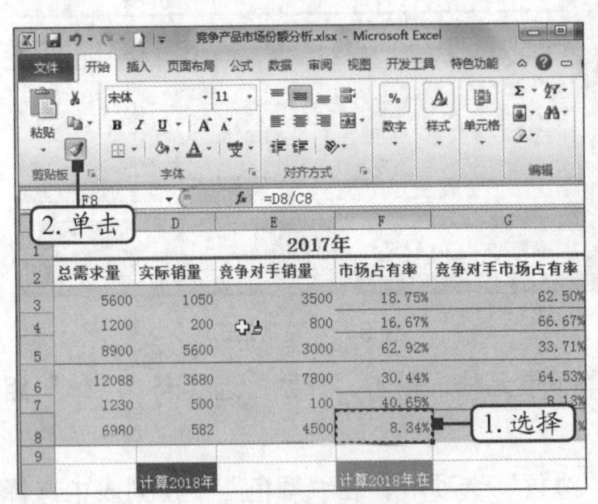

图9-8 启用格式刷

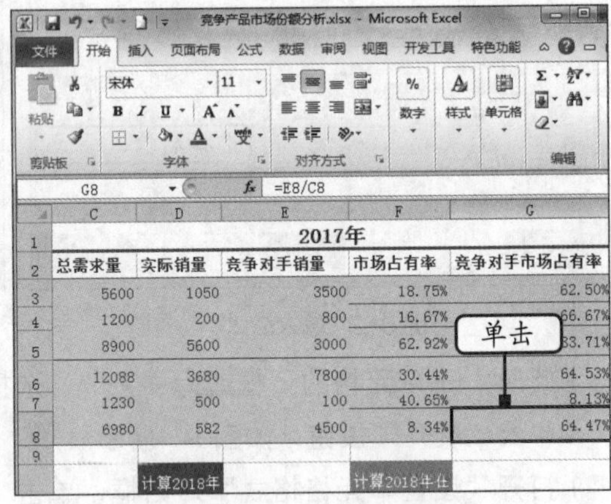

图9-9 使用格式刷复制单元格样式

（9）按照相同的操作方法，计算2018年“市场占有率”和“竞争对手市场占有率”，最终效果如图9-10所示。

图9-10 计算2018年市场占有率

提示

格式刷不仅可以单击，还可以双击。其方法为：首先选择要复制的格式所对应的单元格，双击格式刷，然后单击想要应用相同格式的某一单元格。单击完成之后格式刷依然存在，此时，可以继续单击工作表中的其他单元格，完成格式的复制操作后，按“Esc”键退出格式刷编辑模式。使用单击格式刷的方式则只将格式复制到一处，而不能多处复制。

9.1.2 使用函数实现多条件求和

下面将利用SUMPRODUCT函数分别计算成都、重庆和云南3个地区2018年的实际销量，其具体操作如下。

微课：使用函数实现多条件求和

（1）选择B10单元格，按“Shfit+F3”组合键，打开“插入函数”对话框，在“或选择类型”下拉列表中选择“数学与三角函数”选项，在“选择函数”列表框中选择“SUMPRODUCT”选项，然后单击“确定”按钮，如图9-11所示。

（2）打开“函数参数”对话框，在“Array1”文本框中输入“($B$3:$B$8="成都")*($I$3:$I$8)”，然后单击“确定”按钮，如图9-12所示。

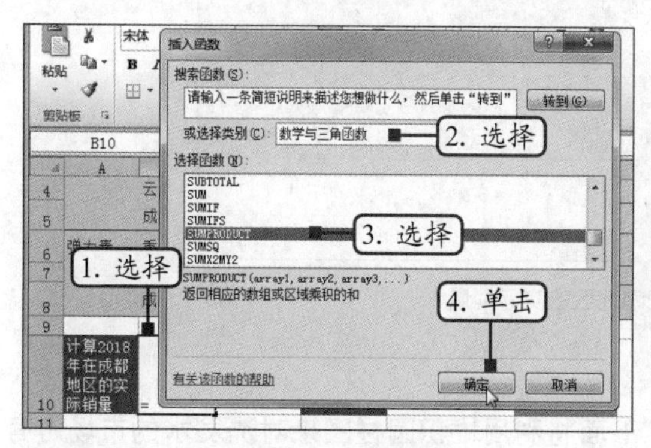

图9-11　选择函数

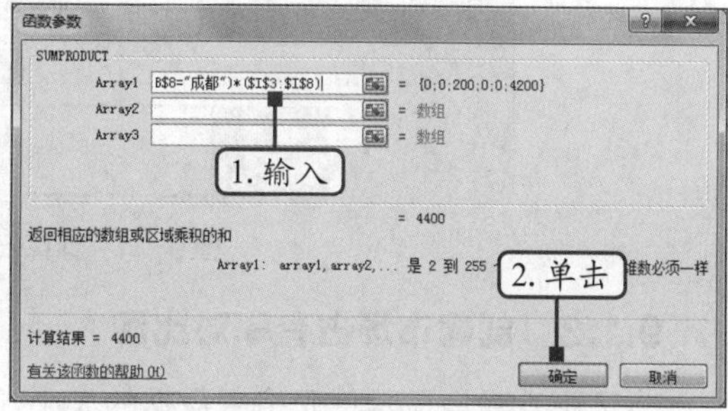

图9-12　设置函数参数

（3）此时，B10单元格将显示最终的计算结果，如图9-13所示。

（4）保持B10单元格的选择状态，按“Ctrl+C”组合键，进入复制状态，然后选择E10单元格，按“Ctrl+V”组合键进行粘贴，效果如图9-14所示。

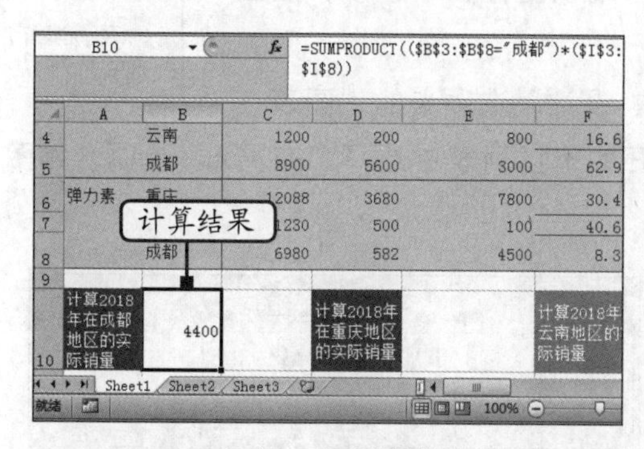

图9-13　查看计算结果

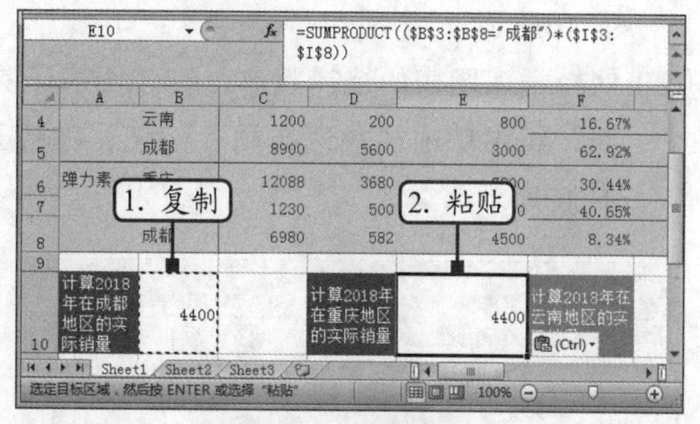

图9-14　复制单元格

（5）此时，E10单元格中的计算结果有误，将鼠标指针定位至编辑栏中，将公式中的“成都”更改为“重庆”，如图9-15所示。

（6）按“Enter”键确认公式的修改，查看正确的计算结果，如图9-16所示。

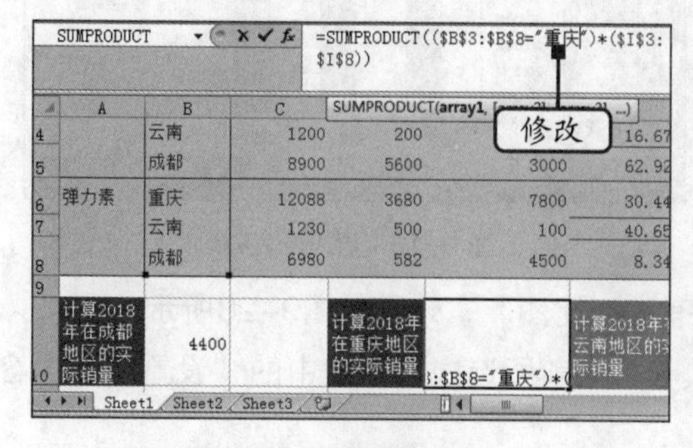

图9-15　修改函数参数

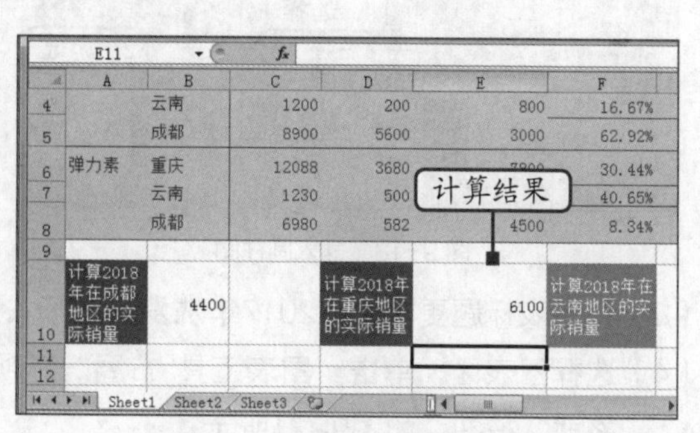

图9-16　查看修改后的计算结果

（7）继续利用复制和修改函数的方法，计算2018年云南地区的实际销量，最终效果如图9-17所示。

	E	F	G	H	I	J	K	
1	2017年					2018年		
2	竞争对手销量	市场占有率	竞争对手市场占有率	总需求量	实际销量	竞争对手销量	市场占有率	竞争
3	3500	18.75%	62.50%	1200	300	650	25.00%	
4	800	16.67%	66.67%	8900	6500	1000	73.03%	
5	3000	62.92%	33.71%	1200	200	800	16.67%	
6	7800	30.44%	[illegible]	6800	5800	1000	85.29%	
7	100	40.65%	[illegible]	5600	3200	1200	57.14%	
8	4500	8.34%	64.47%	8540	4200	2000	49.18%	
9								
10	6100	计算2018年在云南地区的实际销量	9700					

计算结果

图9-17　计算云南地区的实际销量

9.1.3　创建市场占有率对比图

为了更直观地显示单元格中数据的大小，下面将利用堆积圆柱图来对洗发水的市场占有率情况进行对比分析，其具体操作如下。

（1）在“Sheet1”工作表中选择B2:B5单元格区域，按住“Ctrl”键的同时加选F2:G5单元格区域，然后单击“插入”选项卡“图表”组中的“柱形图”按钮，在打开的下拉列表中选择“堆积圆柱图”选项，如图9-18所示。

微课：创建市场占有率对比图

（2）保持插入图表的选择状态，在“图表工具 设计”选项卡的“图表布局”组中单击“快速布局”按钮，在打开的下拉列表中选择“布局2”选项，如图9-19所示。

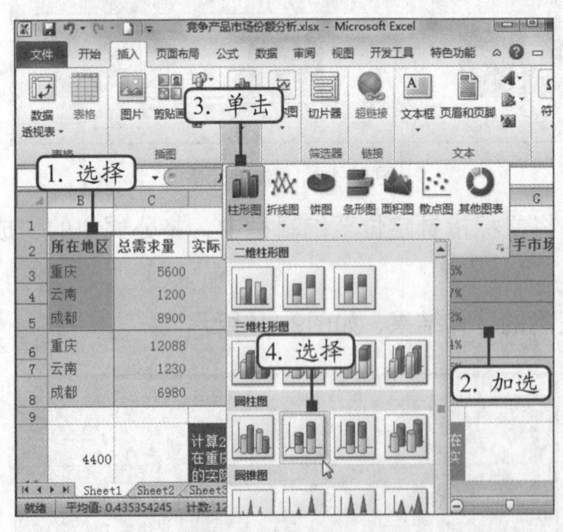

图9-18　插入圆柱图

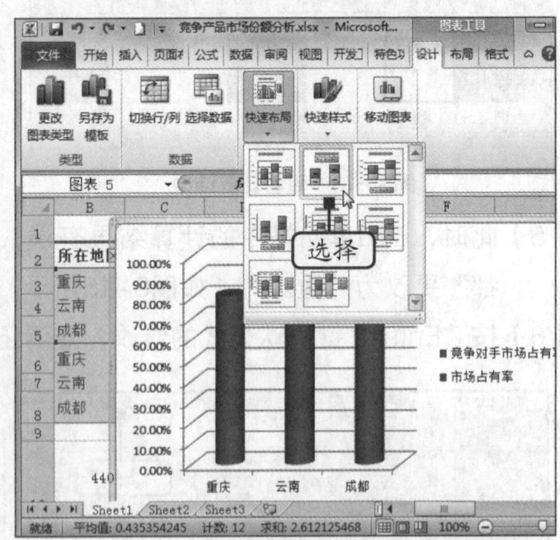

图9-19　更改图表布局

（3）将图表标题更改为“2017年洗发水市场占有率对比图”，效果如图9-20所示。

（4）选择图表区，单击“图表工具 布局”选项卡“当前所选内容”组中的“设置所选内容格式”按钮，如图9-21所示。

图 9-20　更改图表标题

图 9-21　设置图表区格式

（5）打开“设置图表区格式”对话框，在“填充”栏中单击选中“图片或纹理填充”单选项，然后单击“文件”按钮，如图9-22所示。

（6）打开“插入图片”对话框，选择“背景1.jpg”选项（素材参见：素材文件\第9章\背景1.jpg），然后单击“插入”按钮，如图9-23所示。

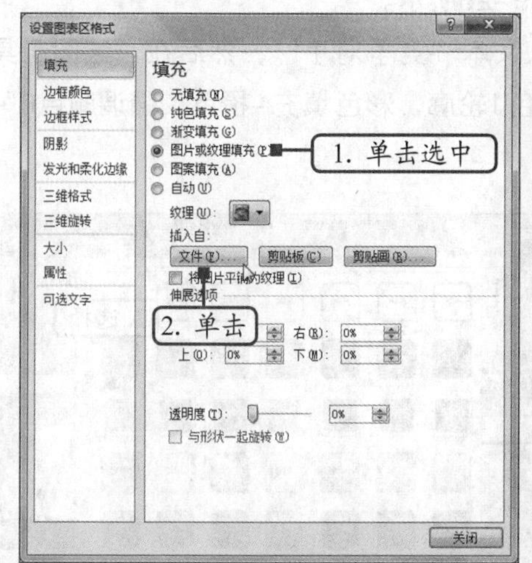

图 9-22　使用图片填充

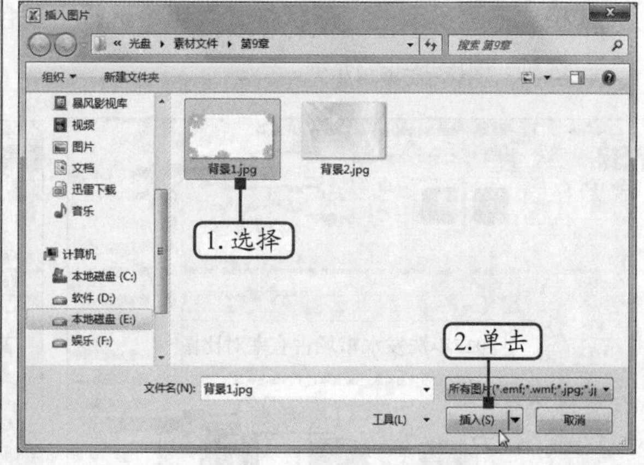

图 9-23　选择图片

提示　除了可以插入保存的图片文件外，还可以直接添加剪贴画效果，使画面更加美观。其方法为：打开“设置图表区格式”对话框，在“填充”栏中单击选中“图片或纹理填充”单选项，然后单击“剪贴画”按钮，打开“选择图片”对话框，在其中列出了Excel自带的所有剪贴画，选择要插入的剪贴画，单击“确定”按钮即可。

（7）此时，图表区的背景将填充为选择的图片。选择图表中的水平轴元素，在“开始”选项卡的“字体”组中分别单击“加粗”按钮和“字号增大”按钮，设置水平轴中的字体格式，最终效果如图9-24所示。

（8）在“图表工具 布局”选项卡的“插入”组中单击“形状”按钮，在打开的下拉列表中选择“标注”栏中的“线形标注1”选项，如图9-25所示。

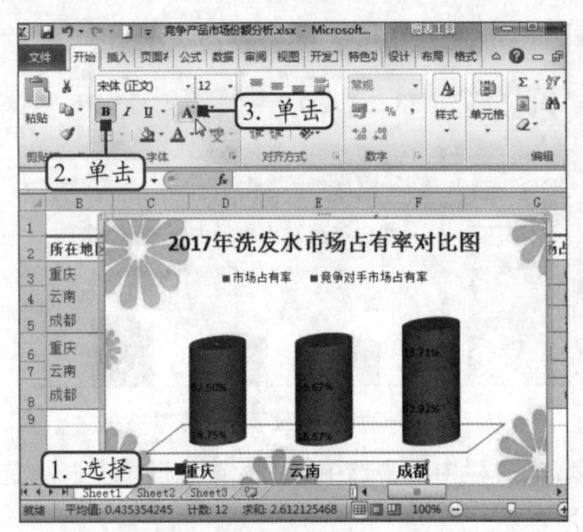

图 9-24　设置水平轴字体格式

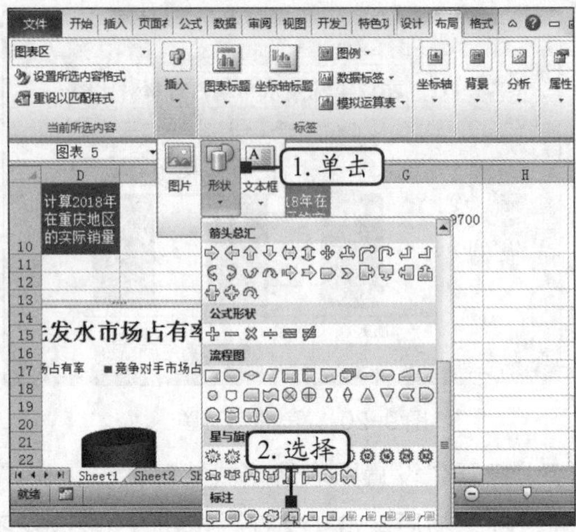

图 9-25　选择要插入的形状

（9）按住鼠标左键不放进行拖动，绘制一个线形标注，然后在标注上单击鼠标右键，在弹出的快捷菜单中选择“编辑文字”命令，如图9-26所示。

（10）此时，鼠标指针将自动定位至标注中，输入文本“竞争对手”，然后在“绘图工具 格式”选项卡的“形状样式”组中选择“浅色1轮廓，彩色填充-橙色，强调颜色6”选项，如图9-27所示。

图 9-26　绘制标注并进行编辑

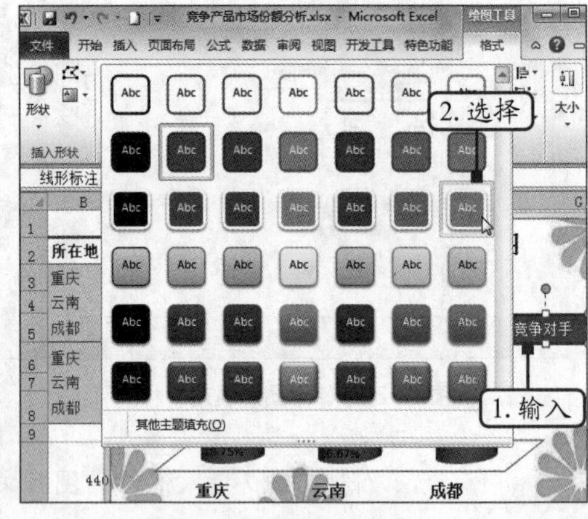

图 9-27　设置标注的形状样式

（11）此时，图表中将显示添加的“竞争对手”线形标注。按照相同的操作方法，继续在绘图区中添加另一个线形标注“自己”，格式与前一个标注相同，如图9-28所示。

（12）使用前面讲解的操作方法，在工作表中创建另一个标题为“2018年洗发水市场占有率对比图”的图表。其中，引用的数据区域为B2:B5和K2:L5单元格区域，图表区背景的填充图片为“背景2.jpg”（素材参见：素材文件\第9章\背景2.jpg），其他格式的设置方法与前一个图表相同，设置后的最终效果如图9-29所示（效果参见：效果文件\第9章\竞争产品市场份额分析.xlsx）。

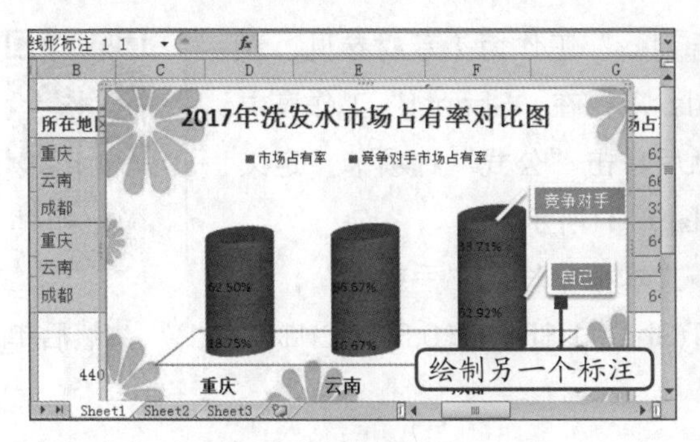

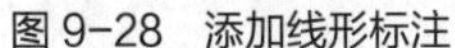
图 9-28　添加线形标注

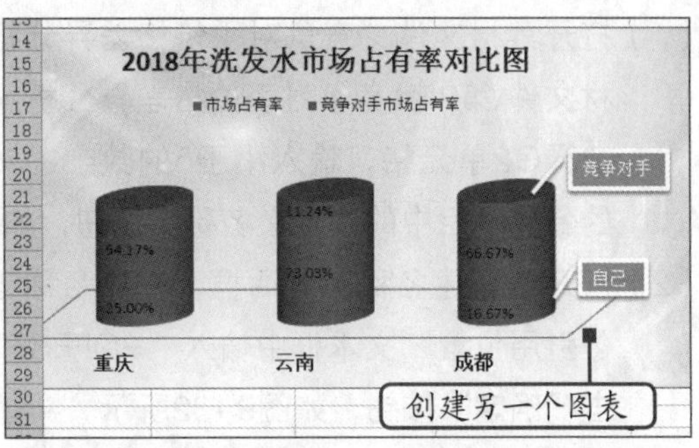

图 9-29　创建 2018 年洗发水市场占有率对比图

9.2　竞争对手价格差异分析

竞争对手分析中的一个关键组成部分是评估竞争对手的价格体系。一旦知道了竞争对手的价格体系，企业就有可能预测今后的价格水平和对手的行动。图9-30所示为竞争对手价格差异分析的最终效果。通过制作动态图表，营销人员可以选择性地对不同竞争对手的价格进行对比分析，从而了解竞争对手的价格优势。

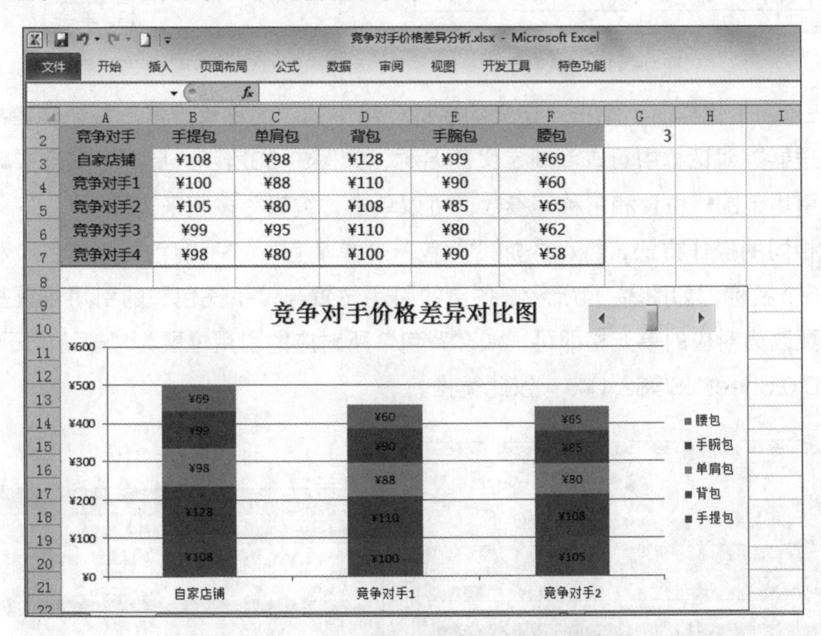

竞争对手	手提包	单肩包	背包	手腕包	腰包
自家店铺	¥108	¥98	¥128	¥99	¥69
竞争对手1	¥100	¥88	¥110	¥90	¥60
竞争对手2	¥105	¥80	¥108	¥85	¥65
竞争对手3	¥99	¥95	¥110	¥80	¥62
竞争对手4	¥98	¥80	¥100	¥90	¥58

图 9-30　竞争对手价格差异分析的最终效果

为了方便图表中数据区域的引用，下面首先为单元格区域定义名称，并利用工作表中的已知数据创建堆积柱形图，然后对柱形图进行编辑，最后在Excel功能区中添加“开发工具”，并利用滚动条制作动态图表。

9.2.1　定义名称

下面将在“竞争对手价格差异分析.xlsx”工作簿中对“Sheet1”工作表中的相关区域定义名称，其具体操作如下。

（1）打开素材文件“竞争对手价格差异分析.xlsx”工作簿（素材参见：素材文件\第9章\竞争对手价格差异分析.xlsx），在“Sheet1”工作表中选择G2单元格，输入小于5的数字，然后单击“公式”选项卡“定义的名称”组中的“定义名称”按钮，如图9-31所示。

微课：定义名称

（2）打开“新建名称”对话框，在“名称”文本框中输入“手提包”，在“引用位置”文本框中输入“=OFFSET(Sheet1!$B$3,0,0,Sheet1!$G$2,1)”，然后单击“确定”按钮，如图9-32所示。

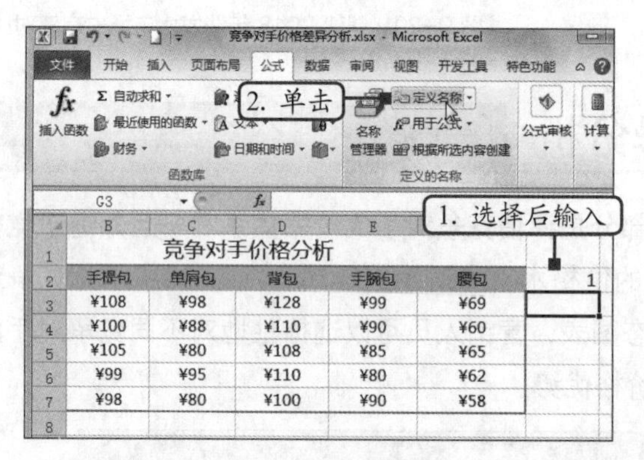

图 9-31　输入数字

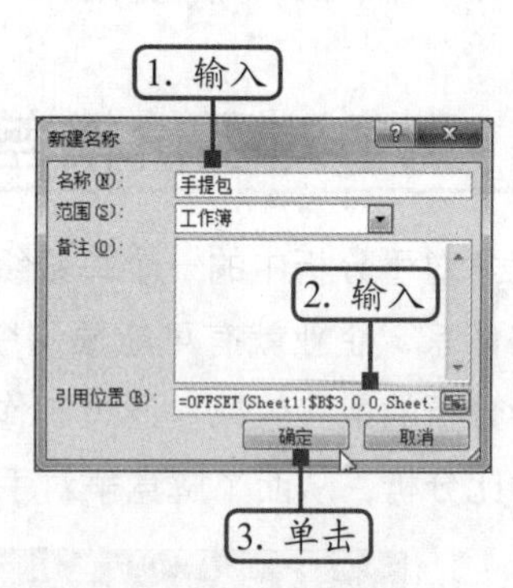

图 9-32　新建名称

（3）返回Excel工作界面，单击“定义的名称”组中的“名称管理器”按钮，在打开的“名称管理器”对话框中可查看新定义的名称，如图9-33所示。此时，若需要修改定义名称的引用范围、位置和名称等参数，可以单击“编辑”按钮来实现。

（4）按照相同的操作方法，继续添加“背包”“单肩包”“手腕包”“腰包”和“竞争对手”5个名称，如图9-34所示。各自的引用位置与“手提包”的引用位置基本相同，只需更改为对应的单元格即可，如“背包”所对应的引用位置为“=OFFSET(Sheet1!$D$3,0,0,Sheet1!$G$2,1)”，以此类推。

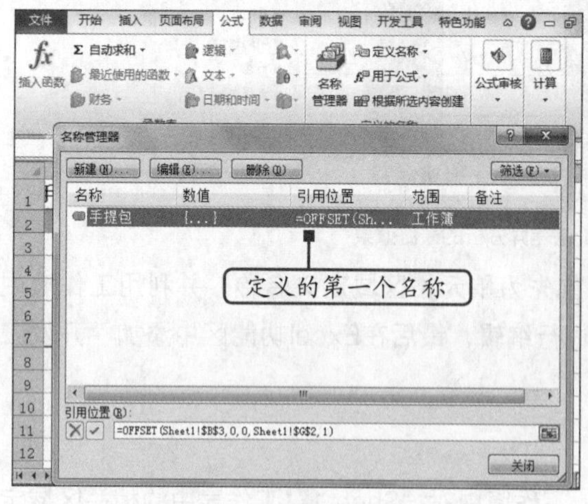

图 9-33　查看定义的名称

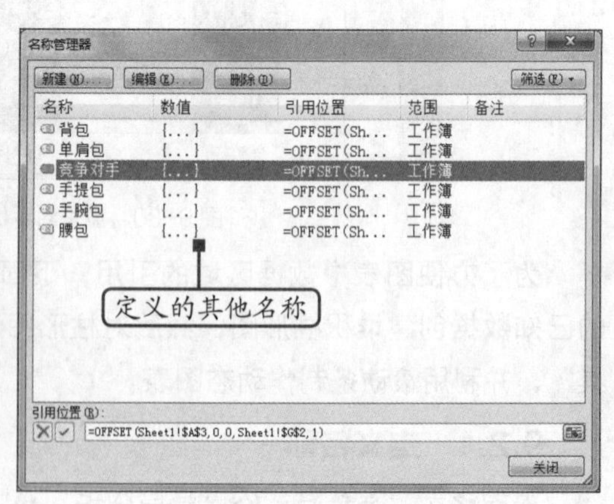

图 9-34　成功创建的 6 个名称

提示

"引用位置"参数使用了OFFSET函数，该函数是一个引用函数，表示引用某一个单元格或单元格区域。其语法结构为：OFFSET(reference,rows,cols,height,width)。其中reference必须为单元格或相连单元格区域的引用；rows相对于偏移量参照系的左上角单元格，上（下）偏移的行数；cols相对于偏移量参照系的左上角单元格，左（右）偏移的列数；height返回引用区域的行数；width返回引用区域的列数。

9.2.2 创建动态图表

利用动态图表来展示竞争对手之间的价格差异状况可以使展示效果更加丰富、生动。下面将在"Sheet1"工作表中，利用Excel滚动条来查看不同竞争对手之间的价格差异情况，其具体操作如下。

微课：创建动态图表

（1）在"Sheet1"工作表中，单击"插入"选项卡"图表"组中的"柱形图"按钮，在打开的下拉列表中选择"二维柱形图"栏的"堆积柱形图"选项，如图9-35所示。

（2）此时，工作表中将自动插入一张空白的图表，单击"图表工具 设计"选项卡"数据"组中的"选择数据"按钮，如图9-36所示。

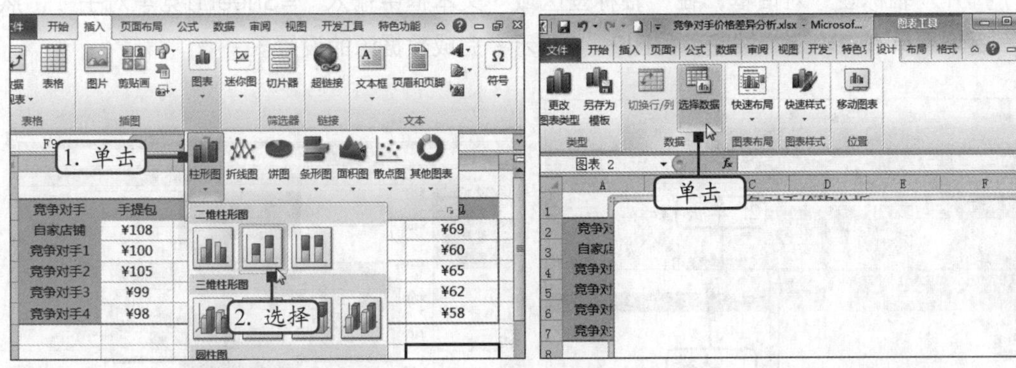

图 9-35 插入空白图表　　图 9-36 单击"选择数据"按钮

（3）打开"选择数据源"对话框，单击其中的"添加"按钮，如图9-37所示。

（4）打开"编辑数据系列"对话框，在"系列名称"文本框中输入"手提包"，在"系列值"文本框中输入"=Sheet1!手提包"，然后单击"确定"按钮，如图9-38所示。

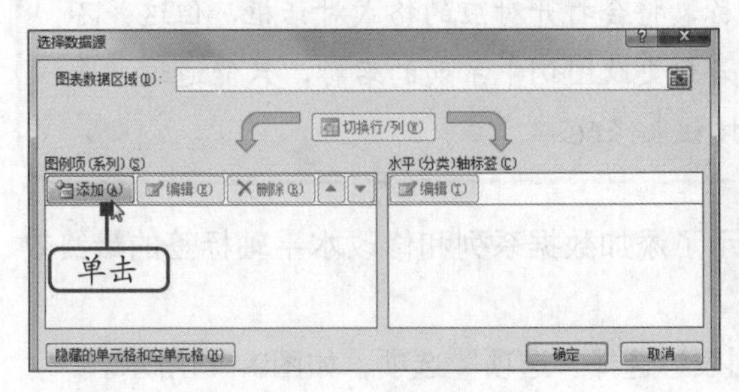

图9-37 单击"添加"按钮

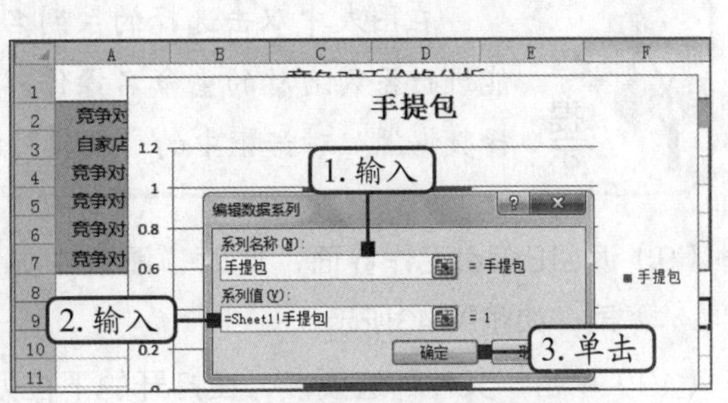

图 9-38 编辑数据系列名称和区域

（5）返回“选择数据源”对话框，再次单击“添加”按钮，打开“编辑数据系列”对话框，分别在“系列名称”和“系列值”文本框中输入图9-39所示的文本内容。

（6）按照相同的操作方法，继续添加“单肩包”“手腕包”和“腰包”数据系列，最终效果如图9-40所示。

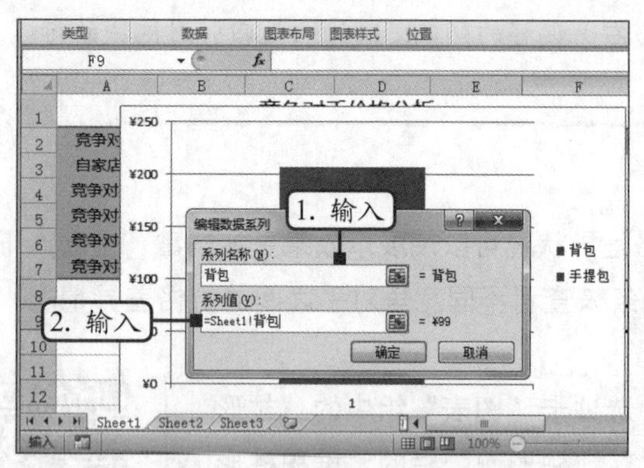

图 9-39　添加“背包”数据系列

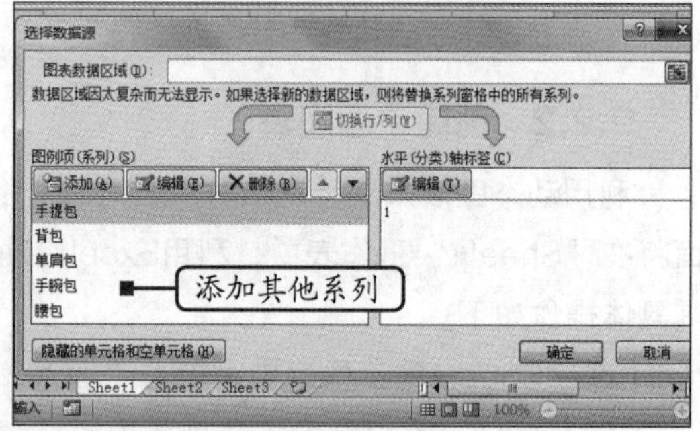

图 9-40　继续添加其他数据系列

（7）在“水平（分类）轴标签”列表中选择“1”选项，然后单击“编辑”按钮，如图9-41所示。

（8）打开“轴标签”对话框，在“轴标签区域”文本框中输入“=Sheet1!竞争对手”，然后依次单击“确定”按钮，如图9-42所示，完成数据源的设置。

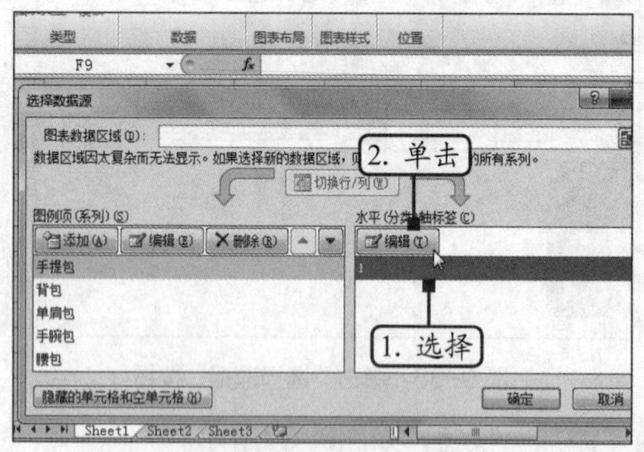

图 9-41　设置水平轴标签

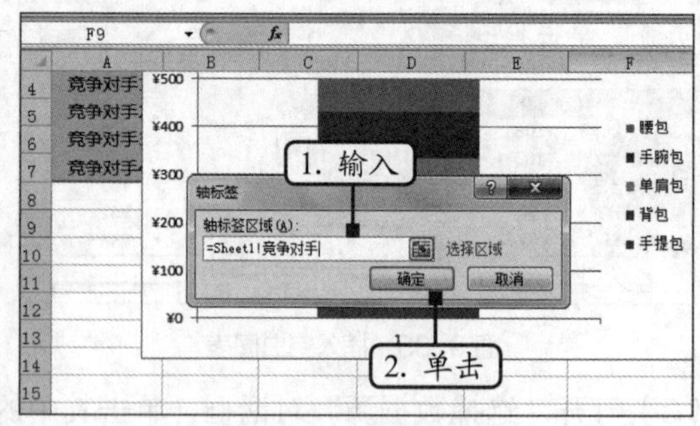

图 9-42　输入轴标签区域

提示

在图表中双击选择的系列名称，将会打开对应的格式对话框，但这并不能进行系列名称的重命名操作。若想更改图例中系列的名称，只能通过“选择数据源”对话框中的“编辑”按钮来修改。

（9）返回Excel工作界面，此时，图表中显示了添加数据系列和修改水平轴标签的最终效果，如图9-43所示。

（10）单击“文件”选项卡，在打开的下拉列表中选择“选项”选项，如图9-44所示。

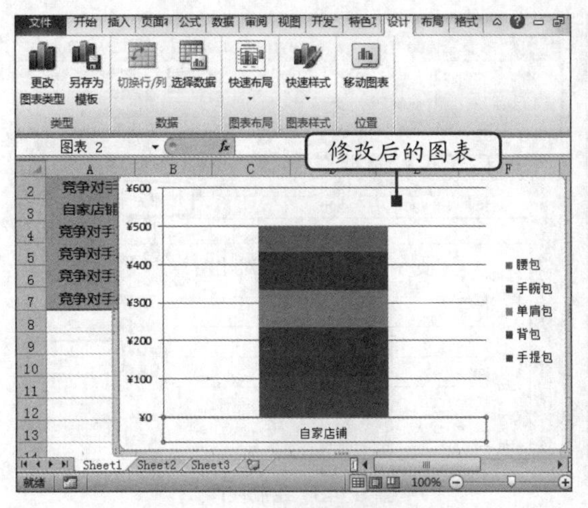

图 9-43 编辑图表后的效果

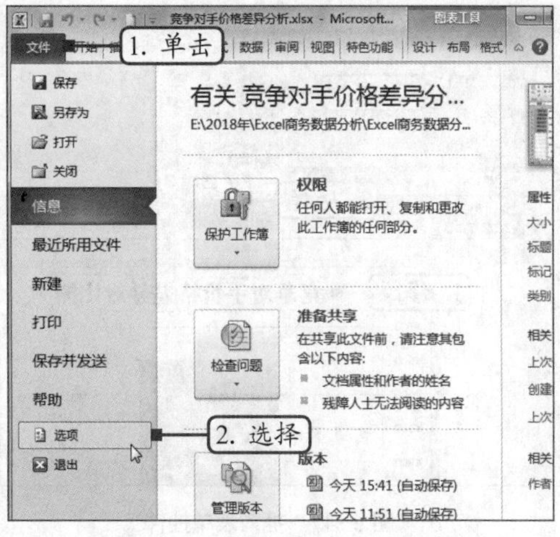

图 9-44 选择“选项”选项

（11）打开“Excel选项”对话框，单击“自定义功能区”选项卡，在右侧的“自定义功能区”列表框中单击选中“开发工具”复选框，然后单击“确定”按钮，如图9-45所示。

（12）此时，Excel功能区中将显示新添加的“开发工具”选项卡。选择插入的图表，单击“图表工具 布局”选项卡“标签”组中的“图表标题”按钮，在打开的下拉列表中选择“图表上方”选项，如图9-46所示。

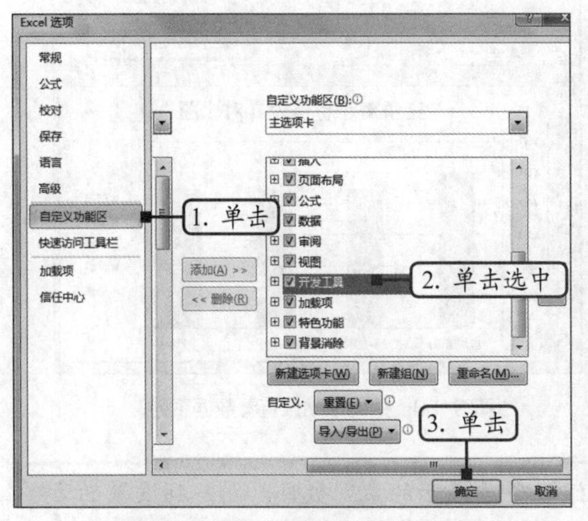

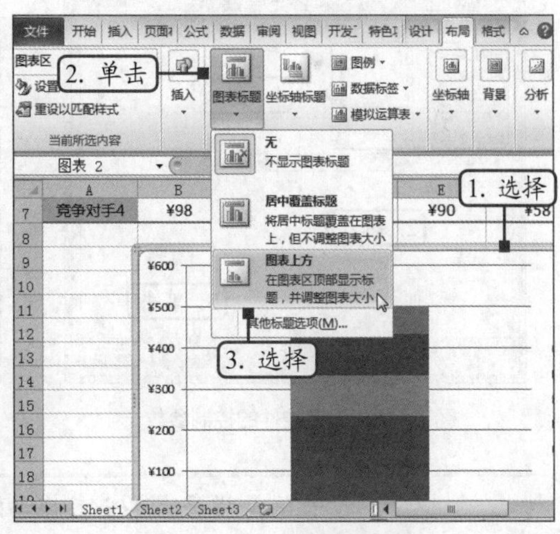

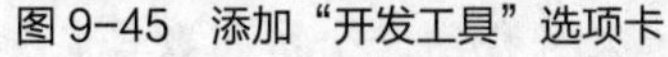

图 9-45 添加“开发工具”选项卡

图 9-46 添加图表标题

（13）将新添加的图表标题名称修改为“竞争对手价格差异对比图”，然后单击“开发工具”选项卡“控件”组中的“插入”按钮，在打开的下拉列表中选择“表单控件”栏中的“滚动条（窗体控件）”选项，如图9-47所示。

（14）在图表区的右上角拖动鼠标绘制滚动条，然后在绘制好的滚动条上单击鼠标右键，在弹出的快捷菜单中选择“设置控件格式”命令，如图9-48所示。

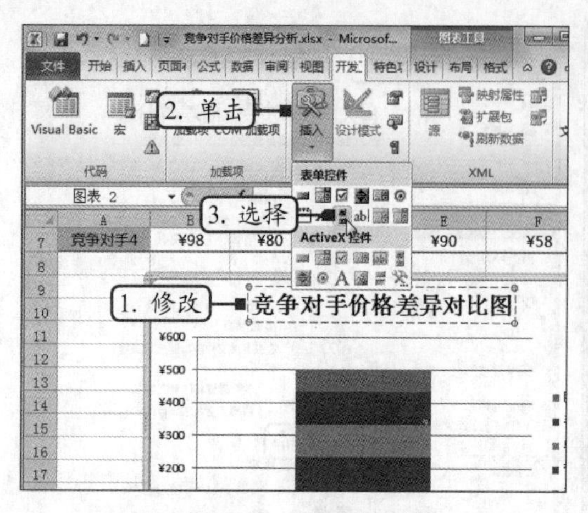

图 9-47　插入表单控件

图 9-48　绘制控件

（15）打开“设置对象格式”对话框，分别在“当前值”“最小值”“最大值”“步长”“页步长”数值框中输入“1”“1”“5”“1”“2”，然后在“单元格链接”文本框中输入“$G$2”，最后单击“确定”按钮，如图9-49所示。

（16）此时，将鼠标指针定位至滚动条上，当其变成手形时，拖动滚动条，即可查看不同竞争对手的价格差异，如图9-50所示。

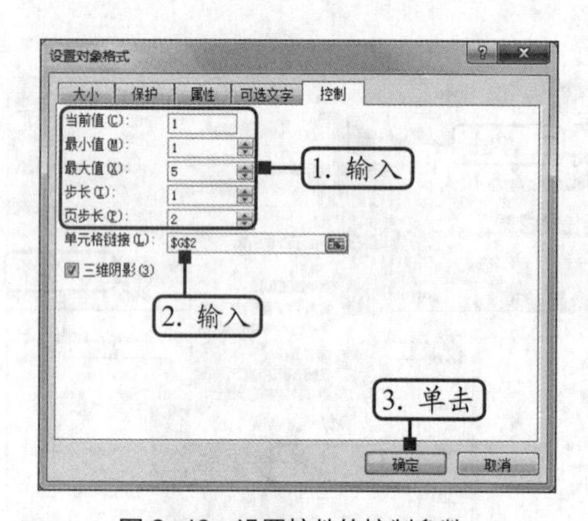

图 9-49　设置控件的控制参数

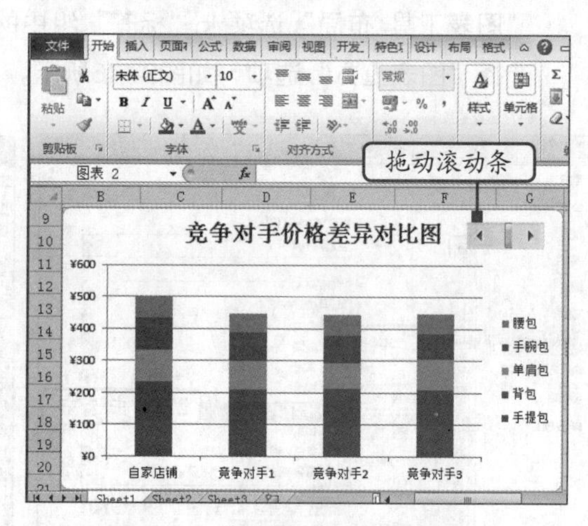

图 9-50　拖动滚动条查看数据系列

提示　步长值是指每次单击或拖动滚动条后显示的系列数目，图9-49设置的步长值为“1”，因此单击或拖动滚动条后一次将移动一个系列数目。如果不希望按固定的步长值“1”进行滚动，则可对“设置对象格式”对话框中的“控制”选项卡进行设置。除此之外，还可以通过该对话框设置滚动条的大小、属性和保护等参数。

（17）移动图表至A9单元格，然后单击“图表工具 布局”选项卡“标签”组中的“数据标签”按钮，在打开的下拉列表中选择“居中”选项，为图表添加数据标签（效果参见：效果文件\第9章\竞争对手价格差异分析.xlsx）。

9.3 提高与技巧

图表能够形象地展示数据信息，而动态图表则可以让图表中的数据根据用户的要求来变化，进一步加强图表与用户之间的互动性。下面将在Excel中制作下拉列表式动态图表，即在下拉列表中选择不同的选项，将展示对应的图表内容。

9.3.1 通过INDEX函数和控件创建动态图表

结合使用INDEX函数和组合框控件，可以制作出图9-51所示的动态图表效果，其具体操作如下。

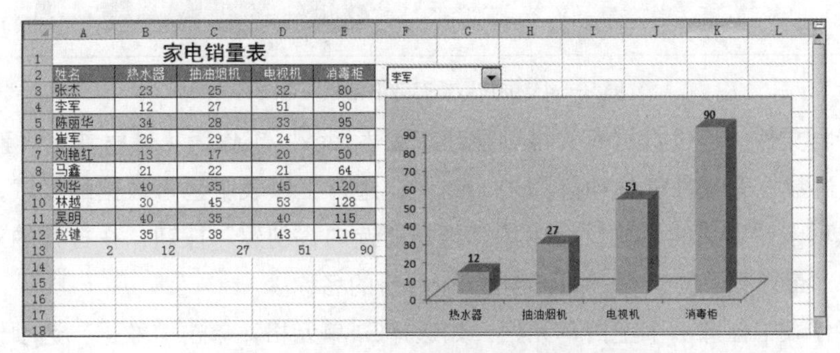

家电销量表

姓名	热水器	抽油烟机	电视机	消毒柜
张杰	23	25	32	80
李军	12	27	51	90
陈丽华	34	28	33	95
崔军	26	29	24	79
刘艳红	13	17	20	50
马鑫	21	22	21	64
刘华	40	35	45	120
林越	30	45	53	128
吴明	40	35	40	115
赵键	35	38	43	116
2	12	27	51	90

图 9-51 通过 INDEX 函数和控件创建动态图表

(1) 打开素材文件“通过INDEX函数和控件创建动态图表.xlsx”工作簿（素材参见：素材文件\第9章\通过INDEX函数和控件创建动态图表.xlsx），在表格底部的空白单元格中输入数字“1”，然后在相邻的右侧单元格中输入公式“=INDEX(B3:B12,$A$13)”，表示返回B3:B12单元格区域中的第一个值，按“Enter”键查看计算结果，最后将公式复制到C13:E13单元格区域，如图9-52所示。

(2) 单击“开发工具”选项卡“控件”组中的“插入”按钮，在打开的下拉列表中选择“组合框”选项，然后在工作表中拖动鼠标绘制控件，在绘制的控件上单击鼠标右键，在弹出的快捷菜单中选择“设置控件格式”命令，在打开对话框的“控制”选项卡中按照图9-53所示的参数进行设置，最后单击“确定”按钮。

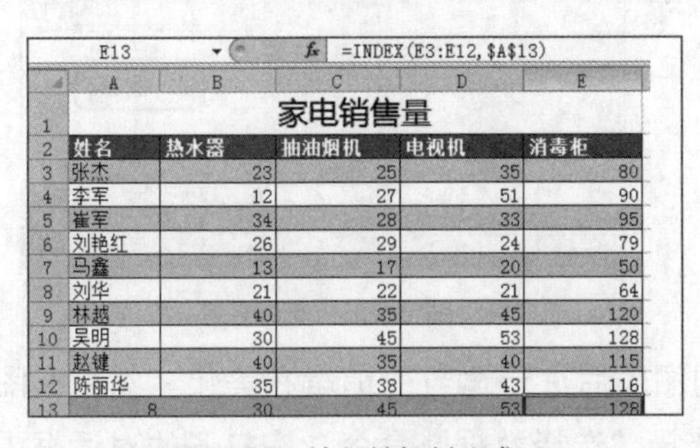

E13 =INDEX(E3:E12,$A$13)

家电销售量

姓名	热水器	抽油烟机	电视机	消毒柜
张杰	23	25	35	80
李军	12	27	51	90
崔军	34	28	33	95
刘艳红	26	29	24	79
马鑫	13	17	20	50
刘华	21	22	21	64
林越	40	35	45	120
吴明	30	45	53	128
赵键	40	35	40	115
陈丽华	35	38	43	116
8	30	45	53	128

图 9-52 输入并复制公式

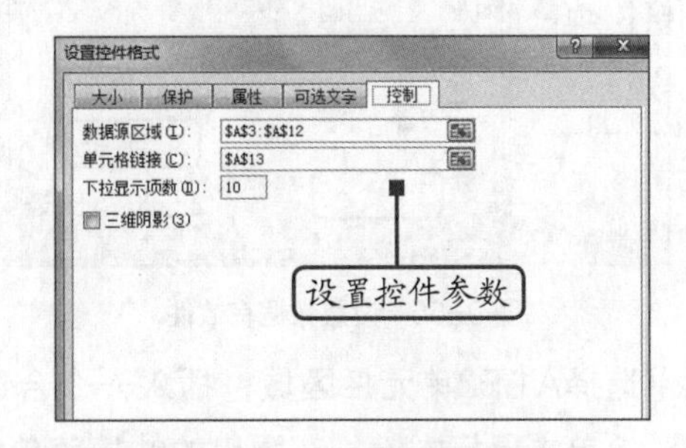

图 9-53 设置控件的控制参数

(3) 按住“Ctrl”键同时加选B2:E2及B13:E13单元格区域，选择一种合适的图表类型插入，并进行相应的编辑和美化完成设置（效果参见：效果文件\第9章\通过INDEX函数和控件创建动态图表.xlsx）。

9.3.2 通过数据有效性创建动态图表

数据有效性是一个用途广泛的功能，结合图表可以制作出带下拉菜单的动态图表效果，如图9-54所示，其具体操作如下。

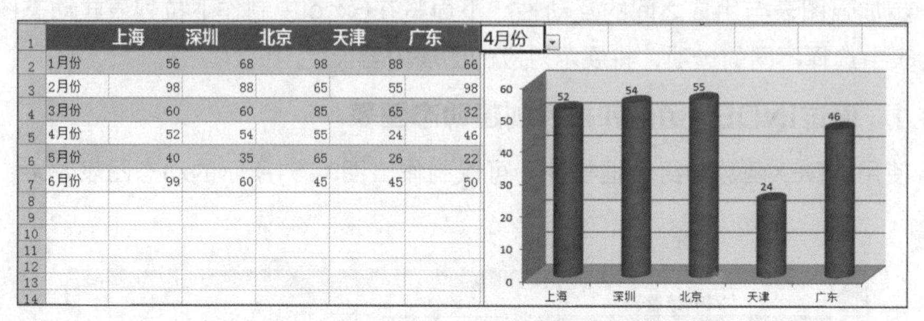

	上海	深圳	北京	天津	广东
1月份	56	68	98	88	66
2月份	98	88	65	55	98
3月份	60	60	85	65	32
4月份	52	54	55	24	46
5月份	40	35	65	26	22
6月份	99	60	45	45	50

图 9-54　通过数据有效性创建动态图表

（1）打开素材文件“通过数据有效性创建动态图表.xlsx”工作簿（素材参见：素材文件\第9章\通过数据有效性创建动态图表.xlsx），选择工作表中包含数据的区域，单击“公式”选项卡“定义的名称”组中的“根据所选内容创建”按钮，在打开的对话框中单击选中“最左列”复选框，即可创建6个月份的名称。

（2）选择工作表中任意一个空白单元格，如选择G1单元格，单击“数据”选项卡“数据工具”组中的“数据有效性”按钮，在打开的下拉列表中选择“数据有效性”选项，打开“数据有效性”对话框。在“设置”选项卡的“允许”下拉列表中选择“序列”选项，在“来源”文本框中输入“=$A$2:$A$7”，然后单击“确定”按钮，如图9-55所示。

（3）打开“新建名称”对话框，在“名称”文本框中输入“动态数据源”，在“引用位置”文本框中输入“=INDIRECT("_"&Sheet1!$G$1)”，然后单击“确定”按钮，如图9-56所示。

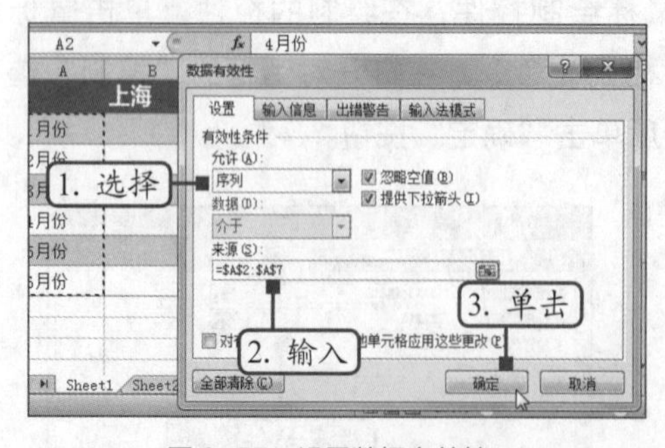

图 9-55　设置数据有效性

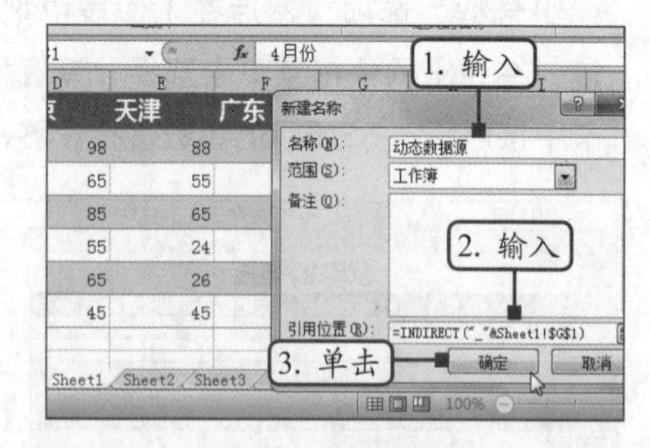

图 9-56　新建名称

（4）选择A1:F2单元格区域，插入一个合适的图表后进行适当的编辑和美化。然后在图表上单击鼠标右键，在弹出的快捷菜单中选择“选择数据”命令，在打开的对话框中对图例项中的选项进行编辑，其中将“系列值”设置为“=通过数据有效性创建动态图表.xlsx!数据源”，单击“确定”按钮，完成设置（效果参见：效果文件\第9章\通过数据有效性创建动态图表.xlsx）。

Information

第10章 订单与库存分析

库存是影响企业盈利的重要因素之一，管理不当可能导致大量的库存积压、占用现金流、延误销售计划。因此，使用Excel软件对订单与库存进行可视化分析是十分必要的。本章主要对客户订单记录、产品库存情况和产品库龄进行分析，涉及的知识点包括数据分类汇总、数据透视图、条件格式、SUMIF函数及IF函数等。

本章要点

- 客户订单记录统计
- 产品出入库情况分析
- 产品库龄分析

10.1 客户订单记录统计

客户订单记录表用于显示所有成交客户的订单明细，主要内容包括订单日期、订单编号、所售产品、付款时间和成交金额等信息。图10-1所示为客户订单记录统计的最终效果，其中清晰地显示了每一位销售人员的销售总额和每一件产品的销售情况。通过创建的数据透视图和数据透视表还可以任意查看每一位销售人员的实际销售情况，包括所售产品、每一件产品的销售额和创造的利润等。

	C	D	E	F	G	H	I	J	K
1	订单编号	销售人员	产品名称	进价	售价	利润	邮费	付款时间	客户ID
2	152654856025433003	马珏	外套	¥158	¥208	¥50	¥0	2018/3/1	ieihs25
3	152654856025433010	钱悦	外套	¥158	¥218	¥60	¥0	2018/3/7	geti10
4	152654856025433012	张丽坟	外套	¥158	¥228	¥70	¥0	2018/3/8	kdqe26
5	152654856025433014	张丽坟	外套	¥158	¥208	¥50	¥0	2018/3/8	adosf
6	152654856025433016	沈星	外套	¥158	¥218	¥60	¥0	2018/3/8	adafa48
7			外套 汇总		¥1,080				
8	152654856025433001	李丽	牛仔裤	¥88	¥158	¥70	¥0	2018/3/2	wie02
9	152654856025433006	赵明明	牛仔裤	¥88	¥158	¥70	¥0	2018/3/4	adosf
10	152654856025433013	李丽	牛仔裤	¥88	¥168	¥80	¥0	2018/3/9	kadiw26
11	152654856025433015	赵明明	牛仔裤	¥88	¥158	¥70	¥0	2018/3/10	adksag37
12	152654856025433017	沈星	牛仔裤	¥88	¥168	¥80	¥0	2018/3/8	geieqt13
13			牛仔裤 汇总		¥810				
14	152654856025433002	沈星	连衣裙	¥108	¥188	¥80	¥0	2018/3/1	skdi123
15	152654856025433005	钱悦	连衣裙	¥108	¥210	¥102	¥0	2018/3/4	kadiw25
16	152654856025433007	钱悦	连衣裙	¥108	¥180	¥72	¥0	2018/3/3	adksag36

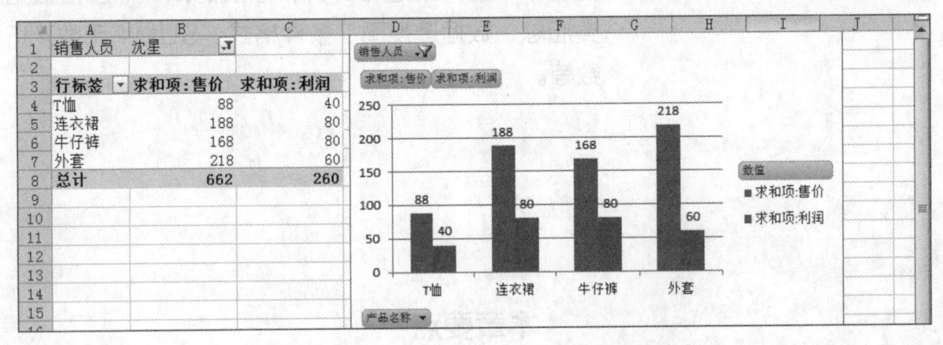

图10-1 客户订单记录统计分析的最终效果

下面首先利用分类汇总功能按产品名称来汇总订单，然后利用SUMIF函数统计6名销售人员的成交总额，最后利用数据透视图和数据透视表来查看每一位销售人员的实际销售额和利润额。

10.1.1 按产品名称汇总订单

下面将在“客户订单记录统计表.xlsx”工作簿中汇总不同产品类型的总售价，其具体操作如下。

（1）打开素材文件“客户订单记录统计表.xlsx”工作簿（素材参见：素材文件\第10章\客户订单记录统计表.xlsx），在“Sheet1”工作表标签上单击鼠标右键，在弹出的快捷菜单中选择“移动或复制”命令，如图10-2所示。

微课：按产品名称汇总订单

（2）打开“移动或复制工作表”对话框，在“下列选定工作表之前”列表框中选择“Sheet1”选项，单击选中“建立副本”复选框，然后单击“确定”按钮，如图10-3所示。

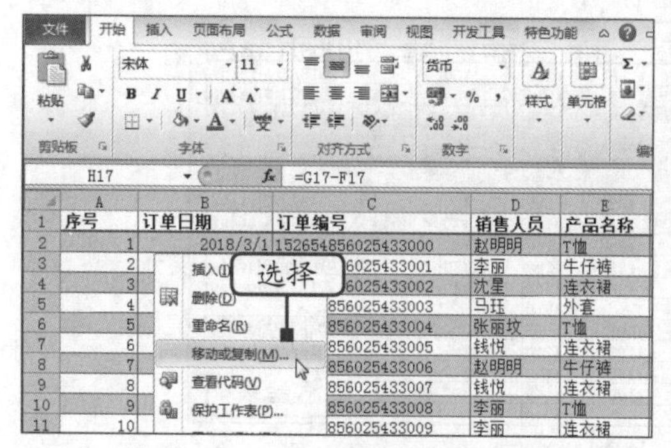

图 10-2　选择“移动或复制”命令

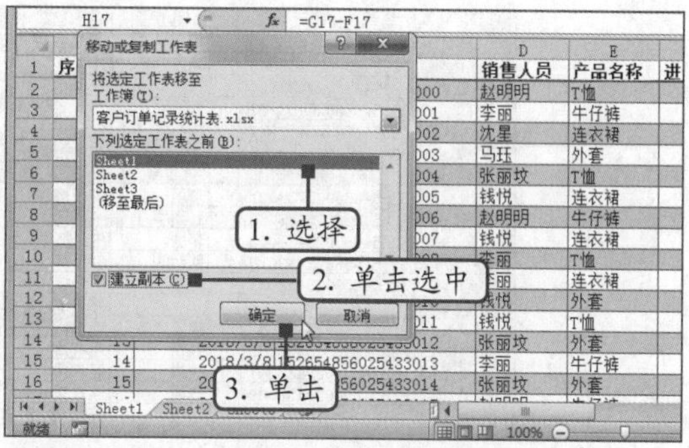

图 10-3　复制工作表

（3）此时，工作簿中将新增一个名为“Sheet1(2)”的工作表，在新建的工作表标签上单击鼠标右键，在弹出的快捷菜单中选择“重命名”命令，如图10-4所示。

（4）此时，工作表标签呈可编辑状态，输入工作表名称“汇总订单”，按“Enter”键，然后选择E2单元格，在“数据”选项卡“排序和筛选”组中单击“降序”按钮，如图10-5所示。

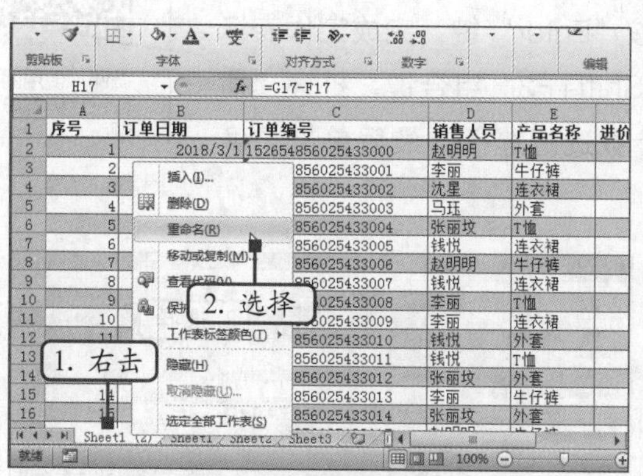

图 10-4　重命名工作表

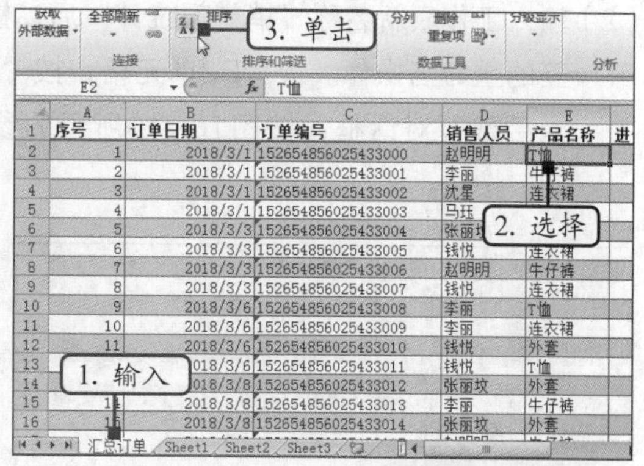

图 10-5　编辑工作表名称后排序

（5）单击“数据”选项卡“分级显示”组中的“分类汇总”按钮，如图10-6所示。

（6）打开“分类汇总”对话框，在“分类字段”下拉列表中选择“产品名称”选项，在“汇总方式”下拉列表中选择“求和”选项，在“选定汇总项”列表框中单击选中“售价”复选框，然后单击“确定”按钮，如图10-7所示。

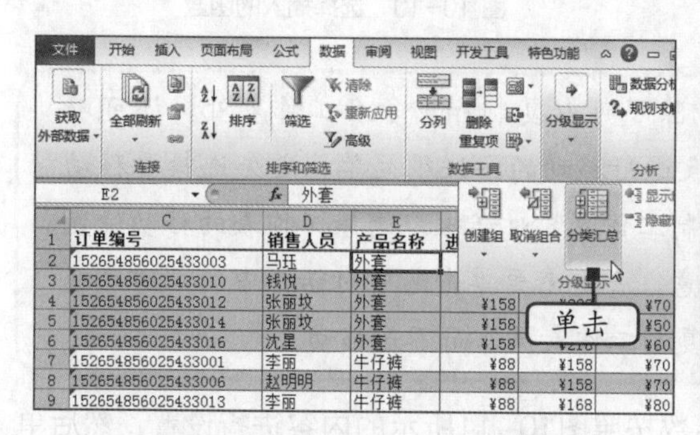

图 10-6　单击“分类汇总”按钮

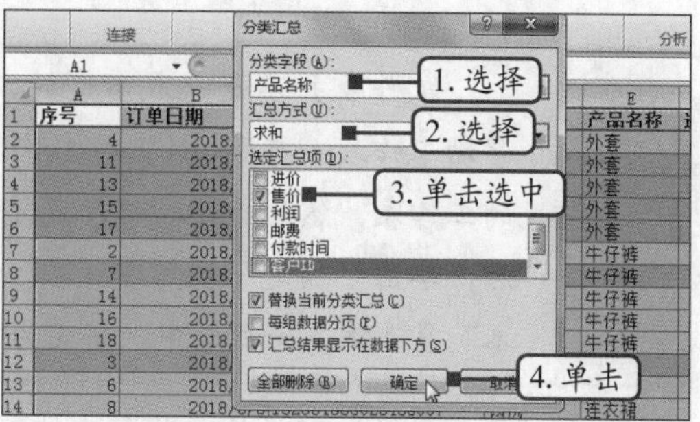

图 10-7　设置分类汇总

（7）此时，工作表中的数据将按产品名称进行分类汇总，最终效果如图10-8所示。

	C	D	E	F	G	H	I	J	K
1	订单编号	销售人员	产品名称	进价	售价	利润	邮费	付款时间	客户I
2	152654856025433003	马珏	外套	¥158	¥208	¥50	¥0	2018/3/1	ieihs
3	152654856025433010	钱悦	外套	¥158	¥218	¥60	¥0	2018/3/7	getil
4	152654856025433012	张丽坟	外套	¥158	¥228	¥70	¥0	2018/3/8	kdqe2
5	152654856025433014	张丽坟	外套	¥158	¥208	¥50	¥0	2018/3/8	adosf
6	152654856025433016	沈星	外套	¥158	¥218	¥60	¥0	2018/3/8	adafa
7			外套 汇总		¥1,080				
8	152654856025433001	李丽	牛仔裤	¥88	¥158	¥70	¥0	2018/3/2	wie02
9	152654856025433006	赵明明	牛仔裤	¥88	¥158	¥70	¥0	2018/3/4	adosf
10	152654856025433013	李丽	牛仔裤	¥88	¥168	¥80	¥0	2018/3/9	kadiw
11	152654856025433015	赵明明	牛仔裤	¥88	¥158	¥70	¥0	2018/3/10	adksa
12	152654856025433017	沈星	牛仔裤	¥88	¥168	¥80	¥0	2018/3/8	qeieq
13			牛仔裤 汇总		¥810				
14	152654856025433002	沈星	连衣裙	¥108	¥188	¥80	¥0	2018/3/1	skdi1
15	152654856025433005	钱悦	连衣裙	¥108	¥210	¥102	¥0	2018/3/4	kadiw
16	152654856025433007	钱悦	连衣裙	¥108	¥180	¥72			
17	152654856025433009	李丽	连衣裙	¥108	¥168	¥60			
18			连衣裙 汇总		¥746				

汇总结果

图 10-8　按产品名称进行分类汇总效果

10.1.2　使用函数统计销售总额

下面将利用SUMIF函数分别计算6名销售人员的实际销售额，其具体操作如下。

（1）在“Sheet2”工作表标签上双击鼠标，此时工作表名称呈黑底白字显示，表示名称呈可编辑状态，如图10-9所示。

（2）输入工作表新名称“销售额统计”后，按“Enter”键，完成工作表标签的重命名操作。选择B2单元格，按“Shift+F3”组合键，打开“插入函数”对话框，按图10-10所示的参数进行选择，最后单击“确定”按钮。

微课：使用函数统计销售总额

图 10-9　重命名工作表

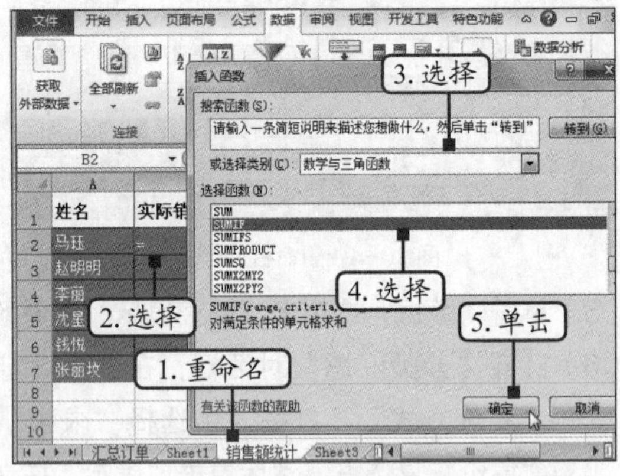

图 10-10　选择插入的函数

提示

工作表并不是一成不变的，除了可以复制和重命名工作表外，还可以移动工作表。在Excel中对工作表进行移动的方法很简单，首先选择要移动的工作表，然后打开“移动或复制工作表”对话框，选择工作表的移动位置后，单击“确定”按钮即可。注意，一定不要单击选中对话框中的“建立副本”复选框，一旦选中，将变为复制工作表操作而不是移动。

（3）打开“函数参数”对话框，将其中的参数按照图10-11所示的内容进行设置，然后单击“确定”按钮。

（4）返回Excel工作界面，在B2单元格中查看计算结果，如图10-12所示。

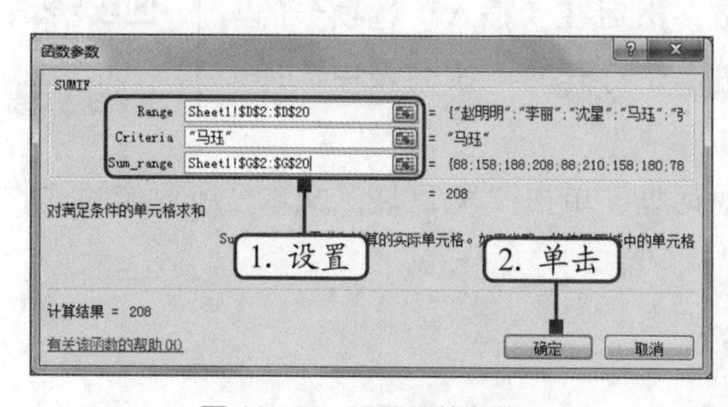

图 10-11　设置函数参数

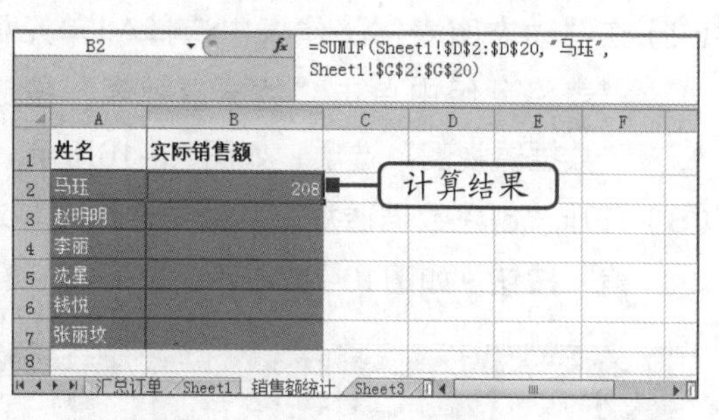

图 10-12　查看计算结果

（5）拖动B2单元格右下角的填充柄，将计算结果复制到B3:B7单元格区域，如图10-13所示。

（6）此时，B3:B7单元格区域的计算结果有误，选择B3单元格，然后将鼠标指针定位至编辑栏中，将公式中的“马珏”更改为“赵明明”，如图10-14所示，然后按“Enter”键查看计算结果。

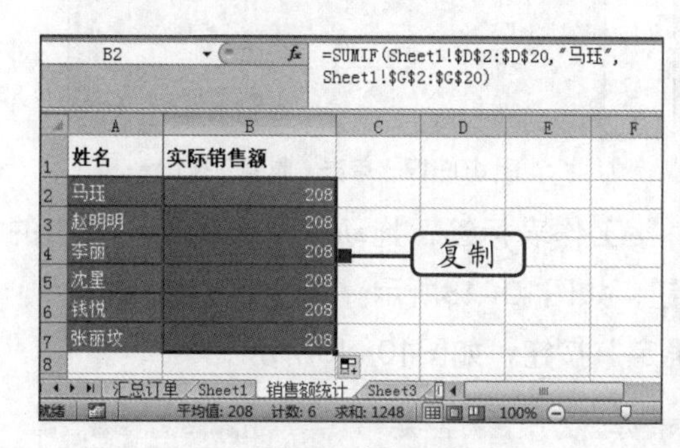

图 10-13　复制公式

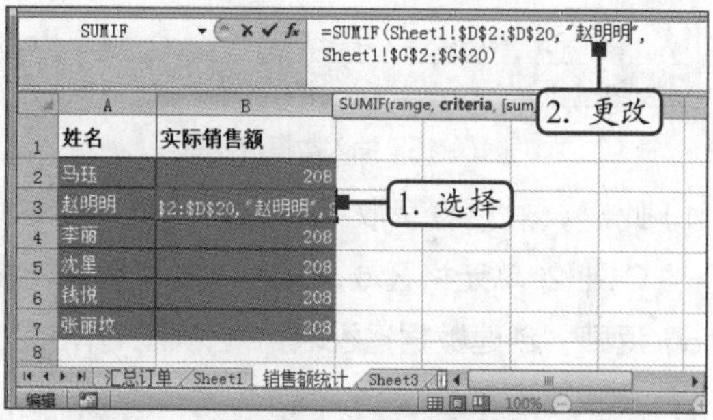

图 10-14　更改函数参数

（7）继续利用更改函数参数的方法，对其他单元格中的计算结果进行更正，最终效果如图10-15所示。

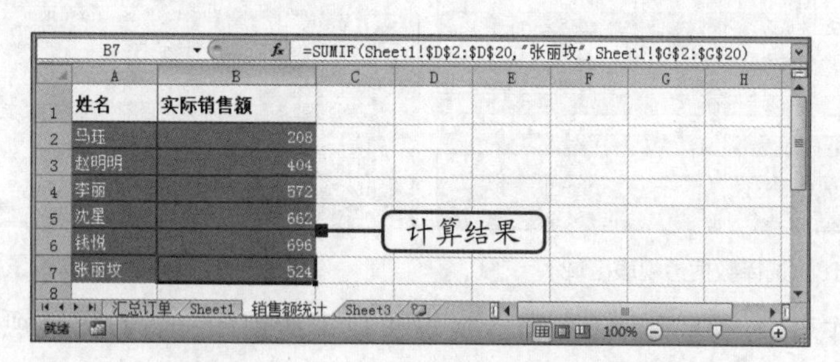

图 10-15　计算其他单元格的实际销售额

10.1.3　创建销售额动态图表

无论是数据汇总、统计还是数据分析，都可以通过图表完成复杂的数据展现与汇总。下面将创建销售额动态图表，其具体操作如下。

（1）切换到“Sheet3”工作表，并将该工作表标签重命名为“动态图表”。

（2）在“动态图表”工作表中选择A1单元格，然后在“插入”选项卡的“表格”组中单击“数据透视表”按钮，在打开的下拉列表中选择“数据透视图”选项，如图10-16所示。

微课：创建销售额动态图表

（3）打开“创建数据透视表及数据透视图”对话框，单击“表/区域”文本框所对应的“收缩”按钮，如图10-17所示。

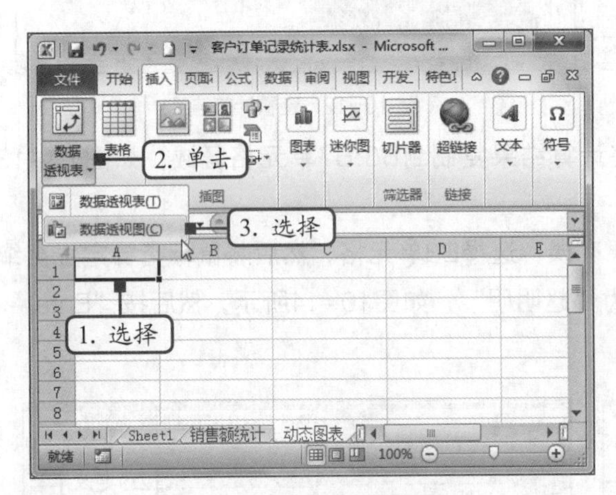

图 10-16　插入数据透视图

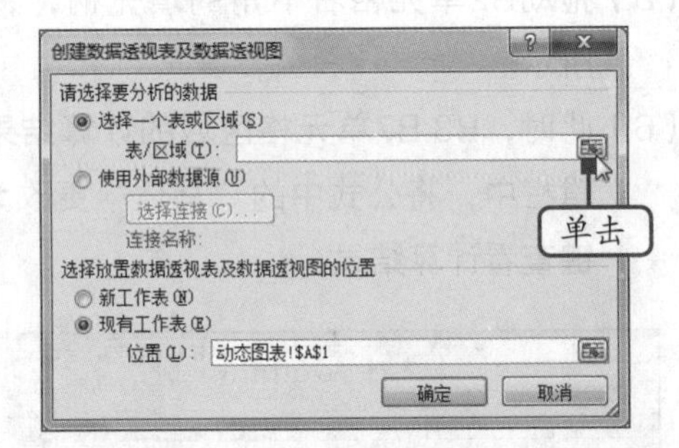

图 10-17　单击“收缩”按钮

（4）此时，对话框呈收缩状态，单击“Sheet1”工作表标签，拖动鼠标选择工作表中的C1:H20单元格区域，然后单击“展开”按钮，如图10-18所示。

（5）返回“创建数据透视表”对话框，单击“确定”按钮，如图10-19所示。

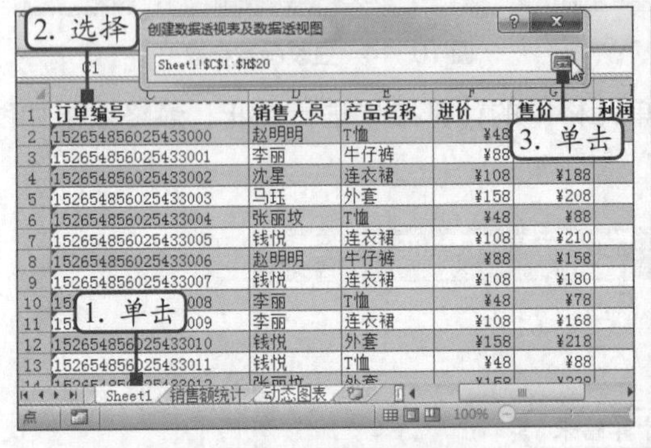

图 10-18　选择数据透视表区域

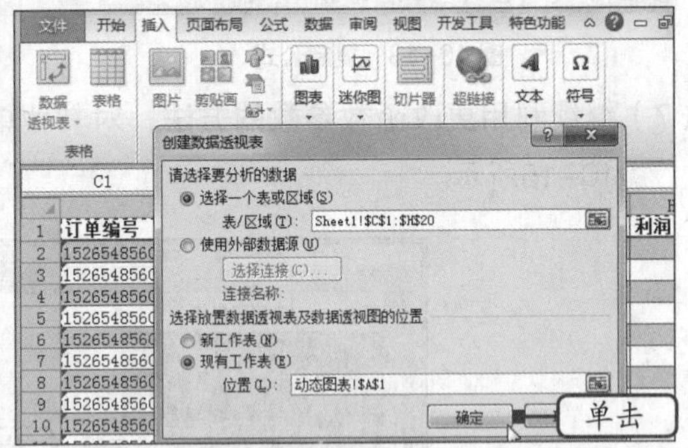

图 10-19　确认设置

（6）此时，工作表中新建了空白数据透视表和数据透视图，将数据透视表中的字段分别添加至“报表筛选”“图例字段”“轴字段”及“数值”列表框，效果如图10-20所示。

（7）在数据透视图中单击“销售人员”筛选按钮，在打开的下拉列表中选择“沈星”选项，然后单击“确定”按钮，如图10-21所示。

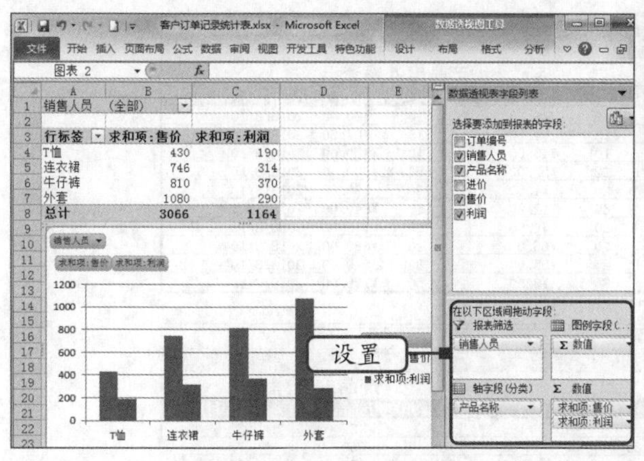

图 10-20 添加报表字段

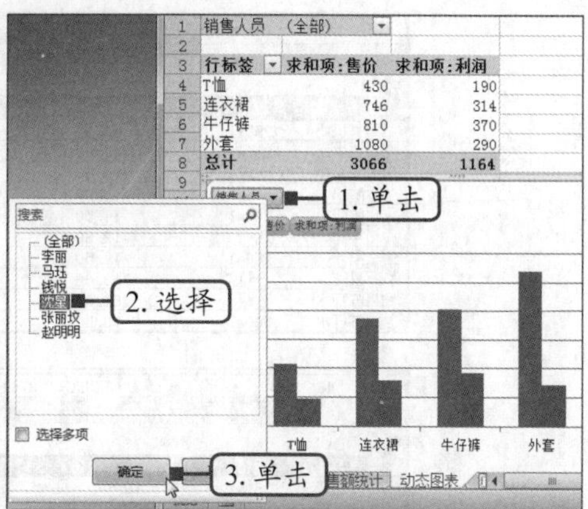

图 10-21 选择筛选的数据

（8）此时，数据透视图和数据透视表中均显示关于销售员“沈星”的销售数据，如图10-22所示。通过图表可以清楚地了解该名销售人员的销售额和取得的利润情况。

（9）选择数据透视图，在“数据透视图工具-布局”选项卡中单击“数据标签”按钮，在打开的下拉列表中选择“数据标签外”选项，为数据透视图添加数据标签，最终效果如图10-23所示（效果参见：效果文件\第10章\客户订单记录统计表.xlsx）。

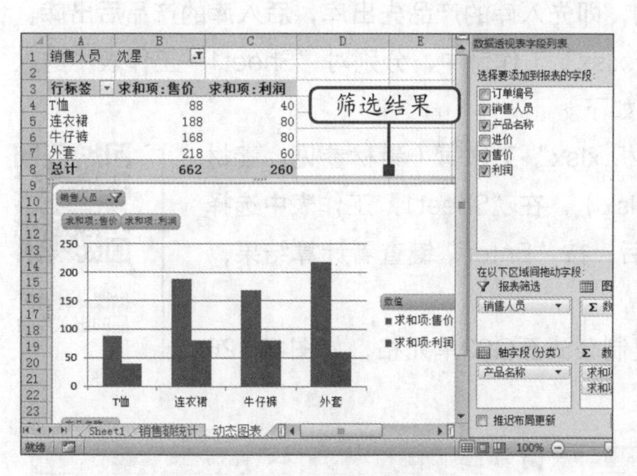

图 10-22 查看数据筛选结果

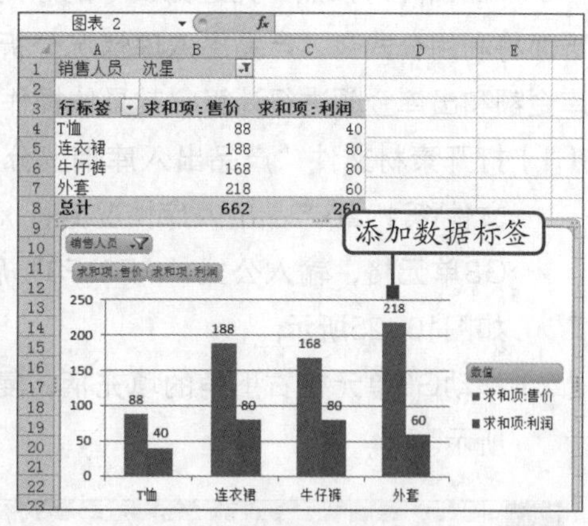

图 10-23 为数据透视图表添加数据标签

10.2 产品出入库情况分析

对于零售行业来说，降低库存数量、优化库存管理是企业赢得市场发展机遇的重要前提。现在普遍认为零库存是最好的库存管理方式，但是如果过分降低库存量，则会出现断档，因此，企业要随时掌握产品的出入库情况。图10-24所示为产品出入库情况分析的最终效果。

下面首先计算产品的出入库金额，并利用多条件方式对数据进行排序，然后计算产品的最大库存、最小库存和安全库存数，最后通过条件格式对低于安全库存的产品进行预警。

A3　　fx　有机奶

	A	B	C	D	E	F	G	H	I
1						产品出入库登记			
2	产品名称	规格	期初单价	期初库存数量	入库单价	入库数量	入库金额	入库时间	出库数量
3	有机奶	250ml	¥6.00	10	¥6.00	10	¥60.00	2018/8/10	
4	纯牛奶	250ml	¥5.00	15	¥4.50	15	¥67.50	2018/8/10	
5	纯牛奶	一箱	¥55.00	10	¥45.00	10	¥450.00	2018/8/10	
6	酸奶	一箱	¥48.00	22	¥52.00	50	¥2,600.00	2018/8/10	
7	酸奶	200ml	¥4.50	20	¥4.50	20	¥90.00	2018/8/10	
8	果汁	1L	¥12.80	30	¥12.80	50	¥640.00	2018/8/10	
9	果汁	250ml	¥4.50	20	¥4.50	10	¥45.00	2018/8/10	
10	果汁	一箱	¥68.00	10	¥68.00	10	¥680.00	2018/8/10	
11	苏打水	一箱	¥54.00	25	¥55.00	88	¥4,840.00	2018/8/10	
12	苏打水	500ml	¥3.50	30	¥3.50	50	¥175.00	2018/8/10	

M3　　fx　=TRUNC((L3/4)+1)

	A	B	C	D	E	F	G	H	I	J	K
1									产品安全库存量		
2	产品名称	规格	1月份	2月份	3月份	4月份	5月份	6月份	半年度用量	月度最大用量	月度最小
3	有机奶	250ml	12	56	100	144	188	232	732	232	
4	纯牛奶	250ml	25	10	63	30	65	75	268	75	
5	纯牛奶	一箱	3	12	5	10	2	25	57	25	
6	酸奶	200ml	30	15	10	40	35	65	195	65	
7	酸奶	一箱	5	1	9	10	60	10	95	60	
8	果汁	250ml	30	35	40	45	50	55	255	55	
9	果汁	1L	10	30	50	70	90	110	360		
10	果汁	一箱	6	5	15	10	10	15	61		
11	苏打水	500ml	50	10	50	60	10	50	230	60	
12	苏打水	350ml	30	10	30	12	50	45	177	50	
13	苏打水	一箱	5	6	20	5	11	2	49	20	

最终效果

图 10-24　产品出入库情况分析的最终效果

10.2.1　计算产品的出入库金额

产品出库时按照“先进先出”的原则，即先入库的产品先出库，后入库的产品后出库。下面将利用公式在“产品出入库情况分析.xlsx”工作簿中，分别对“Sheet1”工作表中的入库金额和出库金额进行计算，其具体操作如下。

（1）打开素材文件“产品出入库情况分析.xlsx”工作簿（素材参见：素材文件\第10章\产品出入库情况分析.xlsx），在“Sheet1”工作表中选择G3单元格，输入公式“=E3*F3”后，按“Enter”键查看计算结果，如图10-25所示。

微课：计算产品的出入库金额

（2）拖动G3单元格右下角的填充柄，复制公式至G22单元格，如图10-26所示。

G3　　fx　=E3*F3

	B	C	D	E	F	G
1					产品出入库登记	
2	规格	期初单价	期初库存数量	入库单价	入库数量	入库金额
3	500ml	¥2.00	10	¥2.00	30	¥60.00
4	500ml	¥2.50	50	¥3.00	12	
5	250ml	¥4.50	20	¥4.50	10	
6	500ml	¥3.50	30	¥3.50	50	
7	500ml	¥5.00	15	¥5.50		
8	300ml	¥1.00	65	¥1.20		
9	300ml	¥1.50	20	¥1.50	50	

选择后输入

图 10-25　利用公式计算入库金额

G3　　fx　=E3*F3

B	C	D	E	F	G
300ml	¥1.00	65	¥1.20	60	¥72.00
300ml	¥1.50	20	¥1.50	50	¥75.00
1L	¥12.80	30	¥12.80	50	¥640.00
350ml	¥3.00	45	¥3.00	80	¥240.00
330ml	¥5.50	22		22	¥110.00
250ml	¥5.00	15		15	¥67.50
200ml	¥4.50	20	¥4.50	20	¥90.00
250ml	¥6.00	10	¥6.00	10	¥60.00
一箱	¥24.00	30	¥24.00	68	#########
一箱	¥52.00	23	¥50.00	65	#########

复制

图 10-26　复制公式

（3）由于单元格的内容超过了单元格的显示范围，所以以“#”号显示，单击“开始”选项卡“单元格”组中的“格式”按钮，在打开的下拉列表中选择“自动调整列宽”选项，如图10-27所示。

（4）此时，G列单元格中的内容将全部显示出来，效果如图10-28所示。

图 10-27　自动调整列宽

图 10-28　调整列宽后的效果

（5）选择J3单元格，在编辑栏中输入嵌套函数“=IF(I3<=D3,I3*E3,D3*E3+(I3-D3)*C3)”，如图10-29所示。该函数表示如果出库数量大于或等于期初库存数量，则按期初单价和期初库存数量计算出库金额，反之，超出期初库存数量则按入库单价进行计算。

（6）确认函数参数无误后，按“Enter”键查看计算结果。然后复制J3单元格中的公式至J4:J22单元格区域，效果如图10-30所示。

图 10-29　输入嵌套函数

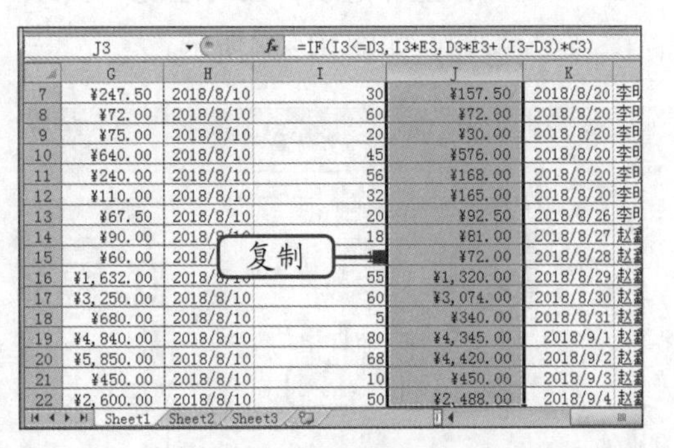

图 10-30　复制公式

提示

在Excel中输入公式时，小括号()、中括号[]可直接在英文状态下输入；而对于大括号{}，若不是数组公式，则直接在英文状态下输入，如果是数组公式，则在输入完公式后，按“Ctrl+Shift+Enter”组合键自动输入。

10.2.2　按多条件方式对数据进行排序

在处理数据时，有时需要对满足多个条件的数据进行排序，这样数据结构会更加清晰明了。下面将在“Sheet1”工作表中，利用“排序”对话框进行多条件排序设置，其具体操作如下。

（1）在“Sheet1”工作表中选择包含数据的任意一个单元格，这里选择A4单元格，然后单击“数据”选项卡“排序和筛选”组中的“排序”按钮，如图10-31所示。

微课：按多条件方式对数据进行排序

（2）打开“排序”对话框，在“主要关键字”下拉列表中选择“产品名称”选项，在对应的“次序”下拉列表中选择“自定义序列”选项，如图10-32所示。

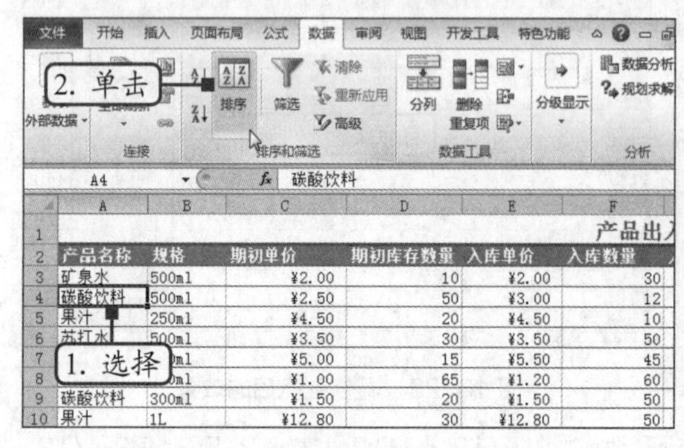

图 10-31　单击“排序”按钮

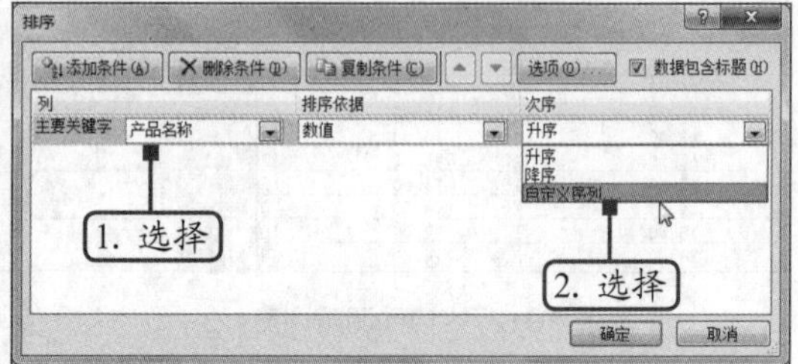

图 10-32　设置主要关键字

（3）打开“自定义序列”对话框，在“输入序列”列表框中依次输入文本“有机奶”“纯牛奶”“酸奶”“果汁”“苏打水”“碳酸饮料”“矿泉水”“啤酒”，每一行文本之间用“Enter”键换行，然后依次单击“添加”按钮和“确定”按钮，如图10-33所示。

（4）返回“排序”对话框，单击“添加条件”按钮，在“次要关键字”下拉列表中选择“出库数量”选项，在对应的“次序”下拉列表中选择“降序”选项，然后单击“确定”按钮，如图10-34所示。

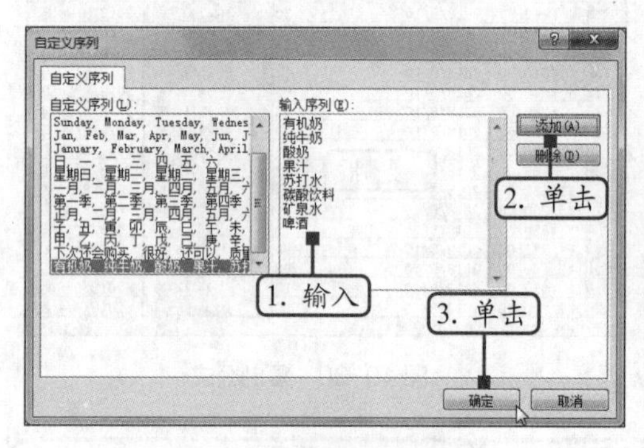

图 10-33　输入自定义排序序列

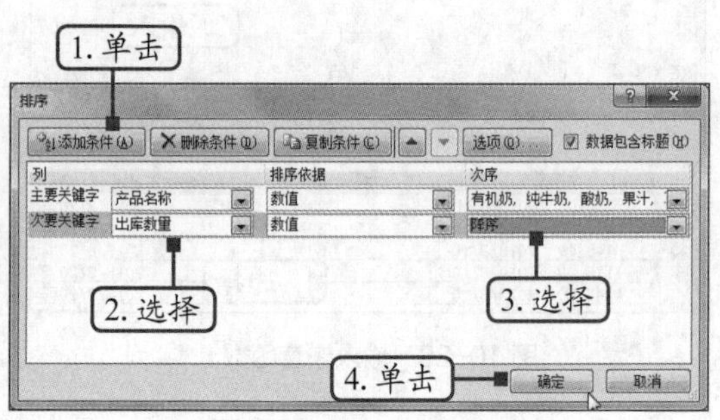

图 10-34　设置次要关键字

（5）返回Excel工作界面，此时，表格中的数据将按设置的排序方式进行自定义排序，效果如图10-35所示。

排序结果

产品出入库登记

产品名称	规格	期初单价	期初库存数量	入库单价	入库数量	入库金额	入库时间	出库数量
有机奶	250ml	¥6.00	10	¥6.00	10	¥60.00	2018/8/10	12
纯牛奶	250ml	¥5.00	15	¥4.50	15	¥67.50	2018/8/10	20
纯牛奶	一箱	¥55.00	10	¥45.00	10	¥450.00	2018/8/10	10
酸奶	一箱	¥48.00	22	¥52.00	50	¥2,600.00	2018/8/10	50
酸奶	200ml	¥4.50	20	¥4.50	20	¥90.00	2018/8/10	18
果汁	1L	¥12.80	30	¥12.80	50	¥640.00	2018/8/10	45
果汁	250ml	¥4.50	20	¥4.50	10	¥45.00	2018/8/10	30
果汁	一箱	¥68.00	10	¥68.00	10	¥680.00	2018/8/10	5
苏打水	一箱	¥54.00	25	¥55.00	88	¥4,840.00	2018/8/10	80
苏打水	500ml	¥3.50	30	¥3.50	50	¥175.00	2018/8/10	60
苏打水	350ml	¥3.00	45	¥3.00	80	¥240.00	2018/8/10	56
碳酸饮料	一箱	¥52.00	23	¥50.00	65	¥3,250.00	2018/8/10	60
碳酸饮料	500ml	¥2.50	50	¥3.00	12	¥36.00	2018/8/10	30

图 10-35　查看排序结果

10.2.3 计算安全库存、最大库存和最小库存量

安全库存量是为了防止临时用量增加或供应商交货误期等不确定因素而准备的缓冲库存。安全库存按一周的库存量来核算；最大库存按月度最大用量和安全库存之和来核算；最小库存按两周的安全库存量来核算。下面将在“Sheet2”工作表中，利用TRUNC函数和公式来计算店铺的库存情况，其具体操作如下。

微课：计算安全库存、最大库存和最小库存量

（1）切换到“Sheet2”工作表中，选择M3单元格，输入公式“=TRUNC((L3/4)+1)”，如图10-36所示。

（2）按“Enter”键得到计算结果后，拖动M3单元格右下角的填充柄进行公式的复制操作，效果如图10-37所示，完成安全库存数据的计算。

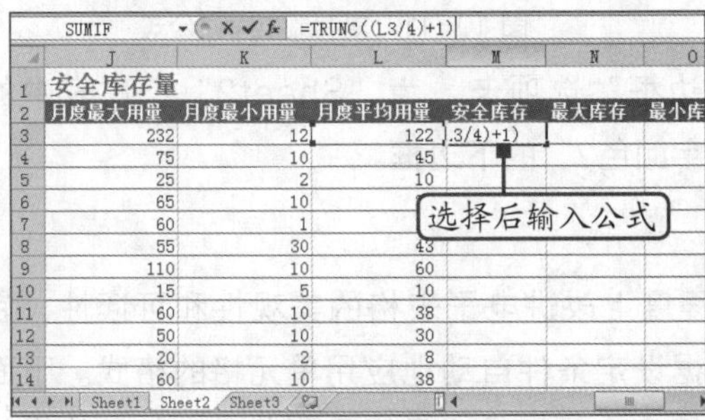
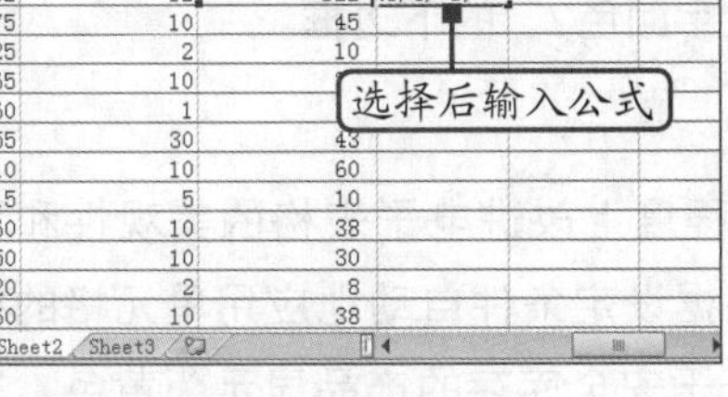

图 10-36 输入安全库存公式

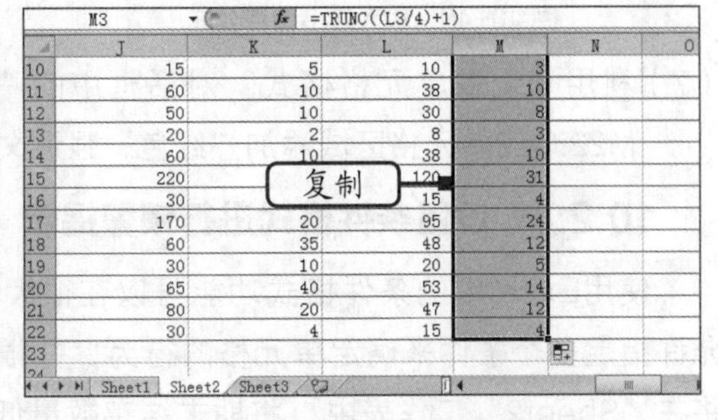

图 10-37 复制安全库存公式

提示

TRUNC函数用于返回处理后的数值，该函数只截取整数部分，不会对小数部分进行四舍五入计算。其语法结构为：TRUNC（number,[num_digits]），其中，number表示需要截尾取整的数字，为必填项；num_digits用于指定取整精度的数字，其默认值为0（零）。

（3）选择N3单元格，输入公式“=J3+M3”，如图10-38所示。

（4）按“Enter”键得到计算结果后，拖动N3单元格右下角的填充柄进行公式的复制操作，效果如图10-39所示，完成最大库存数据的计算。

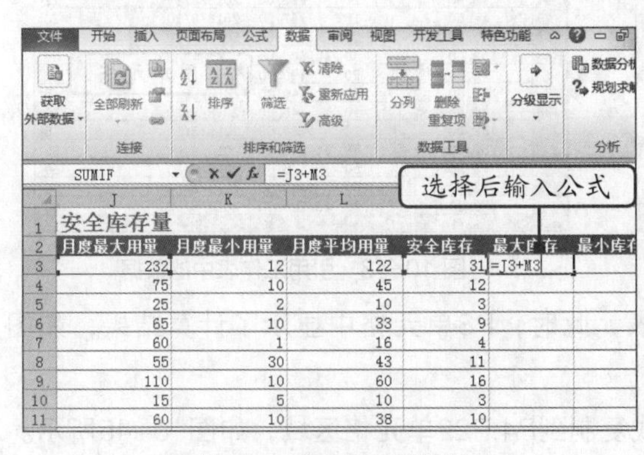

图 10-38 输入最大库存公式

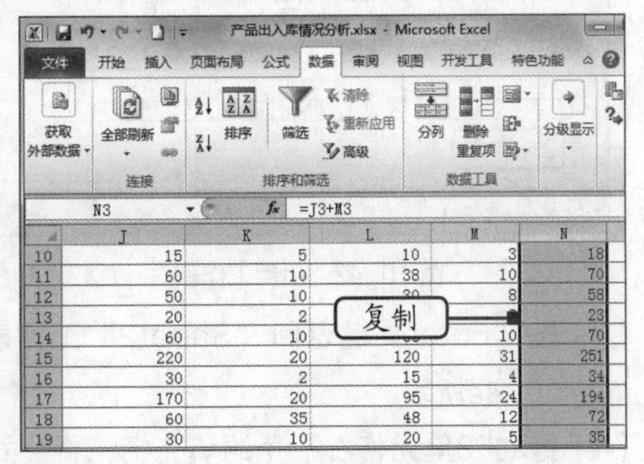

图 10-39 复制最大库存公式

（5）选择O3单元格，输入公式“=M3*2”，如图10-40所示。

（6）按“Enter”键得到计算结果后，拖动O3单元格右下角的填充柄进行公式的复制操作，效果如图10-41所示，完成最小库存数据的计算。

SUMIF　=M3*2

	K	L	M	N	O	P
1						
2	月度最小用量	月度平均用量	安全库存	最大库存	最小库存	期末结存数量
3	12	122	31	263	=M3*2	
4	10	45	12	87		
5	2	10	3	28		
6	10	33	9	[illegible]		
7	1	16	4	[illegible]		
8	30	43	11	[illegible]		
9	10	60	16	126		
10	5	10	3	18		
11	10	38	10	70		
12	10	30	8	58		
13	2	8	3	23		
14	10	38	10	70		

选择后输入公式

图 10-40　输入最小库存公式

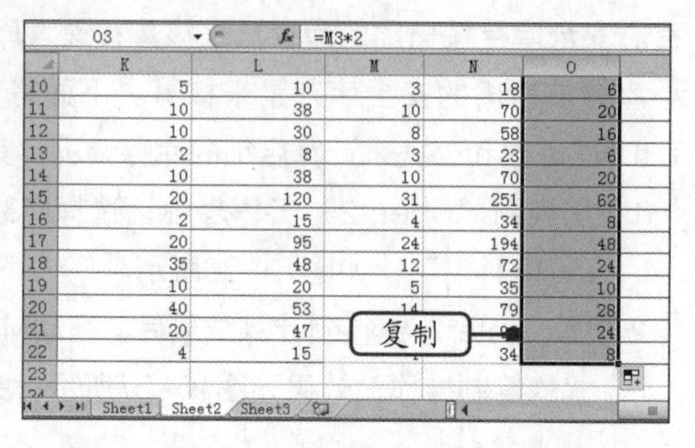

O3　=M3*2

	K	L	M	N	O
10	5	10	3	18	6
11	10	38	10	70	20
12	10	30	8	58	16
13	2	8	3	23	6
14	10	38	10	70	20
15	20	120	31	251	62
16	2	15	4	34	8
17	20	95	24	194	48
18	35	48	12	72	24
19	10	20	5	35	10
20	40	53	[illegible]	79	28
21	20	47	[illegible]	[illegible]	24
22	4	15	[illegible]	34	8

图 10-41　复制最小库存公式

（7）利用“设置单元格格式”对话框中的“边框”选项卡，为“Sheet2”工作表中的M22:O22单元格区域添加“红色，强调文字颜色2”的下边框。

10.2.4　设置条件格式进行预警提示

使用Excel中的条件格式功能可以在很大程度上改进电子表格的美观性和可读性，它允许指定多个条件来确定单元格的行为，并根据设定条件自动地应用单元格的格式。下面将在“Sheet2”工作表中，将期末结存数量低于安全库存的产品显示为黄色，其具体操作如下。

（1）在“Sheet2”工作表中选择P3单元格，输入运算符“=”，然后单击“Sheet1”工作表标签，如图10-42所示。

（2）此时，将切换至“Sheet1”工作表，选择D3单元格后，输入运算符“+”，然后选择F3单元格，继续输入运算符“-”，最后单击I3单元格，如图10-43所示。

微课：设置条件格式进行预警提示

SUMIF　=

	L	M	N	O	P	Q
1						
2	月度平均用量	安全库存	最大库存	最小库存	期末结存数量	
3	122	31	263	62	=	
4	45	12	87	24		
5	10	3	28	6		
6	33	9	74	[illegible]		
7	16	4	64	[illegible]		
8	43	11	66	[illegible]		
9	60	16	126	32		
10	10	3	18	6		
11	[illegible]	10	70	20		
12	[illegible]	8	58	16		
13	[illegible]	3	23	6		
14	38	10	70	20		

1. 选择后输入
2. 单击

图 10-42　引用工作表

SUMIF　=Sheet1!D3+Sheet1!F3-Sheet1!I3

	E	F	G	H	I
1	产品出入库登记				
2	入库单价	入库数量	入库金额	入库时间	出库数量
3	¥6.00	10	¥60.00	2018/8/10	12
4	¥4.50	15	¥67.50	2018/8/10	20
5	¥45.00	10	¥450.00	2018/8/10	10
6	¥52.00	50	¥2,600.00	[illegible]	50
7	¥4.50	20	¥90.00	[illegible]	18
8	¥12.80	50	¥640.00	[illegible]	45
9	¥4.50	10	¥45.00	2018/8/10	30
10	¥68.00	10	¥680.00	2018/8/10	5
11	¥55.00	88	¥4,840.00	2018/8/10	80
12	¥3.50	50	¥175.00	2018/8/10	60
13	¥3.00	80	¥240.00	2018/8/10	56
14	¥50.00	65	¥3,250.00	2018/8/10	60

引用单元格

图 10-43　引用工作表中的数据

（3）按“Enter”键返回“Sheet2”工作表，此时，P3单元格中显示了计算结果，如图10-44所示。

（4）拖动P3单元格右下角的填充柄，将公式复制到P4:P22单元格区域，如图10-45所示。然后，为P22单元格添加“红色，强调文字颜色2”的下框线样式。

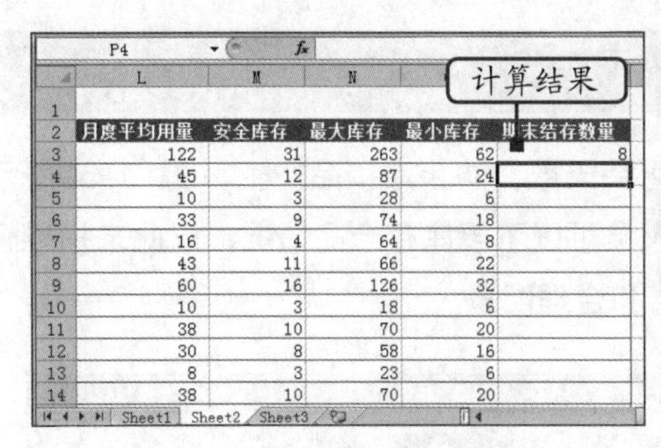

图 10-44　查看计算结果

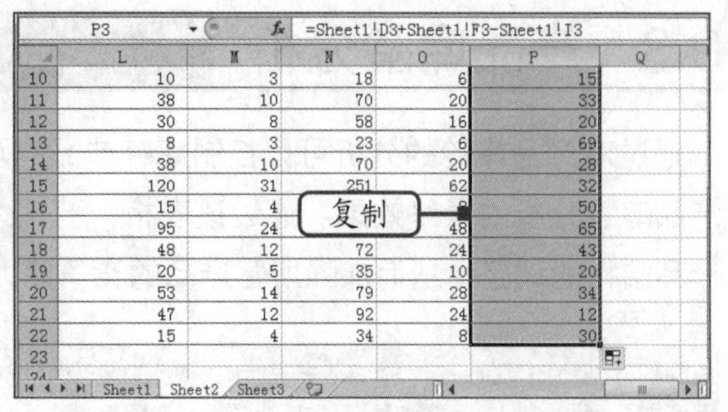

图 10-45　复制公式

（5）选择B3:P22单元格区域，单击“开始”选项卡“样式”组中的“条件格式”按钮，在打开的下拉列表中选择“新建规则”选项，如图10-46所示。

（6）打开“新建格式规则”对话框，在“选择规则类型”栏中选择“使用公式确定要设置格式的单元格”选项，在“为符合此公式的值设置格式”文本框中输入“=$P3<$M3”，然后单击“格式”按钮，如图10-47所示。

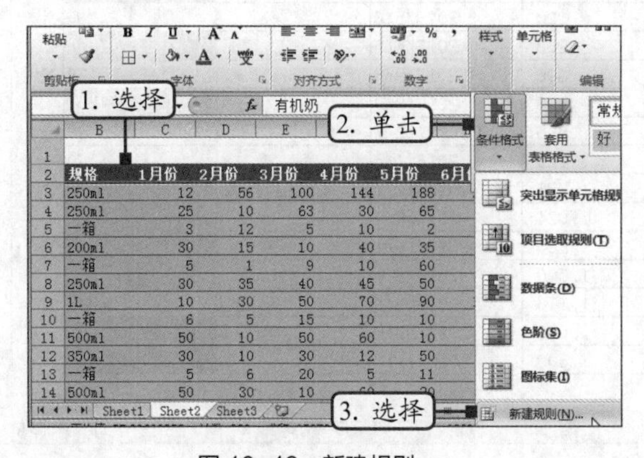

图 10-46　新建规则

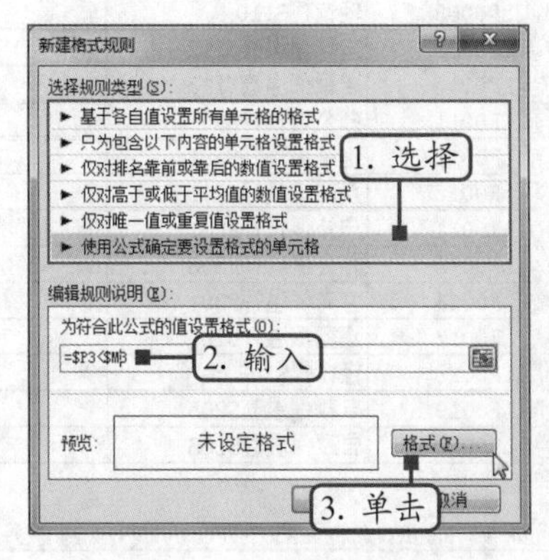

图 10-47　选择规则类型

（7）打开“设置单元格格式”对话框，在“填充”选项卡中选择“黄色”选项，然后单击“确定”按钮，如图10-48所示。

（8）返回Excel工作界面，即可看到符合设置条件的单元格将以黄色突出显示，如图10-49所示（效果参见：效果文件\第10章\产品出入库情况分析.xlsx）。

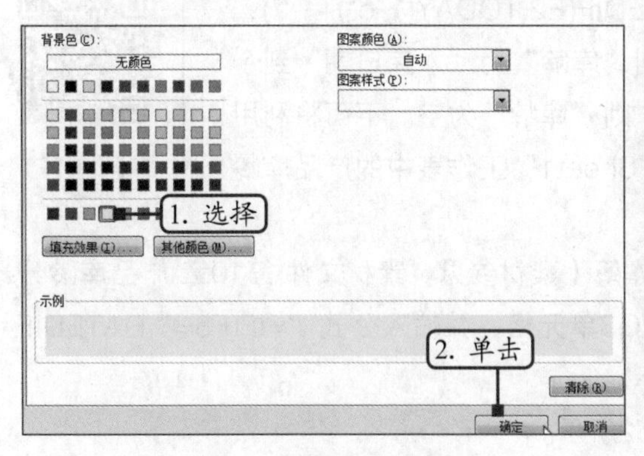

图 10-48　设置单元格填充颜色

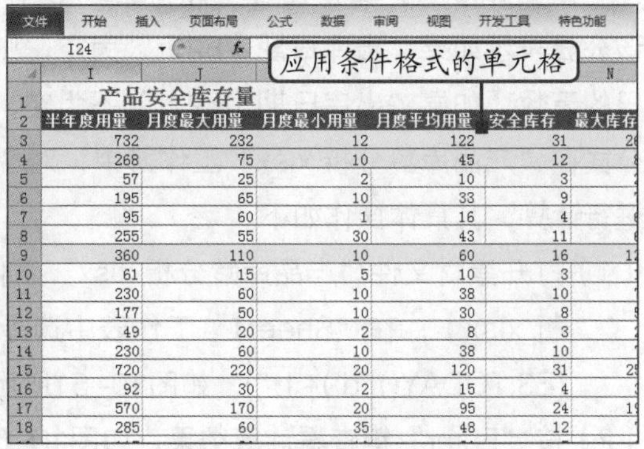

图 10-49　应用条件格式后的单元格

10.3 产品库龄分析

通过对产品库龄的分析可以控制库存产品的可销天数，防止滞销品产生。图10-50所示为产品库龄分析的最终效果。通过该表格，营销人员可以了解库存产品情况，以此来指导企业产品结构的调整，从而加强所营产品的竞争能力和合理配置。

产品库龄分析.xlsx - Microsoft Excel

C12 fx 个

产品库龄分析表

编码	产品名称	单位	入库数量	入库日期	出库日期	库龄
LF0002	泡茶玻璃杯S101	个	2,000	2018/1/10		379
LF0003	双层玻璃杯D101	个	320	2017/1/8	2017/4/18	
LF0004	户外便携杯F101	个	200	2017/5/9		625
LF0005	办公保温杯B101	个	350	2018/3/2		328
LF0006	直身保温杯B102	个	1,062	2017/5/9	2017/10/1	
LF0007	儿童保温杯B103	个	1,230	2017/4/9		655
LF0008	轻饮杯S110	个	120	2018/5/6		263
LF0009	车载保温壶S112	个	260	2017/4/5		659
LF0010	居家保温壶S113	个	300	2018/9/8		138
LF0011	办公玻璃杯S201	个	158	2017/8/9		533
LF0012	泡茶玻璃杯S201	个	865	2018/12/7		48
LF0013	双层玻璃杯D201	个	325	2018/7/8		200
LF0014	户外便携杯F201	个	789	2016/12/7	2017/8/8	
LF0015	办公保温杯F203	个	1,024	2017/8/9		533
LF0016	直身保温杯S301	个	100	2017/10/4		477
LF0017	儿童保温杯B201	个	1,500	2017/8/9		533
LF0018	轻饮杯S203	个	1,116	2018/4/8		291
LF0019	车载保温壶S205	个	1,000	2017/5/10	2018/1/1	
LF0020	居家保温壶S206	个	300	2018/1/12		377

Sheet1 Sheet2 Sheet3

图10-50　产品库龄分析的最终效果

下面首先综合利用IF、DATEDIF、TODAY函数来计算产品的库龄，然后将库龄超过1年的产品通过条件格式进行突出显示。

10.3.1 计算产品的库龄

产品库龄的计算公式为：=IF(F2="",DATEDIF(E2,TODAY(),"d")+1,"")，该公式表示如果“出库日期（F2）”为空，则“库龄”为“入库日期”到今日的天数，如果“出库日期（F2）”不为空，则“库龄”为空。下面将利用公式在“产品库龄分析.xlsx”工作簿中，对“Sheet1”工作表中的产品库龄进行计算，其具体操作如下。

微课：计算产品的库龄

（1）打开素材文件“产品库龄分析.xlsx”工作簿（素材参见：素材文件\第10章\产品库龄分析.xlsx），在“Sheet1”工作表中选择G3单元格，并输入公式“=IF(F3="",DATEDIF(E3,TODAY(),"d")+1,"")，如图10-51所示。

（2）按“Enter”键查看计算结果，如图10-52所示。

图 10-51 输入公式

图 10-52 查看结果

（3）重新选择G3单元格，拖动G3单元格右下角的填充柄，复制公式至G21单元格，如图10-53所示。

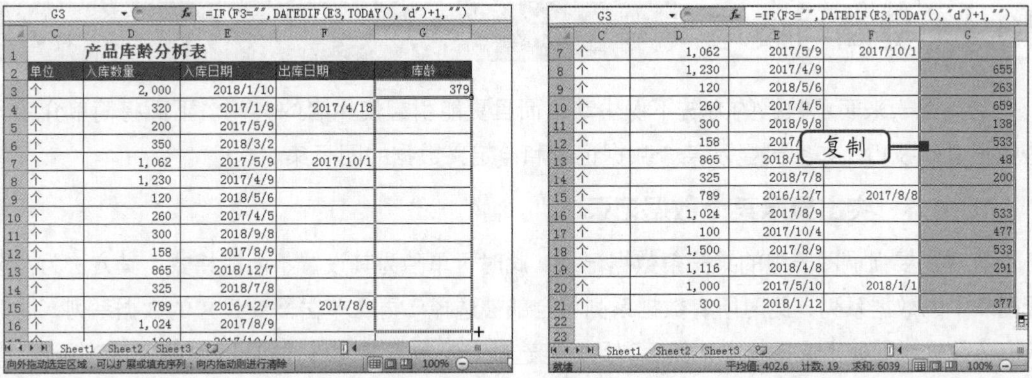

图 10-53 复制公式

10.3.2 突出显示库龄长的产品

对于库龄较长的产品，可以通过单元格的不同填充色来显示。单元格底纹颜色越深表示产品库龄越大，反之就越小。下面将在“产品库龄分析.xlsx”工作簿中，对库龄超过1年的产品进行突出显示，其具体操作如下。

（1）选择“Sheet1”工作表中的G3:G21单元区域，然后单击“开始”选项卡“样式”组中的“条件格式”按钮，在打开的下拉列表中选择“突出显示单元格规则”选项，再在打开的子列表中选择“大于”选项，如图10-54所示。

微课：突出显示库龄长的产品

（2）打开“大于”对话框，在第一个文本框中输入“365”，在“设置为”下拉列表中选择“自定义格式”选项。

（3）打开“设置单元格格式”对话框，将字体颜色设置为“白色”，填充颜色设置为“深蓝”，单击“确定”按钮。返回“大于”对话框，在“设置为”下拉列表中显示了自定义格式，如图10-55所示，最后单击“确定”按钮，完成设置（效果参见：效果文件\第10章\产品库龄分析.xlsx）。

图 10-54　选择条件格式的类型

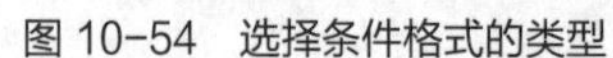

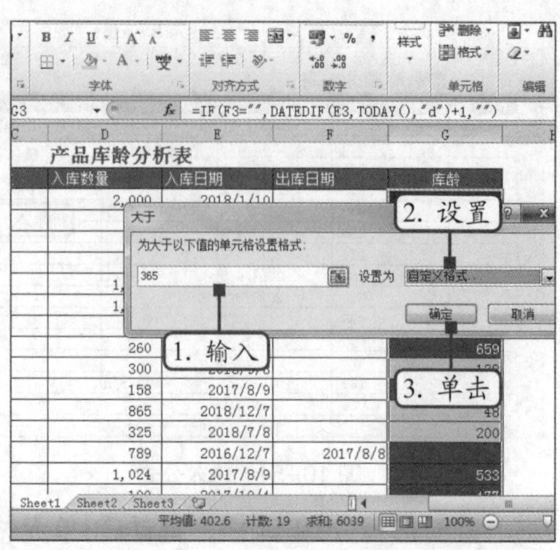

图 10-55　设置条件格式

10.4　提高与技巧

利用图表来表示数据的方法不仅生动，而且更能引起使用者的共鸣。下面将简单介绍一些数据显示技巧，如突出显示某个数据记录和自定义数据的图标集。

10.4.1　突出显示某个数据记录

有时需要强调图表中的某一条数据记录，此时可单独为其设置不同的格式。其方法为：选择图表中的数据系列，此时所有数据系列将全部被选择。再次单击需要设置的数据系列，此时只有该数据系列处于选择状态，然后利用功能选项卡设置需要的格式即可，如图10-56所示。

10.4.2　自定义数据的图标集

条件格式中的图标集样式都是成组出现的，当需要自行定义某个范围使用的图标集时，首先选择需使用图标集的单元格区域，然后在“开始”选项卡的“样式”组中单击“条件格式”按钮，在打开的下拉列表中选择“图标集”选项，在打开的子列表中选择“其他规则”选项。打开“新建格式规则”对话框，在下方设置范围、值的类型及对应的图标即可。图10-57所示为自定义图标集的数据效果。

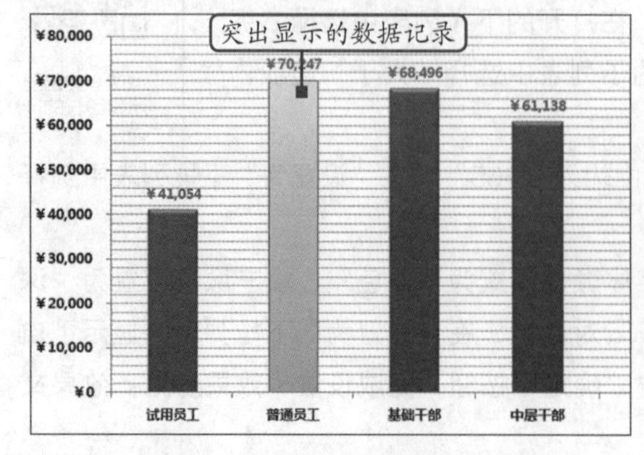

图 10-56　突出显示某个数据记录

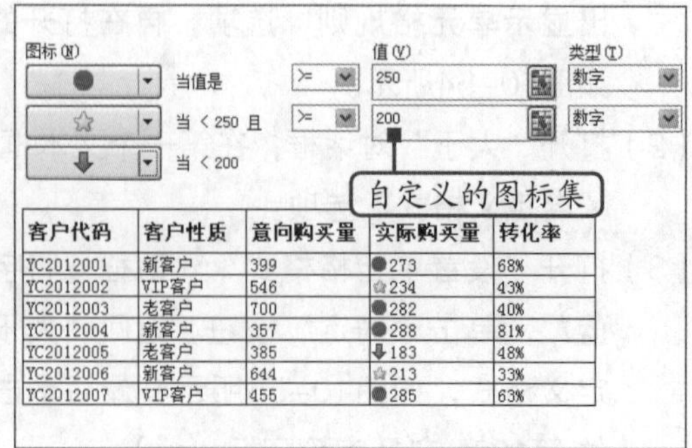

客户代码	客户性质	意向购买量	实际购买量	转化率
YC2012001	新客户	399	273	68%
YC2012002	VIP客户	546	234	43%
YC2012003	老客户	700	282	40%
YC2012004	新客户	357	288	81%
YC2012005	老客户	385	183	48%
YC2012006	新客户	644	213	33%
YC2012007	VIP客户	455	285	63%

图 10-57　自定义数据的图标集

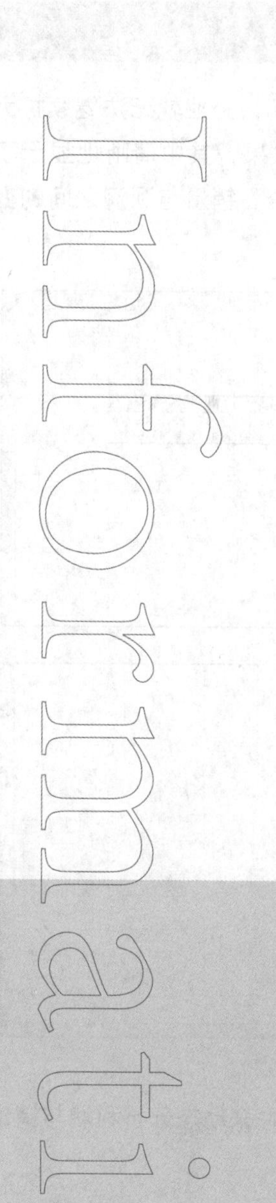

Information

第11章 财务数据分析

财务数据分析是指总结和评价企业财务状况与经营成果的数据分析，包括偿债能力、运营能力和盈利能力等。本章主要对盈利能力进行分析，包括对单件产品的利润进行预测与分析和利润比率分析，其中涉及的知识点包括利用回归分析法预测并分析利润；利用公式和控件建立敏感型分析模型，动态分析利润情况；利用折线图分析利润表比率等。

本章要点

- 利润预测与分析
- 利润比率分析

11.1 利润预测与分析

销售利润永远是商业经济活动的行为目标，没有足够的利润，企业就无法继续扩大发展，甚至有可能倒闭。图11-1所示为利润预测与分析的最终效果，其中清晰地显示了销量与利润之间的关系。通过拖动创建的控制条，还可以直观地查看销量与利润之间的变化关系。

	C	D	E	F	G	H	I	J	K	L	M
13	¥104,160.00		回归分析	1	18392654255	1.84E+10	4165.732	1.94E-14			
14	¥162,657.60		残差	10	44152279.69	4415228					
15			总计	11	18436806535						
16											
17				Coefficients	标准误差	t Stat	P-value	Lower 95%	Upper 95%	下限 95.0%	上限 95.0%
18			Intercept	-363.5804907	1261.252152	-0.28827	0.779027	-3173.83	2446.664	-3173.83	2446.664
19			销售量	18.99409119	0.294288222	64.54248	1.94E-14	18.33838	19.64981	18.33838	19.64981
20											
21											
22											
23			RESIDUAL OUTPUT								
24											
25			观测值	预测 实现利润	残差						
26			1	28735.36721	-240.167214						
27			2	43417.7997	1760.200296						
28			3	37244.72007	375.2799328						
29			4	42487.08924	-1427.88924						
30			5	44557.44518	-568.445176						
31			6	57093.54536	-2038.54536						

	项目	实际数据	变化后数据	变化率	控制条	值
3	销售量	45091	49600	10		60
4	售价	¥94.33	¥94.33	0		50
5	变动范围	¥3.50	¥3.50	0		50
6	固定成本	¥5,682.00	¥5,682.00	0		50
7	利润	¥4,090,083.83	¥4,499,660.42	0.100138921		

单因素利润敏感性分析

	项目	变化率	利润	利润变化量	利润变化率
11	销售量	10	¥4,499,660.42	¥409,576.58	10.01%
12	售价	0	¥4,499,660.42	¥409,576.58	10.01%
13	变动范围	0	¥4,499,660.42	¥409,576.58	10.01%
14	固定成本	0	¥4,499,660.42	¥409,576.58	10.01%

明细 利润预测 利润分析

图 11-1 利润预测与分析的最终效果

下面首先利用回归分析工具来预测利润，然后利用公式和控件来动态分析利润与销量之间的变化情况。

11.1.1 利润预测

利润预测是指对企业未来应当达到和希望实现的利润水平及其变动趋势做出的预计和测算。下面将在“利润预测与分析.xlsx”工作簿中，利用回归分析工具对产品的实现利润进行预测，其具体操作如下。

（1）打开素材文件“利润预测与分析.xlsx”工作簿（素材参见：素材文件\第11章\利润预测与分析.xlsx），在“明细”工作表中选择F3单元格，然后输入公式“=D3-E3”，如图11-2所示。

微课：利润预测

（2）按“Enter”键查看计算结果，然后拖动F3单元格右下角的填充柄，进行公式的复制操作，如图11-3所示。

图 11-2　输入公式

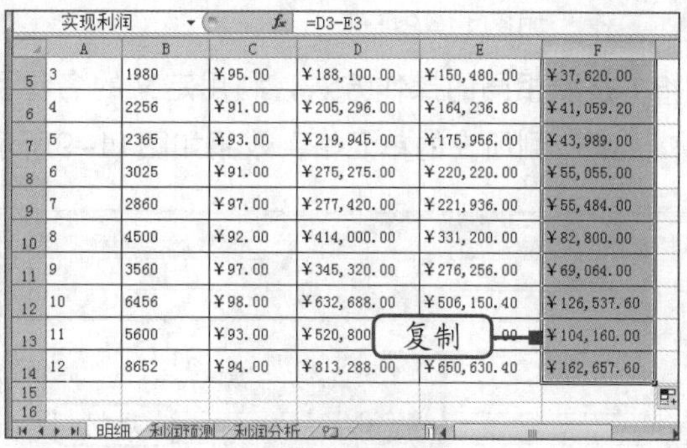

图 11-3　复制公式

（3）选择F3:F14单元格区域，然后在“公式”选项卡的“定义的名称”组中单击“定义名称”按钮，如图11-4所示。

（4）打开“新建名称”对话框，在“名称”文本框中输入“实现利润”，然后单击“确定”按钮，如图11-5所示。

图 11-4　定义名称

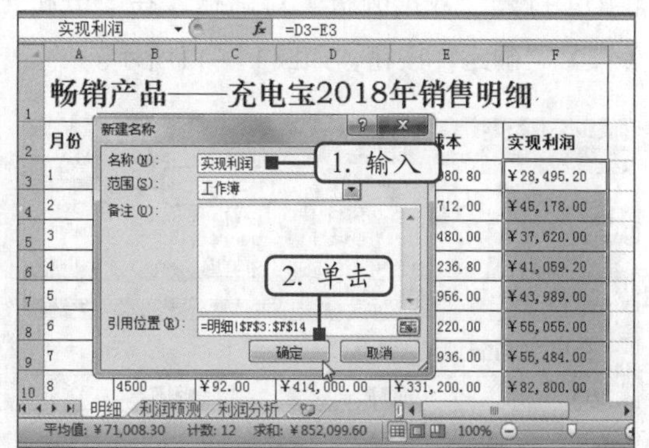

图 11-5　新建名称

（5）按照相同的操作方法，继续将“明细”工作表中B3:B14单元格区域的名称定义为“销售量”，效果如图11-6所示。

（6）切换到“利润预测”工作表，在B3单元格中输入公式“=销售量”，如图11-7所示。

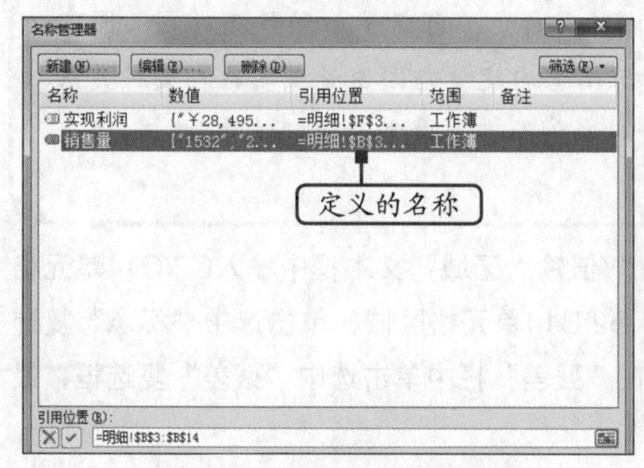

图 11-6　查看定义的单元格名称

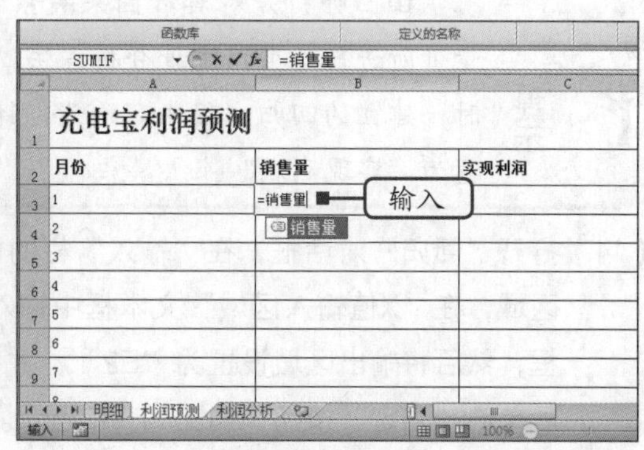

图 11-7　引用定义的名称

（7）按“Enter”键查看计算结果，然后拖动B3单元格右下角的填充柄，进行公式的复制操作，如图11-8所示。

（8）按照相同的操作方法，利用定义的名称引用“明细”工作表中的数据来填充“实现利润”列所在的单元格，效果如图11-9所示。

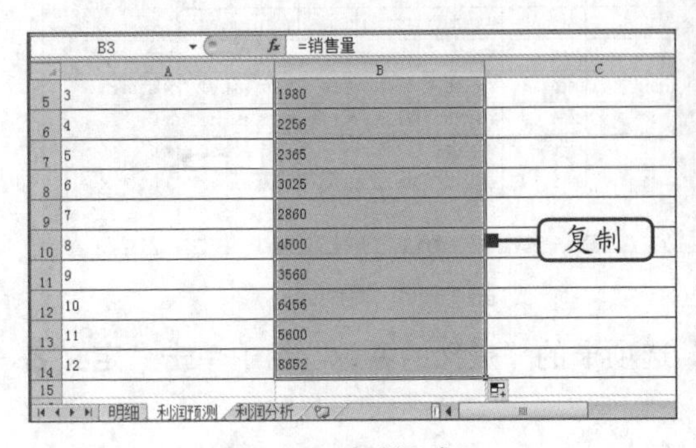

图 11-8 复制公式

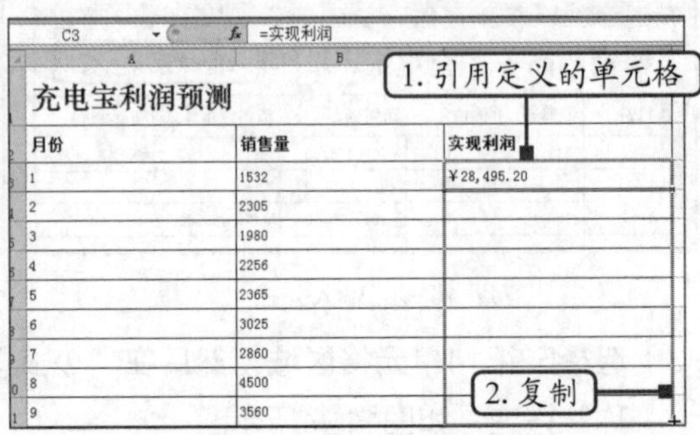

图 11-9 利用定义名称引用数据

（9）在“数据”选项卡的“分析”组中单击“数据分析”按钮，如图11-10所示。

（10）打开“数据分析”对话框，在“分析工具”列表框中选择“回归”选项，然后单击“确定”按钮，如图11-11所示。

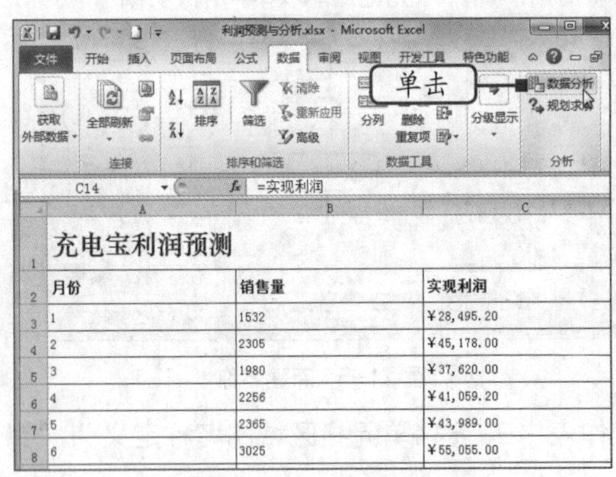

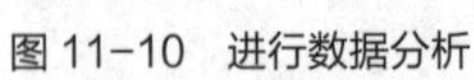
图 11-10 进行数据分析

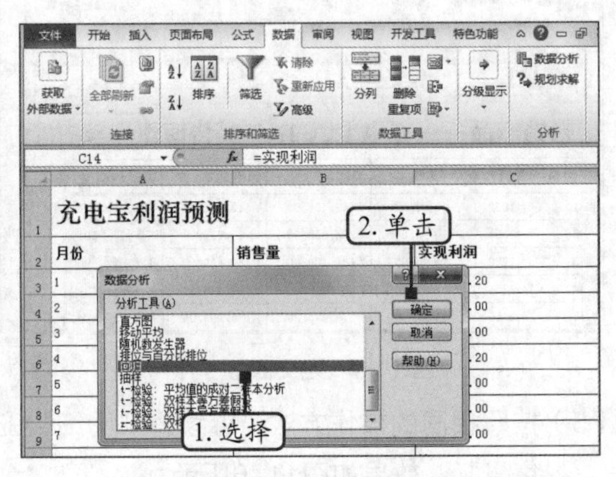

图 11-11 选择分析工具

提示

回归分析是对具有因果关系的影响因素（自变量）和预测对象（因变量）所进行的数据统计分析方法。只有当自变量与因变量确实存在某种关系时，建立的回归方程才有意义。针对本例而言，自变量为“销售量”，因变量为“实现利润”。

（11）打开“回归”对话框，在“输入”栏的“Y值输入区域”文本框中输入C2:C14单元格区域，在“X值输入区域”文本框中输入B2:B14单元格区域，单击选中“标志”复选框，然后将输出区域设置为“E2”，并在“残差”栏中单击选中“残差”复选框，最后单击“确定”按钮，如图11-12所示。

（12）此时，工作表中将显示回归分析数据并根据提供的单元格区域的数据得到预测结果。通过工作表中“RESIDUAL OUTPUT”栏下的数据便可查看预测的销售数据及趋势，如图11-13所示。

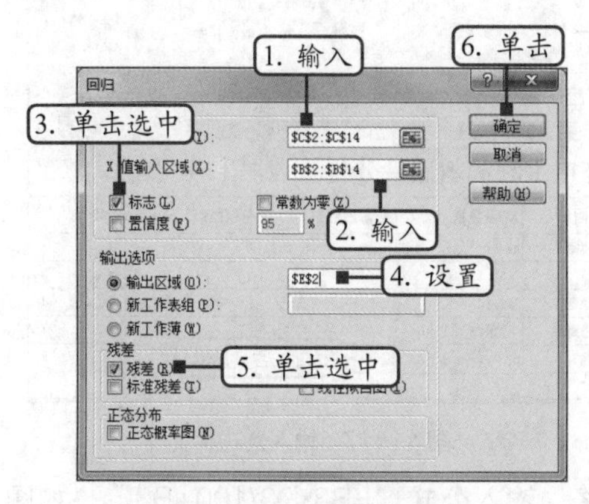

图 11-12 设置回归参数

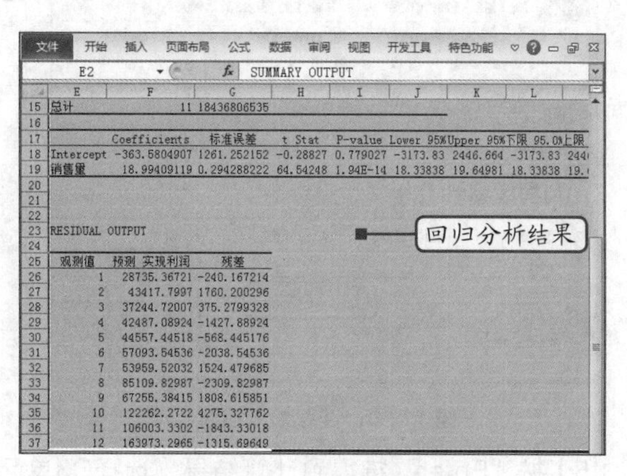

图 11-13 查看分析结果

11.1.2 动态分析产品利润

在利用公式创建产品敏感性分析报告的模型中，利用滚动条控件功能，可实现产品利润在不同因素下的动态分析效果。下面将在“利润分析”工作表中，对充电宝这一款畅销产品的利润进行动态分析，其具体操作如下。

(1) 切换到“利润分析”工作表，单击“开发工具”选项卡“控制”组中的“插入”按钮，在打开的下拉列表中选择“滚动条”选项，如图11-14所示。

微课：动态分析产品利润

(2) 在E3单元格中拖动鼠标绘制大小与单元格大小相近的滚动条控件，如图11-15所示，拖动其上的控制点可进一步调整大小，按键盘上的方向键可微调其在单元格中的位置。

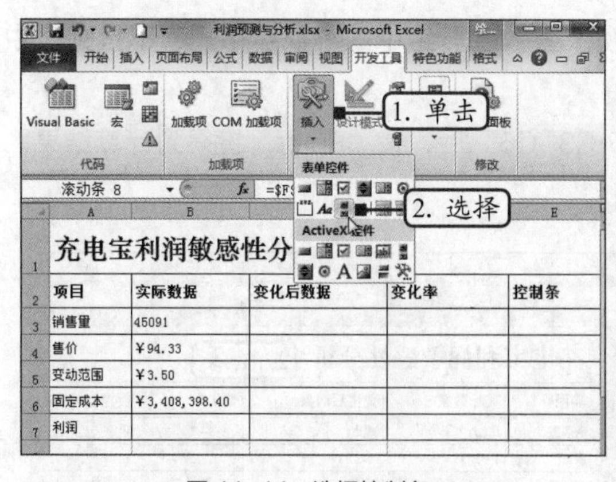

图 11-14 选择控制条

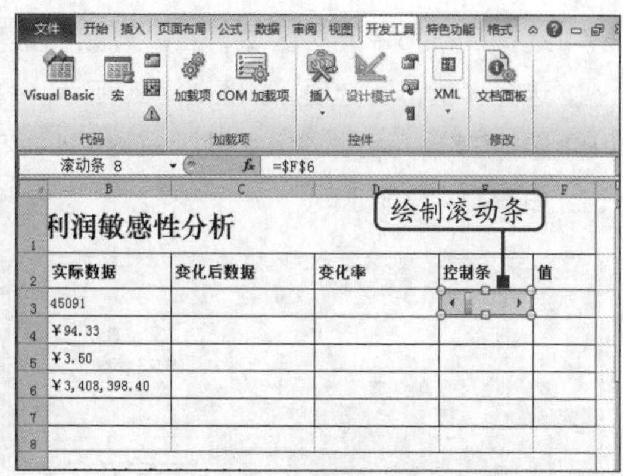

图 11-15 绘制控制条

(3) 按照相同的操作方法，继续在E4、E5及E6单元格中绘制与单元格大小相近的3个控制条，然后利用键盘上的方向键适当调整控制条之间的间距，完成后的效果如图11-16所示。

(4) 选择B7单元格，输入公式“=B3*B4-B5*B3-B6”，如图11-17所示。

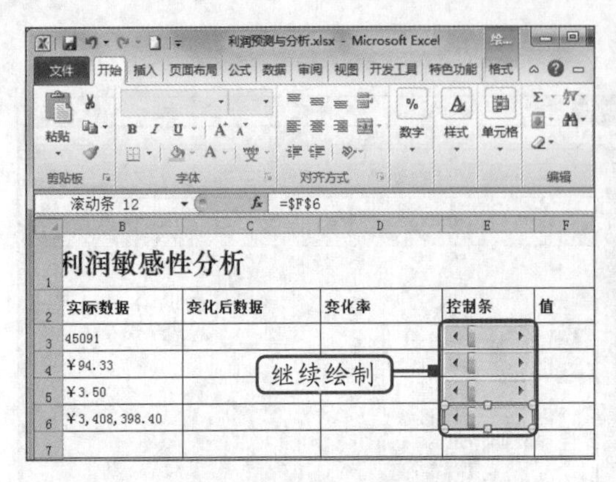

图 11-16　继续绘制控制条

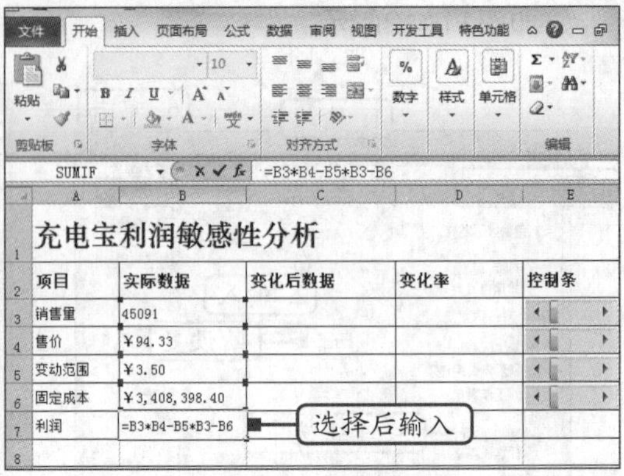

图 11-17　输入公式

（5）按“Enter”键得到计算结果，选择C3单元格，输入公式“=B3*D3/100+B3”，如图11-18所示。

（6）按“Enter”键得到计算结果，将该公式向下填充至C6单元格，对公式进行复制操作，如图11-19所示。

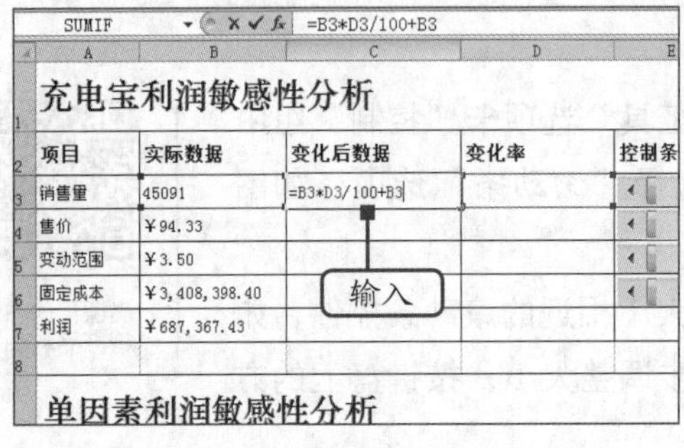

图 11-18　输入公式

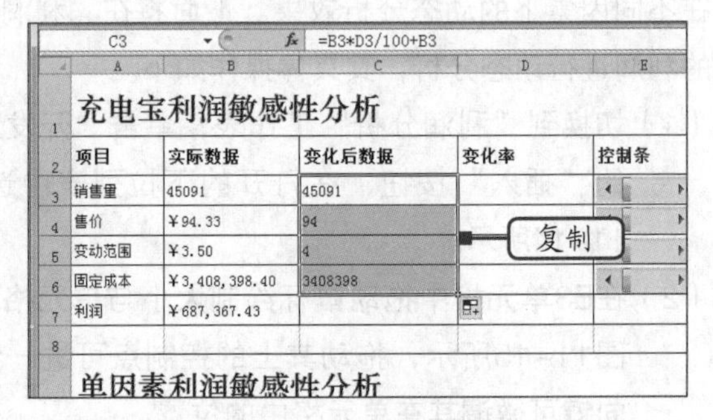

图 11-19　复制公式

（7）选择C4:C6单元格区域，在“开始”选项卡“数字”组中的“数字格式”下拉列表中选择“货币”选项，如图11-20所示。

（8）选择C7单元格，输入公式“=C3*C4-C5*C3-C6”后，按“Enter”键得到计算结果，如图11-21所示。

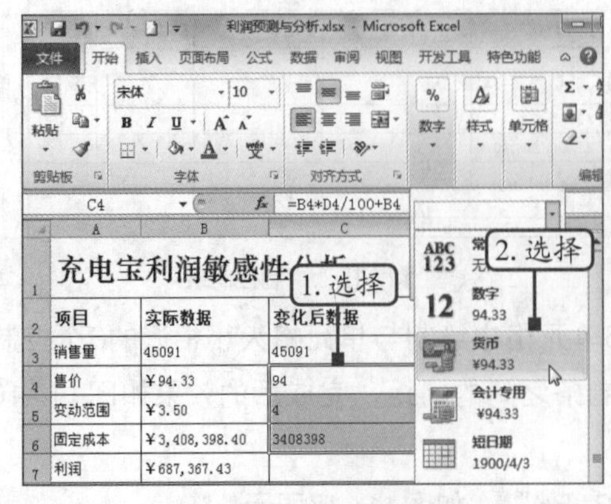

图 11-20　设置数字类型

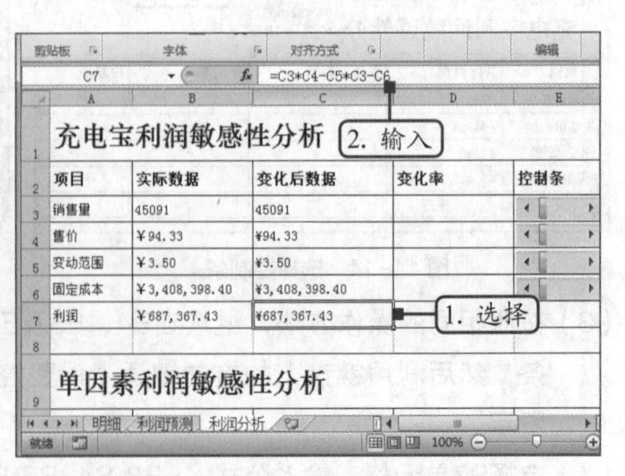

图 11-21　计算变化后的利润

（9）选择D3单元格，输入公式“=F3-50”，按“Enter”键得到计算结果，如图11-22所示。

（10）拖动D3单元格右下角的填充柄，将该公式向下复制至D6单元格，如图11-23所示。

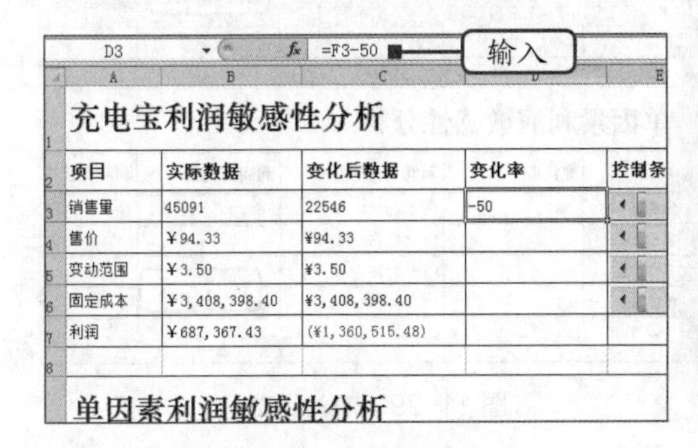

充电宝利润敏感性分析

项目	实际数据	变化后数据	变化率	控制条
销售量	45091	22546	-50	
售价	¥94.33	¥94.33		
变动范围	¥3.50	¥3.50		
固定成本	¥3,408,398.40	¥3,408,398.40		
利润	¥687,367.43	(¥1,360,515.48)		

单因素利润敏感性分析

图 11-22　输入公式

D3　=F3-50　复制

充电宝利润敏感性分析

项目	实际数据	变化后数据	变化率	控制条
销售量	45091	22546	-50	
售价	¥94.33	¥47.17	-50	
变动范围	¥3.50	¥1.75	-50	
固定成本	¥3,408,398.40	¥1,704,199.20	-50	
利润	¥687,367.43	(¥680,257.74)		

单因素利润敏感性分析

图 11-23　复制公式

（11）选择D7单元格，输入公式“=(C7-B7)/B7”，按“Enter”键得到计算结果，如图11-24所示。

（12）选择B11单元格，输入公式“=D3”，按“Enter”键得到计算结果，如图11-25所示。

充电宝利润敏感性分析

项目	实际数据	变化后数据	变化率	控制条
销售量	45091	22546	-50	
售价	¥94.33	¥47.17	-50	
变动范围	¥3.50	¥1.75	-50	
固定成本	¥3,408,398.40	¥1,704,199.20	-50	
利润	¥687,367.43	(¥680,257.74)	-1.989656636	

单因素利润敏感性分析

图 11-24　输入公式

B11　=D3　输入

利润	¥687,367.43	(¥680,257.74)	-1.989656636	

单因素利润敏感性分析

项目	变化率	利润	利润变化量	利润变化率
销售量	-50			
售价				
变动范围				
固定成本				

图 11-25　引用单元格

（13）拖动B11单元格右下角的填充柄，将计算结果复制至B14单元格，如图11-26所示。

（14）选择C11单元格，输入公式“=$C$7”，按“Enter”键得到计算结果，如图11-27所示。

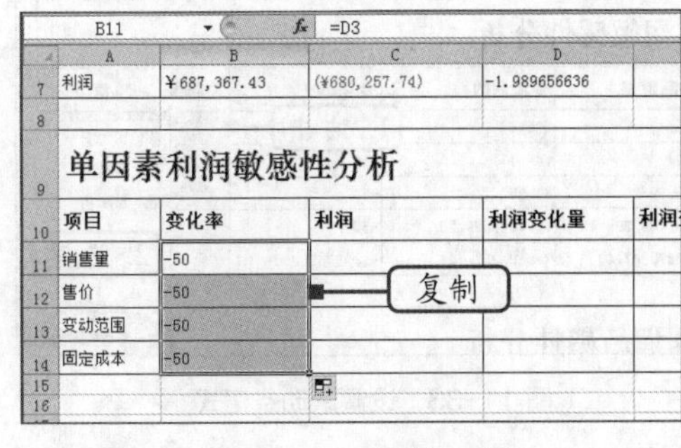

利润	¥687,367.43	(¥680,257.74)	-1.989656636

单因素利润敏感性分析

项目	变化率	利润	利润变化量	利润
销售量	-50			
售价	-50			
变动范围	-50			
固定成本	-50			

图 11-26　复制公式

C11　=$C$7　2. 输入　1. 选择

利润	¥687,367.43	(¥680,257.74)	-1.989656636	

单因素利润敏感性分析

项目	变化率	利润	利润变化量	利润变化率
销售量	-50	(¥680,257.74)		
售价	-50			
变动范围	-50			
固定成本	-50			

图 11-27　引用单元格

（15）拖动C11单元格右下角的填充柄，将计算结果复制至C14单元格，如图11-28所示。

（16）选择D11单元格，输入公式“=$C$7-$B$7”，按“Enter”键得到计算结果，如图11-29所示。

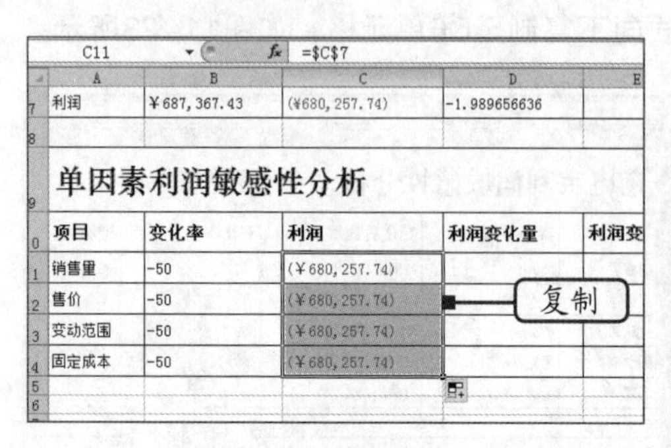

图11-28　复制公式

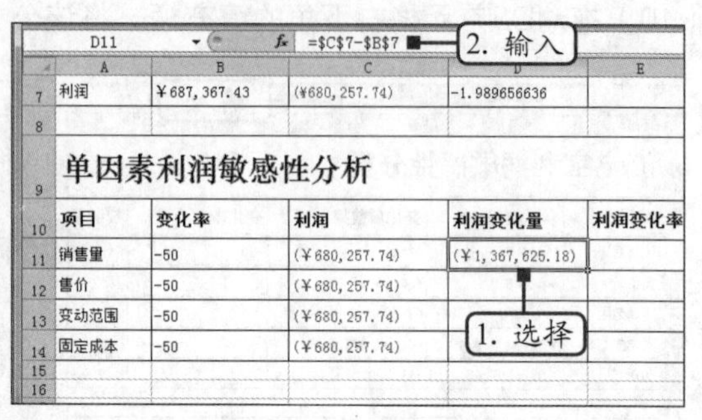

图11-29　输入公式

（17）拖动D11单元格右下角的填充柄，将计算结果复制至D14单元格，如图11-30所示。

（18）选择E11单元格，输入公式“=D11/$B$7”，按“Enter”键得到计算结果，如图11-31所示。

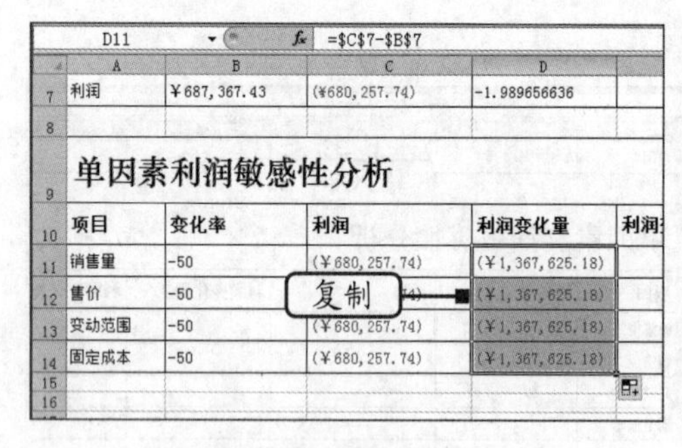

图11-30　复制公式

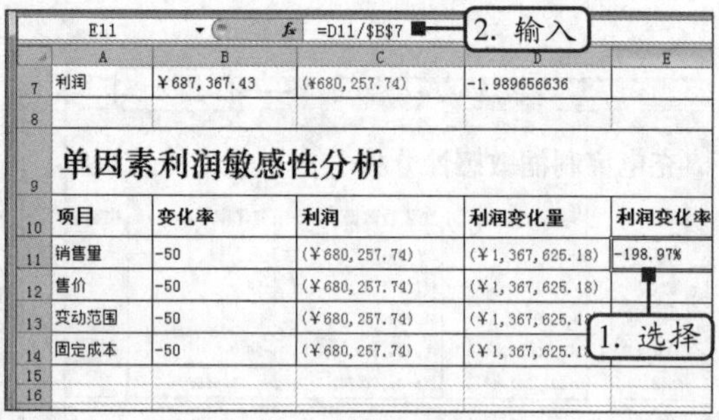

图11-31　输入公式

（19）拖动E11单元格右下角的填充柄，将计算结果复制至E14单元格，如图11-32所示。

（20）在E3单元格的滚动条上单击鼠标右键，在弹出的快捷菜单中选择“设置控件格式”命令，如图11-33所示。

图11-32　复制公式

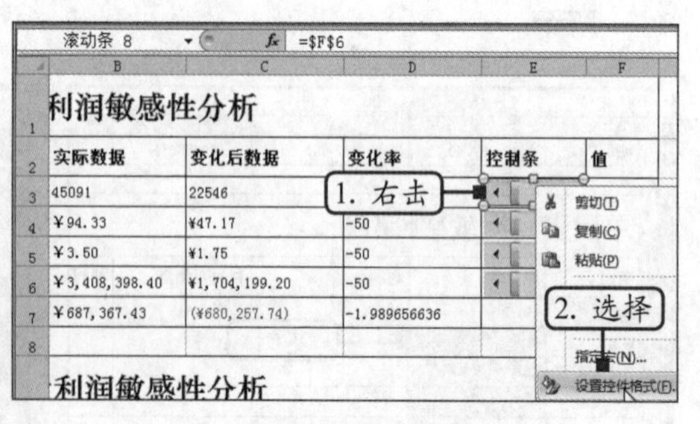

图11-33　设置滚动条格式

（21）打开“设置对象格式”对话框，单击“控制”选项卡，设置“单元格链接”为“$F$3”，然后单击“确定”按钮，如图11-34所示。

（22）按照相同的设置方法，将E4、E5和E6滚动条分别链接到F4、F5和F6单元格，图11-35所示为E6单元格中滚动条的设置内容。

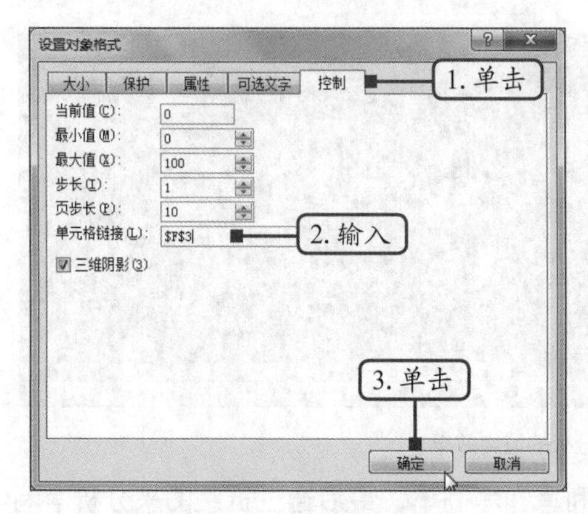

图11-34　设置链接单元格

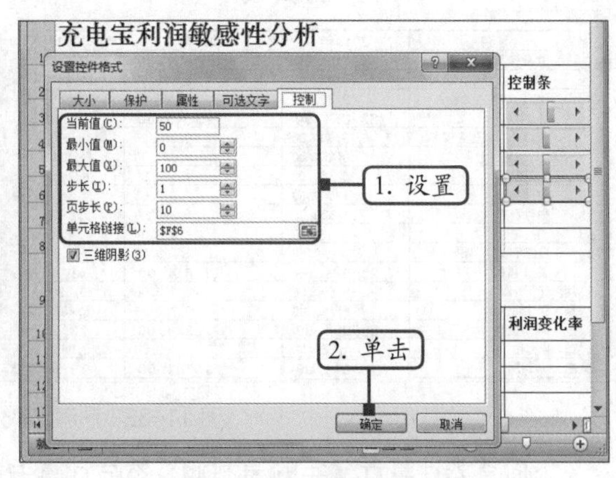

图11-35　设置其他滚动条

（23）拖动滚动条，将所有项目的变化率均调整为“0”，如图11-36所示。

（24）将销售量的变化率调整为“10”，可见在其他因素不变的前提下，利润将增加10%左右，如图11-37所示（效果参见：效果文件\第11章\利润预测与分析.xlsx）。

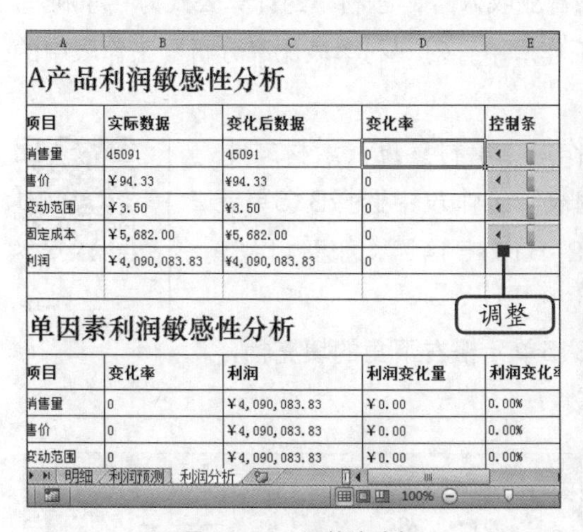

图11-36　调整滚动条

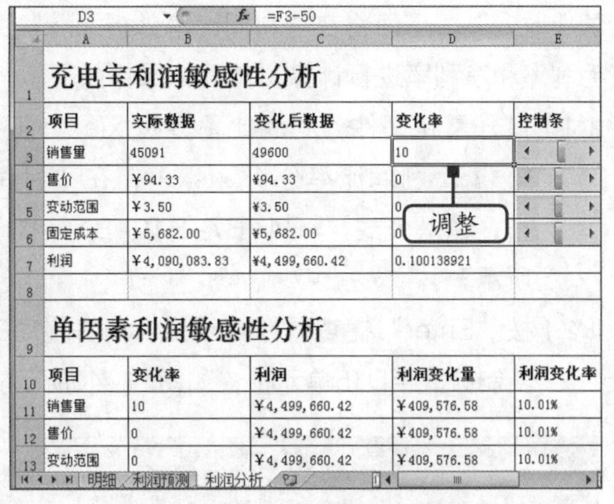

图11-37　查看销量与利润的关系

11.2　利润比率分析

利润比率分析是指通过对企业收入和费用支出情况的计算，查看企业实现盈利的能力，从而评价企业的经营成果。图11-38所示为利润比率分析的最终效果，其中主要是对毛利率和净利率进行分析。通过创建的折线图和趋势线，可以看出企业的净利率呈下滑趋势，是因为费用支出较前期有了明显的增加，此时，管理者就应该对费用的支出问题进行及时调整，从而提高利润。

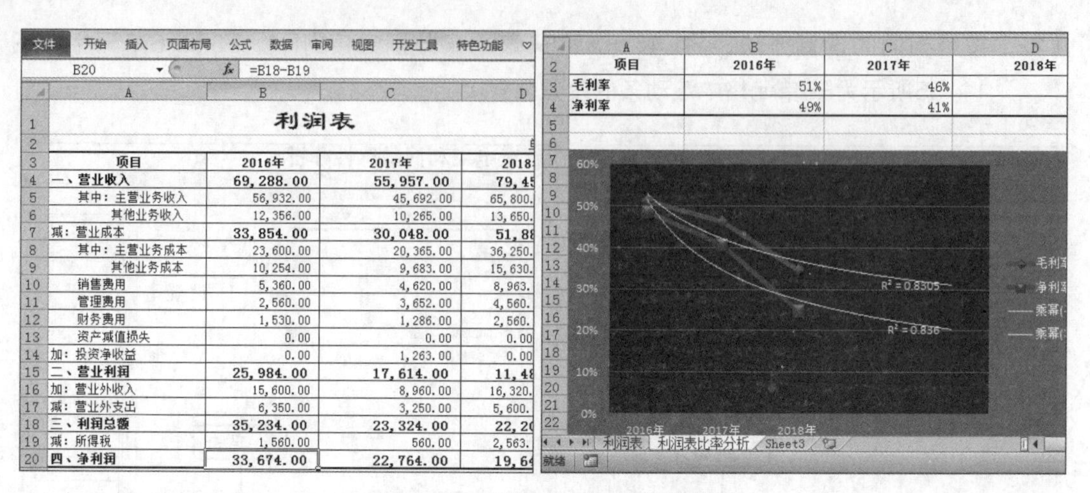

B20 =B18-B19

	A	B	C	D
1	利润表			
3	项目	2016年	2017年	2018
4	一、营业收入	69,288.00	55,957.00	79,45
5	其中：主营业务收入	56,932.00	45,692.00	65,800.
6	其他业务收入	12,356.00	10,265.00	13,650.
7	减：营业成本	33,854.00	30,048.00	51,88
8	其中：主营业务成本	23,600.00	20,365.00	36,250.
9	其他业务成本	10,254.00	9,683.00	15,630.
10	销售费用	5,360.00	4,620.00	8,963.
11	管理费用	2,560.00	3,652.00	4,560.
12	财务费用	1,530.00	1,286.00	2,560.
13	资产减值损失	0.00	0.00	0.00
14	加：投资净收益	0.00	1,263.00	0.00
15	二、营业利润	25,984.00	17,614.00	11,48
16	加：营业外收入	15,600.00	8,960.00	16,320.
17	减：营业外支出	6,350.00	3,250.00	5,600.
18	三、利润总额	35,234.00	23,324.00	22,2
19	减：所得税	1,560.00	560.00	2,563.
20	四、净利润	33,674.00	22,764.00	19,6

	A	B	C	D
2	项目	2016年	2017年	2018年
3	毛利率	51%	46%	
4	净利率	49%	41%	

图 11-38 利润比率分析的最终效果

下面首先计算近三年的净利润，然后计算毛利率和净利率，最后通过折线图来分析净利率和毛利率的变化趋势。

11.2.1 利润表比率的计算

常用的利润表比率包括毛利率、净利率、净资产收益率、净值报酬率和市盈率。其中，毛利率的计算公式为“（营业收入-营业成本）/营业收入”，净利率的计算公式为“净利润/营业收入”。下面将在“利润比率分析.xlsx”工作簿中，对“利率表比率分析”工作表中的毛利率和净利率进行计算，其具体操作如下。

（1）打开素材文件“利润比率分析.xlsx”工作簿（素材参见：素材文件\第11章\利润比率分析.xlsx），在“利润表”工作表中选择B15单元格，输入公式“=B4-B7-B10-B11-B12-B13+B14”，如图11-39所示。

微课：利润表比率的计算

（2）按“Enter”键查看计算结果，向右拖动B15单元格右下角的填充柄，复制公式至D15单元格，如图11-40所示。

SUMIF =B4-B7-B10-B11-B12-B13+B14

	A	B	C	D
4	一、营业收入	69,288.00	55,957.00	79,450.00
5	其中：主营业务收入	56,932.00	45,692.00	65,800.00
6	其他业务收入	12,356.00	10,265.00	13,650.00
7	减：营业成本	33,854.00	30,048.00	51,880.00
8	其中：主营业务成本	23,600.00	20,365.00	36,250.00
9	其他业务成本	10,254.00	9,683.00	15,630.00
10	销售费用	5,360.00	4,620.00	8,963.00
11	管理费用	2,560.00	3,652.00	4,560.00
12	财务费用	1,530.00	1,286.00	2,560.00
13	资产减值损失	0.00	0.00	0.00
14	加：投资净收益	0.00	1,263.00	0.00
15	二、营业利润	12-B13+B14		
16	加：营业外收入	15,600.00	8,960.00	16,320.00
17	减：营业外支出	6,350.00	3,250.00	5,600.00
18	三、利润总额			
19	减：所得税		560.00	2,563.00

选择后输入

图 11-39 输入公式

B15 =B4-B7-B10-B11-B12-B13+B14

	A	B	C	D
4	一、营业收入	69,288.00	55,957.00	79,450.00
5	其中：主营业务收入	56,932.00	45,692.00	65,800.00
6	其他业务收入	12,356.00	10,265.00	13,650.00
7	减：营业成本	33,854.00	30,048.00	51,880.00
8	其中：主营业务成本	23,600.00	20,365.00	36,250.00
9	其他业务成本	10,254.00	9,683.00	15,630.00
10	销售费用	5,360.00	4,62	
11	管理费用	2,560.00	3,65	00
12	财务费用	1,530.00	1,286.00	2,560.00
13	资产减值损失	0.00	0.00	0.00
14	加：投资净收益	0.00	1,263.00	0.00
15	二、营业利润	25,984.00	17,614.00	11,487.00
16	加：营业外收入	15,600.00	8,960.00	16,320.00
17	减：营业外支出	6,350.00	3,250.00	5,600.00
18	三、利润总额			
19	减：所得税	1,560.00	560.00	2,563.00

复制

图 11-40 复制公式

（3）选择B18单元格，输入公式“=B15+B16−B17”，如图11−41所示。

（4）按“Enter”键查看计算结果，向右拖动B18单元格右下角的填充柄，复制公式至D18单元格，如图11−42所示。

SUMIF　=B15+B16-B17

	A	B	C	D
4	一、营业收入	69,288.00	55,957.00	79,450.00
5	其中：主营业务收入	56,932.00	45,692.00	65,800.00
6	其他业务收入	12,356.00	10,265.00	13,650.00
7	减：营业成本	33,854.00	30,048.00	51,880.00
8	其中：主营业务成本	23,600.00	20,365.00	36,250.00
9	其他业务成本	10,254.00	9,683.00	15,630.00
10	销售费用	5,360.00	4,620.00	8,963.00
11	管理费用	2,560.00	3,652.00	4,560.00
12	财务费用	1,530.00	1,286.00	2,560.00
13	资产减值损失	0.00	0.00	0.00
14	加：投资净收益	0.00	1,263.00	0.00
15	二、营业利润	25,984.00	17,614.00	11,487.00
16	加：营业外收入	15,600.00	8,960.00	16,320.00
17	减：营业外支出	6,350.00	[illegible]	[illegible]
18	三、利润总额	=B15+B16-B17		
19	减：所得税	1,560.00	[illegible]	[illegible]

图11−41　输入公式

B18　=B15+B16-B17

	A	B	C	D
4	一、营业收入	69,288.00	55,957.00	79,450.0
5	其中：主营业务收入	56,932.00	45,692.00	65,800.00
6	其他业务收入	12,265.00	10,265.00	13,650.00
7	减：营业成本	33,854.00	30,048.00	51,880.0
8	其中：主营业务成本	23,600.00	20,365.00	36,250.00
9	其他业务成本	10,254.00	9,683.00	15,630.00
10	销售费用	5,360.00	4,620.00	8,963.00
11	管理费用	2,560.00	3,652.00	4,560.00
12	财务费用	1,530.00	1,286.00	2,560.00
13	资产减值损失	0.00	0	[illegible]
14	加：投资净收益	0.00	1,263	[illegible]
15	二、营业利润	25,984.00	17,614.00	11,487.0
16	加：营业外收入	15,600.00	8,960.00	16,320.00
17	减：营业外支出	6,350.00	3,250.00	5,600.00
18	三、利润总额	35,234.00	23,324.00	22,207.0
19	减：所得税	1,560.00	560.00	2,563.00

图11−42　复制公式

（5）选择B20单元格，输入公式“=B18−B19”，如图11−43所示。

（6）按“Enter”键查看计算结果，向右拖动B20单元格右下角的填充柄，复制公式至D20单元格，如图11−44所示。

SUMIF　=B18-B19

	A	B	C	D
7	减：营业成本	33,854.00	30,048.00	51,880.
8	其中：主营业务成本	23,600.00	20,365.00	36,250.00
9	其他业务成本	10,254.00	9,683.00	15,630.00
10	销售费用	5,360.00	4,620.00	8,963.00
11	管理费用	2,560.00	3,652.00	4,560.00
12	财务费用	1,530.00	1,286.00	2,560.00
13	资产减值损失	0.00	0.00	0.00
14	加：投资净收益	0.00	1,263.00	0.00
15	二、营业利润	25,984.00	17,614.00	11,487.
16	加：营业外收入	15,600.00	8,960.00	16,320.00
17	减：营业外支出	6,350.00	3,250.00	5,600.00
18	三、利润总额	35,234.00	23,324.00	22,207.
19	减：所得税	1,560.00	[illegible]	3.00
20	四、净利润	=B18-B19		
21				
22				

图11−43　输入公式

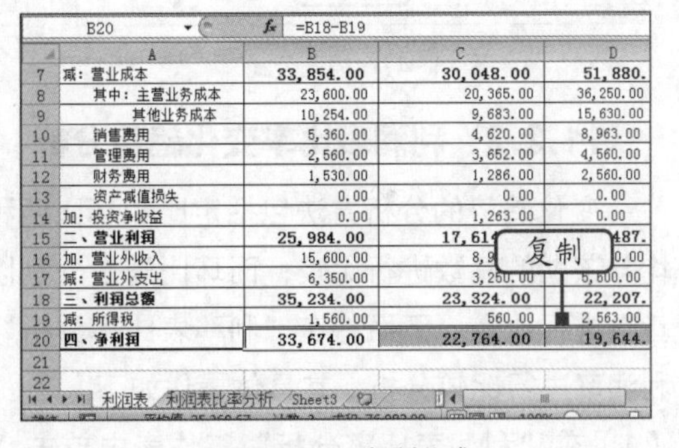

B20　=B18-B19

	A	B	C	D
7	减：营业成本	33,854.00	30,048.00	51,880.
8	其中：主营业务成本	23,600.00	20,365.00	36,250.00
9	其他业务成本	10,254.00	9,683.00	15,630.00
10	销售费用	5,360.00	4,620.00	8,963.00
11	管理费用	2,560.00	3,652.00	4,560.00
12	财务费用	1,530.00	1,286.00	2,560.00
13	资产减值损失	0.00	0.00	0.00
14	加：投资净收益	0.00	1,263.00	0.00
15	二、营业利润	25,984.00	17,614	487.
16	加：营业外收入	15,600.00	8,9	0.00
17	减：营业外支出	6,350.00	3,260.00	5,600.00
18	三、利润总额	35,234.00	23,324.00	22,207.
19	减：所得税	1,560.00	560.00	2,563.00
20	四、净利润	33,674.00	22,764.00	19,644.
21				
22				

图11−44　复制公式

提示

利润表中不同层次的利润依次为：营业利润、利润总额和净利润。其中，营业利润=营业收入−营业成本−税金及附加−销售费用−管理费用−财务费用−资产减值损失+公允价值变动收益（−公允价值变动损失）+投资收益（−投资损失）+资产处置收益（−资产处置损失）+其他收益；利润总额=营业利润+营业外收入−营业外支出；净利润=利润总额−所得税。

（7）切换到“利润表比率分析”工作表，选择B3单元格，输入公式“=(利润表!B4−利润表!B7)/利润表!B4”，如图11−45所示。

（8）按“Enter”键查看计算结果，向右拖动B3单元格右下角的填充柄，复制公式至D3单元格，如图11−46所示。

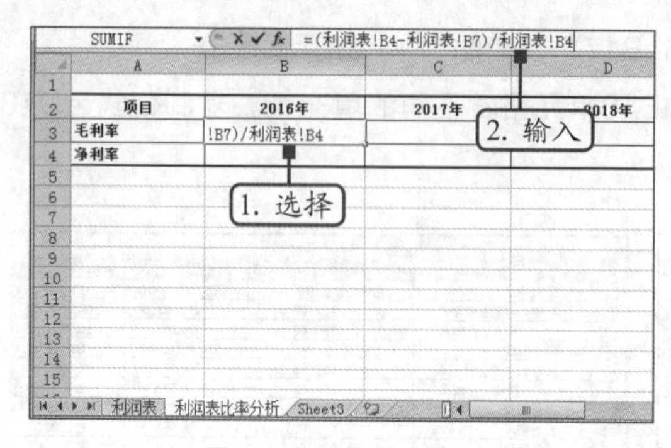

图 11-45 输入公式

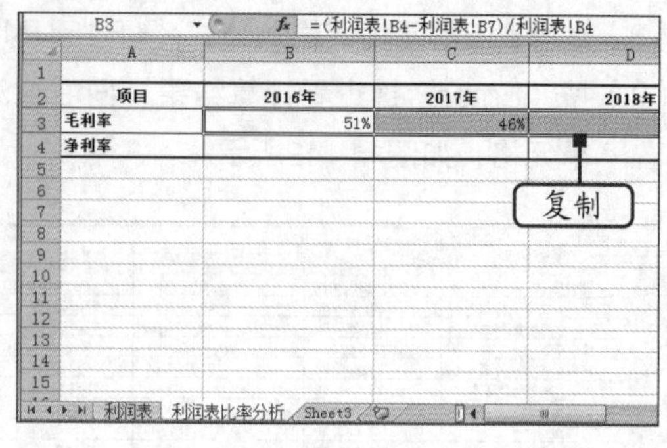

图 11-46 复制公式

（9）选择B4单元格，输入公式“=利润表!B20/利润表!B4”，如图11-47所示。

（10）按“Enter”键查看计算结果，向右拖动B4单元格右下角的填充柄，复制公式至D4单元格，如图11-48所示。

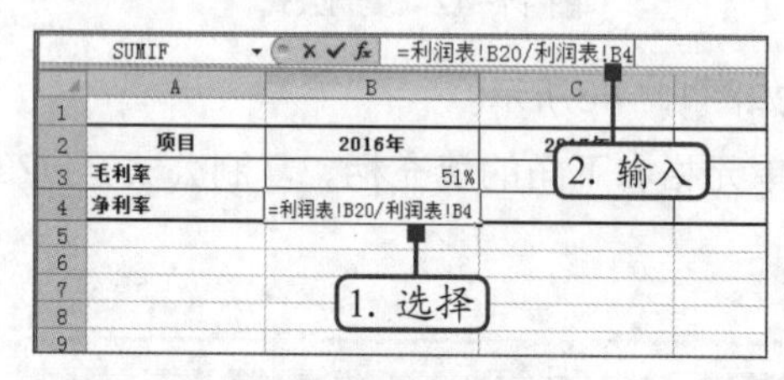

图 11-47 输入公式

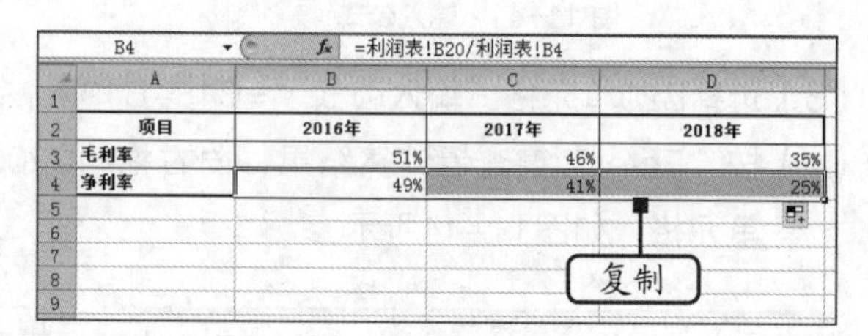

图 11-48 复制公式

11.2.2 利润表比率变化趋势分析

变化趋势的分析方法包括定比和环比两种，其中，定比是以某一时期为基数，其他各期均与该期的基数进行比较；而环比则是分别以上一时期为基数，通过下一时期与上一时期的基数进行比较。下面将在“利率表比率分析”工作表中插入图表，并采用环比法对毛利率和利润率进行比较分析，其具体操作如下。

（1）在“利润表比率分析”工作表中单击“插入”选项卡“图表”组中的“折线图”按钮，在打开的下拉列表中选择“带数据标记的折线图”选项，如图11-49所示。

（2）此时，工作表中插入一张空白的图表，单击“图表工具 设计”选项卡“数据”组中的“选择数据”按钮，如图11-50所示。

微课：利润表比率变化趋势分析

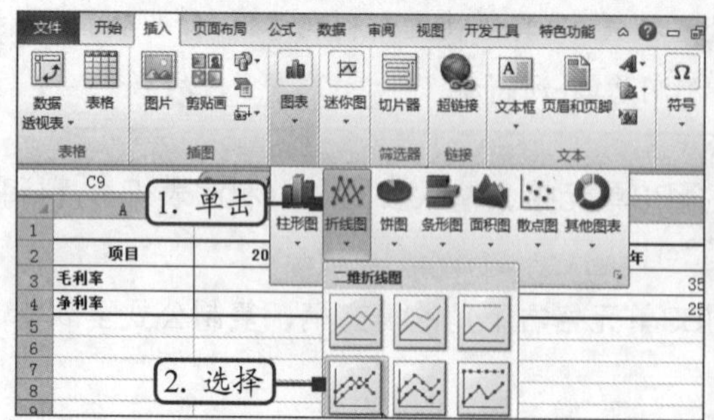

图11-49 选择图表类型

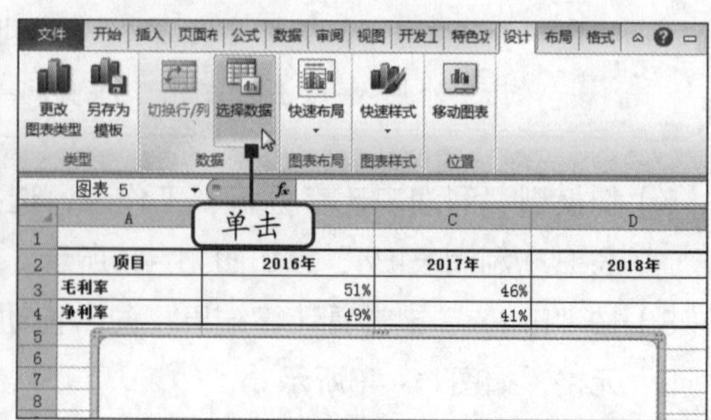

图11-50 单击“选择数据”按钮

（3）打开“选择数据源”对话框，单击“图例项”列表中的“添加”按钮。

（4）打开“编辑数据系列”对话框，在“系列名称”文本框中输入“毛利率”，将“系列值”文本框中的内容删除后，拖动鼠标选择B3:D3单元格区域，然后单击“确定”按钮，如图11-51所示。

（5）返回“选择数据源”对话框，按照相同的操作方法，继续利用“添加”按钮，编辑“净利率”数据系列，该系列值为“=利润表比率分析!$B$4:$D$4”，然后单击“水平（分类）轴标签”列表中的“编辑”按钮，如图11-52所示。

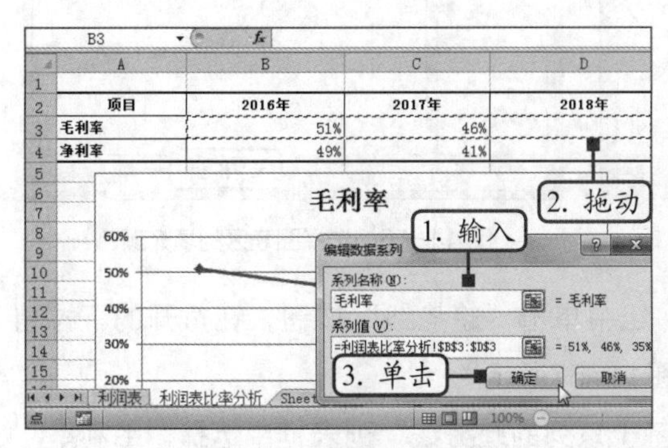

图 11-51　编辑数据系列

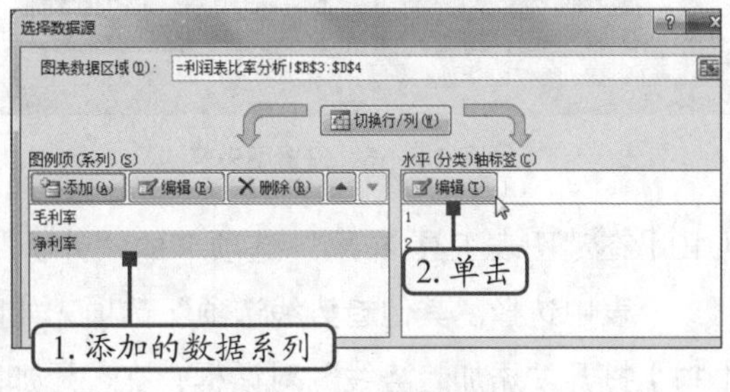

图 11-52　添加数据系列

（6）打开“轴标签”对话框，将“轴标签区域”文本框中的默认值删除后，拖动鼠标选择B2:D2单元格区域，然后单击“确定”按钮，如图11-53所示。

（7）返回“选择数据源”对话框，单击“确定”按钮，完成数据系列的添加操作。然后，在“图表工具 设计”选项卡的“图表样式”组中单击“快速样式”按钮，在打开的下拉列表中选择“样式42”选项，如图11-54所示。

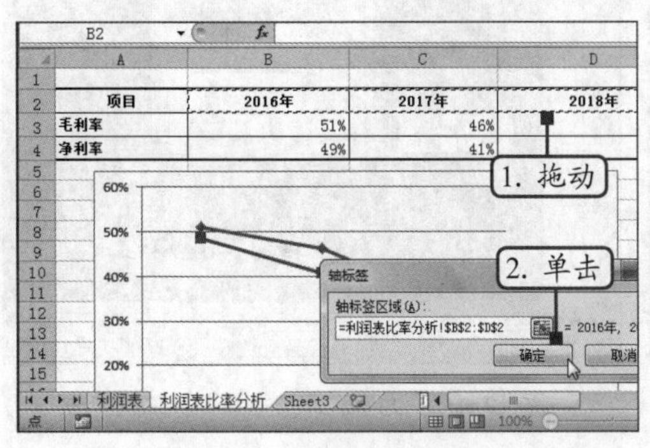

图 11-53　设置水平轴标签

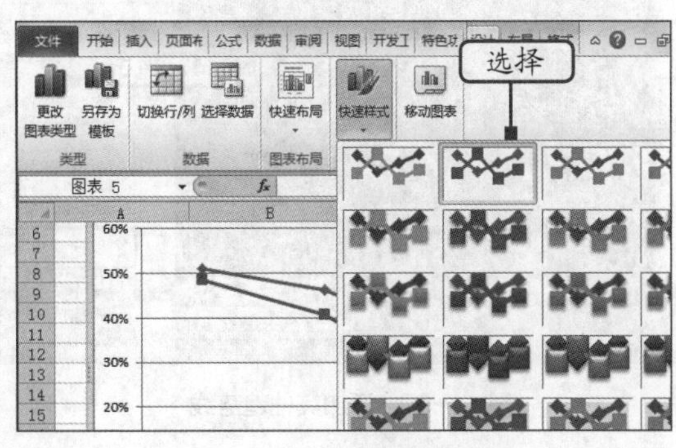

图 11-54　选择图表样式

（8）选择折线图中的图表区，然后在“图表工具 布局”选项卡的“当前所选内容”组中单击“设置所选内容格式”按钮，如图11-55所示。

（9）打开“设置图表区格式”对话框，在“填充”选项卡中单击选中“纯色填充”单选项，在“填充颜色”栏的“颜色”下拉列表中选择“主题颜色”栏中的“橙色，强调文字颜色6，深色25%”选项，然后单击“关闭”按钮，如图11-56所示。

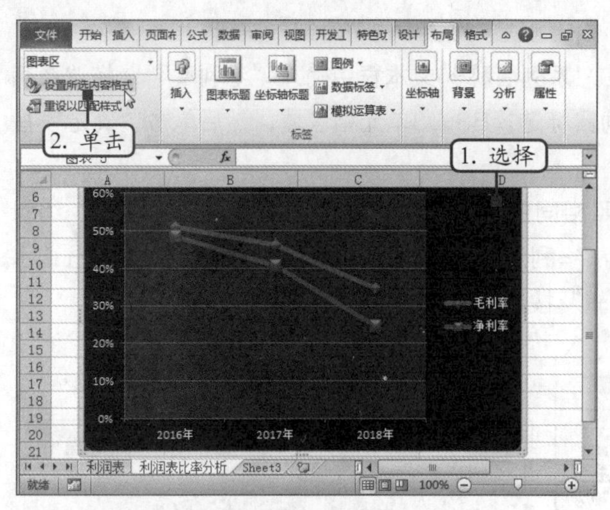

图 11-55　设置图表区

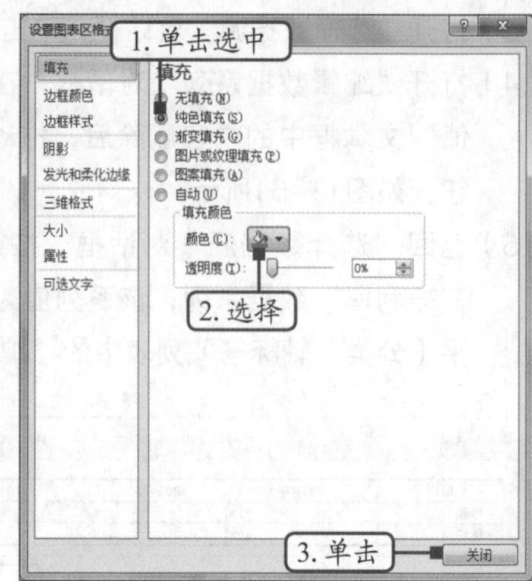

图 11-56　选择图表区的填充颜色

（10）在“图表工具 布局”选项卡的“分析”组中单击“趋势线”按钮，在打开的下拉列表中选择“其他趋势线选项”选项，如图11-57所示。

（11）打开“添加趋势线”对话框，在“添加基于系列的趋势线”列表框中选择“毛利率”选项，然后单击“确定”按钮，如图11-58所示。

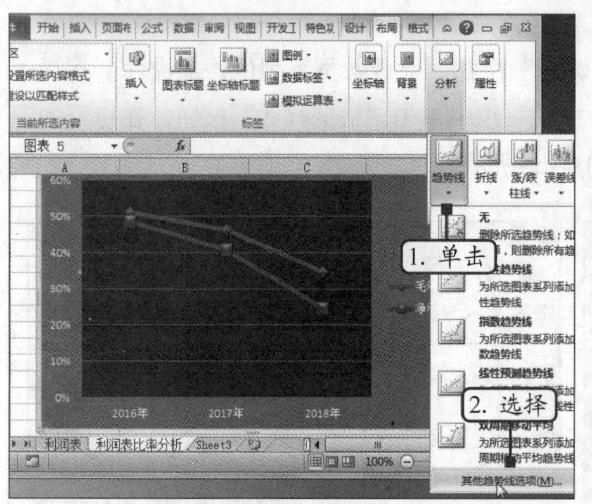

图 11-57　添加其他趋势线

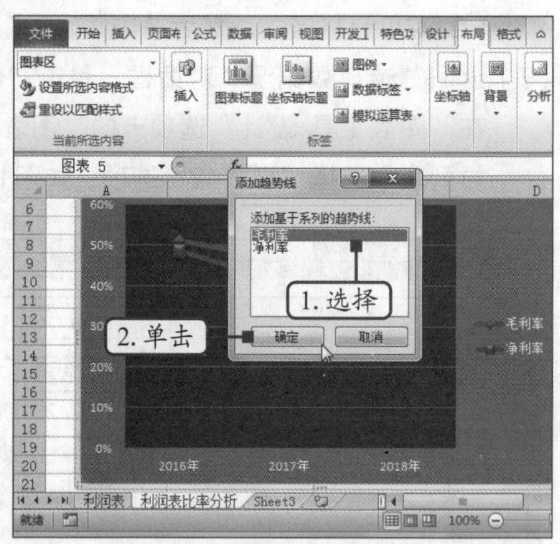

图 11-58　为毛利率数据系列添加趋势线

（12）打开“设置趋势线格式”对话框，在“趋势预测/回归分析类型”栏中单击选中“幂”单选项，在“趋势预测”栏的“前推”数值框中输入“2.0”，然后单击选中“显示R平方值”复选框，最后单击“关闭”按钮，如图11-59所示。

（13）返回Excel工作界面，此时，“毛利率”数据系列中将显示添加的幂趋势线，如图11-60所示。

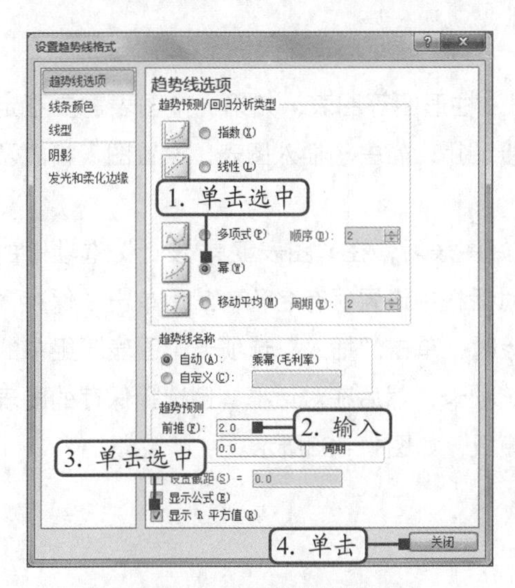

图 11-59　设置趋势线格式

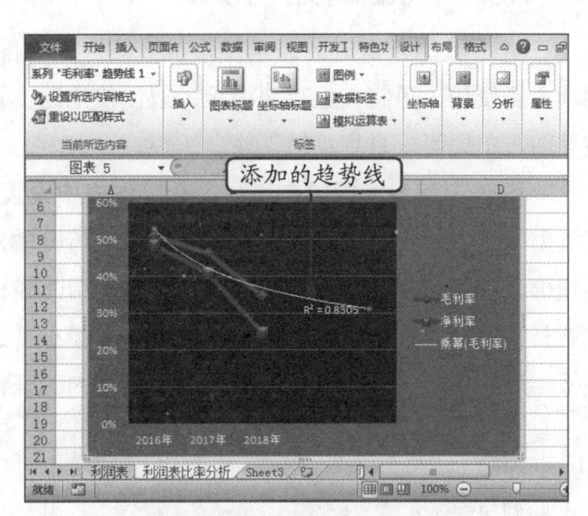

图 11-60　查看添加的趋势线

（14）按照相同的操作方法，为“净利率”数据系列添加相同的幂趋势线，其参数与“毛利率”趋势线相同，效果如图11-61所示。

（15）适当调整图表的大小和位置，然后按“Ctrl+S”组合键保存（效果参见：效果文件\第11章\利润比率分析.xlsx）。

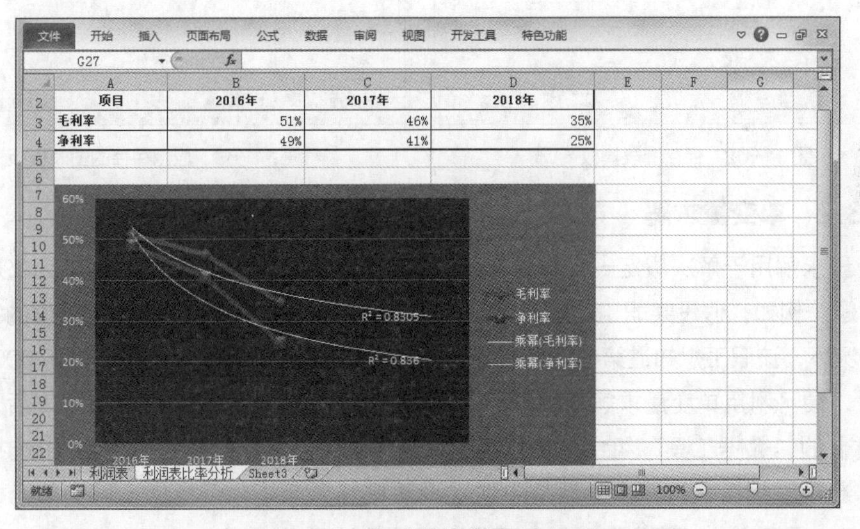

项目	2016年	2017年	2018年
毛利率	51%	46%	35%
净利率	49%	41%	25%

图 11-61　利用趋势线分析利率表比率

11.3　提高与技巧

图表是进行数据分析必不可少的元素之一。如果需要经常使用相同类型、格式及布局的图表，可以将其保存为模板，以便调用。此外，Excel 2010提供的高级运算功能，除了回归、指数平滑等分析工具外，还有模拟分析工具，如单变量求解、模拟运算表等，下面将对图表保存为模板和单变量求解的使用方法进行简单介绍。

11.3.1 将图表保存为模板

在进行数据分析时会经常使用折线图、圆柱图、柱形图等图表，如果一个图表需要不定期地重复使用，可将其保存为模板，以便使用时直接调用，省去了插入图表、设置图表格式及调整图表布局等一系列编辑工作。

将图表保存为模板的方法为：在工作表中设置好图表后，在“图表工具 设计”选项卡的“类型”组中单击“另存为模板”按钮，在打开的对话框中设置保存名称，然后单击“保存”按钮确认设置，如图11-62所示。当需要使用此模板时，单击“插入”选项卡“图表”组中的“展开”按钮，在打开的对话框左侧单击“模板”选项卡，然后在对话框右侧选择保存的图表模板，最后单击“确定”按钮即可应用保存的图表模板，如图11-63所示。

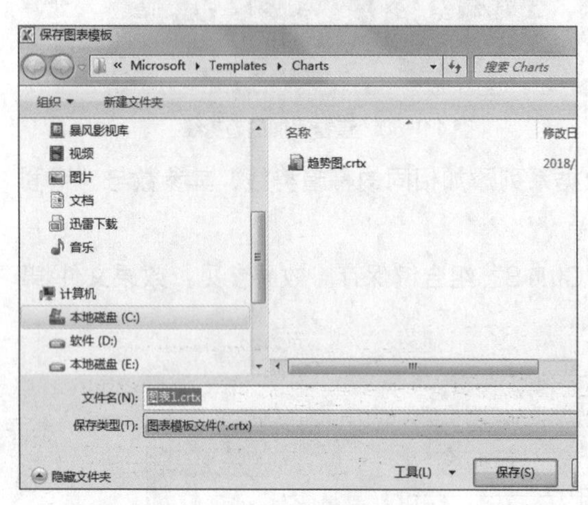

图 11-62 保存图表模板

图 11-63 应用保存的图表模板

11.3.2 单变量求解

单变量求解用于解决假定一个公式要取的某一结果值，其中变量的引用单元格应取值为多少的问题。例如，假设某职工的年终奖金是其全年销售额的10%，其前3个季度的销售额在已知的情况下，该职工想知道第4季度的销售额为多少时，才能保证年终奖金为15 000元。

此时，便可利用单变量求解工具进行计算。其方法为：打开编辑好的工作表后，在“数据”选项卡的“数据工具”组中单击“模拟分析”按钮，在打开的下拉列表中选择“单变量求解”选项，然后在打开的对话框中依次设置目标单元格、目标值及可变单元格，如图11-64所示，最后单击“确定”按钮即可得到需要的结果。

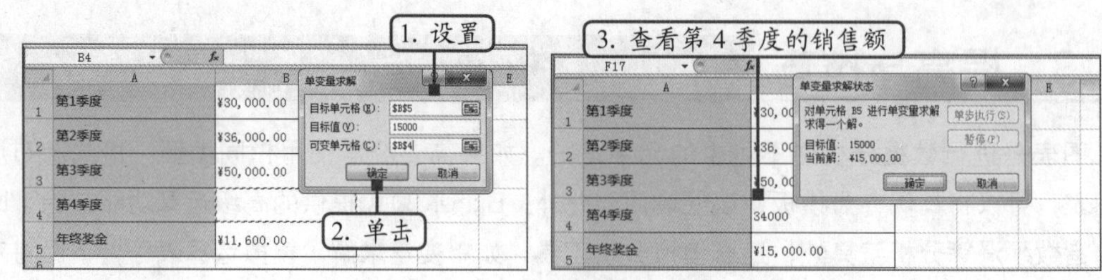

图 11-64 单变量求解销售额